新文科视域下的用户体验设计

User Experience Design from the Perspective of New Liberal Arts

李瑞 著

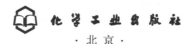

化学工业出版社

·北京·

内容简介

本书包括3部分内容，第1部分为理论篇，介绍用户体验设计衍生与裂变；第2部分为方法篇，介绍用户体验数据收集与分析；第3部分为实践篇，介绍车载信息系统智能交互设计案例研究，同时对智能时代下用户体验设计的发展趋势进行了理性探讨。

理论篇基于新文科的学科背景，首先分析了新文科下的协同设计与设计学科未来价值。阐述了新文科视角下的用户体验设计推动新兴技术与人文学科的融合与应用，深化社会、人文以及生活模式的创新研究趋势。其次，针对用户体验设计的相关概念、要素层级、度量方法，分别从概念、结构、范式三个方面对用户体验设计理论进行剖析。

方法篇首先介绍了用户体验度量的流程，包括被试的招募、任务的制订、实验方法制订等三个部分。其次，针对用户体验研究中度量数据的使用与分析展开介绍，对样本的筛选、生理与行为数据收集、问卷制定、数据的分析和比较进行了详细的描述。最后，以应用策略的方式将方法落实于用户体验度量的全流程。

实践篇以车载信息系统的智能交互设计研究、扫地机器人可用性测试等具体研究为例，联系理论与方法，详细叙述了在真实情境下，可用性指标的制定与评价方法、行为数据与生理数据的分析思路、用户体验的迭代设计。形成了一套完整的新文科背景下的用户体验研究与迭代设计程序。在本书的最后，着眼于未来，展望智能时代下体验设计的可能性。

本书可供设计专业学生、老师，企业产品设计师、产品经理、产品运营人员等学习参考。

图书在版编目（CIP）数据

新文科视域下的用户体验设计/李瑞著. —北京：
化学工业出版社，2020.12
ISBN 978-7-122-38200-9

Ⅰ.①新… Ⅱ.①李… Ⅲ.①人机界面-程序
设计 Ⅳ.①TP311.1

中国版本图书馆CIP数据核字（2020）第245768号

责任编辑：王　烨　　　　　　　　　　文字编辑：李　曦
责任校对：王素芹　　　　　　　　　　装帧设计：王晓宇

出版发行：化学工业出版社（北京市东城区青年湖南街13号　邮政编码100011）
印　　装：北京七彩京通数码快印有限公司
787mm×1092mm　1/16　印张21½　字数558千字　2021年4月北京第1版第1次印刷

购书咨询：010-64518888　　　　　　　售后服务：010-64518899
网　　址：http://www.cip.com.cn
凡购买本书，如有缺损质量问题，本社销售中心负责调换。

定　　价：128.00元

构建未来体验设计的新范式

"体验"的概念最早在20世纪末运用于经济领域，为新世纪的经济与设计发展提出了崭新的理论与实践方向（Pine, J. & Gilmore, J, 1999）。所谓体验，通常是人们对事件参与或观察时，人的情绪、体力、智力甚至精神达到某一特定水平时产生的美好感受。"体验设计"的观点将设计发展指向了人们的身体感受、心理情绪及人文意义。用户体验（User Experience，UX）的定义最初由美国认知科学学者Donald Arthur Norman（1995）提出，即一个人使用一个特定产品或系统或服务时的行为、情绪与态度。随着人与机器的关系探讨逐渐深入，用户体验的领域与范式也不断扩充与发展。

在学科领域融合方面，用户体验涉及的学科专业越来越多，如心理学、人类学、经济学等。然而，尽管用户体验在众多领域中涉足，但似乎仍掣肘于文科范畴中。这导致体验研究理论和方法的局限。近年来，"新文科"理念的提出是设计学科范畴突破的又一重要推动力。该理念由美国希拉姆学院（Hiram College）于2017年率先提出，是指对传统文科进行学科重组、文理交叉，即把新技术融入哲学、文学、语言等课程之中，为学生提供综合性的跨学科学习，以适应新时代的需求。设计学科的知识共通性与边界模糊性，恰恰顺应了新文科的发展趋势。因此新文科视域下的用户体验设计可在既有基础上，产生更多的相互联系、相互借鉴、相互渗透和共同提高的机会。

在范式创新方面，传统的定性研究在新文科的交叉融合的基础上日益形成了新的研究范式。数据时代下的用户体验综合了传统研究中大数据和小样本的矛盾。海量数据的量化结果有效弥补了定性研究的缺陷，让用户研究在宏观层面拥有更多维的视角，在微观层面掌握更细致的结论。在此基础上，从横向用户画像到纵向颗粒定位，从当下用户特征分析到未来用户趋势预测，构建起了一张用户体验研究范式的网，全维度的用户体验洞察无疑已成为前沿探索的关键领域。

综上用户体验的缘起与趋势，《新文科视域下的用户体验设计》一书立足于新文科的视角，基于人文与科技的跨学科研究需求，重新整合了用户体验设计理论的衍生与裂变。尝试融贯多学科思维方式，重构传统的用户体验设计体系，同时也是对传统设计学科方式的更新与再造。综合定性与定量的数据特性从被试参与感提升、场景任务选择、实验方案设计等方法开展用户体验度量，并提出样本量预估、样本数据基准性比较、生理与行为数据度量等分析思路与工具。提出了用户体验数据度量的新方法，为智能时代下的用户体验与交互迭代设计，构建新的研究范式。

近年来，我们依托及主持教育部111引智基地"体验设计前沿方法与技术创新引智基地"、江苏省"体验设计与系统创新"哲学社会科学优秀创新团队，持续深耕体验设计方法，通过产学研一体化的示范性探索，提出协同创新的体验设计新范式，积极为中国体验设计研究持续服务。希望本书作为团队重要成果，为体验设计领域的前沿理论与方法的探索，为"美好设计中国"的产业创新战略增砖添瓦。

教授，博士生导师

江南大学副校长

教育部国家级人才计划（青年）

　　新文科，是在高等教育学科专业分类中的"人文社会科学"，也称为哲学社会科学，具体又分为人文科学与社会科学。其中人文科学包括文学、历史学、哲学与艺术学等，社会科学包括设计学、法学、教育学、经济学、管理学等。美国希拉姆学院（Hiram College）于2017年率先提出了"新文科"理念，是指对传统文科进行学科重组、文理交叉，即把新技术融入哲学、文学、语言等课程之中，为学生提供综合性的跨学科学习。

　　关于用户体验设计，罗伯特·舒马赫（Robert M.Schumacher）指出用户体验研究是对用户目标、需求和能力的系统研究，用于指导设计、产品结构或者工具优化，提升用户工作和生活体验。用户体验设计研究融贯了多学科思维方式，本书从新文科的视角打破内部学科壁垒，贴合人文与科技的跨学科研究需求，以新文科思维重新探讨用户体验设计的衍生与裂变。正如本书所指，重构传统的用户体验设计体系，同时也对传统设计学科方式进行更新与再造。

　　在研究方法范式上，本书提出了用户体验数据度量的新方法。从被试参与感提升、场景任务选择、实验方案设计等方法开展用户体验度量，并提出样本量预估、样本数据基准性比较、生理与行为数据度量等分析思路与工具，据此推导出用户体验设计度量方法，以形成整体性用户体验评价模型，提升评价系统的准确性。

　　在交互设计机制上，建立了一种智能交互的新机制。以用户体验设计理论指导案例研究，形成智能交互可用性测试指标，应对复杂驾驶情景，形成可用性模型与迭代设计方法，形成以用户为中心的智能交互机制。为智能时代下的用户体验与交互迭代设计，提供新的方法与技术。

本书旨在为用户体验设计的研究范式提供更好的借鉴作用，同时介绍了设计和评估各类产品的背景信息、法则、设计指导和涉及的相关工具和研究方法。本书可以满足真心致力于用户体验设计的设计专业学生、设计专业老师、产品设计师、产品经理、产品运营人员等。

本书的撰写工作中多位师生参与其中，章鸿、顾慧颖、赵雨欣、杨雨晨、石凌一、王格佳、张金瑶、陈怡祯、毛嘉琪对全书文字和插图进行了统一的校阅。本书出版得到国家自然基金（61802151），教育部科技发展中心高校产学研创新基金（2018A050127），中国博士后特别资助项目（2019T1120388），江南大学基本科研重大项目培育课题（JUSRP1093ZD），江南大学学术专著出版基金的部分资助。同时作者衷心感谢化学工业出版社编辑的辛勤工作。

鉴于本书为作者第一本学术专著，研究的局限性一定存在，恳请国内外专家和广大读者批评指正。

江南大学　李瑞

2021年1月

目录

第1部分 理论篇——用户体验设计衍生与裂变 / 001

第1章 新文科建设背景 学科融合 002

1.1 新文科建设概述 / 002
    1.1.1 新文科建设背景 / 002
    1.1.2 新文科建设内涵 / 003
    1.1.3 新文科建设目标 / 005
1.2 面向新文科的设计专业 / 006
    1.2.1 新文科下的协同设计 / 006
    1.2.2 设计学科的未来价值 / 009
1.3 新文科与用户体验设计 / 010
    1.3.1 用户体验设计的新思维 / 010
    1.3.2 用户体验设计的新方法与新领域 / 011
    1.3.3 新文科下用户体验设计发展 / 013
参考文献 / 013

第2章 用户体验设计 相关概念 015

2.1 用户体验设计定义 / 015
    2.1.1 用户范围 / 015
    2.1.2 用户体验 / 017
    2.1.3 用户体验设计 / 018
2.2 用户体验度量定义 / 018
    2.2.1 可用性 / 018
    2.2.2 度量成本 / 020
    2.2.3 适用范围 / 024
    2.2.4 样本量 / 025
2.3 用户体验设计的特征 / 026
    2.3.1 用户体验设计范畴 / 026
    2.3.2 用户体验设计基本特征 / 030
    2.3.3 用户体验协同设计 / 034
    2.3.4 用户体验创新设计 / 037
2.4 用户体验度量的数理概念 / 038
    2.4.1 自变量和因变量 / 038
    2.4.2 数据类型 / 039
    2.4.3 统计方法 / 041
    2.4.4 图表形式 / 047
参考文献 / 052

第 3 章 用户体验设计要素层级 053

3.1 用户体验设计分类　/ 053
　　3.1.1 单维体验设计　/ 053
　　3.1.2 三维体验设计　/ 056
　　3.1.3 多维体验设计　/ 057
3.2 用户体验的要素模型　/ 060
　　3.2.1 用户体验需求层次　/ 060
　　3.2.2 用户交互体验模式　/ 061
3.3 信息逻辑与结构框架　/ 062
　　3.3.1 逻辑框架划分　/ 062
　　3.3.2 产品需求构成　/ 063
　　3.3.3 用户需求获取　/ 063
　　3.3.4 用户细分　/ 064
3.4 体验设计的多维度表现　/ 064
　　3.4.1 逻辑流程图　/ 064
　　3.4.2 视觉界面设计　/ 065
　　3.4.3 工业产品设计　/ 066
　　3.4.4 空间场景设计　/ 067
3.5 认知结构与理解机制　/ 069
　　3.5.1 设计原则　/ 069
　　3.5.2 配色方案　/ 071
　　3.5.3 字体选择　/ 072
　　3.5.4 空间尺度　/ 073
3.6 操作体验与交互感受　/ 076
　　3.6.1 满足用户的需求　/ 076
　　3.6.2 确定需求优先级　/ 076
　　3.6.3 多维度多通道体验　/ 078
参考文献　/ 081

第 4 章 用户体验度量方法 082

4.1 问卷调查与访谈　/ 082
　　4.1.1 问卷调查法　/ 082
　　4.1.2 撰写筛选问卷　/ 083
　　4.1.3 用户访谈法　/ 085
4.2 焦点小组访谈法　/ 088
　　4.2.1 焦点小组概述　/ 088
　　4.2.2 焦点小组流程　/ 089
　　4.2.3 焦点小组要点　/ 092
4.3 认知走查法　/ 093
　　4.3.1 认知走查法概述　/ 093
　　4.3.2 认知走查法流程　/ 094
　　4.3.3 信息界面认知走查法　/ 095
4.4 启发式评估法　/ 096
　　4.4.1 启发式评估概述　/ 096
　　4.4.2 启发式评估流程　/ 097
　　4.4.3 启发式评估原则　/ 099
4.5 可用性测试　/ 101
　　4.5.1 可用性基本要素　/ 101
　　4.5.2 可用性测试指标　/ 101
　　4.5.3 可用性测试流程　/ 103
参考文献　/ 103

第2部分　方法篇——用户体验数据收集与分析　/105

第5章　用户体验测试流程　106

5.1　被试选择和招募　/106
　　5.1.1　被试类型选择　/106
　　5.1.2　被试数量选择　/108
　　5.1.3　被试参与度提升　/109
5.2　测试任务制订　/112
　　5.2.1　测试场景选择　/112
　　5.2.2　任务清单卡片　/114
　　5.2.3　测试相关设备　/117
　　5.2.4　汽车抬头显示器（Head-up Display，HUD）设计项目　/123
5.3　实验方法制订　/132
　　5.3.1　实验设备选择　/132
　　5.3.2　实验方案设计　/133
　　5.3.3　实验步骤说明　/136
　　5.3.4　测试前准备　/142
参考文献　/151

第6章　度量数据工具与方法　154

6.1　样本数量筛选原则　/154
　　6.1.1　可用性测试样本量预估原则　/154
　　6.1.2　二项置信区间样本量预估　/154
　　6.1.3　卡方检验的样本量预估　/157
6.2　样本数据基准性比较　/158
　　6.2.1　单侧检验和双侧检验　/158
　　6.2.2　小样本和大样本差异　/159
　　6.2.3　满意度分数与基准比较　/160
　　6.2.4　任务时间和基准比较　/161
6.3　组均值差异比较　/161
　　6.3.1　比较均值数据　/162
　　6.3.2　组内数据比较　/162
　　6.3.3　比较任务时长　/163
　　6.3.4　组间数据比较　/167
6.4　生理和行为数据度量　/169
　　6.4.1　眼动行为度量　/169
　　6.4.2　情感行为度量　/173
　　6.4.3　脑电和心电度量　/175
6.5　标准化的体验测试问卷　/176
　　6.5.1　整体评估问卷　/179
　　6.5.2　任务评估问卷　/181
　　6.5.3　可用性评估问卷　/182
参考文献　/189

第 7 章 设计策略输出和迭代

190

7.1 实验报告撰写方法 / 190
    7.1.1 实验报告格式 / 190
    7.1.2 拟定报告提纲 / 190
7.2 实验数据分析 / 191
    7.2.1 数据编辑 / 192
    7.2.2 数据总结 / 193
    7.2.3 数据分析 / 193
7.3 测试修改建议 / 196
    7.3.1 短期设计建议 / 197
    7.3.2 长期项目设计建议 / 198
    7.3.3 可持续设计建议 / 199
7.4 设计原型迭代 / 199
    7.4.1 迭代测试 / 200
    7.4.2 验证用户体验 / 202
    7.4.3 设计方案迭代 / 207
    7.4.4 何时结束工作 / 209
参考文献 / 209

第3部分 实践篇——车载信息系统智能交互设计案例研究 / 211

第 8 章 车载信息系统研究背景

212

8.1 什么是车载信息系统（IVIS） / 212
    8.1.1 IVIS 走向何方 / 212
    8.1.2 IVIS 走得多远 / 212
8.2 IVIS 现状研究 / 213
    8.2.1 纵观国内 IVIS 趋势 / 213
    8.2.2 剖析国际 IVIS 趋势 / 217
8.3 IVIS 研究方法 / 223
8.4 IVIS 框架和脉络 / 223
参考文献 / 225

第 9 章 如何划分 IVIS 可用性指标

227

9.1 子集与全集的功能统一 / 227
    9.1.1 可用性测试方法 / 227
    9.1.2 测试的主要任务层级 / 229
    9.1.3 操作模块的三种类型 / 230
9.2 感性和理性的度量指标 / 231
    9.2.1 客观指标 / 232
    9.2.2 主观指标 / 234
9.3 发散与收敛的思维模型 / 235
    9.3.1 单项指标因子 / 235
    9.3.2 综合指标集合 / 237
参考文献 / 243

第10章 从设计出发的IVIS可用性量化 246

10.1 如何设计实验架构 / 246
10.2 招募合适的参与者 / 247
10.3 产品原型设计 / 249
　　10.3.1 IVIS交互原型设计 / 249
　　10.3.2 信息采集设备 / 250
　　10.3.3 车辆状态信息 / 252
　　10.3.4 多通道测试场景 / 252
10.4 制定交互测试方法 / 253
　　10.4.1 根据用户交互任务分类 / 253
　　10.4.2 根据用户交互任务选取 / 257
10.5 用户测试流程 / 259
10.6 数据收集清单 / 259
　　10.6.1 驾驶行为数据 / 259
　　10.6.2 驾驶眼动数据 / 260
　　10.6.3 驾驶生理数据 / 261
　　10.6.4 车辆状态数据 / 262
10.7 数据编辑与处理 / 263
　　10.7.1 眼动数据预处理 / 263
　　10.7.2 脑电数据预处理 / 263
　　10.7.3 心电数据预处理 / 265
参考文献 / 266

第11章 不同IVIS设计之间的差异 269

11.1 用户驾驶行为中的差异 / 269
　　11.1.1 任务完成时间 / 269
　　11.1.2 任务错误次数 / 270
　　11.1.3 可用性量表调查 / 272
　　11.1.4 驾驶负荷量表调查 / 273
11.2 用户眼动行为中的差异 / 274
　　11.2.1 眼动度量指标分类 / 274
　　11.2.2 眼动指标选择分析 / 274
　　11.2.3 眼动行为数据分析 / 276
11.3 用户生理行为的差异 / 279
　　11.3.1 生理指标选择分析 / 279
　　11.3.2 生理行为数据分析 / 279
11.4 驾驶车辆状态中的差异 / 285
　　11.4.1 车辆运行指标选择分析 / 285
　　11.4.2 车辆运行数据比较 / 285
参考文献 / 289

第12章 可用性模型与IVIS迭代设计 290

12.1 IVIS评价目标的选取 / 290
　　12.1.1 设计评价研究现状 / 290
　　12.1.2 设计评价方法选择 / 291
12.2 IVIS评价模型的创建 / 291
　　12.2.1 ANP设计评价指标选择 / 291
　　12.2.2 确定可用性评语集 / 295
　　12.2.3 模糊网络评价等级 / 296
12.3 双向设计案例验证IVIS模型 / 301
　　12.3.1 交互系统设计验证 / 301
　　12.3.2 迭代设计案例优化 / 302
参考文献 / 302

第 13 章
用户体验设计
案例

303

13.1 工业产品用户体验案例 / 303
　13.1.1 实验目标 / 303
　13.1.2 实验设计 / 303
　13.1.3 实验流程 / 304
　13.1.4 定量分析 / 304
　13.1.5 定性分析 / 304
　13.1.6 硬件改进方案 / 305
　13.1.7 App 改进方案 / 306
13.2 软件产品用户体验案例 / 308
　13.2.1 实验目标 / 308
　13.2.2 实验设计 / 308
　13.2.3 实验数据收集与处理 / 308
　13.2.4 数据分析 / 311
　13.2.5 迭代设计 / 313
13.3 娱乐设备用户体验案例 / 315
　13.3.1 背景研究 / 315
　13.3.2 前期测试 / 316
　13.3.3 方案构想 / 317
　13.3.4 对比测试 / 318
　13.3.5 最终测试 / 319
　13.3.6 测试总结 / 320
13.4 实验玩具用户体验案例 / 320
　13.4.1 测试产品信息 / 320
　13.4.2 市场分析 / 320
　13.4.3 竞品分析 / 320
　13.4.4 可用性测试 / 321
　13.4.5 优化方案设计 / 323
　13.4.6 优化设计的可用性测试 / 323
13.5 扫地机器人可用性测试 / 324
　13.5.1 实验目标 / 324
　13.5.2 实验设计说明 / 324
　13.5.3 数据分析 / 325
　13.5.4 产品迭代 / 326

第 14 章
智能时代，回归
体验设计

328

14.1 下一个风口：智能交互体验设计 / 328
14.2 AI 将改变世界，你准备好了吗？ / 329
14.3 研究展望 / 329

附录
问卷设计

331

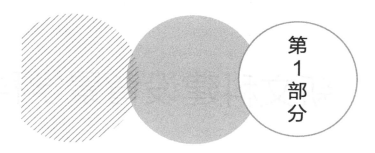

第 1 部 分

理论篇——用户体验设计衍生与裂变

第1章　新文科建设背景学科融合
第2章　用户体验设计相关概念
第3章　用户体验设计要素层级
第4章　用户体验度量方法

第1章

新文科建设背景学科融合

1.1 / 新文科建设概述

1.1.1 新文科建设背景

（1）知识发展转型

学科知识的发展与转型随社会性、历史性的变化而发生。19世纪末至20世纪初，科学技术与研究取得了巨大成就。随着现代科学知识与研究范式的迅猛发展，自然科学迅速成为社会学、历史学、人类学等人文知识的主导范式。科学技术知识在社会、经济、文化各项领域中都形成了巨大的驱动力与影响力。在20世纪20年代，马克斯·舍勒（Max Scheler）提出"知识社会学"，强调知识的社会现象。随着社会发展日趋多元化，人们逐渐意识到科学知识垄断的弊端。于是，现代科学知识遭到质疑，人们认为知识不仅是自然科学的产物，更是文化的产物。人文社会知识的崛起推动了20世纪末期知识转型的出现。毋庸置疑，多元化、开放性、创造性、有机性、系统性的知识共塑是新时代文化发展的方向。知识的发展和转型体现了科学知识与人文知识间不可分离的内在关系，以及共通共融的趋势。

（2）时代学科创新

人文社会知识是人们认识世界、改造世界的重要工具，是推动社会发展的重要力量。随着科技、经济、文化的快速变化与发展，人文学科的领域多元、边界扩展、范式更新。社会进入新时代，大数据、人工智能和可视化等技术革新带来了新的观念，同时也改变了学科范式与研究方法。移动互联网的发展使产品开发、生产和销售等环节产生了质的飞跃。智能设备与传统产业结合，催生了新的商业模式和服务方式，改变了现有的产业格局。学科的建设与发展也在新时代里顺应变革，不仅要更新观念、思维，创新学科理论范式，同时也要革新教学模式，调整教学方法，形成新的教学体系。

对于设计而言，学科本身的多元、交叉与融合成为设计学科转型与创新的典型特点。设计学作为人文科学的重要组成部分，在学科体系上具有多层次、复合结构、综合性的学科特性。其内涵是按照文化、艺术与科学技术相结合的规律，为人类生活创造物质产品和精神产品；其本质表现为新兴、交叉与融合的特质。在智慧时代下，以设计思维主导的设计、制造、服务、体验概念越来越深入人心。产品设计已从实物走向虚拟及综合性服务设计，面向物联网时代的设计逐渐智能化，交互设计的载体与媒介逐渐多元化，研究方法与工具迅速变革。协同创新、跨界协作的需求在设计学科建设与知识理论实践中日益凸显。

（3）新文科建设

2018年8月，中共中央指出"高等教育要努力发展新工科、新医科、新农科、新文科"。2018年10月，教育部决定实施"六卓越一拔尖"计划2.0，在其中的基础学科拔尖学生培养计划中，首次增加了心理学、哲学、中国语言文学、历史学等人文学科。新文科建设的思路初步显现。2019年4月，教育部发布《教育部办公厅关于实施一流本科专业建设"双万计划"的通知》，提出了高校本科建设的任务，明确了全面推进"新工科、新医科、新农科、新文科"建设的目标。其中，"新文科"建设目标的提出，是我国知识变革与转型的关键性举措，要求基于我国实践构建理论体系，通过交叉延伸形成新的领域。从专业建设规划中可以发现，在拟建的一流本科专业中，"设计学类"的专业点数量位列第四，成为备受关注的新领域。设计学的重要性被广为认识，成为我国高等教育重点建设的方向[1]。

新文科建设对于既有的已经成熟的整个文科而言，是试图丰富文科内涵、打造具有开拓性的新文科，以适应新时代建设需要。新文科建设并非抛弃旧有文科，而是在继承既有文科传统基础上，针对新时代需要的进一步拓展，力求攀上新的台阶，来适应新时代的人才要求。因此，在尊重既有基础上，寻求更多的相互联系、相互借鉴、相互渗透和共同提高，来创立适应新时代的新文科，才是理解新文科建设的必要基础。显然，新文科建设相对复杂，因为文科既包括社会科学，也包括人文科学，统称为文科的人文社会科学包含多方面的学科建制，涉及从哲学到经济学、法学、教育学、历史学、文学和艺术学等，且学科类别差异性大。因此，设计学科本身的知识共通性与边界模糊性，在新文科建设中起到了关键的引导与推动作用。

1.1.2　新文科建设内涵

文科是"人文社会科学"（或称"哲学社会科学"）的简称，是人文科学和社会科学的统称。其中，人文科学主要研究人的观念、精神、情感和价值；社会科学主要研究各种社会现象及其发展规律。按照我国《普通高等学校本科专业目录（2012年）》，除了理学、工学、农学和医学外，哲学、经济学、法学、教育学、文学、历史学、管理学、艺术学等学科门类基本上都可纳入"文科"范畴。新文科是相对于传统文科而言的，以全球新科技革命、新经济发展、中国特色社会主义进入新时代为背景，突破传统文科的思维模式。新文科以继承与创新、交叉与融合、协同与共享为主要途径，促进多学科交叉与深度融合，推动传统文科的更新升级，从学科导向转向以需求为导向，从专业分割转向交叉融合，从适应服务转向支撑引领[2]。新文科建设的理念主要体现为学科交叉、全人教育和面向社会发展三个方面，在特点上呈现出融通性、主动性和创新性。

（1）融通性

新文科的融通性体现在学科交叉融通和知识交叉融合。学科融通不是多学科并置。艾伦雷普克[3]对多学科与跨学科进行分析，提出了水果拼盘和混合果汁的比喻。他将每一种水果比作一门学科，分别用拼盘与果汁的呈现形式说明了多学科与跨学科的差异。多学科旨在将不同学科并置来寻求解决问题，每门学科的特有要素仍然保留其本来特征及学科边界。学科融合以解决复杂问题为目标，有意识地整合不同学科的资料、概念、理论和方法，因而需要突破学科

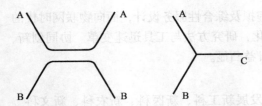

图1-1 多学科与跨学科的区别[4]

边界，交叉融合，通过自觉地构建、融入各种各样的学术共同体，来重建因学科划分而失去的知识的统一性、体系性。多学科与跨学科的区别如图1-1所示。

在学科融通的基础上，人文知识的交叉融合是新文科建设的关键。学科的创新将带来知识体系的融合与创新，从自然科学知识转向人文与社会科学知识，在文科中融入科学技术内容，同时以人文知识研究推动整体知识体系发展。新文科建设将新技术、新思维融入人文社科教育，体现在知识教育中，是指将科技、人文等领域的成果融入教学，合理设置章节框架和知识点，设计具有综合性、挑战性的教学活动，培养面向未来、掌握先进理念和思维方法的复合型人才；体现在学术研究中，是指打破知识边界，主张知识共享与共创。通过知识体系的交叉与融合形成新的学术研究范式与方法。

（2）主动性

学科的主动性与引导性是新文科建设的重要特点。在传统文科阶段，学科研究的体系性、自觉性意识比较缺乏。进入新文科时代，学科建设与研究需要具备主动性和整体性，应该主动构建、融入学术共同体，在共同体中进行协作、交流并做出本学科的贡献。新文科的积极建设，能够解决传统文科知识结构残缺，以及缺乏系统性、整体性与自我学科认知的问题。在学科交叉融和的基础上，新文科建设更关注于提高自身的主动性和驱动性，引导以文科推动的学科创新，以及学科之间的合作与变革。因此，传统的学科交叉融合不再是无中心的、均衡式协作，而是以文科为核心推动的学科交流融通新模式，其基于人文社科知识的协同创新体系，以人文主导协同创新、推动整体学科建设。

在知识角色的主动性上，新文科建设主张将"人"置于关注和思考的中心，更关注人在现代社会中的处境和命运。将人文知识的优势与科学技术相结合，立足于"以人为中心"，将传统的人文关怀与最新的科学技术相结合，全面考虑科技革命和产业革命给人们的生产方式、生活方式带来的巨大影响，以改善人类的生活质量和生存状态，提升人的精神境界，营造良好的社会生活氛围，从而促进整个社会的和谐发展。同时，这也是"科技与人文"跨学科研究的重要目标。

（3）创新性

学科发展过程中，学科体系与知识领域的突破往往成为学科转型与创新的先导。新文科建设具备思维方式创新、教学模式创新、研究范式创新三方面特征。

首先，思维方式的创新是新文科建设的首要内容。转变传统文科思维中较为封闭的思维方式为开放性思维，包容多学科知识共享；将直线的思维方式转变为多元性思维，改变传统文科研究范式，多元学科方法引入文科研究，创新学科研究体系；将静态的思维方式转化为动态性思维，运用发展的眼光审视文科建设，创新学科教学体系；从依附性的思维转变为主动的思维方式，摒弃人文学科依附于其他学科发展的观念，化被动为主动，创新以文科为主导的学科建设模式。

其次，教学模式创新是新文科建设的关键举措。新文科的兴起展现了教育领域的模式革新，社会对人才需要的特点发生了变化，需要目光远大、学识渊博、圆融贯通的跨学科复合型人才。除与理、工、农、医等学科交叉外，也强调文科各学科之间的融合。新文科教学模式倡导跨院系选课、开课，创建新兴跨学科的专业。尤其在教学中，必须做出根本性的改变，不只是简单地改变"外在"的行为和工具，而是要转变"内在"的理念。在课程改革中，将新文科建设的内涵和价值观，转化为具体的教学行动，真正实现教学模式的转变。在人才培养上，应该组织、分层次开展卓越拔尖文科人才培养，明确人才培养目标，优化人才培养模式，建立健全人才培养质量监督和保障措施，探索人才培养模式的改革与创新，重点突出对学生创新意识和创新能力的培养。科学设计交叉学科和专业方向，搭建多样性的学习成长平台，为学生提供多样化的优质专业选择、综合性的跨学科学习机会，不再局限于传授单一学科知识，而是要建立起由多学科知识所构成的综合知识体系。当下，网络和数字技术的发展可以为哲学社会科学提供更多开放式的发展机会，使文科教育形式和手段更为多元化。通过注入现代科技知识、技能和思想，使学生具有卓越的创新能力，以适应当下和未来的挑战。

最后，研究范式创新是新文科建设的重要成果。学科思维方式与教学模式的创新反映于理论研究范式与实践成果中。一方面，新文科建设破除了传统的封闭式研究方法，改变了人文学科研究中的传统方法，注入数理方法、工学范式，为文科研究带来了新的可能性；另一方面，新文科建设扩展了学科研究领域，为学科研究创造了更多元的可能性。学科协作与融合为人文研究带来了新的视角、观念、方法、工具。因此，构建跨学科研究范式，有助于避免研究结论的片面性。同时，跨学科合作也为人文学科的理论研究提供了丰富的实践技术支持。

1.1.3　新文科建设目标

（1）融合：打破学科壁垒

学科知识本没有界限划分，由于认知手段与观念的限制，而采用界限划分的方式对知识进行分类，为更深入、具体地研究不同事物，于是将其一层层划分为专深的学科概念。新文科建设紧扣时代新要求、经济社会发展新需要和科技革命新进展，尊重高等教育规律和知识活动规律，遵循文科自身发展的内在逻辑和规律，旨在通过跨学科交叉、多学科协同，消除学科壁垒，为各学科人才培养、知识体系创新与发展注入活力、提供动力。对于人文学科内部而言，应该整合学科资源、优化配置。同时要引进优质人才、扩大国内国际合作、深度参与中国特色话语体系建设，通过服务与共享不断扩大学科的国内国际影响，切实发挥学科建设的引领作用。

在学科建设观念上要引入新的教育理念。树立以人文社会科学知识为中心的思维方式、以成效为导向的人才培养理念。对文科人才培养模式和实现路径进行全面探索，强调创新意识和问题意识，持续关注当代社会发展的新变化、新现象、新需求，从而形成明确的文科学科发展定位：主动创新求变，追求卓越。将学科建设、人才培养与时代需求密切对接，通过跨学科交叉，以及多学科融通、协作与资源共享。在继承传统的基础上，运用具有信息时代、大数据时代特征的手段和方法，去探索和解决人类社会发展的重大课题，培养具有创新能力的融合型卓越人才。

（2）重塑：构建知识体系

基于学科融合理念，新文科建设的一大目标即重塑人文学科的知识体系。与传统知识体系构建方式不同，新文科知识体系强调学科协同创新体系的构建，旨在对知识体系进行全面的梳理，在跨学科的视角下重新组织各个知识元之间的逻辑关系，构建起新文科知识体系框架。具体来看，知识体系构建以主动性、创新性、融通性思维为主导，以"人本主义"为中心，顺应智能时代趋势，将学科研究的视角置于人文与社会的发展上，从整体、全局的视角来审视学科知识体系。

（3）进化：推动社会创新

社会创新是一种复杂的行动系统，所涉及的研究范围极其广泛，不仅包含理、工、农、医等学科，还涉及经济学、管理学、社会学甚至哲学及教育学、设计学等诸多不同学科。新文科建设主张，在思维层面上消除学科壁垒、促进学科融合，在框架层面上重塑知识体系、创新学科知识间的逻辑关系。因此，新学科建设最终将指导社会的优化与创新，并且形成社会需求有关的新概念、新思想、新战略和新举措等。同时新文科建设将通过社会创新实践，在服务体验、教育变革、社区发展、公共卫生甚至拓展到非营利组织领域，发展新产品、新服务、新机构来满足社会需求，优化社会环境。社会创新具有交叉意义，既指技术创新的社会过程，也指创新的社会目的。面对新时代的发展趋势和发展需求，关注跨学科的社会创新尤为重要。新文科建设提倡的跨领域、跨学科的协作使得社会创新成为可能，其提出的以全面系统的视角去认识复杂的社会现象，将推动社会创新。

1.2 / 面向新文科的设计专业

1.2.1 新文科下的协同设计

协同是推动人类进步和发展的重要方法。在人类社会中，协调与合作的主题在不同的视角下被予以高度关注和研究。例如，经典的博弈论正是对人类互动行为的方法与决策展开研究。博弈论认为合作将驱动社会进步，带来共赢状态。协同设计（Co-design）是基于协同方法，在设计领域下开展理论与实践。协同方法源于企业内部创新的过程模式的发展，罗斯韦尔（Rothwell）对企业施行非线性的创新过程模式，这种跨界思维为协同设计的产生奠定了基础。合作创新的对象不仅包括行业参与者（员工、供应商等），而且面向教育、社区、设计研究和学术机构，同时努力与工业集中区相结合。具体来说，协同设计是通过一个群体协同完成一项共同的任务，该群体涉及的领域非常广泛，其中不仅包括不同角色的决策者与参与者（设计师、用户、企业等），还包括计算机技术、网络通信、数据库、多媒体、人工智能等方面。面对日益复杂的设计对象，协同设计成为当下设计学科的重要方向，也是设计专业发展的必然趋势。面向新文科建设，协同设计呈现出"学科融合的协同设计""以人为中心的协同设计"两个趋势特点。

（1）学科融合的协同设计

协同设计方法对设计研究与实践的各个阶段产生积极、长期的影响。协同设计的范式逐渐成为探索学科概念交叉的主要手段。学科融合是新文科建设的重要目标，也是协同设计发展的主要特点。新文科视域下的协同设计，逐渐形成了新的知识体系与新的实践领域。

首先，学科融合下协同设计扩大了研究范畴与视野。自20世纪90年代开始，计算机科学的发展推动了机械领域形成自动化、智能化的发展趋势。智能技术逐渐注入社会生产中，并与人联系起来，由此逐渐形成"人机协作"的工作方式。近年来，人工智能技术的发展，使人与机器的协同产生了更紧密的联系，这种人与机器"共同认识、共同感知、共同决策、共同工作"的模式，成为协同设计的重要工具，同时人工智能的高速发展，为面向新文科的协同设计带来了新的契机。人工智能、设计创新学与设计辅助系统等领域知识的交叉与协作，逐渐形成了人工智能与设计师互动协同的方案。在人工智能的帮助下，设计师能根据用户的使用场景和行为，分析出用户的当前诉求，并提供相应服务。同时，人工智能为个性化服务提供了基础，个性化的服务意味着要关注不同用户的特点，包括文化、经历、审美偏好、心理等因素。如何用设计来满足用户的个性化需求，这是一个全新的机会和挑战。例如，阿里巴巴的鹿班（Lubanner）系统通过深度学习来量产设计，设计师将自身的经验知识总结出一些设计手法和风格，再将这些手法归纳出一套设计框架，让机器通过自我学习和调整框架，演绎出更多的设计风格（图1-2）。

图1-2 鹿班网页设计风格处理[5]

人机协同为未来的设计方法研究与协同设计工具开发做出了贡献。此外，跨学科研究在教育领域的成果也说明了协同设计研究的多元性。S.-H. Wang，S.-H. Hwang和M.-S.Wang（2017）开展的跨学科研究，表明通过创新跨学科的共情设计程序，基本上可以帮助学生增强他们的共情，使他们更好地理解用户的需求，并激发他们形成创造性的想法[6]。同时，有学者将协同设计的方法引入教育研究中，Kangas，Hakkarainen（2016）围绕"如何将协同设计思维与方法应用于教育"展开研究，结论得出协同设计能够提升技术教育的成效[7]。

其次，设计与多元学科的交叉为解决问题提供了新方法。在设计学科内部，创新设计方法主要以探索创造性思维为主。强调从不同的角度考虑问题，如头脑风暴法、水平思维法等。而体验设计方法主要关注用户的行为和规律，即研究设计者行为、设计活动和设计者思维之间的关系。设计策略研究则是以设计的基本过程（解决问题并产生创新方案）研究为主，如Pahl和Beitz[8]提出的明确任务、概念设计、技术设计和设计执行的设计流程。在设计学科的边界，关于管理学、数据科学、计算机科学的研究方法不断注入设计学科内部，为设计方案生成、理论实践提供可行性工具。例如，基于产品建模的研究，关注于概念设计结构化的求解方法。基于管理学系统的研究，主要探讨设计知识系统框架、设计决策与利益分配等内容。面向计算机科学领域的研究，即通过计算机技术得出设计最优方案，如遗传算法、神经网络、模糊推理等。面向新文科建设，加强设计学科内部与多学科知识领域的协同与融合，将为设计问题的解决提供新的可能性。例如，有学者结合感性工学与交互式遗传算法，创新设计产品的配色方案。利用感性工学方法，构建意象词汇和单个色彩的映射模型，使用交互式遗传算法进行配色方案的推进及优化，直至获得满足用户感性需求的配色方案，如图1-3所示。

在图像的色彩与风格迁移方面，Prisma编辑软件综合了人工神经网络技术（Neural Networks）和人工智能技术，获取著名绘画大师和主要流派的艺术风格，通过深度学习将一张图片的风格特征分析出来，然后对照片进行智能风格化，迁移至另外一张图片，如图1-4所示。

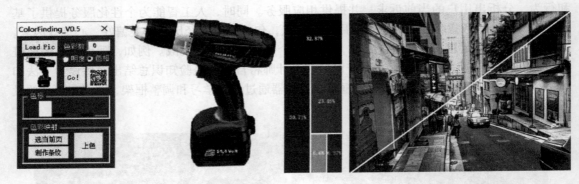

图1-3　交互式遗传算法进行配色方案[9]　　　　　**图1-4　Prisma风格迁移**

还有学者基于神经网络的产品意象造型设计方法，确定感性词汇与造型设计要素，利用BP神经网络模型建立联系，通过BP模型中的编码进行产品感性意象设计的实验仿真[10]。

最后，学科融合形成了面向新文科的协同设计新范式。学科融合的教学模式和研究方法已扩展到各个学科和专业领域。一方面，设计领域逐渐形成了"工作室"制度的协同设计新范式。"工作室"制度是由20世纪初德国包豪斯设计学院中的"作坊式"模式衍变而来[11]。协同创新设计工作室模式是基于传统学科的创新战略，是协同创新设计领域的进一步发展。该制度将不同学科、不同年级的专业人员组成协同小组，共享跨学科、跨年级的资源，从而整合了优势资源，合作解决了复杂的问题。在设计领域内，不少学者尝试将协同创新的模式与设计工作室制度相融合，旨在打破学科界限和校企鸿沟。例如，在Kim（2015）的研究中，其尝试将不同文化背景、专业背景的学生组成工作小组，共同解决城市住房问题。Kim认为，协同设计的工作室模式能够基于不同的层次信息与文化背景重新定义学生的设计思维方式，从而协同解决设计问题。同时，也有学者从"工作室"的设计环境的可能性方面提出创新性的思考（图1-5）[12]。

图1-5　协同设计解决城市住房问题

R.Johns（2006）提出虚拟设计工作室的方法，运用沉浸式的实时游戏环境进行设计。他认为在虚拟环境下，工作室制度可以快速测试设计迭代，并扩展创意概念设计响应的范围[13]。另一方面，跨学科知识共享平台的建立，将成为协同设计发展的重要依托。知识共享平台通过整合多学科资源，发挥资源优势互补，营造良好的创新环境与氛围，推动设计主体之间的资源共享意识。并且，分析知识资源迁移重用的过程中的知识黏性特点及削减策略，促进设计主体之间的协同创新，具有一定的理论价值和实践意义。例如，有学者提出创新建设"分布式网络共享平台"的观点，更加完善设计知识资源和网络共享平台的功能，不断降低设计知识资源迁移过程的黏滞性，从而能够更高效、更智能地满足知识资源获取需求[14]。

（2）以人为中心的协同设计

以人为中心的协同设计能够从利益相关者的视角开展研究，包括个人经历与体验、用户、产业、社会与环境等。面向新文科的协同设计更加注重"以用户为中心"，以激发人文尺度对人类社会的存在状态和发展趋势进行批判性思考，增强对自然、感官、审美和情感体验等方面的关注。同时，与交叉学科联系起来，从人的视角关注工程实践活动，形成了"以人为本"的解决问题方法，多角度地寻求创新解决方案，并创造更多的可能性。以人为中心的协同设计，有助于破除学科固有的思维模式，能够基于多学科、多领域关注利益相关者的需求，从而构建起"人类命运共同体"的意识。

用户作为设计学科研究的重要内容，在传统的研究方法中，往往被视为一个被动的研究对象。研究者从理论中获取知识，并通过观察和访谈来发展更多的知识，再由设计师接收这些知识，加强对技术的理解，通过创造性思维产生设计想法与概念。

面向新文科的协同设计研究方法，以用户体验研究为中心，强调用户的参与以及人文社会科学研究方法的运用。例如，Yamazaki（2014）基于以人为中心的设计方法提出创新社会环境问题的解决策略[15]。Sanchez-Sepulveda（2019）将虚拟游戏策略运用到设计领域，通过强化的视觉技术和更加动态、真实、敏捷的合作环境，提高了公民的参与程度，使他们感到亲切感十足[16]。

此外，新文科视角下的协同设计关注以人为中心的可持续性设计。有学者将跨学科意识的共同创造方法引入可持续设计的研究中，如Kathleen（2016）等人从牧场社会生态系统视角展开研究，利用发展跨学科研究的概念框架，协同设计以解决自然资源问题[17]。从参与角色上看，不少学者强调非设计人员在工作室制度中的协同贡献，如Sanders（2008）在研究中提到，协同设计将会更加多元，不同利益相关者在设计开发过程中，将与多种多样的具有研究技能的专家开展更加紧密的合作[18]。

1.2.2 设计学科的未来价值

（1）设计思维推动文化传承与创新

新文科建设为社会科学文化带来了新的思考和新的活力，强化了新时代中国文化建设主体的自觉和自信。不同于自然科学、人文社会科学等，新文科建设更关联着特定的语言、历史文化、生活模式和文明发展。近年来，设计专业作为新文科内容之一，其思维观念与研究范式对新文科建设具有重要作用，成为备受关注的新领域。

科学技术快速发展，催生出越来越多的智能化、高科技产品。然而，这些新产品、新技术却逐渐使文化发展产生裂缝和断层。面向新文科的设计专业，必须立足于文化发展，通过设计思维创新文化发展模式，重塑文化生态系统，让传统以更出彩的方式重新呈现，从而实现民族文化创新和适应性发展。一方面，设计思维从体验视角出发，将文化主体与设计决策者联系起来，通过参与式的设计过程，深入理解时代背景下的文化特点与文化内涵，通过设计创意思维推动文化基因的延续与创新；另一方面，设计思维构建起了学科融合的文化创新框架，推动学科知识共享，拓宽了文化创新的实践领域，丰富了文化创新的可能性。

（2）设计方法推动未来构想实现

层出不穷的新兴技术创新，赋予了人们对未来世界的丰富想象力。近年来，物联网、虚拟现实、人工智能领域不断产生突破性技术成果，催生出新理论、新模式、新方法，同时也带来了新产品、新业态。这引发"人"与"物"之间的关系发生根本性的变革。对于设计学科来说，以往的"设计即一种解决问题的活动"观念已不再适用于快速发展的社会需求。因此，设计学科范式逐渐转变为主动性的创新活动，从新技术的被动感知者变为其形成过程中的参与者，引领技术的原始创新，实现设计的新发展。设计在对文化、经济、技术等社会要素深刻理解的基础之上主动设问，跨越不同领域去识别问题，寻找应用的场景，定义设计的作用，实现未来构想。

面向新文科的设计学科，通过学科融合构建起多领域的宏观的认识框架。一方面，设计专业本身具备的创新性与创造力，为未来的生活模式提供了丰富的可能性。设计师的主观创造力赋予作品或产品以独特的面貌，并形成了表达情感、触发共鸣的设计形式审美，为用户的未来生活创造了愉悦的体验。另一方面，学科融合视角下的设计，整合智能系统、交互设计的程序和方法，协调、统筹设计的各个环节，发挥出设计主体机能的更大优势，将科学技术转换为产品与服务，不断扩大设计创新的社会价值，构建人与人工智能的新型关系，探索适应未来的新的设计价值观念和标准，提升智能时代的体验。

1.3 ／ 新文科与用户体验设计

1.3.1　用户体验设计的新思维

20世纪末，"体验"在经济领域被提出，为新世纪的经济与设计发展提出了崭新的理论与实践方向（J.Pine&J.Gilmore，1999）。所谓体验，是指当人的情绪、体力、智力甚至精神达到某一特定水平时产生的美好感受[19]。体验经济的观点将设计指向了人们的心理感受。美国认知科学学者Donald Arthur Norman（1995）提出用户体验（User Experience，UX/UE）即一个人使用一个特定产品、系统或服务时的行为、情绪与态度，其中最重要的概念是以用户为中心去思考人机互动[20]。许多学者尝试从不同角度对其定义进行解读，其中影响最广泛的定义是ISO 9241-210，国际标准化组织ISO将用户体验解释为用户在使用或参与产品、系统、服务时，所产生的感受与反应，包含用户的情绪、信仰、偏好、生理与心理的反应、行为及相关影响[21]。

人工智能、深度学习、无人驾驶、物联网通信、智慧城市等技术的融合发展，有助于未来体验设计可能性框架的构成。人工智能技术的发展，推动了智能机器人在用户体验方面的高效、流畅。现有智能机器产品开发中，设计运用了更多新技术、新材料来拓宽使用度，提升用户体验；深度学习为用户体验研究创造了新的机遇，人机协同的设计方法将会创新出更智能的用户体验；物联网通过先进的识别技术，将物体的状况转化为各种参数，通过信息共享形成关联万物的网络；智慧城市基于新兴科技和通信技术形成城市发展新理念和新模式，重构人与人、物体、服务、技术、社会、环境及未来的关系。

新文科为用户体验设计注入了新的思维方式和无限可能性。在万物互联的智慧时代，体验设计研究也随之从社会化、生态化、智慧化的关键维度出发，构建"全维度"的体验思维。新技术、环境及设计方法的更新，使体验设计研究成为创新社会与体验主体间的关键媒介。体验设计的对象已不再停留于消费者行为、用户数据等基础问题，转而增加了对体验过程中的尊重、信任、态度、幸福感等维度的关注。体验思维不再局限于"使用者体验"，而从更宏观的视角思考社会性的、全维度的智慧体验。

在智慧时代，人居环境生态系统与科学技术的融合形成不同系统间互联互通的城市空间。智慧时代的本质在于人与环境、产品、服务间的关联重构。体验设计学科的发展不仅推动了新兴技术的融合应用，更深化了社会、人文及生活模式的创新研究。因此，智慧时代的体验将以更宏观的视角分析社会结构、更设身处地地思考用户体验、更全面地关注社会创新与人类福祉。

1.3.2 用户体验设计的新方法与新领域

（1）用户体验设计理论与方法

随着体验设计领域的相关理论与方法研究的开展，体验设计逐渐形成了一套关注用户感官、情感、认知等多方面内容的设计方法，包含有目标使用者设定、满意度的范围、主题设定和使用者需求的功能等。

近年来，用户体验设计的发展呈现出从"问题驱动"向"幸福感驱动"的路径。首先，体验思维成为解决用户痛点的重要方法，体验产生于用户与产品或服务接触的过程中，人与产品之间产生的联系成为体验的关注重点。由此，用户心智模型、产品形态学及符号语义学被关联起来，成为体验设计研究多重理论基础。随后，多学科结合的方法在用户体验领域广泛运用。D.Shin（2016）针对设计问题解决提出观点和策略，其使用混合方法分析跨平台服务的用户体验，并提出以互用性（Inter-usability）提升系统设计的观点[22]。

其次，用户的主观体验感受成为研究重点，如感官、态度、情绪、情境等，从生理和心理方面探索用户的体验设计方法。体验设计将情感元体验视为一个连贯的叙事的构建，解释和标记事件，从而将整个体验过程与一般知识整合在一起。Ruth（2017）提出基于人居环境的体验设计方法，包括听觉、味觉、躯体知觉、潜在感知及社交活动多方面的环境体验理论[23]。Ghosh（2017）通过研究用户在视觉、认知及真实生活方面的体验，得出自然用户体验（Natural User Experience，NUX）的设计方案[24]。

最后，体验设计开始跳出"解决问题"设计研究框架，转向积极正向的体验思维研究。面向未来的体验设计不仅是问题驱动式的，而且是以幸福美好的生活方式驱动设计。此外，Jensen（2014）提出"深层体验（Profound Experience）"设计方法论，其包含"弱化对时间参数的重视、注重意义结构、沉浸于生活体验之中"等六方面特征，并构建出体验范围框架（Experience Scope Framework，ESF）（图1-6）[25]。体验设计开始关注用户的"积极体验"，形成一种"可能性驱动"的设计方法，即一种专注未来状态，引领幸福生活的设计思维。

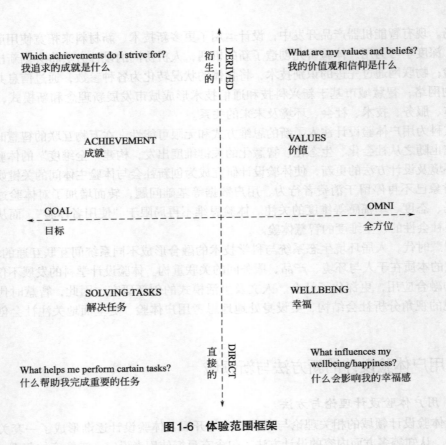

图1-6 体验范围框架

（2）用户体验设计领域和对象

随着学科交叉融合，越来越多的研究机构和学者开始重视用户体验设计，体验设计方法研究也逐步扩展到其他学科领域。数据分析和信息获取成为体验设计研究领域中重要的阶段共性。大数据时代的研究者能够根据海量数据分析做出设计决策。数据科学的发展改变了设计师的思维方式，也改变了体验设计的研究视角。原有的产品体验在数据时代变得越来越人性化、精细化和智能化，体验思维从消费者行为与主观心理感受的研究，转向了数据分析、信息整合的方面。例如，以云计算为基础的研究，旨在通过最大限度地获取整体数据，运用数据的挖掘与分析，判断用户的需求偏好与体验痛点，从而助力于用户体验设计。此外，以社交工具为基础的人机交互体验研究，在数据分析的基础上逐渐细分需求，创造出更为个性化的体验。

体验设计思维给予设计多方面的实践可能性。对于任何一个交互界面，研究现有用户的体验是设计改进和创新的重要的第一步。例如，Beck Donghyun（2019）等人就车载抬头显示器（Head-up Display）系统的用户体验展开调查，改进现有的汽车HUD系统的系统功能和界面交互设计[26]。此外，用户体验设计针对用户群体进行细分，形成了社会弱势群体的体验设计研究领域。Gafni和Nagar（2016）就障碍学习人群的网站验证码输入体验展开研究，提出能够适用于学习障碍用户的网站验证体验方案[27]。在视觉空间体验的研究中，Sharif（2020）尝试将用户作为设计解决方案的参与者，运用行为网络理论（Actor-network Theory，ANT）研究用户在美术馆空间中的视觉体验[28]。面向新文科的用户体验设计，将用户参与式、用户协同的研究方法用于设计研究中，创新体验设计研究方法和学科体系。Sääskilahti & Hebda（2013）提出用户能动性（User Activism）理论，研究强调了用户的体验以及共同创造服务设计的核[29]。

1.3.3　新文科下用户体验设计发展

　　在过去的20年里，体验设计研究得到了积极的扩展，涵盖了心理学、管理学、美学等多学科领域。随着新技术的出现，体验思维已经成为确定用户感知因素的重要工具。纵观21世纪以来的体验设计实践，作为设计思维工具，体验设计的研究方法逐步发展与更新，从用户的主观反馈到佐以客观数据、从投放市场调查到获取行为数据，体验设计跟随科技发展的脚步不断探索新的研究方法。此外，随着学科融合、研究跨界，体验设计在不同学科中的影响力也越来越大。在学科融合发展中，体验设计逐渐转变"问题驱动"式的思维模式，成为主动、积极创造幸福体验的正向思维模式。

　　在未来，新文科视角下的用户体验设计将推动新兴技术与人文学科的融合与应用，深化社会、人文及生活模式的创新研究。新文科时代的体验将以更宏观的视角分析社会结构、更设身处地地思考用户体验、更全面地关注社会创新与人类福祉。用户体验思维作为设计的重要工具，将在未来从更全维的视角为设计研究与创新提供灵感，成为智慧未来的关键驱动力。

参考文献

[1] 陈晓鹏，王净. 面向"新文科"建设的设计专业课程改革. 教育园地，2013（3）：161-162.
[2] 王铭玉，张涛. 高校"新文科"建设：概念与行动. 中国社会科学报，2019.
[3] 艾伦雷普克. 如何进行跨学科研究. 傅存良，译. 北京：北京大学出版社，2016.
[4] National Academy of Sciences, National Academy of Engi- nering, and Institute of Medicine. Facilitating interdisciplinary research. The National Academies Press, Washington, DC, 2005.
[5] Available：https：//luban. aliyun.com/.
[6] S.-H. Wang, S.-H. Hwang, M.-S. Wang. The Interdisciplinary Collaboration of Innovational Design. Cross-Cultural Design, 2017, 10281：204-215.
[7] Kangas K, Seitamaa-Hakkarainen P. Collaborative design work in technology education[J]. Handbook of technology Education, 2018.
[8] Beitz W, Pahl G, Grote K. Engineering design：a systematic approach. MRS BULLETIN, 1996：71.
[9] 刘征宏，鄢吉多，林芸，王卫星. 基于感性工学和交互式遗传的产品配色设计方法. 包装工程，2019，40（20）：88-94.
[10] 李永锋，朱丽萍. 基于神经网络的产品意象造型设计研究. 包装工程，2019，30（7）：88-90.
[11] 陈衡，符清芳."工作室"模式在数字媒体技术人才培养中的应用. 电脑知识与技术，2019，15（17）：128-129，145.
[12] J. L. Kim. A Cross-Cultural and Interdisciplinary Collaboration in a Joint Design Studio. International Journal of Art & Design Education, 2015, 34（1）.
[13] J. J. S. Ralph. Real-time immersive design collaboration：conceptualising, prototyping and experiencing design ideas. J of Design Research, 2006, 5（2）：172.
[14] 王艳敏，俞丽敏. 面向分布式创新的工业设计网络共享平台构建. 设计，2020，33（5）：111-113.
[15] K. Yamazaki. Design thinking and human-centered design-Solution-based approaches to innovation and problem-solving in social environment. NEC Technical Journal, 2014, 8（3）：15-18.
[16] S. -S. M. e. al. Collaborative Design of Urban Spaces Uses：From the Citizen Idea to the Educational Virtual Development. Lecture Notes in Computer Science, 2019, 11568：253-269.
[17] Kathleen A Galvin, Robin S Reid, Maria E Fernández-Giménez, Dickson ole Kaelo, Bathishig Baival, Margaret Krebs. Co-design of transformative research for rangeland sustainability. Current Opinion in Environmental Sustainabilit. Co-creation and the new landscapes of design. CoDesign,2008,4（1）：5-18.
[18] Sanders E B N,Stappers P J. Co-creation and the new landscapes of design. Co-design,2008,4（1）：5-18.
[19] J. J. Pine. The Experience Economy, Boston：Harvard Business School Press. 1999.
[20] Norman D.A, Miller J, Henderson A. What you see, some of what's in the future, and how we go

about doing it：HI at Apple Computer. Conference companion on Human factors in computing systems. 1995：155.

[21] ISO 9241-210：2010. Ergonomics of human system interaction-part 210：human-centered design for interactive systems（formerly know as 13407）. international organization for Standardization（ISO）. Switzerland. ，2010：7-9.

[22] D. Shin. Cross-platform user experience towards designing an interusable system. International Journal of Human-Computer Interaction，2016，32（7）.

[23] J. Ruth. Designing Experience. Interiors，2017，8：1-2，53-66.

[24] S. S. C. B. H. S. A. Ghosh. What is User's Perception of Naturalness? An Exploration of Natural User Experience. Human-Computer Interaction-interact，2017，10514：224-242.

[25] J. L. Jensen. Designing for Profound Experiences. Design Issues，2014，30（3）：39-52.

[26] B. J. J. J. P. W. P. Donghyun. A Study on User Experience of Automotive HUD Systems：Contexts of Information Use and User-Perceived Design Improvement Points. international. Journal of Human-Computer Interaction，2019，35（20）：1936-1946.

[27] Gafni R，Nagar I. VAPTCHA：Impact on user experience of users with learning disabilities[J]. Interdisciplinary Journal of e-Skills and Lifelong Learning，2016，12：207-223.

[28] A. Sharif. Users as co-designers：Visual–spatial experiences at Whitworth Art Gallery. Frontiers of Architectural Research，2020，9（1）：106-118.

[29] Sääskilahti M，Hebda A. User Experience-From a Participant to an Activist. Review of Integrative Business and Economics Research，2013，2（1）：528.

第2章

用户体验设计相关概念

2.1 / 用户体验设计定义

2.1.1 用户范围

在网络刚兴起时，由于技术和产业发展的不成熟，交互设计更多地追求技术创新或者功能实现，很少考虑用户在交互过程中的感受。这就使得很多网站交互设计过于复杂或者过于技术化，用户理解和操作起来困难重重，因此用户参与网络互动的兴趣大幅度削减。如今，数字技术日渐发展，市场竞争日益激烈，越来越多的交互设计师开始聚焦于提升用户的交互体验以吸引其参与到网站交互之中。因此，在交互设计中，用户体验慢慢成为首要的关注点与重要的评价标准。

"用户体验"相对来说是一个比较常见且容易了解并理解的词。然而，纵观用户体验的演变历程，总结各个时期的用户体验概念，却发现去准确定义"用户体验"并非易事。

用户体验覆盖了用户与业务之间广泛的交互，而且处在一个不断增强联系的世界中，数字化与非数字化领域之间的界限正变得模糊起来。那些可能成为在线体验的因素能延伸到现实世界中，而商店里的客户代表能进一步影响用户体验，这些都由具体的业务流程所决定[1]。

让我们尝试一个简单的定义。用户体验是一系列交互的总和，包含用户与产品、服务或组织。所有这些元素之间的交互可以用一个整体性的例子来描述，如图2-1所示。

如果要改进用户体验，就需要更多地考虑用户的生活形态，以及产品或服务在使用时的全部情境。对数字化体验来说更应如此，数字化意味着体验与更多方面产生紧密联系。

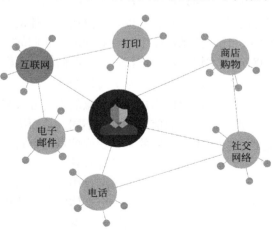

图2-1 用户与一系列交互的总和

对于终端用户来说，你提供的体验将反映出他们对品牌的感受，不管他们是通过使用移动设备的应用程序产生的体验，还是通过电话呼叫中心进行通话的体验。

"用户体验"最开始是苹果公司高级技术集团副总裁唐纳德·诺曼（Donald Arthur Norman）在20世纪90年代提出的。他当时说道："我认为用户界面和可用性的范围太狭隘了。我想用一个词来涵盖用户与系统之间所有的方面，包括工业设计中的图形、界面、物理交互以及手册。"从此，"用户体验"这个词开始被传播使用，以至于如今它与最开始的含义不同了。正如诺曼所指出的，随口说出"用户体验"是非常容易的，但许多人对其含义缺乏判断，无法从多方面为他人提供用户体验，取而代之的是采取狭隘的方法，仅考虑其中的一两个因素。

在设计界，用户又被称为使用者，是指使用某项产品或服务的人。在设计时，面对的用户群体庞大而复杂，且具有差异性的需求，因此划分用户范围、细分用户群体就显得尤为重要。在划分用户范围时，主要方法是把大量用户需求划分成不同类型，把不同类型人群组成群组，以此形成用户群；在细分用户群体时，将具有共同关键特征的人群分为一组。以下是常见的用户范围细分方法。

（1）人口统计分析法

划分用户数据项：性别、年龄、收入、教育水平、婚姻状况等。这个方法并非是唯一的，涉及的数据可粗略、可具体，主要描述用户对社会环境等看法观点，以及与产品相关的事物观点的心理分析，相同年龄或者相同收入水平通常会有相同观点。因此，可以按照用户自身的基本信息不同来细分用户群。

（2）对于技术的要求细分用户法

划分用户数据项：用户对产品和技术本身看法、用户花费多少时间使用产品、手机或PC是否是他们日常生活的一部分、用户是否喜欢和功能型产品打交道、用户是否喜欢新潮智能硬件、升级产品是迫不得已还是主动。这个细分法是按照技术熟练度来细分用户群体，从而罗列出不同群体的用户需求，来帮助开发者开发出更符合不同用户群需求的产品。要注意的是，有技术恐惧心理的用户和高级用户在使用产品方式上非常不同，因此要考虑不同类型的用户群，如"UI设计者"APP在交互设计中说到新手用户、中间用户和高级用户的不同。

（3）用户对行业和专业认识度细分法

划分用户数据项：用户入行时间和用户在该行业取得的效益。这个细分法是按照用户对相关行业和专业的熟悉程度来细分用户群体的。例如，针对一款证券交易APP，老股民在使用软件时，比较熟悉产品中的专业词汇，他们的需求可以划分为一类；而对于股票入门者来说，他们对产品术语及操作比较陌生，他们的需求就得划分到另一个用户群中。

（4）用户使用信息方式细分法

这个方法根据用户获取信息的不同方式来细分群体。不同用户所拥有的信息获取能力具有差异性，因而获取信息的方式不同，从而决定用户如何去使用收集到的信息。例如，即将填报志愿的高考生和他们的家长获取信息的方式不大相同，从而使用个体获取的信息，得出"填报哪一所高校"的最终决定具有差异。

经过上面四种方法初次细分用户群体后，当有些群体特征和另一组群体特征很相似时，我们就合并两个用户群；当一个群体中的有些用户重要特征不一样，且各群体部分相当时，我们就继续细分该用户群，最终分别得到几个主要用户群需求。

值得注意的是，我们在细分和调整用户群时会出现很多矛盾点：对新手来说是步骤分明、详细贴心的用户体验，对接受能力好的用户来说是降低效率、提升操作成本。而对于熟悉系统操作的用户来说，其希望能自定义常用功能设置在首页，从而减少操作路径、提升效率。在划分用户范围时，同时满足几组用户群体需求，还是只满足一组用户群体需求，不同决策将会影响将来用户体验相关的每一个选择。

2.1.2　用户体验

用户体验是用户在使用产品、服务或系统过程中产生的一种纯主观感受。由于用户的个体差异，每个用户的真实体验不能完整地被模拟再现，用户关于体验的表达更多只是个人感受。这种主观意味着不确定性。但是，明确界定一个用户群体后，可以通过完备的实验来得到群体的用户体验共性。James L.Lentz 的 CUBI 用户体验模型如图 2-2 所示。

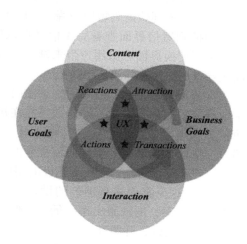

图2-2　James L. Lentz 的 CUBI 用户体验模型

举个例子，你可能有这样的经历：醒来时，太阳已经升得很高，昨晚设好了 7：30 的闹钟却没有响。匆忙洗漱、穿好衣服，打开咖啡机，却发现没有咖啡豆了。只好赶紧出门，启动汽车准备出发去公司。走了一会儿发现汽车几乎没油了，一路开到了加油站，却被告知油卡消磁无法识别，因此不得不支付现金让员工人工操作。加油后，上班的必经之路上有车追尾，待他们处理好后，你已经迟到半小时了。日常上班却遭遇一系列的突发状况，这些恼人事件的发生究竟是谁的错，是谁最终导致了这些问题的发生？

你可能会觉得只是自己太倒霉。不过让我们静下心来仔细想想，产品或服务如果以另一种方式被设计，上文提到的倒霉事似乎就不会发生了。由上可见，我们很少关注用户体验。在产品开发过程中，人们更加关注产品的功能用途，而忽略了产品是被使用的、忽略了产品本身的工作方式[2]。然而，用户体验即产品的工作方式，是经常会被忽略的因素，但产品能否成功反而取决于它。

但用户体验不能只考虑产品是如何工作的，还应该考虑产品是怎样和外界发生联系、发生作用的。换句话说，就是考虑人们如何接触并使用产品。例如，当人们问你关于某个产品或服务的问题时，事实上他们问的是使用体验：它用起来难不难？是不是很容易学会？使用起来感觉如何？

上文所举的例子中的交互可以被分为两种：技术性的产品如闹钟、咖啡机、自助加油机等，这种交互一般来说包含各式各样的按钮；另一种交互只是在一个简单的物理装置上就能被实现，比如汽车油箱的盖子。总而言之，人们接触使用的所有产品都具有用户体验。

不管是哪个产品，用户体验总是在细微之处被体现出来，但不容忽视。按下启动键的"嘀"声似乎可有可无，当你能否喝到咖啡是取决于这个声音时，它就变得十分重要了。即使你从来没料到过这个按钮的失败设计会给你带来什么样的麻烦，但是，你对一个捉摸不定的咖啡机会有好印象吗？你对这个咖啡机的生产商会有好印象吗？你还会购买该品牌下的其他产品吗？你还会推荐该品牌的产品给同事朋友吗？大概率不会。于是，仅仅因为一个没有反馈音"嘀"的按钮，这个品牌就失去了一个客户，甚至更多潜在用户。

2.1.3　用户体验设计

用户体验是什么？概括来说，用户体验是用户使用一个产品时产生的主观感受。那么用户体验设计就是为了提升用户体验而做的设计。既然用户体验是感性而主观的，那么设计师应该如何通过设计改善用户使用时的主观感受呢？

我们来看一个案例：现在许多地方都需要填写手机短信验证码，在收到验证码短信提醒时，由于弹窗信息显示不全，需要切换到短信界面查看完整信息获取验证码，如图2-3所示。来回切换界面会给用户带来麻烦，影响使用体验，可能间接导致用户注册的成功率降低。

图2-3　缺乏用户体验的验证码页面

该公司在之后做出了改进，如图2-4所示。虽然只是简单地改变短信内容，把验证码数字放在短信开头，但弹出的短信提示可以使用户直接看到验证码，无须来回切换查看。用户注册的成功率关系到注册流程中的每一个细节，并最终决定用户在使用后是否会产生积极的用户体验。

图2-5这个案例来自国外的设计：在小便池壁上增加一只苍蝇的图案，尿液溅出率降低了80%，因为人会不由自主地注视这只苍蝇，并瞄准它。

图2-4　关注用户体验的验证码页面

由以上例子可见，用户体验设计的要务是解决用户的某个实际问题，然后让问题的解决简单化，最后给用户留下深刻印象，以及一个美好的整体体验。在图2-5这个案例中，视觉体验作为整体体验的一部分，外观、创意仅仅是设计中的一小部分内容，却能极大地提高产品的可用性，并提升用户体验。

因此，用户体验首先基于理性，要考虑到用户对于产品的使用习惯、对于界面信息的认知程度等，其次基于感性，考虑能够引起情感共鸣的意象化设计、介入趣味性互动设计等，最后给用户带来整体性的良好体验。如上案例的设计，不仅从产品的实用性角度出发（防止尿液外溅），而且结合趣味性的外观设计（集中注意力在苍蝇上），给产品带来了良好的用户体验。因此，设计需要合理且合情、好用且有趣，能够解决实际问题并带来良好体验，满足用户生理与心理的双向需求。

图2-5　中间印有苍蝇图案的小便池

2.2 ／ 用户体验度量定义

2.2.1　可用性

20世纪70年代后期，随着计算机技术的发展，研究人员提出了可用性（Usability）的概念，并开始研究其评估方法和应用。可用性最早来源于人因工程（human factors）。人因工程又称工效学（ergonomics），这是一门涉及多个领域的学科，包括工业设计、计算机、心理学、人体测量学、统计学等，关于可用性的定义和概念也在不断发展[3]。

人机交互专家Jakob Nielsen（2004）认为可用性有五个指标，如图2-6所示，分别是易记性（Memerability）、易学性（Learnability）、交互效率（Efficiency）、容错性（Error）和用户满意度（Satisfaction）。产品只有在每个指标上都达到良好的水平，才具有良好的可用性。

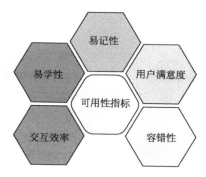

图2-6　Jakob Nielsen对可用性的定义

① 易记性：客户搁置某产品一段时间后是否仍然会操作；

② 易学性：初次接触这个设计的用户完成基本任务的难易程度；

③ 交互效率：客户使用产品完成特定任务的效率；

④ 容错性：操作错误的频率和严重程度；

⑤ 用户满意度：这个设计给用户的感觉，用户对产品的主观满意度。

1983年的国际标准ISO 9241把产品可用性定义为"特定的用户在特定的使用场景下，为了达到特定的目标而使用某产品时，所感受到的有效性、效率及满意度"。表明产品的可用性必须放在特定语境中去评估，不能一概而论。因此，当面对一个全新的产品或网站时，我们并不能及时客观地对此做出可用性评价，只有在确定了特定的用户群体、了解了他们的使用情况和目标，以及使用场景的前提之下，才能够进行有效性、效率和满意度的可用性标准评价。

有效性（Effectiveness）是指用户能够完成活动、达成目标的程度。简单来说，产品能满足用户的行为需求和目的，即具有有效性，而有效程度不同将决定有效性数值的不同。例如，一名新上任公司职员，在中午想要点外卖快速解决午餐，于是在外卖平台上浏览商家和菜品，进行喜好选择，还有满减优惠活动，用户选择了心仪的菜品，这时外卖平台的有效性高。但是，在用户确认订单、填写公司地址的时候却出现定位错误、加载超时，这时外卖平台的有效性降低。

效率（Efficiency）是指用户达成目的所需要花费的时间、精力成本。仍以外卖平台为例，如果填写地址的操作非常麻烦，用户在下单之前多次重复操作，则该网站存在效率问题。而且，严重的效率问题实际上是有效性问题，因为这种产品用户在使用一次后将不会再次使用。

满意度（Satisfaction）就是即使在有效性和效率方面不存在重大问题，也应该从更深层次来考虑，即是否给用户带来不愉快的体验。例如，当用户注册会员时，要求提供过多的个人信息、要求用户同意单方面制定的条约，或者系统响应速度很慢。一旦发生这种情况，将立即引起用户的抱怨。在严重的情况下，这可能会导致用户不再使用它。

因此，只有符合ISO 9241的定义并满足上述三个要素，才能说产品已经达到了可用性。但是，在实际操作中，定义可用性并不是那么容易。一种更现实的方法是在解决实际问题的同时权衡问题的严重性，然后在时间和成本允许的情况下尝试解决效率和满意度问题。

随着互联网的快速发展，还有其他一些重要的属性也越来越受到重视，如个人情感、社会认同、网站流量、商业价值等。因此，必须以更全面的角度来审视可用性问题。图2-7是针对可用性属性建立的体系模型：功用性指设计是否提供了用户需要的功能；而效率则包含了可记忆性、易学性和容错性；协调性强调如在社交类游戏里需要考虑玩家之间的协调性问题；人因情感体现在生理层面上的视觉、触觉、听觉所感知的色彩、形态、质地等，以及在心理层面上

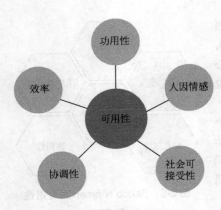

图2-7　可用性的属性模型

图2-8　*DON'T MAKE ME THINK*

的情绪、心境、人格所表现出来的意识、审美、回忆等活动；社会可接受性是从社会网络视角来看待用户与产品交互过程逐渐形成的品牌认同、自我发展和社会同一性等问题。

在产品的设计中，可用性非常值得重视，仅仅满足产品的功用性已经远远不能达到用户的要求。一款可用性好的产品，能够在特定的工作背景下给用户带来便利及愉悦的体验。因此，一个良好运作的设计团队应该将可用性作为产品设计和开发质量体系的一部分。另外，可用性专业协会（Usability Professionals Association，UPA）偏重从产品开发过程的角度定义可用性：是一种产品开发方法。为了降低成本并使设计的产品和工具满足用户需求，整个开发过程都需要包含直接的用户反馈。

史蒂夫·克鲁格（Steve Krug）在他的著作*DON'T MAKE ME THINK*（图2-8）中表示了一个简单的观点：可用性实际上仅意味着确保产品运行顺畅——具有平均水平和经验的人都可以使用该产品，而不会感到无助和沮丧。

所有这三种定义，以及其他对可用性的定义，都涉及一些共同的方面：①用户参与；②用户需要做一些事情；③用户需要用一个产品、系统或其他物件做事情。

有人区分可用性和用户体验：可用性通常着眼于用户使用产品成功完成任务的能力，而用户体验则着眼于更大的视角，强调用户与产品之间的所有交互，以及交互结果的想法、情感和感知。

我们从"大视野"给产品定义可用性，并评估整体用户体验。因此，当我们谈论"可用性度量"时，实际上是在关注整体用户体验。

2.2.2　度量成本

度量（Metrics）是一种测量或评价特定现象或事物的方法。我们可以说某个东西较远、较高或较快，那是因为我们能够测量或量化它的某些属性，比如距离、高度或速度。这一过程需要在如何测量这些事物方面保持一致，同时也需要一个恒定可靠的测量方法。一英尺，不管谁来测量都是一样的长度；一秒钟，无论是什么时间计时器，持续的都是相同量的时间。类似这种测量的标准由一个社会或团体定义为一个整体，并且以每一种测量的标准化定义为基础。

度量存在于我们生活的许多领域，如时间、距离、重量、高度、速度、温度、体积等，如图2-9所示。每一种行业、活动和文化都有自身的一系列度量。比如，汽车行业对汽车的马力、油耗和材料的成本等感兴趣，计算机行业则关心处理器速度、内存大小和电源需求。即使在日常生

图2-9　德国博朗公司温度计

活中，我们对类似的测量也会感兴趣：家用体重秤、空调的温度显示、生日宴会上给朋友们分蛋糕的大小等。

可用性也是如此。有一系列独特的行业指标：任务成功，用户满意度，错误等。本书汇集了所有的可用性度量，并阐释了如何使用这些度量带来最大的设计效益。

那么，什么是可用性度量，与其他类型的度量有何不同？与所有其他度量一样，可用性度量基于可靠的测量体系。也就是说，如果每次都使用相同系列的测量来测试被测对象，那么可以得到可比的结果。因此，所有可用性度量在某些方面必须是可观察的，无论是直接的观察还是间接的观察。这种观察可以只是一些简单记录，如某项任务是否顺利完成、完成该任务所需要的时间。所有可用性度量都必须可量化：能够成为数字或以某种方式进行计算。可用性度量还要求被测对象应该能够代表用户体验的某些方面，并以数字形式表示。例如，可用性度量可以表明65%的用户对使用中的产品感到满意，或者90%的用户可以在1分钟内完成一组任务。

是什么导致可用性度量与其他度量不同？可用性度量揭示了用户体验：使用物品的人的个人体验。可用性度量可以揭示用户与对象之间的交互，可以揭示有效性（是否可以完成任务）、效率（完成任务所需的努力程度）或满意度（在操作任务时，用户体验是否令人满意）[4]。

可用性度量与其他度量之间的另一个区别是，可用性度量的内容与人及其行为或态度有关。由于人与人之间的差异很大，他们适应能力不同，在可用性度量中会遇到与此相关的一些困难，因此我们将讨论我们所涉及的大多数可用性度量的置信区间（Confidence Interval）问题。

但有些度量不能看作可用性度量，比如与使用产品时的真实体验不相关的总体偏好和态度，还有一些诸如总统支持率（Presidential Approval Ratings）、消费者物价指数（Consumer Price Index）或购买特定物品的频率等标准性的度量。虽然这些度量都是可量化的，也能反映出某种行为，但是，没有一个变量是基于使用物品的实际行为来反映数据可变性的。可用性度量的最终目的并不在于它们本身，它们只是可以获得大量信息以拒绝决策的一种方式或方法。它可以回答最重要的问题，以及其他方法无法回答的问题。例如，可用性度量可以回答这些关键性的问题：

① 用户会喜欢这个产品吗？
② 这个新产品的使用效率会高于当前的产品吗？
③ 如何比较这个产品的可用性与竞争对手产品的可用性？
④ 这个产品中最为明显的可用性问题是什么？
⑤ 从先前的设计迭代中学到的教训是否反映在后续的改进中？

由于每个可用性研究都有其独特的属性，因此我们无法为每种类型的可用性研究精确指定可用性度量。但是，有以下10种主要可用性类型，并且针对每个类型提出了一些与度量相关的建议。

（1）完成一次任务业务

许多可用性研究旨在使任务尽可能顺利。在日常生活或者工作中，用户需要完成的任务的形式多样，但通常都有一个明确的开始点和结束点。例如，使用打车软件时，一次业务可以在用户点击呼叫出租车时开始，而在到达目的地且付款成功时结束，并且最终任务完成的状态是成功或者失败，都需要给予用户一个明确的说明。

用户的任务完成成功率是评估产品可用性的一个好方法。例如线上购物的网站，可以在线度量交易的流失率，精准定位用户流失的具体环节，从而集中精力去改善交易流程中最关键的问题。

（2）比较产品

与同类竞争产品和上一版本的产品相比，了解这一信息是非常重要的。通过比较产品之间的优缺点，以及更新迭代以后的版本是否有进步，了解掌握产品表现如何，有哪些优劣势。但是，在选择度量方法时，必须要基于自身产品，有的产品以效率为主要目标，有的产品则以提升用户体验为主。

建议使用以下三个可用性度量来获取总体可用性问题。

① 建议专注于任务的成功。对于大多数产品而言，能够正确完成一项任务至关重要。

② 建议重点关注效率问题。效率可以是完成任务的时间，页面浏览量，按钮的点击率或执行特定操作的步骤数。通过了解效率，可以很好地了解产品的易用性。

③ 建议关注满意度方面，满意度对于其用户具有多种选择的产品最为重要（目前，产品同质化的现象很严重）。

最后，比较不同产品可用性的最佳方法之一是通过组合和比较的可用性度量，这使我们对不同产品的可用性有了清晰而全面的了解。

（3）评估同一产品的频繁使用

许多产品经常被使用或较频繁地使用。此类产品包括微信、电子邮件、消费类电子产品和家用电器类产品。因此，简单性和高效性已成为评估此类使用频繁的产品的关键。

在评估产品使用频率时，建议使用任务时间来衡量。测量完成一系列关键任务所需的时间可以表明完成这些任务所需的工作量，以及相应的使用频率。对于大多数产品，任务完成时间越短越好，通过减少任务完成的时间，来提高产品的使用频率，会极大地提升用户使用产品的效率。但是，由于某些任务的复杂性，将参与者完成任务的时间与业务专家完成任务的时间进行比较也很重要。此外，完成任务的步骤数也值得注意，也许完成每一步的时间很短，但是为了完成一个任务需要做出的相应决策会变得很多。

易学性度量衡量需要多少时间和精力才能实现最高效率。可使用上面建议的各种效率度量形式来表示易学性。

（4）信息架构

许多产品可用性研究都致力于改善产品信息架构（或导航）。其目的是确保用户可以快速轻松地找到所需的内容，在产品模块之间轻松切换，以及了解其当前的信息体系结构和可以到达或无法到达的位置和地点，这部分研究工作通常反映在在线框图或高保真原型中。由于导航和信息机制及信息体系架构对于产品设计的重要性是不言而喻的，因此在执行任何设计工作之前，必须完成这部分工作。

任务成功是评估导航的最佳可用性度量之一。让参与者完成寻找一些关键信息的任务（类似于寻宝游戏），你可以了解产品导航和信息体系架构设计是否合适，并且给出的任务必须评估产品的每个部分。导航和信息架构效率的可用性度量重点在于将用户完成任务所需的实际步骤数与完成任务所需的最少步骤数进行比较。

卡片分类也是了解用户如何组织信息的一种特别有效的方法。有一种卡片分类方法，称为闭环分类。比如，让参加者将信息条目放入已定义好的类别中。从闭环分类研究中演化出的一种有用的可用性度量，被放进正确类别中的信息条目占总条目数的比重。这种可用性度量反映的是产品信息架构设计是否直观。

（5）提高知晓度

不是所有的设计都是为了让其更好用或者效率更高，一些设计上的改进是为了提高用户对某些内容或功能的认识。这样的方法经常使用在关于品牌和广告等设计上，但在产品设计中，对于使用率较低的产品同样具有可用性。为什么有些产品的功能和内容没有被用户注意并充分利用？这其中的很多原因都将影响该产品的可用性及用户体验。

通过监控用户和特定元素的交互次数，可以帮助确认该元素在产品使用时的认知度。但是，监控数据并不能直接表明该产品是否缺乏认知度。在测试中，用户可能注意到了一些元素但没有进行点击，或在某种程度上进行了交互，而用户自身并没有注意到这种现象。因此，这样的评估方法并不能作为唯一的数据来源，还应该搜集其他的数据来源来进行补充。

通过评估用户的记忆，也是另一种有用的可用性度量。例如，为用户同时展示几种不同的元素，然后让他们选择哪一个是在之前的测试任务中见过的。那么，我们就可以对关于该元素在产品使用中的认知度持有肯定。值得注意的是，评估用户记忆最好的方式仍是利用技术支持，测量用户行为和生理数据。利用眼动跟踪技术，测定用户在注意某个特定元素时所花费的平均时间，从而量化特定元素的认知度。

（6）发现问题

发现问题则是指发现关于可用性的主要问题，这样的方法往往是针对现有的、还未进行可用性测试的产品，该研究主要分为两种方式。

① 发现问题式的研究，此类研究常用于周期性检查，通常是开放性的。观察用户是如何使用产品并如何与之进行交互，从而发现其中存在的可用性问题。

② 问题发现式的研究，此类研究设计应该尽可能地保持真实性。这涉及用户正在使用的产品或是和用户自身相关的任务，还包括用户使用产品时的真实环境。因此，此类研究是研究用户可能进行的任务，而不是指定的测试任务。

最后，总结评估得到的所有可能性问题，可以将问题数据转换为频率和类型，使可用性的具体问题更容易了解、沟通与表达。例如，30%的可用性问题涉及产品语义不明。因此，对用户所遇到的具体问题进行更高层次的概括，度量问题出现的频率及严重程度，并对这些问题进行层级列表，将快速解决产品的可用性问题。

（7）关键产品的可用性最大化

关键产品即能为用户完成非常重要的任务的产品。因此，产品应该力求易用性和高效性，但同时必须易于使用。例如，紧急出口的指示要能够有效地指引人们逃生，并让人们容易识别逃生信息，否则会造成十分严重的后果。

因此，对于关键产品的可用性测试必不可少，并且必须保证数据的可信度。所以，需要增大用户参与数量，并专注于用户执行特定任务时的错误操作率及任务最终是否成功。例如，测试公交车上的安全锤的可用性度量的目标就是逃生人员能够独立成功地操作使用。

在测试关键产品的可用性时，不能只通过一个度量来评估。例如上述的测量案例，还涉及产品的使用效率，以及有限的使用时间内能否成功操作。

（8）创造具有整体性的积极的用户体验

想要创造杰出的用户体验，仅具备可用性是远远不够的。优秀的产品设计应当既好用又好看，既能够吸引用户、产生趣味，还能够引起用户的思考及使用后的回味。

可用性度量作为评估产品可用性的方法，最重要的还是用户的想法（关于用户描述自己使用产品或服务时的感受）。并且，在某些情况下，用户体验与可用性恰好相反。例如，用户在使用之初并不顺利，但在使用结束的时候对产品体验感到满意。也就是说，体验流程结束时的用户心智将影响整体的感受体验。

测试用户关于满意度的度量极其常见，但如果仅仅是让用户感到"满意"还不够。因为满意程度的评定是基于用户期望的，而最好的体验往往是那些超出用户期望的体验。

（9）评估微小改动的影响

微小的设计改动不一定都会对用户行为产生显著影响。但是，当一些微小的改动具备足够多的用户量时，同样可以产生巨大的影响。例如，微信更新的拍一拍功能，面对庞大的用户群体，产生了巨大的趣味互动效应。

衡量微小的设计改动影响的最好方式是通过网站A/B测试的实时在线度量。这种方法通常是转移一部分网络流量给替代设计，然后对比度量数据结果。或者通过邮件、电子问卷的方式，尽可能从具有代表性的参与者那里得到反馈信息。

（10）替代设计比较

在设计过程的早期，在选定设计方案进行优化之前，对多个替代设计方案进行比较。

可替代设计方案往往十分相似，我们依据预定义的可用性度量来评估每一个设计。进行这样的研究有一个问题，即用户从一个设计到另一个设计之间可能具有很高的学习效应。因此，应该设定研究是在纯粹的不同设计主体之间进行，即让每个参与者只使用一个设计。或者让用户只使用一个主要设计，来完成任务进行评价，然后显示替代设计方案，并询问他们的偏好与想法，这样可以得到每个参与者关于所有替代设计的反馈。

通过比较替代设计，获取用户反馈与期望评估，最终选择的设计方案应该是整体问题较少且严重程度高的问题较少。

2.2.3　适用范围

从产品设计阶段来看，从大的方面可以分为以下三个主要阶段：了解用户需求、原型设计、用户测试（图2-10）。

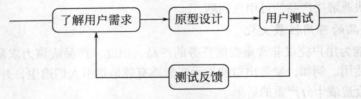

图2-10　产品设计主要阶段

在了解用户需求阶段主要的工作是描述用户特征，建立用户对设计产品的心理模型。用户心理模型主要包括：

① 用户需求模型，比如，用户在产品的功能上有哪些期待，用户希望通过该产品可以实现哪些产品用途，用户对该产品外观设计风格上的需求包括哪些方面等。

② 用户操作模型，比如，用户希望以怎样的方式去完成某项工作，用户平时的一般操作模式是哪些等。针对不同的目标用户和市场细分，用户模型也可以分为一般用户模型和特殊用户模型。前者主要关注一般用户的需求和行为模式，而后者更关心特殊群体的需求模式，如视力残疾等残疾人。

在原型设计阶段，主要是根据用户心理模型将产品设计以低保真和高保真的原型表现出来，再通过产品原型不断验证用户的需求，以及正在开发的产品是否满足了那些需求。在设计表达时，通常仅对产品的界面设计进行原型化，但实际上对于用户所听、所见和所触及的产品的任何方面都可以被原型化，从而让产品对用户更加具有吸引力。当产品设计原型化以后，为了检验其可用性水平，可以通过各种可用性测试方法对其进行测试。可用性测试阶段既包括对产品可用性的定性描述，也可以是数量指标上的检验。

从可用性研究所处的产品不同设计阶段上可以看出，其在以下方面可以发挥重要的作用。

① 洞悉用户的产品使用需求并建立用户心理模型。在社会发展过程中，不同的目标用户对于产品的需求存在一定的差异，比如，老人和小孩由于在力量和动作协调性方面相对于正常成人要差，因此在产品的设计上需要考虑他们特定的需求。同时，随着时代的发展，用户的产品需求也在不断发生改变，如外观上的审美需求，10年前和10年后就会有较大差异。正如Visual Basic之父艾伦·库珀（Alan Cooper）所说："无论一个产品设计师多么熟练和富有创造力，如果没有关于目标用户的清晰而详细的知识，问题的约束条件，设计希望实现的业务目标和组织目标，那他成功的机会将很小。"如果使用可用性研究来更好地了解用户产品的内部需求，对于产品设计师来说可以更有效地把握产品设计方向。

② 确定测试产品的可用性相对水平。从理论上说，产品的可用性水平的追求是无止境的。设计师设计出了产品，究竟该产品的可用性水平是否达到了预期的目标，在可用性水平上与竞争对手相比是否富有竞争力，或者相对于传统的设计方式，新的设计是否真正带来了有效的可用性水平提升，这些目标都可以借助于可用性测试来完成。往往在很多时候，我们并不知道也很难知道究竟如何设计是最好的、最可靠的，但我们可以通过可用性测试，迅速知道备选方案中哪种是更加可行的。当然这种比较可以是可用性总体水平上的评价和比较，也可以是某些操作模块（如手机的短信操作模块）的可用性水平比较。

产品设计者或开发者通常认为他们的产品很独特，不会有任何竞争对手。但是，正如Intuit首席执行官Scott Cook所说，几乎所有产品都有特定的竞争对手，这可以是某人完成任务的某种方式，而不一定是产品。在评估计算机拼音输入法的可用性水平时，在某些情况下，你甚至可以选择使用键盘输入和语音输入作为竞争对手。然后，用户可以基于任务并行测试不同的解决方案，以评估和比较特定设计的可用性水平。

③ 发现测试产品的可用性问题。产品可用性研究的另一个重要作用就是发现测试产品的外观、操作使用和其他设计方式上存在的可用性问题。而这一目的的实现一方面通过对用户的操作过程进行观察和分析，另一方面通过对用户反馈信息进行收集。有两种方法可以收集用户对设计的反馈。第一种方法是使用"低保真"原型系统，在纸上绘制设计模型，然后收集用户对设计的意见。但进行可用性测试更多使用第二种方法，就是运行原型系统或实际的早期产品，用户将自己测试设计结果。

例如，世界各国在举办一个大型活动如奥运会之前，均会选择在奥运会开始之前在相应新修建的奥运场馆举行一些重要性相对较低的比赛。其目的也类似于我们这里所提到的产品可用性测试，通过实际的比赛来发现新建成的场馆在软硬件设施上存在的不足和问题以便于及时改正。

2.2.4　样本量

样本量是指可用性研究中样本的大小。通常情况下，用户研究中的样本是指测试的参与者，即被试。确定样本大小时，应该基于两个因素：你的研究目标和你所能容忍的误差范围。

在迭代设计过程中，如果你只对发现主要的可用性问题感兴趣，那么从3～4个有代表性的参与者那里就能获得有用的反馈。小样本意味着虽然你不能发现所有的甚至大部分的可用性问题，但是你能够确定一些明显且比较重要的问题。如果有许多任务或产品的多个不同部分需要评估，你肯定需要4个以上的参与者。一个基本的经验法则是：在设计的早期阶段，你需要较少的参与者来识别主要的可用性问题。随着设计逐渐完成，你需要更多的参与者以发现更多的问题。

另外一个需要考虑的问题是：你可以接受多大程度的误差？表2-1表明：在平均成功率为80%的情况下，置信度或置信区间如何随不同样本大小的变化而变化。在这里需要说明的是，它们可以表明，利用基于样本观测得到的结果对所代表总体的统计真值可以进行何种推论。例如，在可用性测试中，如果80%的参与者成功地完成了一个任务，你能说较大群体中80%的用户都能完成这个任务吗？这种推测是不准确的。

表2-1　样例数据：置信区间作为样本大小函数的变化情况

成功人数	参与者人数	95%的置信度下限	95%的置信度上限
4	4	36%	98%
8	10	48%	95%
16	20	58%	95%
24	30	62%	91%
40	50	67%	89%
80	100	71%	86%

如表2-1所示，你只能说（置信度=95%）在这个大群体中有48%～95%的用户能够成功地完成这一任务。但是，你会发现随着样本大小的增加，95%置信区间的上限与下限逐渐接近。因此，如果你测试了100名参与者，而其中的80名能成功地完成这一任务，那么你就可以说这个较大群体中有71%～86%的参与者能够成功地完成这个任务（置信度=95%）。

2.3 ／ 用户体验设计的特征

2.3.1　用户体验设计范畴

用户体验是主观的、分层的和多领域的，我们可以将其分为以下6种基础体验（图2-11）。

（1）感官体验

感官体验是用户生理上的体验，强调用户在使用产品、系统或服务过程中的舒适性。关于感官体验的问题，涉及网站浏览的便捷度、网站页面布局的规律、网页色彩的设计等多个方面，这些都给用户带来最基本的视听体验，是用户最直观的感受。

（2）交互体验

交互体验是用户在操作过程中的体验，强调易用性和可用性，主要包括人机交互和人与人交互的两个最重要方面。根据互联网的特点，将涉及用户使用和注册过程中的复杂度与使用习惯问题、有关数据表单的可用性设计安排问题，还包括如何吸引用户的表单数据提交，以及反馈意见的交互流程设计等问题。

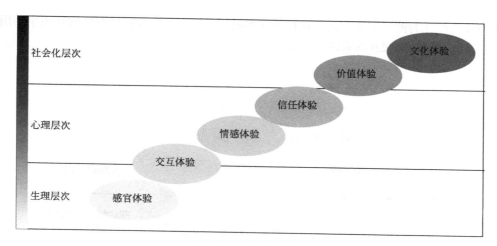

图2-11　6种基础体验

（3）情感体验

情感体验是用户心理方面的体验，强调产品、系统或服务的友好度。首要的是产品、系统或服务应该给予用户一种可亲近的心理感觉，在不断交流过程中逐步形成一种多次互动的良好的友善意识，最终希望使用户与产品、系统或服务之间固化为一种长期保持的友好体验关系。

（4）信任体验

信任体验是一种涉及生理、心理和社会的综合体验，强调其可信任性。由于互联网世界的虚拟性质，安全需求是首先被考虑的内容之一，信任也就理所当然被提升到一个十分重要的地位。用户信任体验，首先需要建立心理上的信任，然后在此基础上借助于产品、系统或服务的可信技术以及网络社会的信用机制，逐步建立起来。信任是用户在网络中实施各种行为的基础。

（5）价值体验

价值体验是用户经济活动的体验，强调商业价值。在经济社会中，人们的商业活动是为了交流，最终实现其使用价值。人们在产品使用的不同阶段中借助感官、心理和情感等不同方面和层次，以及在企业和产品品牌、影响力等社会认知因素的共同作用下，最终得到与商业价值相关的主观感受，这是用户在商业活动中最重要的体验之一。

（6）文化体验

文化体验是涉及文化和社会层次的体验，强调产品的时尚元素和文化特征。绚丽多彩的外观、诱人的使用价值、超强的产品功能和完善的售后服务固然是用户所需要的，但依然可能缺少令人振奋、耳目一新或"惊世骇俗"的消费体验。如果将时尚元素、文化元素或某个文化节点进行发掘、加工和提炼，并与产品进行有机结合，将会给人一种完美、享受的文化体验。

以上6种不同基础体验基于用户的主观感受，都涉及用户心理层次的需求。需要说明的是，正是由于体验来自人们的主观感受（特别是心理层次的感受），对于相同的产品，不同的用户可能会有完全不同的用户体验。因此，不考虑用户需求的用户体验一定是不完整的，在用户体验研究中，必须尤其关注人的心理需求和社会性问题。

用户体验设计是要以用户为中心，提高用户心目中对企业理念的感受力，创建影响用户体验的元素，并将其与企业目标同步。这些元素可以来自生理、心理和社会各个层面，包括在听、见、感知和交互过程中经历的各种过程。

用户体验设计的范围非常广泛，并且还在不断扩大。本书主要讨论互联网环境中的用户体验设计，尤其是网站等交互性媒体（图2-12）。

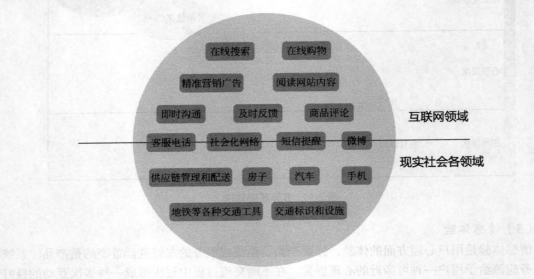

图2-12　用户体验的范畴

用户体验设计工作需要从产品概念设计时就加入。在互联网环境下，用户体验必须考虑用户与人机界面之间的交互过程，但其核心仍应围绕产品功能进行设计。

在早期的网站设计过程中，人机界面仅被视为一层核心功能之外的"包裹"，而没有被足够重视。人机界面的开发独立于功能核心的开发，甚至被放在整个产品开发过程与结尾。这种方式极大地限制了人机交互的设计，其结果带来了很大的风险，并且常常以牺牲人机交互标准为代价。这种带有赌博性质的开发是很难获得令人满意的用户体验的。

当前，用户体验设计界提出了以用户为中心的设计理念。这种理念从开发的最早期就开始进入整个流程，并贯穿始终，其目的就是保证：

① 对用户体验有正确的预估；
② 认识用户的真实期望和目的；
③ 在核心功能开发的过程中及时地进行调整和修正；
④ 保证核心功能与人机界面之间工作协调并减少错误；
⑤ 满足用户各层次的基础体验需求。

用户体验反映在用户与产品交互的各个方面，贯穿整个交互设计过程，每个错误都可能影响用户体验。因此，我们必须考虑用户与产品交互的各种可能性，并了解用户的期望和最佳体验。

在用户研究和用户体验设计的具体实施中，它可以包括早期用户访谈、实地访问、问卷、焦点小组、卡片分类和开发过程中的多次可用性实验，以及后续的用户测试和其他用户研究方法。在"设计—测试—修改"的迭代开发过程中，可用性实验通常会提供很多可量化的指标。

在互联网产品中，用户体验显然比任何其他产品都重要。无论用户访问哪种类型的网站，它都是一种自助产品，没有可以事先阅读的说明，没有操作培训，也没有可以帮助用户理解网站的客户服务代表。用户只能依靠自己的智慧和经验独自面对本网站。

从用户的角度来看，如果网站在视觉上具有吸引力，他可能会花更多的精力来了解如何使用这个网站。同样，如果用户觉得网站的设计很人性化，使用起来非常方便，也会促使他更多地访问该站点，这些都将产生良好的用户体验。

就互联网产品而言，用户体验主要包含以下三类工作。

（1）信息架构

为试图传达其信息的产品创建基本组织系统的过程。信息架构（Information Architecture，IA）是一种组合结构，会影响信息环境中的系统组织、导航和分类标签。简而言之，它是信息组织和分类的结构化设计，以便信息的浏览和获取。信息体系结构最初用于数据库设计，现在交互设计中，特别是在网站设计中，它主要用于解决内容设计和导航的问题，即如何以最佳方式组织信息来解释网站内容，以便用户可以更方便快速地找到信息。换句话说，信息架构是信息展现的一种合理形式。通过合理的信息架构，可以使网站的内容有序地组织和呈现，从而提高用户交互的效率。

（2）交互设计

向用户展示组织系统结构的方式。交互设计（Interaction Design，ID）也称为互动设计，是人工制品、环境和系统的行为以及传达这种行为的外观元素的设计和定义。人们使用网站、软件、消费产品或各种服务时，实际交互行为已经发生，并且这种使用感觉就是一种交互体验。随着网络和新技术的发展，越来越多的新产品和交互方法出现了，人们也越来越重视交互体验过程。

从用户的角度来看，交互设计本质上是一种使产品有效、易于使用且令人愉悦的技术。它注重了解目标用户及其期望，了解用户与产品交互时的行为，以及"人"本身的心理和行为特征。同时，它还包括了解有效的交互方法以增强和扩展。交互设计的目的是通过设计产品的界面和行为的交互，在产品与其用户之间建立有机的关系，从而可以有效地实现用户的目标。

（3）形象设计

突出产品的个性和吸引力。产品的形象可以传达产品的价值。形象设计是独立的，但又贯穿整个产品信息架构和产品交互设计过程。产品形象设计和评估系统复杂多变，不确定因素很多，尤其是涉及人的感官因素，包括人的身心因素。就网站而言，网站的视觉形象代表着网站的风格和感觉，它代表着一些独特的、留下深刻印象的东西。在某些情况下，它甚至会超越产品功能的重要性。

图2-13是立顿公司茶饮料产品的宣传网站，使用大自然氛围的图片作为整个页面的背景，给人一种清爽、自然的印象。页面中使用与该品牌形象统一的黄色作为主色调，整个网站页面的视觉形象与品牌形象统一，给消费者留下更深刻的品牌印象。

图2-13 立顿网站的页面设计

2.3.2　用户体验设计基本特征

（1）严谨、理性、创意

用户体验设计充满理性和严谨性，因为它先致力于解决用户问题，也需要高质量的创造力来帮助用户获得更好的体验。

（2）提供针对特定问题的解决方案

在设计之前，请明确几个问题：此设计的目标是什么？是否为某类人解决某些问题？应该如何解决？以此来避免把设计当作无限发挥创意的舞台，以至于给用户糟糕的体验。举个例子，OXO是风靡美国多年的家居及厨具用品品牌，不仅设计实力强，而且具有不断开创进取的品牌精神。在1990年，OXO推出了第一代标志性厨房产品——"Good Grips"旋转削皮器（图2-14），这种新型削皮器立即引起了市场的巨大反响，并赢得了许多设计奖项。

图2-14　OXO Good Grips旋转削皮器

这种削皮器的诞生源于一个关于爱情的故事。OXO创始人Sam Farber的妻子患有关节炎，在手指握住普通削皮器时会感到疼痛。当时市场上的削皮器刀刃部位都呈固定状态，因此，人们需要配合水果蔬菜的形状角度调整手的用力方向。于是Sam依照人体工学，就产品的材质与细节入手改造，最后设计了这一把让妻子能够舒适使用的削皮器，随后在美国市场推出。用户在使用OXO削皮器时，可以通过移动其刀刃减轻手的负担，并方便快捷地去除球形果蔬的表皮。同时，去除的表皮厚度也非常薄，在0.8～1mm之间，相当于只是削去了果蔬的表皮部分。

（3）减少用户思考环节

许多设计师喜欢以此为借口：我的设计很有创造力，用户起初不会用无所谓，第二次会用就行了。不幸的是，用户并不这么认为。当用户第一次遇到挫折时，他很可能会头也不回地扬长而去，就再也没有第二次的使用机会了。当然还有更糟糕的情况，用户不得不使用该产品，却被糟糕的设计弄得百思不得其解。

图2-15是一个与图片素材相关的网站。页面的设计非常简洁、直接。在页面中直接将图片类型以方格状进行排列展示，仅仅放置网站Logo在页面中的左上角，放置菜单图标与搜索框在中间，没有其他任何多余的装饰元素。单击下方任意一张图片，则在页面中满屏显示该图片，可以通过移动鼠标切换banner的主题。并且，当鼠标移至图标上方时还会出现本张banner图片的缩览图。整个网站的操作简单、直接，完全不需要用户思考。

图2-15 图虫·创意网站页面设计

（4）趣味横生

趣味性可以为你的设计增光添彩，给用户产生印象深刻的奇妙体验[5]。例如，为缓解厕所尿液四溅的现象，常见的做法是贴一个小提示，但效果并不好。为什么苍蝇图案的效果这么好？因为它抓住了用户的心理和行为习惯，同时又充满了趣味。趣味性的东西更容易吸引用户。

就像一个人，如果他能帮助你解决你的实际问题，你一定会对他产生好感，而如果他还能给你带来欢乐，那他一定会给你留下深刻的印象。

图2-16是某网站页面的设计，该页面的设计同样非常简洁。该页面头部的宣传大图则选择了富有戏谑性的话语"喜欢就去表白，不然你不会知道自己长得多丑"，以一种诙谐、幽默的形式突出网页主题。这种富有趣味性的页面设计，可以充分吸引用户的关注，给用户留下有趣而深刻的印象。

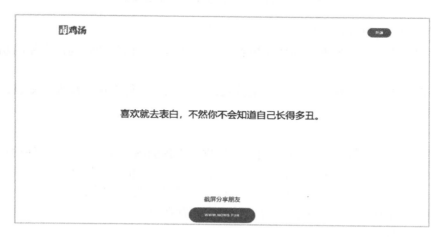

图2-16 具有趣味性的网站页面设计

此外，了解用户体验的基本点也是非常必要的。相信当互联网行业进入下半场并且人口红利逐渐减少时，用户体验必定是产品设计的关键内容之一。良好的用户体验不仅可以确保用户数量，而且可以确保出色的用户黏性[6]。如果我们想做一个好的产品用户体验设计，我们可以从以下5个方面开始。

（1）掌握需求

产品的意义是满足用户的需求，掌握用户的核心需求无疑是至关重要的。对于用户体验设计，如果设计不能达到满足用户核心需求的要求，则该设计是不成功的。掌握用户核心需求的方法最基本的应该是用户调查。当进行用户调查时，你需要正确的目标群体、适当的调查形式和明确的调查内容。

（2）留下彩蛋

彩蛋的意义在于使用户感到惊喜并增强用户对产品的体验。这种惊喜将使产品对新用户更具吸引力，从而使老用户在蜜月期过后仍然有机会体验新鲜感。图2-17是谷歌浏览器在断网界面时按下空格会出现的一个简单的小游戏彩蛋，用户断网时无意发现此彩蛋，断网带来的烦躁也将被彩蛋的惊喜取代。

图2-17　谷歌浏览器断网时的游戏彩蛋

但是我们留在产品中的彩蛋需要避免以下两个问题。

① 彩蛋的功能不是必要的。即使使用者没有找到彩蛋，也不会感到该产品的功能不令人满意。

② 不要把彩蛋埋得太深。这不是寻宝游戏，如果把它埋得太深，没人会知道，而你的想法也将失去意义。

（3）使结果可预测

如果彩蛋是一个额外的惊喜，那么给用户提供可以预测的交互式结果，是使用户满意并改善用户体验的基本技能。按钮的含义应与单击后的实际结果相同，如确认是确认，取消是取消，不要尝试与用户玩文字游戏。一旦激怒了用户，就得不偿失。需要注意的是，符合预期的交互结果与彩蛋之间存在差异，就像惊吓与惊喜之间存在根本差异一样。

（4）保持细节一致性

总体而言，细节的一致性应该是全面的。其中，颜色和字体的设计细节是关键，几乎控制了用户的视觉体验，奠定了用户体验的出色程度。如果执行切换界面后，整个界面的风格突然改变，应该大多数用户无法理解。尽管这些都是细节，但在挑剔的用户眼中，它们将被无限放大，甚至成为他们放弃使用该产品的重要原因。图2-18和图2-19分别是微云在手机端和网页端的引导界面，采用了相同的主题色、字体和线性插画来保持各端风格的一致性。

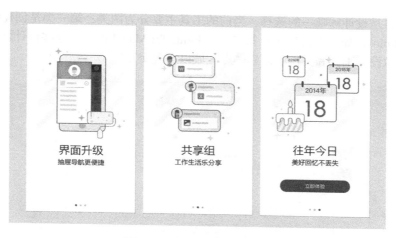

图2-18　微云手机端引导页

图2-19　微云网页端引导页

（5）应用程序设计工具

考虑到设计师所关注的方向不同，这里有一些出色的设计工具可以应对不同的使用场景。

① 界面设计工具。Photoshop和Illustrator是设计师最常用的工具。Sketch在Mac系统上也很流行，并且势头越来越好，如图2-20所示。但还有许多比较小众却好用的设计软件，OmniGraffle也是一个很好的设计工具，并且还具有一些交互功能。尽管效果非常有限，但仍然非常有趣。

图2-20　Photoshop，Illustrator，Sketch

② 互动设计工具。当涉及交互式设计工具时，许多人会首先想到Axure，由于其开发较早，该工具在原型设计工具中拥有最多的用户。但是，随着设计工具的快速发展，传统的原型

制作工具已不再是设计师唯一的选择。当前的工具主要分为两类：第一类是创建线框图以实现交互，如Mockplus，如图2-21所示；第二类是Flinto for Mac，InVision这些设计软件，如图2-22所示，通过图像设计工具和文件上创建热点区域以实现交互。

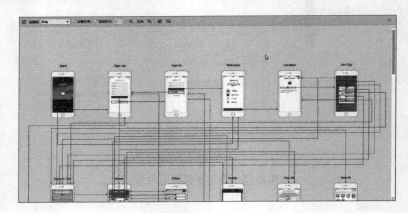

图2-21　Mockplus

图2-22　InVision

2.3.3　用户体验协同设计

在讨论用户体验之前，让我们回顾上一次我们去餐厅吃饭的情况。是什么让你选择这家餐厅的？初次进入餐厅时，你对餐厅的第一印象是什么？等待一会儿后，服务员让你坐到合适的位子了吗？菜单放在哪里？浏览体验如何？你点了哪些菜？上菜速度够快吗？菜的味道如何？服务员勤奋体贴吗？你还想在这家餐厅吃饭吗？

所有这些问题都与你对这家餐厅的印象有关，它们将直接指向你对于该餐厅的用户体验。

当然，我们通常所说的用户体验主要是面向数字、科技产品或服务。这意味着用户体验设计本身具有进一步改进的可能性。

如今，用户体验设计已成为一门相当重要的学科，具有多学科交叉融合的特点，而且发展十分迅速，具有很大的增长空间[7]。尽管这是一门具有综合性背景的新兴学科，但是当我们回顾其发展过程时，我们会发现它早在文艺复兴时期就已经存在。例如，精美细腻的洛可可风格的设计，利用精美的装饰和雕塑来满足人们追求美的体验。

在争论用户体验设计将引领我们走向何方之前，应该回顾一下用户体验设计发展史上的高光时刻（图2-23），它们能带给我们很多启发。用户体验设计师了解用户体验的历史可以帮助消除其他人的疑问：用户体验不是臆想出来的。可以用几句话来介绍用户体验的历史：工业生产的魔力正在吞噬我们的人性，因此科学家、学者和设计师团结一致，建立了一个新的行业，并发誓要改变人们屈服于技术的现状，让技术再次为人类服务。

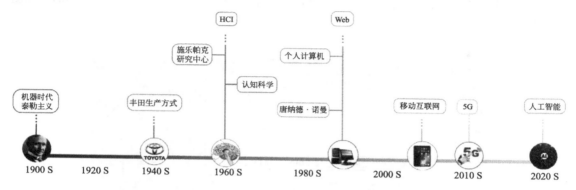

图2-23 用户体验发展的历史悠久而奇特

弗雷德里克·温斯洛·泰勒（Frederick Winslow Taylor）和亨利·福特（Henry Ford）是机器时代的最佳代表。他们使流水线的生产方法标准化，提高了人工效率，但也遭到批评。毕竟，将工人视为机器是一种被视为不符合人道主义的管理方法。但是，泰勒对人与工具之间的交互效率的研究仍然是用户体验中需要考虑的重要内容。

在20世纪上半叶，一个新的研究领域诞生，后来发展成了人因工程学和人体工程学。该研究起源于第一次世界大战和第二次世界大战期间的航空领域，旨在改善设备与人之间的协调性。到20世纪中叶，丰田汽车在生产效率和人类智慧之间找到了更好的平衡。尽管丰田生产系统仍然重视生产效率，但是它仍将人作为持续改进过程中的关键要素。丰田的目标是"以人为本"，它鼓励工人参与设计，一同排除生产故障和优化生产流程。例如，如果生产线上的工人发现问题和需要改进的地方，他们总是可以拉动被称为"安灯拉绳"的装置来停止生产线进行检查。大约在同一时期，工业设计师亨利·德雷福斯（Henry Dreyfuss）写了一本经典的设计书《为人的设计》，如图2-24所示，就像丰田系统一样，倡导以人为本。在该书中，Dreyfuss描述了许多方法，这些方法仍然是当今用户体验设计人员常用的方法。德雷福斯在这本书中写道："如果产品和用户的接触点变成了摩擦点，那么设计师就失败了。相反，如果产品使人们感到更有效、更安全、更舒适，甚至更快乐，那么

图2-24 《为人的设计》（*Designing for People*）原版与中文版

设计师就成功了。"[8]

　　同时，一些学者开始进入人类认知科学的研究领域。认知科学将人类的认知能力（尤其是人类的短期记忆能力）与人工智能相结合，旨在探索机器作为辅助人类从事智力工作的工具的可能性。

　　大多数最初的计算机设计解决方案来自施乐帕克研究中心（Xerox Palo Alto Research Center，Xerox PARC）。该中心成立于20世纪70年代初，是施乐（Xerox）公司建立的致力于创新研究的机构。施乐帕克研究中心开发出许多今天仍在使用的用户界面标准，包括图形用户界面、鼠标光标和位图。它的研究结果直接影响了苹果Macintosh计算机的用户界面，如图2-25所示。

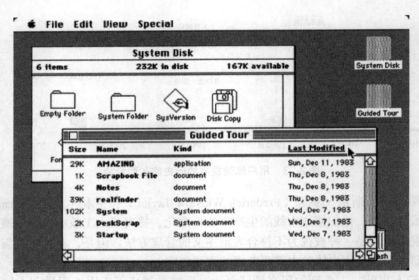

图2-25　Macintosh计算机的用户界面

　　"用户体验"一词最早出现在20世纪90年代初，当时认知心理学家唐纳德·诺曼加入了苹果公司。尽管人们以前使用过"人机交互"这个术语，但诺曼是第一个在设计中引入用户体验概念的人。诺曼的职位是用户体验架构师，他可能是第一个在名片上打印用户体验的人。诺曼最早的研究是认知心理学，但是他在产品认知经验方面的工作使他成为这个新兴领域的领导者。诺曼说"创建这个名词是因为我认为用户界面和可用性的范围太狭窄了。我想用一个词来涵盖用户与系统之间的各个方面，包括工业设计中的图形、界面、物理交互以及手册"（图2-26）。

　　随着20世纪80年代个人计算机的出现和20世纪90年代网络技术的兴起，与用户体验有关的各种学科开始出现交叉。用户界面设计、认知科学和人因工程学已成为人机交互设计领域的基础。越来越多的人开始使用计算机。因此，理解和改善计算机体验的需求变得越来越强烈，交互设计和可用性的概念越来越流行。

　　在20世纪90年代中期和后期，互联网进入了快速发展的时期。网站设计师、交互设计师和信息架构师等新职位开始出现。随着人们在该领域积累的经验不断丰富，对用户体验的研究逐渐成熟。如今，用户体验已成为一个正式的主题，专业的本科和研究生课程已经培训了大量的用户体验专业人员。此外，了解用户体验设计领域的相关专业术语，如UI，GUI，ID和UE（图2-27），可以帮助我们进一步加深对该领域的理解。

图2-26 唐纳德·诺曼《设计心理学》

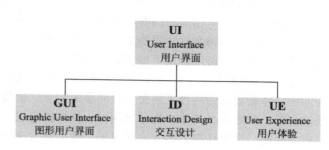

图2-27 UI用户界面

① UI。用户界面（User Interface，UI）包含整个产品使用过程中用户相关界面的软件和硬件设计，包括GUI，ID和UE，这是一个相对广义的概念。

② GUI。图形用户界面（Graphic User Interface，GUI）可以简单地理解为界面美工。主要是完成产品软件和硬件的可视界面部分，它比UI的范围要窄。目前，中国的大多数UI设计实际上是GUI，并且大多数来自艺术学院的相关专业。

③ ID。交互设计（Interaction Design，ID），简单地讲就是设计人与计算机等智能设备之间的互动过程的流畅性，一般是由软件工程师来实施。

④ UE。用户体验（User Experience，UE/UX），更加关注用户的行为习惯和心理感受，即研究用户怎样使用产品才能够更加得心应手。

⑤ UED（User Experience Designer，UED/UXD）。用户体验设计师在国外企业产品设计开发中十分受重视，这与国外比较注重人们的生活质量密切相关。目前国内的相关行业特别是互联网企业，在产品开发过程中，越来越多地认识到这一点，很多著名的互联网企业如Alibaba，都已经拥有了自己的UED团队。

2.3.4 用户体验创新设计

五年前网页设计是行业主流，而今天是移动应用的天下。五年前，用户体验指的是某一个界面上的交互体验，而今天它已经发展成跨平台的、无缝的交互体验，数字化已经融入我们的住宅、交通工具，甚至穿戴设备，单一的、独立存在的用户体验开始落伍了。

用户体验设计发展历史上的每个重要里程碑都来自技术与人性的碰撞。互联网和新兴技术逐渐融入我们的生活。我们可以预期，用户体验设计在接下来的日子里将得到快速发展与进步。但是，用户体验的设计与开发对于设计师专业技能的要求越来越高，且必须通过跨领域协作和跨学科实践。在用户体验设计高速发展的今天，求职网站每15天就有6000多个相关的职位发布。

互联网的应用不再局限于我们的笔记本电脑、智能手机和可穿戴设备，智能汽车和智能医疗设备也将连接网络。全球互联时代，将赋予专业用户体验从业人员更大的责任，用户体验设计不再局限于屏幕和像素，而体现在生活中的每个细节。

目前流行的开放式API（应用程序编程接口）就是要打造一个相互联系的生态系统，让不同的服务相互协作、融为一体。虽然这个生态系统目前还显得不太成熟，不过这恰恰从另一个方面说明用户体验行业充满了机会。

用户体验设计师已经成为热门职业，这份工作需要协调来自不同职能部门的同事，让大家共同改善产品的用户体验。要做到这一点，设计师们必须明白设计的目的和价值。设计是在有限的条件和资源下创造新的解决方案。这些限制条件既划定了设计的界限，也为设计提供了灵感。设计师应该感谢这些限制条件，正是这些限制才让设计成为可能，既可以约束设计想法助于设计落地，也可以激发更加实际的创意。对于用户体验设计师来说，最大的限制来自同事（产品经理、开发人员、营销人员、管理层），设计师们应该学会向他们借力、与他们合作。优秀的用户体验设计师应该了解每一位同事的特点，就像艺术家熟悉自己的创作材料一样。尽管条件有限，只要人尽其才、物尽其用，一样可以完成设计目标。共事的设计师们会从不同的角度思考问题，为设计提供多方面的灵感，帮助你发现设计中存在的问题，这绝对不是你一个人能做到的。为了获得最佳的设计产出，需要从多个角度解决设计问题，所以说，用户体验是跨学科的交叉领域，多个学科都会为用户体验做出贡献，包括人机工程、工业设计、图形设计、交互设计、人类学、社会学、心理学、认知科学、计算机科学等。

总的来说，用户体验融合了所有这些元素，并且覆盖数字化和非数字化的体验。本书将关注整个项目的用户体验流程，帮助创造用户和产品（不论是软件还是硬件）之间的准确交互。尽管这些用户体验流程也能有效地用于非数字化的产品或服务设计，但本书所讨论的项目都还是面向数字化产品的。

虽然"用户体验"已经成为时髦术语，但许多人仍认为用户体验只能用于界面设计。事实上，用户体验不仅可以评估产品是否易于使用，而且从概念上讲，它可以将终端用户的需求置于设计和开发过程的核心。在用户与产品或服务进行交互的开始、过程和结尾，可以通过用户体验来了解用户需求并对其进行优先级排序，这改变了由IT领域技术驱动的传统决策方法。在大多数情况下，技术性项目的失败是因为在设计阶段没有考虑终端用户的类型，以及他们在使用产品时的具体情境。

2.4 / 用户体验度量的数理概念

2.4.1 自变量和因变量

在任何可用性研究中，你都必须确定自变量和因变量。

研究中的自变量（Independent Variables）属于可以控制、操纵的方面。设计要根据研究问题选择自变量。例如，你可能会关注男性与女性、专家与新手等两种不同类型用户在绩效上的差异。这些都是为回答特定研究问题而可被操纵的自变量。

因变量（Dependent Variables）可以把所发生的现象描述为研究结果。因变量取决于你对自变量的施测方式，包括多种度量或测量，如正确率、错误数、用户满意度、完成时间等。本书中讨论的大多数度量都是因变量。

当设计一个可用性研究的时候，你必须清楚自己计划操控什么（自变量）和测量什么（因变量）。如果你不清楚这些问题，请再重新定位你的研究目标。如果你能够在研究目标和自变量、因变量之间建立逻辑联系，那么你和你的研究就应该能成功。

2.4.2 数据类型

数据是可用性度量的基础，可以以多种形式存在。在可用性领域中，数据类型包括任务完成率、网络流量、满意度调查的评价或参加者在实验室测试中遇到的问题数量[9]。为了分析可用性数据，你需要了解四种基本的数据类型：称名数据、顺序数据、等距数据、比率数据，每种数据类型都有着自身的用途和局限。当收集和分析可用性数据时，我们应该知道：我们所处理的数据是何种类型，以及对其能进行或不能进行什么样的处理。

（1）称名数据

称名数据（Nominal Data）是指一些简单无序的组或者类别。由于类别间没有顺序，因此你只能说它们是不同的，但不能说其中一个好于另一个。例如苹果、橘子和香蕉，它们不同但不能说哪种水果本质上要优于其他种类的水果。

在可用性领域，称名数据可用于表示不同类型用户的特征，如一些典型的自变量。比如是安卓用户还是苹果用户、不同性别或者不同地域的用户，我们可以依据不同组别来分割这些数据。称名数据同时也包括一些常用的因变量，如任务成功。称名数据还可以表示为点击链接A而非链接B的参加者数量，或者选择使用遥控器而不是音响播放器上的控制键的参加者数量。

适用于称名数据的统计方法是一些简单的描述统计，如频率和计数。例如，45%的参加者是女性，或者200名参加者的眼睛是蓝色的，或者95%的参加者完成了某个特定任务。处理称名数据时，我们需要注意的一个重要事情是，如何对这些数据进行编码。在统计分析程序（如Excel）中，通常使用数字表示个体的组别归属。例如，将男性编码为组"1"，将女性编码为组"2"，但请记住，这些数字是不能作为数值进行分析的，这些值的平均值是无意义的（我们可以简单地将它们编码为"男"和"女"），因为软件不能把这些被严格地用于某种目的的编码的数字和具有真正意义的数值区别开来。但在这一点上，任务成绩是一个有用的例外。如果将成功编码为"1"，失败编码为"0"，那么计算出的平均值将与成功用户的比例是相等的。

（2）顺序数据

顺序数据（Ordinal Data）是一些有序的组别或者分类。正像它的名字所暗示的，数据是按照特定方式组织的。但是，测量值（Measurements）之间的距离是没有意义的。有些人认为，顺序数据就是等级数据。在美国电影学会评选的前100名的电影列表中，一直处于第10位的电影《雨中曲》好于一直处于第20位的电影《飞越疯人院》。但是，这些评价并不代表《雨中曲》比《飞越疯人院》优秀两倍，只表明一部电影的确是好于另一部，至少根据美国电影学会的评选是这样的。由于等级之间的距离是无意义的，因此不能说其中一个等级是另一个的两倍。顺序数据的排序可以是较好或较坏，更为满意或比较不满意，更为严重或比较不严重，相对等级的顺序是最重要的。

在可用性领域，最常见的顺序数据是来自问卷中的自我报告数据。例如，一个参加者可能将网站评定为"极好、好、一般或差"。这些是相对的等级："极好"与"好"之间的距离并非等于"好"与"一般"之间的距离。可用性问题严重性评价是另外一个顺序数据的例子：一个可用性专家可能将参加者遇到问题的严重程度评定为"高、中、低"，但是"高"与"中"之间的距离并非必须等于"中"与"低"之间的距离。

对于顺序数据来说，最常用的分析方法是频率统计。例如，40%的参加者评定为"极好"，30%的参加者评定为"好"，20%的参加者评定为"一般"，10%的参加者评定为"差"。计算平均等级可能是一种吸引人的想法，但是，它在统计上是无意义的。

（3）等距数据

等距数据（Interval Data）是没有绝对零点的连续数据，而且测量值之间的差异是有意义的。我们最熟悉的等距数据的例子是摄氏温度或华氏温度。摄氏温度将冰点或华氏温度将液柱开始上升的点定义为零点温度，这种做法是随意的。因为零度并不代表着没有热度，只是表示温度量表上一个有意义的点。

在可用性领域，系统可用性量表（System Usability Scale，SUS）是一个等距数据的例子（表2-2）。SUS包含一系列关于系统总体可用性的问题，通过自我报告产生数据。它的分数范围从0到100，SUS分数越高，表示可用性越好。在这种情况下，量表上各点之间的距离是有意义的，它表示感知可用性（Perceived usability）上的递增或递减程度。等距数据可以容许我们在一个大的范围内计算描述性统计（包括平均值、标准差等）。而且，等距数据可以进行多种推断统计，从而可以将结果推论到一个较大样本。与称名数据和顺序数据相比，适用等距数据的统计方法更多。本章中将介绍的统计方法大部分都适用于等距数据。

表2-2　系统可用性量表（SUS）

请回答下面的每个问题，在"强烈反对"和"非常同意"之间选择一个合适的答案，表示你的判断。	强烈反对				非常同意
	1	2	3	4	5
1　我认为我会经常使用本应用					
2　我发现这个应用没必要这么复杂					
3　我认为该应用容易使用					
4　我认为需要技术人员的支持才能使用该应用					
5　我发现这个应用中不同功能被较好地整合在一起					
6　我认为这个应用太不一致了					
7　我以为大部分人会很快学会使用这个应用					
8　我发现这个应用使用起来非常笨拙					
9　对于这个应用，我感到很自信					
10　在我可以使用该应用之前，我需要学习很多东西					

对于收集和分析主观评价的数据，人们一直在争论：这些数据应被当作纯粹的顺序数据还是可以作为等距数据。请看这样两种评分标度：

① ○差 ○一般 ○好 ○极好

② 差 ○○○○○○ 极好

这两种形式，除了表达形式上的差异，其两个量表是相同的。第一个标度给每个项目赋予了外显的标签，使得数据具有顺序特征。第二个标度除去了选项之间的标签，仅给两个端点（End Points）赋予标签，使得数据更具有等距性。这就是为什么大多数主观评分量表仅给两个端点赋予标签或锚点，而不是给每个数据点都提供标签。请看经细微变化后的第二种标度的不同版本：

差○○○○○○○○○极好

在这种标度中，用十点标记方法呈现，使其更加明显地表示此数据可以被当作等距数据处理。使用者对这种标度的合理领悟是，标度上所有数据点之间的距离都是相等的。当我们犹豫能否将类似这样的数据作为等距数据处理的时候，需要考虑一个问题：任意两个定义的数据点的中间点是否有意义。如果这个中间点有意义，那么这种数据就可以作为等距数据进行分析。

（4）比率数据

比率数据（Ratio Data）与等距数据相似，而且具有绝对的零点。这种数据的零值不同于等距数据的随意零值，它有一些内在意义。对于比率数据，测量值之间的差异可以解释为比率。年龄、身高和体重都是比率数据的例子，在每个例子中，零表示没有年龄、身高或体重。

在可用性领域中，完成时间是最明显的比率数据的例子。剩零秒钟表示设定的时间结束或持续时间没有剩余。比率数据可以表示某一事物比另一事物快两倍或慢一半。例如，一个用户完成任务的速度是另一个用户的两倍。与等距数据相比，适用于比率数据的统计方法并没有增加多少。计算几何平均数是一个例外，它能够有效地测量时间上的差异（Nielsen，2001）。除了这种计算方法，比率数据和等距数据适用的统计方法基本相同。

2.4.3　统计方法

描述统计（Descriptive Statistics）对于任何等距或比率数据来说都是基本的。顾名思义，描述统计仅对数据进行描述而不对较大群体进行任何推论。而推论统计可以对一个远大于样本的较大群体提出一些结论或推论。利用大多数统计软件包都能够非常容易地对描述统计进行计算。假设我们已经收集了表2-3所示的时间数据。

表2-3　在一个可用性研究中，12名被试完成任务的时间　　单位：秒

Participant	Expert time	Participant	Expert time
P1	34	P7	22
P2	33	P8	53
P3	28	P9	22
P4	44	P10	29
P5	46	P11	39
P6	21	P12	50

在示例中，我们使用Excel分析数据。首先点击"工具"，然后选择"数据分析"，值得注意的是，如果在"工具"菜单中没有见到"数据分析"选项，我们需要先通过选择"工具"—"加载宏"，然后选择"Analysis Toolpak"（分析工具库）进行设置。在"Data Analysis"窗口中，从分析选项列表中选择"Descriptive Statistics"，然后确定我们要进行描述统计分析的数据区域。在我们的例子中，我们将数据输入范围定为从B列的第1行至第13行，然而值得注意的是，数据表中数据的第一行为标签行，所以我们选择"标签在第一行"复选框，同时是否包含标签是可选择的，不是必需的，选择它能够帮助我们使数据具有更好的组织性。接着，选择输出区域（选中我们想要呈现结果的数据表区域的左上角）。最后，我们可以表示出我们想看到的统计结果和95%的置信区间结果（95%置信区间是Excel中的默认设置）。

表2-4显示了描述统计的结果。左侧（A列和B列）显示的是我们假设的12名参加者的原始任务时间数据。右侧（D列和E列）显示的是描述统计结果。在随后的几个部分中，我们将再探讨这一结果。

表2-4　样例数据：表示了在Excel中所呈现的描述统计输出结果

Participant	Expert time	Expert time	
P1	34	Average	35.08333333
P2	33	Standard error	3.246112671
P3	28	Medium	33.5
P4	44	Mode	22
P5	46	Standard deviation	11.24486415
P6	21	Variance	126.4469697
P7	22	Peak value	-1.321525965
P8	53	Skewness	0.24144718
P9	22	Area	32
P10	29	Min	21
P11	39	Max	53
P12	50	Sum	421
		Observation date	12
		Confidence（95%）	7.144

（1）集中趋势的测量

当描述统计时，集中趋势（Central Tendency）是首先需要查看的统计。简单来说，集中趋势就是任何分布的中间或中央部分。最常见的三种集中趋势的测量是平均数、中数和众数。在表2-4中，平均数或平均值是35.1，即表示完成任务的平均时间刚刚超过35秒。大多数可用性度量的平均数都是非常有用的，也是可用性报告中最常引用的统计值。

中数是数据分布的中点：一半的参加者低于中数，一半的参加者高于中数。在表2-4中，中数为33.5秒：一半参加者完成任务时间快于33.5秒，而另一半慢于33.5秒。在一些情况下，中数比平均数能揭示更多的信息。例如，在一个公司的工资报告中，工资的中数经常出现。因为较高的管理者工资会使工资平均数严重偏斜，以至于平均工资看起来远高于大多数员工的实际平均工资。在诸如这些可能包含极端值的情况中，便可以考虑使用中数。

众数是原始数据中最常出现的数值。在表2-4中，众数是22秒：两个参加者以22秒的时间完成了任务。在可用性测试的结果中，众数并不经常被报告，但了解它也是有好处的。当数据是连续的且具有一个宽广的范围时（如表2-4中显示的完成时间），众数一般不是很有用。当数据包含的是有限值的集合时（如主观评分量表），众数会更有价值。

报告数据时保留多少位有效数字同样重要。可用性专家最常犯的一个错误是，在报告可用性测试的数据（平均时间、任务完成率等）时，使用了比实际需要更高的精确度。例如，表中显示平均时间是35.08333333秒。这是报告平均数的合适方式吗？当然不是。多位小数可能在数学上是没错的，但是，从实践角度看，这样的做法显得有些荒谬。谁会在意平均数是35.083秒还是35.085秒？当我们测量的任务需要大概35秒才能完成时，几个毫秒或几个百分之一秒的差异是微不足道的。

关于报告数据应该保留几位有效数字并没有统一的标准，但原始数据的一些因素如精度、量级和变异性等是需要考虑的。例如，表中原始数据的精确度接近于秒。有个基本原则：报告一个统计值（如平均数）所使用的有效数的位数不超过原始数据有效位数的一位。所以，在这个例子中，可以将平均数报告为35.1秒。

（2）变异性的测量

变异性测量（Measures of Variability）显示数据总体中数据的分散或离散程度。这些测量能够帮助回答："大多数用户的完成时间都相近，还是分布于一个宽广的时间范围内？"如果我们要知道对数据的可置信程度，确定其变异程度很关键。数据的变异性或离散程度越大，通过这些数据了解全体的可靠性程度就越低；变异性或离散程度越低，将样本的结果推论到全体的置信度就越大。三种最常见的变异程度测量指标为：全距（Range）、方差（Variance）、标准差（Standard Deviation）。

全距是最小数据点与最大数据点之间的距离。在表2-4中，全距是32，最小时间是21秒，最大时间是53秒。取决于不同的度量，全距值的变化范围可能会很大。例如，在多种评分量表中，全距通常限于5或7，这取决于量表所使用的评价等级的数目。当你的研究中采用完成时间时，全距非常重要，因为它能用来确定"极端值"（全距中的极高或极低的数据点）。查看全距也是一个检验数据编码是否正确的好方法。如果全距应该是从1～5，但数据中包含7，你就会知道数据存在问题。

方差是另一种常见且重要的变异性测量，它说明了数据相对于平均数或均值的离散程度。计算方差的公式：首先，求各数据点与平均数的差，然后求其平方，得到的值再求和，最后用样本数量减1之后的差值去除该求和之后的结果。在表2-4中，方差是126.4。

标准差是最常用的变异测量，一旦知道了方差，就能够很容易地计算它。标准差其实就是方差的平方根。表2-4中所示的这个例子中的标准差为11秒。理解标准差比理解方差稍显容易，因为它的单位与原始数据的单位是相同的。

（3）置信区间

置信区间对于任何可用性专业人员来说都是极具价值的。置信区间是一个用于估计统计值的整体实际值的范围。例如，假设你需要估计整个总体的平均值，并且需要高达95%的正确概率。表2-4中的95%置信区间约为7秒。这意味着可以确信总体平均值有95%的概率是35秒加正负7秒，即28到42秒。

此外，可以使用Excel的"置信度"功能快速计算置信区间。计算公式非常容易建立：=置信度confidence（α系数，标准偏差，样本大小）。α值是设置的显著性水平，典型值为5%或0.05。标准偏差可以通过Excel的"Stdev"函数轻松计算。样本大小是要检查的个案或数据点的数量，此值可以通过"count"函数轻松计算。表2-5是一个示例表。

表2-5　12名参加者的数据分析

Participant	Expert time	Participant	Expert time
P1	34	P9	22
P2	33	P10	29
P3	28	P11	39
P4	44	P12	50
P5	46	Mean	35.08333333
P6	21	Count	12
P7	22	Standard Deviation	11.24486414
P8	53	95%Confidence Level	6.362263925

Excel中的"CONFIDENCE"功能与描述统计功能中的置信度计算有所不同，如表2-5所示。但是请记住，这一函数是基于总体标准差的。但在大多数情况下，它是未知的。因此，图和图的置信区间并非完全一致。我们建议采用一个更保守的观点，即使用描述统计中的置信水平。因为这种计算方法没有对总体的标准差进行任何假设。

最终，选择哪种计算方法不是一个重大问题。随着研究样本大小的增加，两种计算方法之间的差异会逐渐减小。真正重要的问题是需要使用其中的一种。对于计算和呈现度量的置信水平来说，无论我们怎样强调其重要性都不为过。

（4）比较平均数

相较于等距或比率数据，最有用的处理就是比较不同的平均数。如果想知道一种设计的满意度是否高于另一种设计的满意度，或者想知道一组参加者的错误率是否高于另一组的错误率，最好的方法是进行统计。利用Excel或其他分析软件包，可以非常容易地进行这种计算。因此，我们将解释何时使用和如何使用每种方法，其结果如何解释，而非提供比较平均数各种方法的所有公式。

比较平均数有多种方法，但是，在进行统计之前，应该首先回答以下问题。

① 是同一组参加者内的比较还是不同参加者组之间的比较？例如，如果比较来自男性和女性参加者的数据，这很可能是不同参加者组之间的比较。像这样比较的不同样本被称为独立样本（Independent Samples）。但是，如果比较的是同一组参加者在两种不同产品或设计上的数据（组内设计，Within-subjects Design），则需使用重复测量分析或配对样本（Paired Samples）比较。

② 样本有多大？如果样本量小于30，可以使用t-检验；如果样本量等于或大于30，则使用z检验。

③ 有多少样本需要进行比较？如果比较的是两个样本，可以使用t-检验；如果比较三个或更多的样本，则使用方差分析（ANOVA）。

（5）独立样本

在可用性研究中，经常会比较基于独立样本的平均数。这仅仅意味着这些组别是不同的。例如，你感兴趣的是在满意度评价中专家级参加者与新手参加者之间的比较。最常见的问题是检验这两个群体是否存在差异。这种比较在Excel中可以轻松地实现。首先，点击"数据"—"工具"，选择"t-检验：假设方差齐性的两样本"选项（当然，也可以假设方差大致相等）。然后，输入两个变量的数据。在这个例子中，数据来自Excel数据表的A列和B列（表2-6）。我们决定包括每行的标题，所以选择"包含标题"选项。因为我们假设平均数之间没有差异，所以在这里我们输入0（你也许听过这叫作"虚无假设"）。这意味着我们要检验两个变量之间是否存在差异。我们选择a水平为0.05，这表示我们对自己的结果有95%的把握。也就是说，当两个群体没有差异时，我们仍然有5%的概率做出"它们之间存在差异"的错误推断。

表2-6显示了这一分析的结果。你最先注意的事情可能是专家与新手之间平均数的差异。与新手（49秒）比较，专家较快（35秒）。结果中另外一个重要指标是P值。因为事先我们对谁较快（专家或新手）没有做出任何假设，所以我们要看双尾（Two-tailed）分布的P值。这个P值约为0.016，小于0.05的阈限。因此，我们可以说专家与新手的完成时间在0.05水平上具有统计意义上的显著差异。请记住重要的一点：要说明a水平，因为它表明你可接受的错误概率有多大。

表2-6 Excel中的独立样本t-检验的输出结果

Expert Time	Notice Time	t-检验：双样本等方差假设		
34	45			
33	48		Expert Time	Expert Time
28	53	平均	35.08333333	49.33333333
44	66	方差	126.4469697	229.6969697
46	67	观测值	12	12
21	35	合并方差	178.071867	
22	39	假设平均差	0	
53	21	df	22	
22	34	t start	−2.615728765	
29	55	P（T<t）单尾	0.007892632	
39	59	t单尾临界	1.717144335	
50	70	P（T<t）双尾	0.015785265	
		t双尾临界	2.073873058	

（6）配对样本

要比较同一组参加者的平均数时，应使用配对样本（Paired Samples）t-检验。例如，你感兴趣的是两个原型设计之间是否存在差异。假如你让同一组参加者先使用原型A完成任务、再使用原型B完成类似的任务，并且测量的变量是主观报告的易用程度和时间，则使用配对样本t-检验。

在Excel中能够快捷地进行这种检验。在主菜单上，先选择"工具"—"数据分析"，再选择"t-检验：配对样本平均数"选项。然后，选择要比较的两列数据。在这个例子中，要比较的是B列和C列（表2-7），从第2行到第13行。接下来，确定"平均数假设差异（Hypothesized Mean Difference）"的值。在这个例子中，我们选择0，因为我们假设B列和C列的平均数没有差异。然后，我们设置a值为0.05，表明我们对结果有95%的把握。输出选项是你想在哪里呈现结果。这个对话框的设置类似于独立样本t-检验。当然，主要的差别在比较来自相同参加者内部而非不同参加者之间。

表2-7 在Excel中，配对样本t-检验的输出结果

Design A	Design B	t-检验：成对双样本均值分析		
80	48			
88	55		Design A	Design B
76	53	平均	77.75	57.08333333
90	80	方差	125.4772727	153.719697
93	81	观测值	12	12
67	51	泊松相关系数	0.65212153	
68	61	假设平均差	0	
55	41	df	11	
77	55	t start	7.22959171	
71	57	P（T<t）单尾	8.43746E-06	
88	59	t单尾临界	1.795884814	
80	44	P（T<t）双尾	1.68749E-05	
		t双尾临界	2.200985159	

表2-7显示了输出的结果。左边的是原始数据，右边的是结果。与独立样本输出结果一样，重点要看平均数和标准差。P值为0.0000169表示两种设计之间有着显著的差异，因为这一数值远远小于0.05。

在配对样本检验中要注意的是，所比较的来自两个分布的样本量要相等（虽然可能会有缺失值）。在独立样本条件下，样本量无须相等。其中某一组的参加者可以比另一个组的参加者多。

（7）比较两个以上的样本

我们并不总是只比较两个样本，有时候，我们需要比较的不同样本是3～4个甚至6个。

幸运的是，有一种方法并不需要费太多的力气就可以进行这种比较。方差分析使你能够确定两个以上的组别之间是否有显著的差异。

Excel可以进行三种类型的方差分析。我们仅给出一种方差分析方法的例子，叫作单因素方差分析（A Single-factor ANOVA）。单因素方差分析适用于仅需要对一个变量进行检验的情况。例如，你感兴趣的是比较参加者使用三个不同原型时的任务完成时间是否存在差异。

在Excel中进行方差分析。首先，从"工具"—"数据分析"中选择"方差分析：单因素"。这表示要检验一个变量（因素），然后定义数据范围。如表2-8所示，数据包括A列、B列、C列。最后，将a水平设置为0.05，选择"包含首行标题"。

表2-8　Excel中单因素方差分析的结果

Design 1 time	Design 2 time	Design 3 time	方差分析：单因素方差分析					
34	45	66						
33	48	45			SUMMRY			
28	53	89	组	观测数	求和	平均	方差	
44	66	49	Design 1 time	12	421	35.08333	126.447	
46	67	55	Design 2 time	12	592	49.33333	229.697	
21	35	77	Design 3 time	12	802	66.83333	333.4242	
22	39	90			方差分析			
53	21	43	差异元	SS	DF	MS	F	P-value	F-crit
22	34	56	组间	6069.5	2	3034.75	13.20283	6.13E-05	3.284918
29	55	66	组内	7585.25	33	229.8561			
39	59	69						
50	70	97	总计	13654.75	35				

结果包括两个部分（表2-8）。上面的部分是数据的结果。正如你所看到的，设计3（Design3）的平均完成时间明显较长，而设计1（Design1）的完成时间较短，设计3（Design3）的方差比较大，而设计1（Design1）的方差较小。结果的下面部分说明了差异是否显著。F值等于13.20，而达到显著水平的相应临界值为3.28。P值为0.00006表明了结果的统计显著性。完全地理解结果所表示的含义是重要的：结果表明"设计"这一变量效应显著。这一结果不一定表示每种设计的均值与其他各种设计的均值之间都有显著差异，它仅仅表示总的效应是显

著的。为了要看任意一对平均数之间是否有显著差异，你可以对两组数值进行两样本t-检验。

（8）变量之间的关系

有时候，知道不同变量之间的关系是很重要的。例如，有些人第一次观察可用性测试时就会注意到，参加者所说的和所做的并不总是一致的。很多参加者使用原型完成任务会很费力，但是，当要求他们评价原型的易用程度时，他们经常会给予其很好的评价。

（9）相关

开始检验两个变量之间的关系时，可以通过两点变量的散点图观察可视化后的样子（图2-28）。下面的散点图表示了体验的月份（x轴）与每月平均错误数（y轴）之间的关系。随着产品体验的逐月增加，每月平均错误数量逐渐减少，这种关系称为负相关，这条贯穿的直线称为趋势线（Trend line），还可以通过"Correlation"函数来计算相关系数。

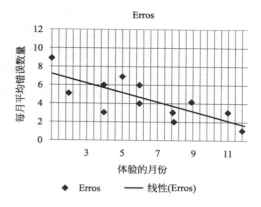

图2-28 趋势线示例

2.4.4 图表形式

即使收集和分析的一组可用性数据是当前最好的，但是如果不能就其与他人进行有效的交流，那么这些数据的价值就很有限了。在某些情况下，数据表肯定有用，但是在大多数情况下，需要用图形化的方式呈现数据。介绍如何设计数据图的优秀著作有很多，其中包括Edward Tufte（1990年，1997年，2001年，2006年，图2-29）和Stephen Few（2004年，2006年，图2-30）。本节的目的是介绍一些设计数据图重要的原则（特别是与可用性数据相关的）。这一节将围绕关于5种基本数据图类型的建议和技术展开。

图2-29 Edward Tufte著作

图2-30 Stephen Few的著作

（1）条形（柱状）图

柱状图（Column Graphs）和条形图（Bar Graphs）是基本相同的，唯一的差别就是它们的朝向不同，如图2-31、图2-32所示。

从技术上说，柱状图形状是竖直的而条形图形状是水平的。在实践中，大多数人简单地把两种类型都称为条形图。条形图可能是呈现可用性数据时最常用的方式，我们所见过的可用性测试数据的呈现中，几乎至少要包括一个条形图，无论用其来呈现任务完成率、任务时间、自我报告数据还是其他内容。下面是使用条形图的一些原则。

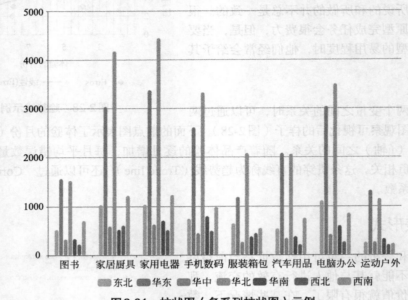

图2-31 柱状图（多系列柱状图）示例

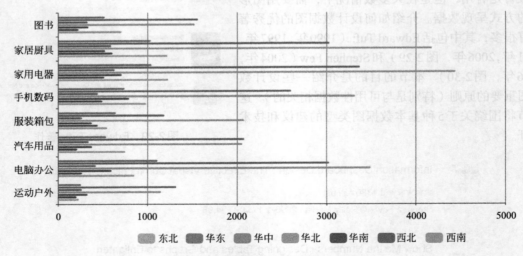

图2-32 条形图（多系列条形图）示例

① 条形图适用于呈现离散项目或类别（如任务、参加者、设计等）上的连续数据数值（如时间、百分比等）。如果两个变量都是连续的，那么折线图更适合。

② 连续变量的坐标轴通常以0为起点。条形图背后的整体思想是：条的长短表示数值大小。如果坐标轴不以0为起点，看上去就好像人为操纵的，直条长度是不自然的。

③ 不要让连续变量的坐标轴高于其理论上可能的最大值。举例来说，如果你要图示成功

完成每个任务的用户百分比，理论上的最大值为100%。如果某些值接近最大值，特别是在呈现错误条的条件下，Excel和其他软件包会自动地提供刻度（高于最大值）。

（2）折线图

折线图（Line Graphs）常用于显示连续变量的变化趋势，特别是随时间变化的趋势，如图2-33所示。在呈现可用性数据中，虽然折线图不如条形图常见，但是它有着自己的地位。以下是使用折线图的一些关键原则。

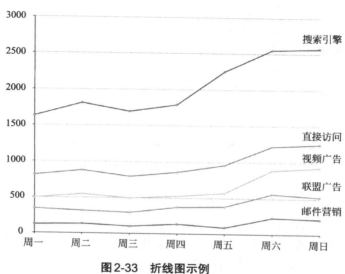

图2-33　折线图示例

① 折线图适用于呈现这样的数据：一个连续变量（如正确率、错误数等）是另一连续变量（如年龄、实验试次等）的函数。如果其中一个变量是不连续的（如性别、参加者、任务等），那么采用条形图则更适合。

② 显示数据点。真正重要的是实际的数据点，而不是线条。线条的意义只是把数据点连接起来以使数据所表现出来的趋势更为明显。在Excel中，你可能需要提高数据点显示的默认大小。

③ 使用适当粗细的线条使之更为清晰。太细的线条不仅难以看清，而且难以分辨颜色，并且可能暗示数据的精确度比实际的精确度要高。在Excel中，你可能需要提高线条的默认磅数。

④ 如果线条数大于1，请添加图例。在一些情况下，手工将图例的各标签移进数据图形中并将其放在各自对应的线上，会使图形更清晰。要做到这一点，必须借助PowerPoint或其他绘图软件。

⑤ 与条形图类似，折线图的纵轴通常也从0开始，但是在折线图中，这一点并不是必要的。条形长度对于条形图来说是十分重要的，折线图中没有这样的条形图，因此纵轴有时以一个较高值为起点可能更适合。在这种情况下，你需要恰当地标记纵轴。传统的方法是在坐标轴上做出"中断"标记，这也需要在绘图软件中进行。

（3）散点图

散点图（Scatter plots）也称X/Y图，用来显示成对数值，如图2-34所示。

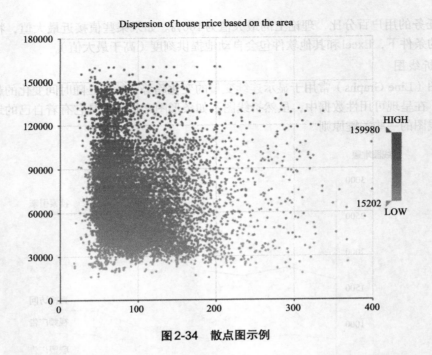

图2-34　散点图示例

虽然在可用性报告中它们并不常见，但是在某些情况下，它们是非常有用的。以下是关于使用散点图的一些关键原则。

① 要图形化的数据必须进行配对。一个经典的例子是一组人的身高和体重。每个人显示为一个数据点，而两个轴则可以是身高和体重。

② 使用适当的刻度。

③ 以散点图的方式呈现数据通常是为了显示两个变量t之间的关系。因此，在散点图上添加趋势线通常是有帮助的。

（4）饼图

饼图（Pie Charts）显示了整体的各部分或相应的百分比，如图2-35所示。当你要显示整体中各部分的相对比例（如在可用性测试中，有多少参加者在某任务上成功、失败或者直接放弃）时，饼图是非常有用的。以下是关于使用饼图的一些关键原则。

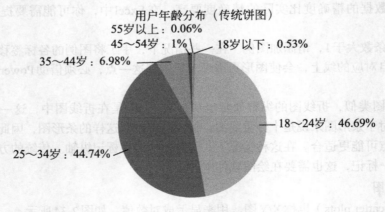

图2-35　饼图示例

① 饼图仅适用于各部分相加为100%的数据。需要考虑各种情况，在某些条件下，这意味着要创造一个表示"其他"的类别。

② 使饼图中分割的组块数最小。使用时，请尽量不要超过6个组块。逻辑化地组合各组块，可以使得结果更加清晰。

③ 在大多数情况下，饼图应包含每个部分的百分比和标题。通常，它们应与各组块相邻近，有必要的话可以用导引线连接。为了避免重叠，有时候你还必须手动地调整各标题。

（5）堆积条形图

堆积条形图（Stacked Bar Graphs）本质上是多个以饼图显示的条形图，如图2-36所示。

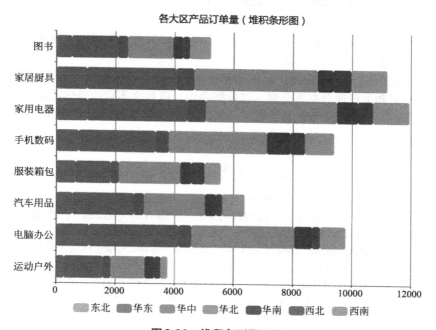

图2-36 堆积条形图示例

假如你有一系列的数据集，且其中每一个都代表总体的一部分，那么使用这种类型的图是合适的。在可用性数据中，最常见的是呈现每个任务的不同完成情况。以下是关于使用堆积条形图的一些关键原则。

① 与饼图类似，堆积条形图仅适合于每个项目的各部分相加为100%的条件。

② 系列中的项目通常是分类别的（如任务、参加者等）。

③ 使每个条形中的分割组块数最小化。如果每个直条分割的组块数超过三个就会给解释带来困难。恰当的做法是合并某些部分。

④ 可能的话，使用受众可能熟悉的颜色编码方面的约定俗成的用法。

关于数据图的一般建议如下。

① 为坐标轴和单位添加标题。对于你而言，数据中的0%至100%显然表示的是任务完成率，但是对于你的读者而言，这也许是不明确的。或者你知道图中显示的时间单位是分钟，但是你的读者却可能在考虑这个单位是不是秒或小时。有时候，坐标轴上的标签已经能够清晰地表示出刻度的含义（如"任务1"和"任务2"）。在这种情况下，给坐标轴本身加标签（如"任务"）将是多余的。

②　不要过分地强调数据的精确性。将时间数据标定为"0.00"秒至"30.00"秒，或者是将任务完成率标定为"0.0%"至"100.0%"是不恰当的。在大多数情况下，整数是最好的形式。当然也有例外，这包括一些严格限定在一点范围内的度量和一些几乎总是以小数形式出现的统计值（如相关系数）。

③　不要单独使用颜色传达信息。当然，这一点对于任何信息显示的设计来说都是一般性的原则，但是它仍然值得强调。颜色常常被用于数据图的设计，但是请确保要以位置信息、标签或其他线索信息予以补充，以帮助那些不能清晰分辨颜色的人理解数据图。尽可能以水平方式呈现标题。当你试图将太多的项目都挤到水平轴上的时候，你或许忍不住要将它们以竖直的方式呈现。有一个例外就是纵轴的主标题通常竖直地呈现。

④　尽可能呈现置信区间。这一点主要适用于使用条形图和折线图呈现参加者数据平均值的时候（如时间、评分等）。通过误差线（Error Bars）呈现平均数的95%或90%置信区间是一个以视觉化表示数据变异性的好方法。

⑤　不要使图表承载过多的信息。即使能够将新手与老手被试在20个任务上的任务完成率、错误率、任务时间和主观评分都整合到一张数据表中，但是也不意味着你就应该这么做。

⑥　慎用三维图。如果非常想用三维图，请仔细考虑它是否真的有帮助。在一些情况下，使用三维图将会难以看清所标示的数值。

参考文献

[1] Nicholas J. Webb. 极致用户体验[M]. 丁祎平，译. 北京：中信出版集团，2018.
[2] Jesse James Garrett. 用户体验要素——以用户为中心的产品设计（第2版）[M]. 范晓燕，译. 北京：机械工业出版社，2011：2-17.
[3] Niels Ole Bernsen, Laila Dybkjaer. 多模可用性[M]. 史彦斌，等译. 北京：国防工业出版社，2019：6-16.
[4] Tom Tullis Bill Albert. 用户体验度量[M]. 周荣刚，等译. 北京：电子工业出版社，2016.
[5] 樽本徹也. 用户体验与可用性测试[M]. 陈啸，译. 北京：人民邮电出版社，2015：2-13.
[6] Leah Buley. 用户体验多面手[M]. 新浪微博用户研究与体验中心，等译. 武汉：华中科技大学出版社，2014：15-29.
[7] Jodie Moule. 用户体验设计成功之道[M]. 程时伟，译. 北京：人民邮电出版社，2014：1-14.
[8] Henry Dreyfuss. 为人的设计[M]. 陈雪清，于晓红，译. 南京：译林出版社，2013：4.
[9] 李万军. 用户体验设计[M]. 北京：人民邮电出版社，2018：13-17.

第3章

用户体验设计要素层级

3.1 / 用户体验设计分类

3.1.1 单维体验设计

单维体验设计主要是指在单一维度或者平面上的体验设计，其中信息设计为单维体验设计的最主要载体。信息体验设计，即信息体系结构，一般是对信息组织、分类的结构化设计，以便于信息的浏览和获取[1]。在信息环境中，它会影响系统的组织、导览及分类标签的组合结构。信息体系结构最初是为数据库设计的，在交互设计中，尤其是网站设计中，主要解决内容设计和导航问题，即如何以最佳方式组织网站信息来解释网站内容，以便用户可以更加方便快捷地找到他们需要的信息。换句话说，信息体系结构是信息表示的一种合理形式。合理的信息结构可以使网站的内容有序地组织和呈现，从而提高用户交互的效率。下面以网站设计为例。

（1）信息架构的方法

一般来说，可以通过从上至下和从下至上两种方法进行构建信息架构。

① 从上至下：通过了解网站目标和用户需求来进行结构设计。首先对满足决策目标的最广泛的潜在内容和功能进行分类，然后根据逻辑细分主要和次要类别。这样，主要和次要类别提供了层次结构，并且可以按顺序逐个添加内容和功能。

② 从下至上：根据对信息内容和功能设计的分析来决定。先从已有的资料开始，把这些资料先放到最低级别的分类中去，再将它们逐一归类，从而架构出能够反映网站目标和用户需求的结构。

上述两种方法都有一定的局限性。从上至下的方法可能会导致忽略内容中重要细节的结果，而从下至上的方法可能会使信息体系结构过于准确地反映现有内容，并且无法灵活地应对未来的变化，因此应当在这两种设计方法之间寻求平衡。通常从上至下的信息架构方法用于网站的整体结构组织和框架，而从下至上的方法则用于局部设计细节的处理。

（2）信息架构的结构类型

信息架构的基本单位是节点，节点可以对应任意的信息单位，小到一个数字，大到整个公司。设计需要处理的是这些节点，而不是特定的页面、文档或组建。节点的抽象性特点使设计师能够将注意力放在结构的组织上，而忽略内容带来的影响。常见的节点组织结构类型分为以下几种。

① 层级结构。层级结构也称为树形结构或中心辐射结构。在这种结构中（图3-1），节点与其他相关节点之间存在父级子级关系[2]。子节点通常表示一个狭窄的概念，并且属于代表更广义类型的父节点。应该注意的是，并不是每个节点都有子节点，但是每个节点都有一个父节点。顶级的父节点也叫作根节点。

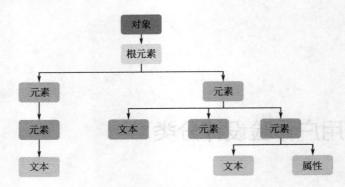

图3-1　层级结构示意图

层级结构是网站导航菜单中最常见的结构方式。在该结构下将相应的信息栏目进行分类，划分为相应的主导航菜单，每个主导航菜单又包含其相应的二级导航菜单。这种层级结构的信息架构的特点是非常容易理解，对于网站中栏目和内容的层次表现也非常明确直观。

② 矩阵结构。矩阵结构的节点以矩形结构连接，允许用户在两个或多个维度上从一个节点到另一个节点移动矩阵结构，通常可以帮助有不同需求的用户在相同的内容中找到所需的东西，因为每个用户的需求都可以和矩阵中的一个轴联系在一起。

例如，图3-2中京东电商网站的产品列表页面在产品列表的上方提供了多个选项，供用户选择不同的商品排列方式。有些用户希望以销量作为商品的排序方式，有些则习惯通过价格排序来浏览商品。这时，矩阵结构就能同时容纳多种用户的需求。

图3-2　京东电商网站产品列表页面

　　如果网站的导航采用矩阵结构进行设计，超过三个维度可能就会引起问题。当达到四个或更多的维度时，矩阵结构的复杂性反而降低了信息架构的可视性，造成信息组织的混乱，降低了用户查找信息的效率。

　　③ 自然结构。在自然结构中，节点是被逐一连接起来并不遵循任何一致的模式。该结构适合于探索一系列关系不明确或者一直在演变的主题。由于组织的无规律性，该结构没有给用户提供一个清晰的指示，而是帮助用户定位他们在结构中的部分，所以自然结构常用于鼓励用户进行自由探险与体验的网站，如娱乐教育网站或者在线小游戏。

　　例如，图3-3电子相册通过对照片的相互叠加，表现出强烈的立体空间感与交互感。该设计的信息内容则采用了自然结构的信息架构形式，没有给用户提供清晰的提示，只是鼓励用户在页面中进行探索和体验发现相应的信息。

图3-3　电子相册

　　④ 线性结构。线性结构是传统媒体的信息结构方式，也是用户最熟悉的信息体系结构方式。在网站交互设计中，线性结构通常用于小规模的组织结构中。例如，分段的教学视频必须以线性结构组织，限制产品内容的线性显示顺序，以确保视频内容的一致性和流畅性；天猫购物网站的会员注册页面如图3-4所示，用户需要填写的信息分为三个部分，以线性结构的信息架构方式来引导用户。按照顺序显示相应的注册选项，为用户提供了清晰的步骤指引，从而确保用户必须按照线性结构来填写相应的信息内容。

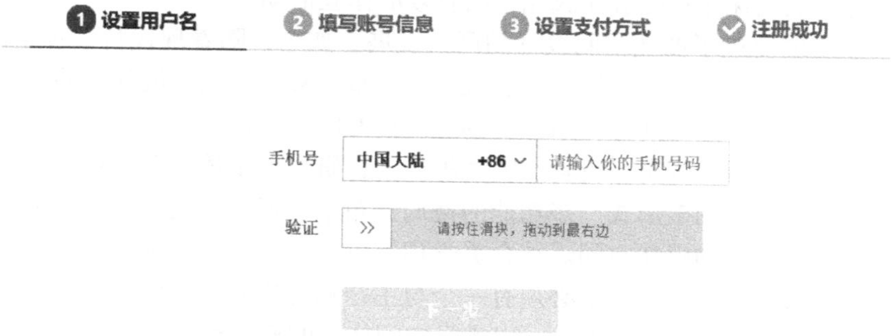

❶ 设置用户名　　❷ 填写账号信息　　❸ 设置支付方式　　✔ 注册成功

手机号　　中国大陆　+86 ∨　　请输入你的手机号码

验证　　>>　　请按住滑块，拖动到最右边

下一步

图3-4　天猫会员注册页面

（3）信息架构的组织原则

节点在信息架构中是依照组织原则来排列的，可以按照精准性或模糊性的组织原则进行分类。

① 精准性原则是将信息定义为明确的区域或互斥区域。例如，按照首字母的顺序或者按照地理位置；网站可以根据用户使用的语言来将网站信息分为英文版和中文版，也可以根据网站面向用户的地域不同，将网站内容划分为亚洲、欧洲板块。

② 模糊性组织原则是按照信息的意义进行分类的。例如，新闻网站中按照主题分类，电商网站中按照产品类型分类，相对比较主观。通常情况下，网站结构中高层的信息组织应当符合网站的目标和用户需求，低层的分类应当考虑产品的内容和功能。例如，新闻网站通常以时间顺序作为主要的组织原则，因为实时性对于新闻来说是相当重要的。在确定了高层组织原则之后，下一层结构可以与内容密切相关，因此可以按照不同的内容组织分类，如经济、政治、文化等。

错误的信息组织原则会给用户带来查找不便的不良体验。例如，一个在线化妆品销售网站按照产品生产日期组织信息，对于一般消费者来说，这是一种错误的组织原则。尽管生产日期是一个重要的购买因素，但是大多数人更偏向于通过品牌或价格来筛选产品，而不是生产日期。

此外，一个有效的信息架构，应当具备容纳成长和变动的能力。交互产品尤其是网站也会随着时间的流逝而成长改变。在许多情况下，满足新的需求，不应该导致产品信息架构重新设计，而是应当在原有信息分类的基础上增添新的分类或重新分类。比如，网站在只有几个月的新闻时，可以按照日期来进行分类，并允许用户进行翻页查找，这样的信息组织结构已经足够了。但是几年之后，当信息大量积累时可以按照主题来组织新闻，这样会更加有效。

3.1.2 三维体验设计

三维体验设计也称为空间体验设计。空间体验设计通常是指在特定空间内借助艺术设计语言对展示空间和环境进行划分和重新组织的设计形式。通过营造一种特殊的展览氛围，来根据主题和产品有效地传递信息[3]。空间体验被转移到物理空间中，其设计概念不限于几个设计类别。空间设计包括办公空间设计、家庭室内装修、文化和休闲空间设计及商业空间设计。具体的设计项目包括空间结构规划、水电设计、照明设计、装饰、软装及特殊的空间物体所需要的道具设计。因此，空间设计可以被认为是比建筑设计更小的概念。建筑设计的重点是外部设计，包括结构设计，而空间设计的重点是内部设计[4]。因此，在设计空间结构时，不仅需要遵循空间规则，还必须确保用户能够完成完整而有效的体验活动。

商业的飞速发展促进了商业空间设计的巨大发展。如今，随着现代科学技术的不断发展，商业空间设计变更的手段越来越多样化，表现形式丰富多彩。但是，最基本的要素仍然离不开人与物之间，以及人与空间之间的关系。要创造出良好的空间体验，一方面，设计师需要根据主题来判断消费者在参观时视觉、听觉、嗅觉等要素，研究大多数消费者对产品外观造型及功能等接受的疲劳程度，采用多形式、多功能的格局分布来表现同一主题。以视觉形式为主，同时连接听觉、嗅觉、触觉和感知空间。结合美学理解进行全面分析，利用照明和色彩匹配更好地显示空间布局。另一方面，空间中必须有一个与主题相对应的文本导视系统，合理使用色彩搭配、材质、照明处理等空间表达方式，以满足空间体验的充实[5]。

在"体验式"经济时代，无论哪个领域的设计都将用户体验纳入考虑范围内。在空间展示中，根据不同的显示内容和展示目的，采用多种科技和设计语言来传达情感，引起观众共鸣，产生互动。体验空间展示不同于传统的空间展示，更有可能引起观看者的身心体验，其表演内容丰富、手段新颖、引人入胜。例如，2010年上海世博会（图3-5）。世博会是人类文明的展示，通过参观和体验，参观者不仅会获得感官上的满足，还可以享受人情和人文情怀[6]。

图3-5　2010年上海世博会中国馆

在展览空间中，由于大多数参观者都是非专业人士，因此需要一些方法使参观者更快地接近所展示的内容、建立关系，激发参观者的潜在兴趣并引起共鸣。数字媒体技术在博物馆展示中使用光影成像技术使平面的画卷数字化。例如，在2010年上海世博会中国馆中北宋画家张择端的《清明上河图》（图3-6）被一支数字的画笔唤醒，开封繁华的市场被带入了21世纪。它使参观者在观看时身临其境。

图3-6　2010年上海世博会中国馆张择端的《清明上河图》

3.1.3　多维体验设计

20世纪90年代中期，"用户体验"这一名称才被大众所认知，由美国学者Bemd H.Schmitt在他编写的一本书《体验式营销》中提出并推广，他根据大脑的不同功能组成区域，把"体验"感受归成感官、思考（反思）、情感、行为、关联这5个多维层面，给予体验设计思考的途径一个崭新的内涵。这种思考方式推翻了之前理性消费者的假设，支持感性因素与理性兼具的观点，甚至感性影响更为深远[7]。

多维体验设计是产品设计本身的一部分，优秀的体验设计是将5个层面的感受相互交织的结果，每个层面都同等重要，相互影响、相互制约，并需要多维度结合其他学科进行协同设计，如人因工程学、交互心理学、图像视觉设计、市场营销学、灯光设计等，这是一个复杂的过程。下面将从这4个层面分析宜家的多维度体验设计。

（1）感官体验设计

独特的感官体验能够给用户带来最直观的感受，是优先于意识而形成的重要印象，在视觉、听觉、嗅觉、触觉等多感官方面，体会产品的独特性，以激发消费者的购买欲望，从而在心理上形成需求，区别于人们的实际需求。

宜家的产品擅长采取吸睛的色彩搭配，基本不会单独陈列某个产品，而是以多种产品在某一场景搭配陈列的方式，烘托更具有生活氛围的卖场，使消费者一看到就能够印象深刻。

宜家产品的特点不仅仅是采用鲜艳的颜色吸引注意力，它的另一大特点是大面积地采用淡色系，比如白色、米色、灰色。感官体验注重用户接触时的第一印象，注重心理上的感受，优秀的感官设计体验可以立刻吸引消费者，而且可以在情感上产生共鸣。大面积采用淡色可以给消费者眼前一亮的感受。曾有实验得出：颜色对人的心理活动有很大影响，而且会直接影响情绪。在当今社会的快生活、高压力中，大面积的白色可以给神经紧绷的城市人群一种陌生的舒适感和明亮、洁净、畅快、愉悦的感觉。白色不存在于自然界中，而只存在于人们的认知和情感中，可以带来一种宁静、自然的深层内涵，能够让人们疲倦劳累的身心状况得到放松，并且获得舒适惬意的感受[8]。

图3-7　宜家卖场场景

影响消费者购买行为的重要原因不仅有色彩搭配，还有优美的线条、整洁的外形、舒适的触感等。宜家的产品在材料上大部分采取木质、棉麻、木屑、藤制、羊毛、皮革等纯天然材料。与玻璃、金属等一些冷制材料相比，天然材料可以给予人们更亲切的感觉。自然柔和的质感和光泽能够更好地放松视觉和触觉。宜家打造的场景大部分是温馨、干净的体验感，可以传达健康生活的正能量。图3-7为宜家卖场的一处搭配场景。

（2）行为体验设计

行为层次是一种以功能为核心的层面，要求产品具有易理解性、易用性，并能够给用户带来愉悦的感受，属于潜意识的范畴。如果说感官体验是用户在接触产品时的感受，那么行为体验则是用户在使用产品时的感受。产生舒适的使用感受，这一过程中强调产品的易用性，从而解决实际问题。例如，宜家厨房的模块化设计，将厨房储物空间向上挖掘，从天花板开始设计，利用每一块狭小空间，尽可能充分运用每一寸空间，并与厨房空间自然融合。依照家庭成员的生活习惯进行模块化设计，比如青少年使用冰箱频率高，所以把操作台放置在冰箱附近，来提高使用效率。把锅碗瓢盆等生活用品摆放在开放式储物空间，可以增强用户的做饭欲望和烹饪积极性。

（3）情感体验设计

感官层次的体验对于结果的影响很小且不稳定，其中更关键的是互动的过程，人与物之间产生的联系与记忆。

宜家购物体验的区别是它的自主品牌"食在宜家"，用使人心动的价格抓住消费者的眼球，随时为购物疲劳的顾客提供瑞士的经典美食。其不但可以解决消费者的饥饿，而且可以为消费者准备独特且美味的食物。味蕾的记忆让宜家的购物体验和顾客之间的关系更加密切。宜家餐厅通过自助方式，依照西餐的用餐顺序设计食物的摆放路径，首先是面包、沙拉等甜点，其次是主食，最后是配餐和饮料。在路径的最后设置结账柜台，布局设计合理。在用餐区域，从桌椅到吊灯等一系列产品全是宜家的产品，为顾客提供更加真实的产品体验。

在设计中，美好的事物一般和情感息息相关。比如，女性更喜欢迷人的、可爱的产品，这些刺激着女性的感官。情感营销体现在激起顾客内在的感受与情绪，目标是创造情感体验。情感范围可以从温和、柔情的情绪到欢乐、自豪甚至是强烈的情绪。在居家环境中，植物的摆放地点恰好巧妙结合了这一点，宜家的园艺区提供了各种各样的温室植物、房顶悬挂花盆、各式花盆架、开放式挂杆、户外地板、组合花瓶等，多样的产品能够匹配多样的房间格局，促成室内园艺。当今的城市生活使人们鲜少有机会亲近自然，于是宜家鼓励顾客在家中尝试种植简单的植物，感受大自然，找回生态，享受健康生活。并且，绿色植物不仅可以净化空气、吸附粉尘，还能达到放松身心、缓解疲劳的效果，通过舒适的感受激发情感共鸣。

情感体验设计需要真正地了解用户并可以激发用户某种情绪，能使消费者自然而然地受到感染，并产生身临其境的感觉。

（4）思考体验设计

思想层次的设计一般包括许多领域的信息，与文化背景、产品含义和用途、使用价值等联系紧密。怎样理解产品是思考体验的关键。情感体验的更高层次不再是行为，而是一种对行为的反思，是用户在对产品有了一定使用经验后引起的思考。这种思考可以是对产品功能的反思，或者产品对用户影响的思考，这种思考的升级甚至能够变成设计的方向。宜家公司提倡顾客"自给自足"：顾客在店里自由选购商品，自己把选好的商品带到结账处，自己把商品运回家，然后自己把它们组装起来。这样做的目的除可以降低成本之外，还能够使产品与顾客的互动时间延长，产生更多思考。除此之外，儿童玩具厨房部件系列产品，含有水台、灶台、模拟洗碗机等几个部分。玩具场景模拟真实成人场景，用生活原型带入角色，鼓励孩子模拟扮演行为，采用这种方法培养孩子经营生活的思维模式，满足儿童自我表达需求，最大限度激发儿童的积极性，引发思考。孩子们在游戏的过程中，不断思考、不断体验真实的厨房生活，逐渐增加对生活过程的了解，从而培养社交能力。图3-8为宜家体验厨房。

以"用户体验"为起点的宜家产品，让消费者能够尽情享受自在、轻松、舒畅的乐趣。宜家鼓励顾客在卖场最大限度地亲身体验，比如拉开抽屉看到里面的收纳物品，打开柜门看到感应亮起的内灯，体验椅子、沙发、床垫的舒适性等。体验代表着顾客主动寻求自身的需要，多层次的体验会使一个人在消费时的判断产生变化，宜家设计中5个体验的层次不是独

图3-8 宜家体验厨房

立存在的，而是相互作用、相辅相成的。

用户体验设计要时刻以人为本，展开设计思路，善于观察、精于发现，深入探究消费人群的需求和渴望。用户体验不但提高了产品的用户接受度，提高了企业知名度，更重要的是改善了用户的生活方式。

3.2 ／ 用户体验的要素模型

3.2.1　用户体验需求层次

用户体验是用户在使用一款产品或服务的过程中建立起来的一种主观心理感受，因此伴随一定程度的不确定性。此外，用户之间的个体差异性也决定了每个用户的真实感受是不能采取其他方法模拟或再现的。

用户体验由战略层、范围层、结构层、框架层和表现层这5层组成（图3-9），并且从每一个层面涵盖的子要素提出符合用户体验的设计原则[2]。这5个层面呈现了一个用户体验的基本架构，只有在这个基本架构上，我们才能讨论用户体验的问题，以及用说明工具来解决用户的体验。

每一个层面都是根据它下面的那个层面来决定和约束的，且由抽象转变成具体。其意思就是，表现层由框架层决定，框架层又由结构层制约，结构层基于范围层，而范围层则是建立在战略层的基础上。这种自下而上的结构也就意味着每个层次所产出的结果都受到上一个层次的制约，如图3-10、图3-11所示，在每一层面上的决定都会对到它之上层面的可用选项产生影响。这种依赖性表示在战略层上的决定将拥有某种自下而上的"连锁效应"。相对而言，也就表示每个层面中我们可用的选择，都受到其下层面中所确定的议题的约束。

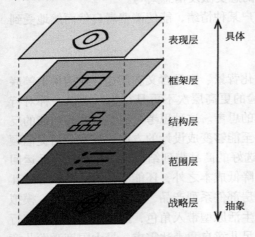

图3-9　用户体验5个需求层次

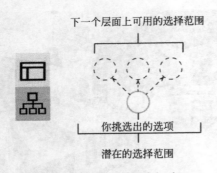

图3-10　层次制约规则（a）

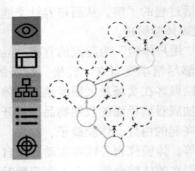

图3-11　层次制约规则（b）

我们可以从网络交互最基本的形式——网页设计入手分析用户体验的要素。

（1）战略层

战略层所强调的是来自企业外部的用户需求。与用户需求相对应的是企业内部对于产品的期望目标。这些产品目标可以是具有商业性质的目标，也可以是其他性质的目标。网页设计中，网站的范围基本上是由网站的策略决定的。这些策略不仅仅包含网站经营者想从网站得到什么，还包括用户想从网站得到什么。例如，电商网站的显而易见的策略目标：用户想买到商品，网站想卖出商品。

战略层决定了网站的定位，由用户需求和网站目标决定。用户需求是交互设计的外在需求，包括美观、技术、心理等各方面，能够采用用户调查的方法得到。网站目标则是设计师和设计团队对整个网站功能的期望和目标的评估。

（2）范围层

范围层是基于战略层而建立的。这一层面的侧重点在于对功能和内容的需求。结构层确定网站的所有特性和功能最恰当的组合方式，而这些特性和功能就构成了网站的范围层。比如，商务网站提供某种功能，使用户可以保存之前的邮寄地址，这样用户可以再次使用它。这个功能是否应该成为网站的功能之一，这就属于范围层要解决的问题。

（3）结构层

与框架层相比更为抽象的是结构层，结构层的具体表达方式是框架层。框架层确定了在结账页面上交互元素的位置，结构层则在此基础上用来设计用户怎样达到某个页面，并且在他们做完事情之后能去什么地方。框架层定义了导航条上各要素的排列方式，允许用户能够浏览不同的商品分类，结构层则确定哪些类别应该出现在哪里。

从范围层到结构层，转变成交互设计和信息架构。在这一层，我们可以定义为系统如何响应用户的请求，合理安排内容元素来帮助用户理解信息。

（4）框架层

在表现层之下的是网站的框架层：按钮、控件、照片和文本区域的位置。框架层能够优化设计布局，来尽可能增大和提高这些元素的效果和效率，在需要使用的时候，可以获得标识并找到购物车的按钮。

（5）表现层

这一层无论是功能型产品还是信息型产品，我们在这里的强调部分都一样——为最终产品创建感知体验。在网页设计中，主要是网站的视觉效果设计。在表现层，我们看到的是一系列的网页，这些网页由图片、文字及音乐等多媒体元素组成。一些图片可能是可以点击的，会执行某种功能，例如，一个购物车的图标，会把用户带到购物车页面；而有些图片仅仅是起到装饰的作用，比如网站Logo和一些产品的图片。

3.2.2 用户交互体验模式

随着互联网时代的发展，许多新特性被加入网页的浏览器和服务器中，网站开始拥有更多的新功能。网站不但可以传达信息，而且可以收集和控制信息。互联网开始商业化后，这些功能被应用于更大的范围，如购物网站、社区论坛、网上银行中相继出现。网站从静态地收集和展示信息，逐渐过渡到动态地以数据库驱动网站[9]。

信息和功能逐渐成为网站的两个方向。在网站的用户体验形成之时，设计师也许站在功能

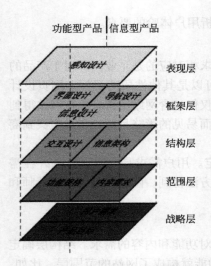

图3-12　用户体验五要素模型

的立场来看待网站，把每一个问题视为应用软件的设计问题，从传统的桌面应用程序的角度来考虑解决方案。此外，设计师也可能站在信息的发布和检索的立场来看待网站，然后从出版、媒体和信息技术的角度来考虑如何解决问题。这是两个不同的角度，究竟网站是应当分类到应用程序还是信息资源，这经常给设计师造成困惑。

被称为"Ajax之父"的Jesse James Garrett提出了用户体验的五要素模型，如图3-12所示，目的是解决双重性问题，把这5个层面分别开来[2]。左边的这些要素主要用于描述功能型的平台类产品，右边的这些要素主要用于描述信息型的媒介类产品。

左边，关注点主要在任务。所有的操作和行为都被归结在一个流程中。在这个过程中，产品被认为是用户完成一个或多个任务的工具。右边，关注点主要在信息，媒介应该为用户提供哪些信息且这些信息对用户的意义何在。设计师需要创造一个信息丰富的用户体验，提供给用户能够理解的信息组合。

3.3　／　信息逻辑与结构框架

3.3.1　逻辑框架划分

框架层共有三部分。一是信息设计：一种帮助用户理解的信息表达方式；二是界面设计：使用户与系统的功能产生互动的界面元素；三是导航设计：对屏幕上的元素进行组合排列，使用户以信息架构为路径进行体验。

框架层通过确定功能的种类和形式来实现。这一层不仅要解决具体的问题，还要解决更加精确的细节问题。在框架层，我们需要关注独立的组件以及它们之间的相互关系。

如图3-13所示，对于功能型产品，运用界面设计确立框架，比如界面中按钮、文本框和其他要素的领域。而对于信息型产品，运用导航设计对界面信息进行呈现。无论是功能型产品还是信息型产品都需要进行信息设计，使信息与用户能够更加有效沟通。

这三个要素紧密结合在一起，比任何其他层面的两种要素之间的关系都要紧密。在面对"导航设计"的问题时，首先需要考虑"信息设计"是否模糊，或者出现"信息设计"问题最后变成"界面设计"的问题，这是很常见的现象。即使这些要素的边界很模糊，但把它们定义成独立的领域仍然能够帮助我们更加准确地评估是否已经找到了合适的解决方案。

当涉及提供给用户做某事的能力时，则属于"界面设计"。通过界面，用户能真正接触到那些"在结构层的交互设计中"确定的"具体功能"。假如是给予用户到达某个地方的能力，就是"导

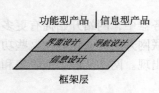

图3-13　框架层要素

航设计"。信息架构把一个结构应用到我们设定好的"内容需求列表"之中，而导航设计则是一个用户能看到那个结构的镜头，换句话说，即用户可以"在结构中自由穿梭"。假如是把想法传递给用户，那就是"信息设计"。信息设计是这个层面中范围最广的一个要素，涉及几乎是目前为止我们在功能型和信息型产品两者中都看到过的所有内容。信息设计跨越了"以任务为导向"的功能型产品和"以信息为导向"的信息型产品的边界，这是由于无论是界面设计还是导航设计，都不可能在没有"一个良好的信息设计的支持"的前提下取得成功。

3.3.2　产品需求构成

针对产品来说，我们终究要同时考虑其商业价值和用户需求。因为只有提高用户的满意度，用户才愿意使用产品，产品才能具有一定的商业价值。商业价值的提高才可以让企业花费更多的时间和精力来提升用户体验，因此，商业和用户这两个要素相辅相成、缺一不可[10]。

想要满足所有的用户需求，也必须有技术开发人员的配合，且同时要在时间允许的前提下才能够确保项目的可实现性。因此，在实际工作中，需要从商业、用户、技术三个角度来考虑需求，如图3-14所示。

产品定位事实上是关于产品的目标、范围、特征等约束条件，它涵盖两方面内容：产品定义和用户需求。产品定义主要是由产品经理从产品角度考虑，用户需求则是由设计师从用户角度考虑。从而最终的产品定位是基于产品定义和用户需求两方面的综合考虑，如图3-15所示。

图3-14　需求组成：商业、用户、技术　　　　图3-15　产品定位组成要素

3.3.3　用户需求获取

用户需求主要包括目标用户、使用场景及用户目标。用户需求可以理解成"目标用户"在"合理场景"下的"用户目标"，简言之，是解决"谁"在"什么环境下"想要"解决什么问题"。

确定用户需求是一个复杂的过程，这是由于在用户群体之间存在很大的差异性。即使我们设计的是一个仅供企业内部使用的网站，仍然需要大范围地考虑用户的需要[11]。如果我们创建的是一个服务于所有消费者的手机应用，那需要考虑的各种可能性就会成倍增加。

在目标用户、使用场景、用户目标这三个要素中，目标用户是最关键的。一方面，明确目标人群能够帮助我们集中更多注意力于某一类人群的需求，可以更加容易提升这类用户的满意度，产品也更容易获得认可；另一方面，目标用户的特征对使用场景和用户目标产生较大的影响。由此可见，目标用户的选择是极其重要的。

要对这些用户的需求寻根究底，必须要定义"谁"是我们的用户，然后对他们进行调研。也就是询问他们问题、观察他们的行为。这些调研能够帮助我们了解当用户使用我们的产品时，他们想要什么，同时也能帮助我们确定这些需求的优先级别。

3.3.4　用户细分

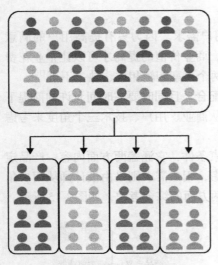

图3-16　用户细分示意图

我们可以将用户需求划分成几个可管理的部分，这能够以用户细分的方式来达到。我们可以将用户分成更小的群众，如图3-16所示，每一组用户由有某些相同关键特征的用户组成，用户类型的数量即细分用户群的方式。

用户细分把所有的用户划分成较小的、分别有相同需求的小组，通过这来帮助我们更好地掌握用户的需求。在第1章中，我们具体分析了常见的用户细分的方法，下面是一些其他注意事项。

在对用户群进行了一些研究之后，也需要适时调整现有的细分用户群。比如你正在研究25～34岁、大学毕业的女性，你可能会发现25～34岁这个区间中，30～34岁年龄段女性的需求和25～29岁年龄段的女性不一样，当差异足够明显时，需要将两个年龄段作为单独分开的用户群。创建细分用户群，只是一种用于"揭示用户最终需求的手段"，你真正需要得到的是和你发现的用户需求数目一样多的细分用户群。

创建细分用户群，还有其他重要的原因。不仅仅是因为不同的用户群有不同的需求，还因为有时这些需求是彼此矛盾的。比如，对于网站新手，需要将软件的步骤分解成简单的步骤；而对于专家而言，这些烦琐的步骤可能会妨碍他进行快速操作。专家需要将全部的功能集中在一个界面上，并且能够快速地进入操作。

很明显，我们很难提供一种方案同时满足这两类用户的需求，所以我们要么需要针对单一用户群而排除其他用户群，要么为执行相同任务的不同用户群提供不同的方式。无论选择哪一种，这个决策将影响日后与用户体验相关的每一个选择。

3.4　／　体验设计的多维度表现

3.4.1　逻辑流程图

线框流程图是框架设计中非常重要的一个工具，它将信息设计、界面设计和导航设计整合在一起，形成一个统一的、有内在凝聚力的架构的地方。如图3-17所示，页面布局一定要结合全部类型的导航系统，在每一个以传达不同结构为目的的视图设计，一定要结合任何一个在这个界面上的功能所需要的全部界面元素，还包括支持以上这些内容的信息设计，当然也包括在这个页面上关于内容的信息设计本身。

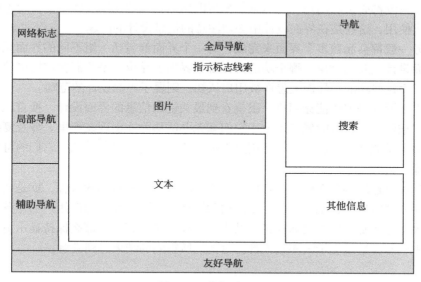

图3-17　线框流程图

线框图以安排和选择界面元素的方式来整合界面设计，以识别和定义核心导航系统的方式来整合导航设计，以放置和排列信息组成部分优先级的方式来整合信息设计。将这三者放进一个文档中之后，线框图能够确定一个建立在基本结构上的架构，同时指出视觉设计前进的方向。

这些简单的线条绘制的图一般着重注明：建议读者在必要的时候参考结构图表或其他交互设计文档、内容需求或功能规格说明，或者其他类型的详细文档。举例来说，如果一个线框图涉及个别已有的内容元素，它也许会给出指示，说明他们在哪儿能找到这些内容。另外，线框图通常还包括附加说明，用于说明线框图和结构图表表达不太明显的网站行为。

线框图在正式建立网站的视觉设计的流程中是非常重要的第一步。但是基本上每一个参与这个开发过程的人都会在其他任务点中使用它。负责战略层、范围层和结构层的设计者能够采用线框图来保证最终产品达到他们的期望。真正负责建设这个网站的人，就采取线框图来回答关于网站需要怎样运作的问题。

这些使线框图听起来具有巨大的工作量，但其实并非如此。文档本身并不是目的，它只是达到目的的一种手段，为了文档本身而创建文档不仅仅是在浪费时间，可能还会降低生产力和打击工作积极性。根据自己的需求来撰写正确级别的文档才能将线框图从一件麻烦事变成一件有益的事情。

3.4.2　视觉界面设计

一个设计良好的界面要组织好用户最常见的行为，同时这些界面元素能够以最简单的方式被获取和使用，让用户达到目标的过程变得容易。界面设计的视觉内容就是要选择正确的界面元素，这些元素要能帮助用户完成他们的任务，还要通过适当的方式让它们容易被理解和使用。

在设计网站页面时，要对页面中的每一个选项的默认值深思熟虑，默认值是大多数用户希望看到的内容，并可以让用户一眼就看到最关键的信息。如果是一个复杂系统的界面，设计师需要弄清楚用户不需要知道哪些信息，并减少它们的可视性。

任何时候系统都必须给用户一些信息，来帮助用户有效地使用这些界面，无论用户操作错误还是第一次使用，这些是在界面设计中必须注意的信息设计的问题。

一个任务一般都会涵盖多个界面来完成，每一个界面都包括一组不同的界面元素。这正是用户要与界面设计交互的对象，哪个功能要在哪个界面上完成，是我们在结构层的交互设计中已经决定的，而这些功能在界面上怎样被用户认知，则属于界面设计的范畴。

成功的界面设计是那些能让用户一眼就看到最关键的信息的界面设计。换言之，不重要的东西就不应当被注意到，有时候则是由于它们毫无办法移除才出现在那里。涉及复杂系统的界面所面临的最大挑战之一，就是弄清楚用户不需要注意到的信息，并减少它们的可发现性或完全把它们排除出去。

界面设计可以运用各种各样的技巧使用户简单容易地完成目标的过程，就是在这个界面第一次呈现给用户的时候，仔细考虑每一个选项的默认值，如果能够理解用户的任务和目标，认为他们中的大部分人都希望在快速搜索的结果中发现更多的细节，那么保持显示更多细节复选框为默认选中状态，这就表示大多数人都会对他们所得到的结果感到满意。

3.4.3　工业产品设计

产品的体验设计，就是把人的美好感受与产品良好结合，依照人的情感活动规律，掌握人的情感内容和表现方式，用符合"人情味"的产品信息传递来让使用者在心理上产生共鸣，加之喜欢和愉悦的态度，可以最终减少使用者的操作失误，提高操作效率。产品体验设计为产品设计进入新的时代迈出了第一步，其目的是唤起产品使用者的美好回忆与生活体验。

（1）产品体验设计的情感化

产品设计发展到现在，已经不再是一种单纯的物质形态，换言之，其不能再被看作是单纯的一种物的表象，而应当被看作是与人交流的媒介。产品不但需要具备好的功能，而且需要让用户易学易用。但更重要的是，产品可以给人丰富的情感，让用户产生愉悦的心情。所以，产品不仅要符合人机工程学的要求：使用方便、操作性好、不易疲劳、设计安全等，更要求高情感特性，设计师要学会从使用者的心理角度出发和考虑，在心理上谋合人们的想法，满足人们的需求。

心理学相关知识表示情感是人对客观现实的一种特殊的反映形式，是人对客观事物是否符合自己需要所做出的一种心理反应。产品的情感功能主要是通过其形态和色彩来诠释和实现的。如果一件产品的外观可以让使用者产生美好情感，可以体现人与人之间的真挚感情，就能够让使用者对产品产生美感。

产品必须通过自己的造型解说力，让用户能够很明确地判断其属性。因此，设计期间需要把各功能模块用形态和色彩加以区分，让人很容易就能明白哪些是危险的、不可随意触碰的，哪些是不可以拆解的。此外，产品的形态和色彩应该和环境协调，给人以亲和力，带来沉浸式的使用体验。

所以，在设计产品时，在重视功能和经济原则的基础上着重关注尊重人的情感，关注情感化设计，得到人们对产品的亲近感和信任感，产品就会更具人情味和亲和力。

（2）产品体验设计的人性化

体验设计的人性化是指以达到人们的物质需求为基础，强调精神与心理体验。产品的"体验设计人性化"是现在设计界与消费者奋力追求的目标，伴随显著的后工业时代特色，其是工业文明发展的必然产物。在这个以人为本的时代，产品设计的所有实践与研究都必须围绕着人进行，对人生理需求的满足逐步转移到了心理上。

现代产品设计不仅要满足人们的基本需要，还要满足现代人追求轻松、幽默、愉悦的心理需求。现代产品设计是一种深入人心的造物活动，而作为体验基石的产品，已不再是一种单纯的物质的形态，而是一种与人沟通的媒介。设计师需要把产品视为"人"，从使用者的心理角度出发和考虑，在心理上谋合人们的欲望，满足人们的需求。总的来说，产品设计师必须站在用户的角度进行设计，产品的心理情感寓意愈多，也就越会让使用者的内在感情趋于亲切、舒适、安全等心理活动。

（3）产品体验设计的交互化

我们可以把使用产品的过程视为同它们交互的过程，在这一过程中获得的感受可以视为一种交互体验。体验设计的交互化是指怎样让产品易用、有效并让使用者愉悦，其理念聚焦于最终用户，该设计是直接影响到最终用户的设计。衡量产品设计是否成功的标志之一是设计师设计的产品能否达到用户的目标。而用户的目标分三个层次：有用、易用、想用，"有用""易用"为用户可用性目标，"想用"为用户体验目标。在产品体验设计时代，设计产品不仅要考虑用户可用性目标，更要考虑用户体验目标。

在产品的交互设计中，主要的目标是优化人与产品之间交互的关系，这就要求交互设计师在设计期间，最好要达到用户的期望并发掘用户的潜在需求，让用户在使用产品时感觉轻松、舒适，并且能从使用中获得体验享受。所以，产品界面的设计过程最好做到简洁清晰，要坚决地摒弃烦琐与无味的装饰，而且要将繁杂的操作键及指示分区或分性质归类布置。除力求操作界面简洁化之外，还要形象而生动地体现各部位的功能与操作，为顾客创造良好的用户体验。好的交互设计和能力，能提高用户与产品互动的品质：令人满意、令人愉快、有趣、有用、富有美感、让人有成就感、让人得到情感上的满足等。

产品体验设计为人提供了愉悦的现代生活方式，创造了"人与物"的协调关系，体现人类对本性的回归。随着体验经济时代的到来，产品体验设计不但让设计更具有人情味，而且一定会增强产品的生存能力和市场竞争能力。

3.4.4 空间场景设计

场景体验设计是一种全新的场景设计理念，是把体验设计思想融入场景设计之中。在体验经济时代下，场景设计有着广阔的发展空间，其趋势及核心就是体验。场景为体验创造了空间，即舞台。体验让用户成为舞台的"主角"，场景体验设计的目的是让主角在舞台上体验一种全新的感受。因此，场景体验设计将用户的体验"放大"，并通过自己的实践获得体验感受，让"体验"成为能够被设计的东西。场景设计师的任务是依照人群的教育程度、兴趣爱好、行为习惯等，进行有效的分析整合，设计出一个使人们在体验的过程中产生体验感受的场景，甚至在过程结束时，体验价值仍长久地存留在脑海中。创造一个使人们拥有美好回忆、值得留恋的场景，这个体验被设计的过程就叫作场景体验设计。

场景体验设计需要符合美学中对于节奏感、秩序化设计的美学法则，人最容易对韵律和节奏产生共鸣。现代人向往舒适便利的生活，包括轻松转换场所的灵活性。因此，场景的可入性、空间的渗透性就要被充分地考虑到设计中。过于密集的场景布局，或太过跳跃的主题设计，会使人产生压抑和疲劳的感受，所以设计师和用户要在感受节奏和秩序上保持一致。

场景体验设计还需要有全局观，没有固定的界限的公共环境是一个大空间，场景设计师不但应该在风格、形式上保持一致，而且要追求精神、主题等更深层次的统一，还需兼顾周边环境、建筑、人群的生活习惯等要素。"场景—人—环境"三者是一个整体，重点是人与环境、人与场景、人与人之间的和谐。它们相互影响、相互促进，才能构建一个全局的设计理念。

场景体验设计的重点在于人的体验感知，属于非物质性需求，是以情感为中介、富有知性与想象力自由活动的产物，因此它的重点不在于场景本身，而在于使身处场景环境中的用户产生难忘的体验。不能离开精神需求来谈设计，那样设计出来的场景只会是一堆空洞形体，甚至会被贴上"生人勿近"的标签。因此，场景设计师所从事的并不是单纯的场景设计，也不是创造一堆愉悦视觉的形式，而是创造一些能永驻于人们心中且有意义的场所，让人们就像离不开呼吸的空气一样离不开它们。

（1）场景体验设计的设计原则

场景体验设计与其他设计手法并不相同，它需要经过一段过程，要经由设计—发觉—感悟—反馈—设计才能呈现出来。约瑟夫·派恩二世（B.Joseph Pine）和詹姆斯·吉尔摩（James H.Gilmore）在《体验经济》一书中提出体验设计的五原则[10]，现结合场景设计的特点做出以下整理。

① 场景体验设计的主题化。众所周知的奥林匹克广场、世界公园、世博园等一些举世闻名的场景，为什么会使人耳目一新？关键是其鲜明的主题设计营造了独一无二、引人深思的氛围。场景的主题是核心思想，是一个设计的灵魂，如果场景离开了主题，它只是一堆杂乱无章、毫无生气的形体堆砌。

然而主题并不是凭空的抽象思想，而是要求设计师对空间背景、空间环境、空间特征、空间文化等进行全面的分析整合，这样才能使主题化的场景"因地制宜"，而不会看起来和周围环境格格不入。场景主题化不仅是大众文化和精英文化融合的结果，还是抽象思想具体化的过程。

图3-18展示的是沈阳世博园主题场景设计，园区由23个国际展园、52个国内展园、25个专类园展、四大主题建筑和三大特色场景组成。园区中的每种花卉以国家或地区的形式呈现，各项场景设施也都围绕着花卉的主题进行设计，让参观者全身心投入花海中体验感受而流连忘返，感到新奇又有趣。

因此，场景主题的设计，需要建立在一段时间、一个地点，以及所构想的一种思想观念上。场景的设计从主题出发，围绕同一个主题以各种各样的方式和形式来表现，让它形成独一无二的风格，就是主题化体验设计。

② 正面印象的形成。心理学主张人对信息形成的印象是有一定顺序的，最初获得的信息影响相比于后来的影响更深，叫作初次印象，因为人们习惯于根据第一印象来判断事物。比如初次见面，就会在心里产生正面或负面的评价，这直接影响到后来的判断和好恶。一旦形成对某个场景的刻板印象，即使它有很深层次

图3-18　沈阳世博园主题场景设计

的内涵，人们也不会想去挖掘和探索。因此，最好要形成正面印象，减少负面印象。简言之，场景的体验要容易上手，易于操作。由于人们体验场景的目的就是放松心情、休闲娱乐。如果一味突出场景的内涵、意义、技术，就失去了本该有的魅力，人们也会对此望而生畏，心生抵触。

还有所谓的"口碑效应"，外界环境或周围评价很容易影响到人们，这是由于人们习惯总结前人的经验，因此对外界信息的搜集特别敏锐，许多时刻可能人们根本就没有去过一个地方，却会受到其他人的评论影响而改变自己的判断。这与网络购物中人们会先看评价再决定是否购买是一个道理。所以，如果形成了过多负面印象，即使修正或重建，也难以扳回劣势。

场景体验设计在设计阶段就让用户来体验，而且是通过"设计—体验"反复交替的方法来完成场景设计最终的效果，最大程度上避免了负面印象的形成。

③ 多种感官刺激的结合。为了凸显主题，通常需要多种感官刺激的配合，感官刺激越强烈，记忆就越深刻。感官是视觉、听觉、嗅觉、味觉、触觉这五感，最深刻的记忆是一种或多种感官同时作用。比如许多卖场在人流必经的地方放置一个悬空的吊桥，或者透明玻璃可以透视到下面几层，这些都是视觉的刺激。又如许多面包房都做成开敞式，让顾客被面包的香味吸引进来。还有现在流行的4D电影，不但视觉刺激是普通电影的几倍，而且加上水雾、排风、椅子的移动等营造出身临其境的感觉，都极大程度上提高了观众的体验感。在多感官刺激的场景中，例如人们对音乐喷泉记忆会非常深刻，在音乐喷泉中戏水的时候，更容易得到情感释放，更乐意去亲近。由于音乐喷泉是融视觉、听觉、触觉为一体的体验，给人们带来的是多感官刺激，因此在场景体验设计中同样要兼顾多种感官刺激的配合，给人们营造出一个融视觉、听觉、触觉、嗅觉、味觉为一体的丰富体验过程。

（2）场景体验设计的原理

场景体验设计的核心是强调设计师与用户的沟通及体验。设计师要在设计环境中体验，同时用户也应参与到设计活动中，这就需要大量有效的沟通，要了解人们对环境过去的经验记忆。这些场景记忆需要设计师整合、筛选，获取未来场景的定位、取向，从而确定主题，配合主题来设计融视觉、个性、娱乐、休闲等为一体的场景体验。让人们乐于参与，愿意与场景互动，产生美好的体验，从而形成难忘的回忆。

当然这个实际过程是理想条件下的，有些情况下用户的体验会反作用于设计。比如当一个地区的人文和周边环境已经非常完善，在设计之前已经有清晰的定位，或是一个比较小的区域的场景设计，设计师就要先让人们去体验，再进行设计。比如许多设计师会先给出一整块草坪，让人们根据自己的行为方式去踩出路线，再按照这些被踩出的路线进行设计。这样不但符合了人的行走习惯，而且避免了因设计路线不合理而产生的麻烦。因此，设计师为用户创造体验环境，用户的体验经验又反过来指导设计。

3.5 ／ 认知结构与理解机制

3.5.1 设计原则

在视觉设计中，对比原则是我们用于吸引用户注意力的一个重要原则。没有对比的设计会让用户失去对产品关注的焦点，导致用户的视线四处飘离，从而没有办法完成操作解决问题。

在如何把用户的注意力吸引到界面中的关键部分上，对比原则是一个至关重要的工具，它能帮助用户理解页面导航元素之间的关联。此外，对比还是传达信息设计中概念群众的主要方式。如图3-19所示的大小对比，图3-20所示的色彩对比，图3-21所示的明暗对比等。

图3-19　大小对比　　　　　　　图3-20　色彩对比　　　　图3-21　明暗对比

在设计中某个元素能够凸显出来并与众不同时，用户就会注意到。这是用户的自然反应，是不可控制的。设计师可以利用这个本能的行为，通过设计那些"真正需要从这个页面的其他元素中突出的东西"来使用户注意到。例如，在网页界面上通过给文本一些醒目的颜色，比如聚划算网站主要使用红色、黄色来突出内容，或者用不一样的形状凸显出重要的提示，就能让整个网页界面显得与众不同了，如图3-22所示。

图3-22　聚划算网站案例

在设计中遵守一致性原则是另一个重要的组成部分，可以在设计中起到有效传达信息的作用，不会让用户产生迷茫或焦虑的心理。所谓一致性指的是页面中的重要部分保持一致，包括位置、尺寸或颜色。如图3-23所示，京东网站采用统一的红色调，具有统一性。"一致性原则"在视觉设计的许多方面都会起到作用。

图3-23 京东网站案例

将视觉元素的大小保持一致的尺寸，这可以使你在需要的时候把它们更容易地重新排列组合成一个新的设计。界面中同类的视觉元素可以采用相似的颜色，可以帮助用户更加方便地查找相关信息，也可以在衡量页面重量和质感上起到重要的作用。例如，导航设计中所使用的图形按钮都是同一个高度，在需要的时候可以被混合重新排列匹配，不用重新设计新图形或形成混乱的布局。

在平面设计中，以栅格线为基础的布局设计也是一种工具。这种方法以使用"母版"的方式来确保设计的一致性，布局是基于这个模板而生成的。元素在网格中可以产生效果的统一性和一致性。

图3-24 可口可乐主色

3.5.2 配色方案

色彩是用户看到产品后第一时间观察到的。每个品牌都有属于自己的标准色，品牌的成功与色彩使用有着直接的关系。

产品的主色最好选择与企业标准色或行业标准色一致。例如，可口可乐公司选择使用红色作为主色（图3-24），蒂芙尼选择用蓝绿色作为其品牌的主色（图3-25），这可以给用户带来强烈的视觉感受，从而给用户留下深刻的印象。

图3-25 蒂芙尼主色

核心的品牌色彩一般是一个更广泛的配色方案的一部分，这套配色方案需要在一个企业的所有材料中得到应用。一个企业的标准配色方案中所使用的色彩，是为了它们在一起组合搭配而挑选出来的，之间是互补且不冲突的。

一套配色方案应当整合其中的色彩，以便于可以把它们应用到一个广泛的领域。在大部分条件下，更加醒目的色彩可以应用于前景色，以及那些希望用户更加关注的元素中。而更加暗淡的色彩可以应用于不需要过多关注的背景元素中。一套多种可供选择的色彩，可以作为一套能够做出高效、可供设计选择的工具包。

"对比"和"一致性"原则在进行创建配色方案时也发挥了关键作用。当处于一个设计环境中时，一个非常接近其他颜色但又不完全一样的色彩，会破坏配色方案的效率。设计师想使用不同色度的红色时，既要运用到"对比"原则中的差异性让用户把它们区分开，同时也要运用"一致性"原则中的一致的方式来应用它们。

3.5.3 字体选择

在界面设计中选择合适的字体或字形，创建出一种特殊的视觉样式，对于品牌识别非常重要。例如，苹果、大众汽车等公司都设计了特殊的字体专门供自己的品牌使用，向用户更加有效地传达它们的品牌形象。

苹果官网的网页设计如图 3-26 所示，其选择了比较简洁的无衬线字体，而且以不同的字体大小，清晰地划分内容的视觉层次的途径使产品展示文字内容简短有力，可读性强，增强了视觉冲击力，重点表达了"苹果"的品牌特征。

图 3-26　苹果官网网页设计

在网页设计中，正文部分一般会放在醒目位置并占据较大视觉空间，用户会长时间注意它。因此，字体的选择越简单越好，复杂华丽的字体组成的正文内容，会让用户的眼睛快速疲劳。页面中较大的文本元素或者导航元素的短标签等，可以选择稍微具有个性化的字体。

当页面中需要传达不同的信息时才使用不同风格的字体，且仍需要运用设计原则中的"对比原则"，这样才能够吸引用户的注意。例如，页面中的导航栏可以使用同一种字体，风格独特的字体可以为页面增加更好的视觉效果。如图3-27所示，淘宝的普通文字和登录栏之间的字体不同。需要注意的是，同一个页面中最好只使用1～2种字体，最多不能超过3种字体，否则会产生错综复杂的相反视觉效果。仅通过字体大小的对比，同样可以表现出精美的构图和页面效果。

3.5.4 空间尺度

空间尺度研究的是建筑物整体或局部构件与人或人熟悉的物体之间的比例关系，及其给人的感受。无论哪个行业，首先应该考虑营造场地"宽松"的空间，尺度更是基于人的行为设计的要素。在空间设计中，用可度量的物理尺度（包括实际尺度、相对尺度、有效尺度、心理尺度）调节感知空间、增加店铺开阔感，可以为消费者营造一个"便于接近"的交流空间。下面对具有代表性的新型体验型书店空间有关空间尺度的设计手法进行分析，总结出几种在心理层面、建筑层面可以促进人、空间、氛围之间发生交流的方式。

图3-27 淘宝网页设计

（1）从心理层面放大空间尺度

利用一些建筑手段从心理层面上放大空间其实并没有改变原有空间的尺度，只是利用一些建筑材料的特性（比如镜面反射、白色材质光感等）或者一些建筑学设计手段为一些受特定限制的书店空间营造一个更为舒适的环境。

① 镜子可以作为让人感到空间放大的装置。例如，一个空间狭小或者空间异形，从而受到层高限制、高宽比限制和采光限制，导致空间会给人一种压抑感。如果在墙面、顶面或者柱面上使用镜子，镜子利用其反射成正立虚像的光学特性使景深增加一倍，可以有效化解狭隘感与压迫感的同时产生视觉冲击力。在书店空间中使用镜子对于书店书架这种本身具有纵向特性的构件来说更合适，但是这样做在某种程度上也会增加空间的杂乱感。所以，镜子比较适合于空间性质单纯、家具摆设简单的空间。例如简单的洗漱空间设计，如图3-28所示。

对于空间比较固定、比较方正的书店空间而言，在固定的空间里采用镜面材质，并通过不同的元素进行分割而不出现分隔，就不会破坏空间的整体感，从而创造一个安静而独立的空间，营造专有的氛围圈。

对于造型较为规整的书店空间而言，设置不同角度的镜面，原本方正的空间从各方向反射延伸，使交流环境丰富多样、空间感受放松多元，从视觉角度来说可以引入生活动态，从而丰富原本死板的空间却又不会过度影响对方。图3-29为重庆佐迪广

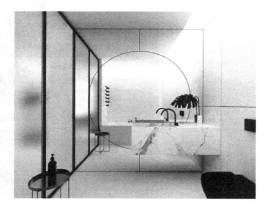

图3-28 洗漱空间设计

场创意书城书店空间设计，让读者沉浸在书籍和思想中。但是对于造型较复杂的空间来说，不适合设置不同角度的镜面，否则会过度打乱视线造成混乱感和心理压迫。总的来说，较为空旷的空间内使用镜面屋顶，不仅将光线与空气都渗透进来，同时在视觉上增加面积和商品数量，也起到店内监视的作用。

图 3-29　重庆佐迪广场创意书城书店空间设计

② 对比可以放大人对空间尺度的认知。人们通过不同物理尺度的空间会从心理上扩大或缩小真实尺度。从低矮的空间到架高的空间，可以使人们在进入空间的第一时间感受到店铺的宽阔感，相反从架高的空间回到低矮的空间，人们就会感到强烈的可接近感。

进入色彩对比强烈的空间，人们会从心理上对空间尺度重新定义。色彩心理学认为暗色彩产生狭小的空间感，如同从地面上的土地到山丘，由山上树木再到天空，颜色由浓转淡渐进，人们自然而然地感受到高度感、轻松感。颜色运用过多会产生凌乱感，缩小空间的宽松感。时装界有双色调的说法，以腰线为基准，以上选择明快色调与以下选择的浓厚色调形成鲜明对比，使服装和人体比例协调。店铺墙面设计也一样，这种高度感让人觉得空间宽敞。许多受到面积限制的中小型书店在色彩选用上，应避免大量使用多种类的色彩以免产生混乱感，如图 3-30 所示，宜选择下浓上淡的单纯色彩以强调空间的高度和宽度，从视觉层面放大空间尺度。

图 3-30　某书店空间设计

（2）从建筑层面放大空间尺度

① "透过感"重新定义空间尺度。"透过感"的营造将重新定义空间尺度。书店有一种很特殊的展示方式，就是书墙取代水泥墙，用材质、线条与素材或者展示品作为空间界定，书墙可以不到顶但视觉得以延伸，阅读仿佛发生在行走之间。无墙感的书店空间可以放大廊道，为"共读"提供环境。偶尔设计穿透式的透明或半透明空间，于是，在视觉上打通两个空间的同时，重新创造空间的宽度与高度，削弱了空间的独立性，但放大了空间的价值。书墙还有一个重要作用，那就是用"书"镇压空间的多重性格，可能走进跨界型体验型的书店你会想到咖啡、展览、聊天等行为可能，但是只要你定睛注视，书墙就可以削弱其他空间性格的散发，无时无刻不在提醒你，你进入了一家书店。有的店铺会利用书墙的高度来制造"交流"，书架线条的交错和建筑空间框架的垂直水平切割产生了艺术性，不仅强调纵向线条提升视觉高度，不及顶的书架设计也是在设计视觉趣味，比如书架的高度刚好到一个人的身高，这样的高度可以使人感受到他人的气息却又看不到彼此的身影。

② 建筑构件改变建筑空间尺度。

其一，立面设计丰富体验。可以利用设计手段对建筑构件进行适用设计以改变建筑空间尺度。立面构件窗户设计成突出式的，给消费者直观的开放感。作为建筑构件，向外突出式的窗户改变了外立面的设计，不仅可以增加外观复杂度，还可以将窗户作为装饰构件进行美化设计。这样窗户作为建筑构件，不仅起到通风换气的作用，同时还能将店铺外部环境的情景和光线引入室内，带给人宽松舒畅的感觉。如图3-31所示，一些商品展卖品放置在飘窗之下可以增添人们靠近的欲望；如图3-32所示的面包店，餐饮空间靠近窗户也可以营造一个舒适的对话式饮食空间。

图3-31 Theory橱窗设计

图3-32 某面包店橱窗设计

其二，高差设计丰富体验。可以利用阶梯、缓坡等设计手段为过于单纯的空间创造高差，台阶可以承担交通功能、阅读功能、休息功能的同时也可以承担展览功能和储物功能。人为创造的高差可以在不过度占用空间面积的同时创造丰富的空间体验。如图3-33所示，成都文轩书店的阶梯演讲区可容纳280人，有强烈的空间感。

图3-33　成都文轩书店

3.6 ／ 操作体验与交互感受

3.6.1　满足用户的需求

在实际项目中，产品经理和设计师需要关注用户需求并采集需求。如图3-34所示，采集需求的主要方式有用户调研、竞品分析、用户反馈（上线后）及产品数据（上线后）等方法。

图3-34　产品需求采集方式

3.6.2　确定需求优先级

采用用户调研、竞品分析、用户反馈（上线后）、产品数据（上线后）等需求采集方法，我们可以收集到潜在的需求，下一步则需要按照产品定位、项目资源情况对它们进行分析和筛选，从而总结出产品需求，定义出需求优先级。

一方面，采集需求方式的多样化可能会导致需求质量难以控制，比如不同需求之间的冲突、对用户的理解有偏差、采集的需求不适合你的产品等；另一方面，产品的资源是有限的，时间、人力成本、商业价值等因素都是需要考虑的，这些都对需求的筛选发挥着重要作用。在处理需求时，我们可以遵循以下流程，如图3-35所示。

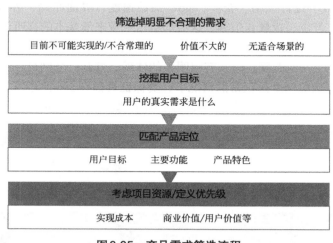

图3-35　产品需求筛选流程

① 我们应该筛选掉明显不合理的需求。例如，当前技术无法实现的或是明显价值不大的、投入产出比低的、明显不合常理的需求等。

② 可以从现象看到本质，挖掘用户的真实需求。例如，通过竞品分析发现某网站的提示功能很贴心，我们要做的不是把这个功能的设计立刻照搬到自己的网站上，而是要分析这个功能：解决了用户什么问题？满足了用户的什么需求？实现了用户的什么目标？基于这个目标我们应该如何做得更好？

③ 进一步分析提炼出的用户真实需求是否与产品定位（用户目标、主要功能、产品特色等）相协调，然后决定如何取舍这些需求。被选中的需求可以根据匹配程度排列需求优先级。

④ 要考虑需求的实现成本（人力、时间、资源等因素）及收益（商业价值和用户价值等），综合考虑将其纳入成本阶段的需求库中或是放到下一期执行。

设计师能够以KANO模型（图3-36）来确定用户需求的优先级，该模型定位了三个层次的用户需求：基本型需求、期望型需求和兴奋型需求。

基本型需求：用户认为产品需要拥有的功能和内容。若产品无法持续满足用户需求，用户会对产品不满意。

期望型需求：用户要求提供的产品或服务比较优秀，但不是所必需的功能和内容。在市场调查中，用户提及的都是期望型需求，期望型需求在产品中实现得越多，用户对产品越满意。

兴奋型需求：要求给用户准备一些期待之外的产品功能或服务，能够让用户感到惊喜。当产品能够满足兴奋型需求时，不仅能够提高用户满意度，还能提高用户忠诚度。

图3-36　KANO模型

3.6.3　多维度多通道体验

用户体验设计主要是针对用户心理、视觉、听觉、触觉等的设计。如果想设计良好的用户体验，可以从感官体验、交互体验、浏览体验、情感体验、信任体验这5个方面入手。

（1）感官体验

感官体验指在视觉上给用户的体验，强调用户在使用产品、系统或服务过程中的舒适性。其一般包括但不局限于设计风格、企业Logo、加载速度、界面布局、界面色彩、动画效果、界面导航、图标、广告位、背景音乐等。这些都给用户带来最基本的视听体验，是用户最直观的感受。

感官体验在我们上网浏览网页时，有很明显的体现。打开一个网页，首先关注的是首页在处理网页的页面。在响应速度是正常的情况下，要保证页面在5秒钟之内打开。因此在网页中首页的加载速度显得极其重要。以搜狐新闻网站为例，如图3-37所示。

图3-37　搜狐新闻网站案例

搜狐新闻网是一个资讯量非常大的门户网站，有大量的信息要展现给用户，这势必会影响到页面的加载速度。然而，搜狐新闻网站在处理网页加载速度上，做了极好的优化。网页打开时，首先展现的是用户最关心的内容（导航条、新闻内容等），广告等其他不重要的内容在最后打开。这样的设计会减少用户的等待时间，避免用户产生焦虑的情绪，而且他们最为关心的内容都逐一呈现出来了。这增强了网站对用户的友好度，提升了用户体验。

手机端App在处理响应速度的时候启动了一个启动页的页面，因为应用程序本身是由代码和数据组成的，所以应用数据的启动过程实际上是数据读取的过程，它需要一定的时间。在用户等待数据读取过程中，可以给他们展示一些可看的东西，如企业的品牌展示、节日宣传、用户指南、广告等，如图3-38～图3-40所示。它能够缩短用户的等待时间，改善用户体验，而且能够同时宣传自己的产品，一举两得。

图3-38　网易云音乐启动页　　图3-39　爱彼迎启动页　　图3-40　新浪微博启动页

（2）交互体验

　　交互体验是指用户在操作上的体验，重点在于易用性和可用性，主要包括最重要的人机交互和人与人之间的交互两个方面的内容，通常包括但不局限于会员申请、会员注册、表单填写、按钮设置、点击提示、错误提示、在线问答、意见反馈、在线调查、页面刷新、资料安全、退出返回等。

　　QQ音乐手机客户端如图3-41所示，在单手操作手机时，手机页面下半部分是拇指操作的舒适区，中间部分是拇指用力伸展可触及的区域，上半部分是拇指无法触及的区域。换言之，用户单手操作的范围是有限的，给设计师的提示是在设计应用功能时要兼顾握持的舒适度，使它们在用户最舒适的操作区域。

（3）浏览体验

　　浏览体验是指呈现给用户浏览上的体验，重点在于吸引性。其通常包括但不局限于栏目命名、栏目的层级内容分类、内容的丰富性、信息的更新频率、内容推荐、收藏夹设置、栏目订阅、信息搜索、文字排版、页面

图3-41　QQ音乐App界面　　图3-42　腾讯视频App界面

背景、颜色等。

例如，给文章设置导读或导读图标，可以提供给用户非常好的浏览体验，让用户在第一时间了解到所需要了解的信息。例如，腾讯视频客户端（图3-42），在电影名称下设计当前电影的导读，给用户提供信息提示。

（4）情感体验

情感体验是指呈现给用户心理上的体验，重点在于产品、系统或服务的友好性。产品、系统或服务给予用户一种可亲近的心理感觉，在不断交流的过程中逐步形成一种多次互动的良好的友善意识，最终使用户与产品、系统或服务之间形成一种能延续一段时间的友好体验。其通常包括但不局限于友好提示、会员交流、售后反馈、会员优惠、会员推荐、鼓励用户参与会员活动、专家答疑等。例如，哔哩哔哩网站（图3-43）在南京大屠杀纪念日时，其页面变成了黑白色，和全国人民一起沉痛悼念。

图3-43　哔哩哔哩网站页面

（5）信任体验

信任体验是指涉及从生理、心理到社会的综合体验，是呈现给用户的信任感，强调可靠性。由于互联网世界里的虚拟性与不确定性，安全需求是首先被考虑的内容之一，信任体验被提升到一个相当重要的位置。用户信任体验，首先需要建立心理上的信任，在此基础上借助于产品，逐步形成系统或服务的可信技术，同时建立网络社会的信用机制。

　　其通常包括但不局限于搜索引擎、公司介绍、投资者关系、服务保障、文章来源、文章编辑、作者联系方式、有效的投诉途径、安全及隐私条款、网站备案、帮助中心等。

　　菜鸟裹裹客户端如图3-44所示，其提供的图文展示仓储期配送情况，增加了用户对产品的信任度，减少了用户在等待快递中的担心。滴滴出行客户端如图3-45所示，安全中心的行程分享和110报警功能，以及一系列安全保障功能呈现给用户从心理到社会的安全感与信任感，提升用户乘车过程的安全感。

图3-44　菜鸟裹裹App配送页面　　　　图3-45　滴滴出行App安全中心页面

　　这5种不同基础的体验基于用户的主观感受，涉及用户的心理层次的需求，所以对于相同的产品，不同的用户可能会有完全不同的体验。因此，在用户体验研究中尤其需要关注人的心理需求和社会性问题，不考虑用户需求的体验流程一定是不完整的。

参考文献

[1] 陈晓.基于用户体验的虚拟展示设计评价[D].济南：山东大学，2012.

[2] Jesse James Garrett.用户体验要素——以用户为中心的产品设计（第2版）[M].范晓燕，译.北京：机械工业出版社，2011：2-17.

[3] 霍维国，霍光.中国室内设计史（第2版）[M].北京：中国建筑工业出版社，2007.

[4] 张绮曼，郑曙旸.室内设计资料集[M].北京：中国建筑工业出版社，1991.

[5] 毛德宝.展示设计[M].南京：东南大学出版社，2011.

[6] 项东红，王安霞.数字媒体技术在博物馆空间展示运用下的用户体验[J].科技资讯，2017（25）：24.

[7] 王越.手机用户体验中心——功能空间展示设计[J].明日风尚，2017.

[8] 潘斐，潘云华."用户体验"设计在宜家中的应用与分析[J].现代装饰（理论），2015（11）：11-12.

[9] 伯特·施密特（Bemd H. Schmitt）.体验式营销[M].北京：中国三峡出版社，2001.

[10] B. Joseph Pine. James H. Gilmore.体验经济[M].北京：机械工业出版社，2012.

[11] 李万军.用户体验设计[M].北京：人民邮电出版社，2018.

第4章

用户体验度量方法

4.1 / 问卷调查与访谈

4.1.1　问卷调查法

问卷调查法是属于社会学范畴内一种常用的调查方法，是采用问卷的形式向被调查者提出问题，要求其以书面形式回答问题。问卷调查是可用性研究中一种获取信息的重要方式，它可以更容易地收集到目标用户的信息，同时量化统计的数据。

定位用户及其所持观点的最佳工具就是问卷调查。问卷调查属于结构性研究方法，每套问卷都含有一组问题，涉及一个多样且庞大的用户群体，以这种问卷调查的形式来描述他们的观点、态度、需求、痛点等。

每个用户会被问到相同的问题，参与者可以利用他们工作或日常生活的空余时间完成调研。因为调查问卷可以推给大量用户或者在线投放，所以调查者通常可以获得相比访谈法和焦点小组法更大规模的样本数量，并且可以收集到来自不同地区、不同类型用户的信息。最后运用统计学工具处理调查结果，从而了解用户的特征并提出对应的解决方法。

问卷调查通常是以用户自己选择或自主填写的方式来完成设计好的问卷，可以了解用户对产品或设计的观点、态度、喜好、个人信息等，用户的产品购物决策方式、品牌偏好、使用习惯、产品使用反馈等内容同样可以被获得。在研究中，问卷调查一般被应用于了解用户有关产品或界面的行为、态度和特征[1]。

调查问卷基本上可能包含以下三种类型的问题。

（1）客观问题调查

客观问题通常包含被调查者的年龄、性别等基本信息，这些问题通常应该包含相对应的教育、职业、习惯、知识等问题。比如被调查者以前是否使用过某电子产品，如果使用过，使用的频率是多少，对于该电子产品的使用时间一般为多长；或者是关于被调查者使用该电子产品的体验问题，比如在使用过程中延迟卡顿的次数等。

（2）主观需求调查

比如使用电子产品的品牌对于产品购买的影响，结合用户深度使用之后，洞察其中多维度的需求。

（3）产品评价调查

例如对于某电子产品的体验感受。在使用完研究对象之后，用户在问卷设定的不同指标或者场景下给出评价内容，通常这类问卷以打分或者评级为主。

4.1.2 撰写筛选问卷

问卷被分为结构问卷、非结构问卷两种。结构问卷一般是指限定问卷的答案范围，结果只能在限定的范围内选择[2]。非结构问卷不会设定答案范围，被调查者的结果可以按照自己对题目的理解进行回答。结构问卷和非结构问卷两者各有优劣：结构问卷的答案相对比较统一，可以运用统计学的知识进行量化并作定量分析，不足之处在于被调查者可能无法通过问卷表达自己真实的想法；非结构问卷与之相反，优势是被调查者能够自由发表自己的意见或者想法，但由于收集到的问卷答案不一致，没有标准来衡量，难以进行定量分析从而达到用户特征的精准分析。例如下面两个问题：

① 您对智能可穿戴产品的发展有何意见？

② 您希望智能鞋有哪些功能？

□精准定位　□一键呼救　□运动计步　□健康监测　□矫正走姿

第一个问题属于非结构问卷题，第二个问题属于结构问卷题。一般来说，一个抽样问卷调查中，可能会同时包含这两种类型的问卷题。

在问卷设计阶段，我们需要考虑问卷的自身结构、问题涉及的原则、问卷的长度设置。问卷调查的流程如图4-1所示。

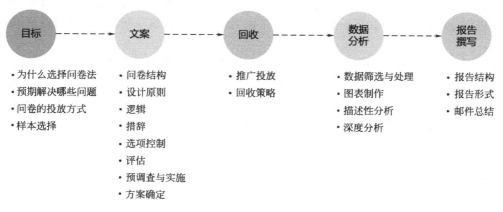

图4-1　问卷调查的流程图

问卷调查一般分为以下几个步骤。

（1）确定调查对象

调查对象的选择和数量对于调查信息的准确性和全面性十分重要。用户体验设计需要进行最大范围的用户数据收集，涵盖尽可能多的目标用户。

（2）设计调查问卷

问卷调查的效果主要取决于问卷设计的质量。设计问卷开始时要根据研究目的以及调查所了解到的情况，首先从整体上进行构思，就是明确问卷调查的目标及适用范围、问卷的整体框架、问卷的项目、问卷题的数量、问题及答案的表述方式等。然后根据明确的目标，确定哪些是问卷可以解决的问题，并把每个问题具体化，逐项拟制成问卷题，再对拟制成的问卷题进行排序。例如，研究用户对于外卖软件的使用情况时，先确定调查哪些用户群体，再设定关于外卖软件的使用频率、效率、满意度的问题，以及关于外卖员及商家的配送情况等信息。最后把问卷的前言、填写说明、问题及答案等不同部分组合在一起，形成一份完整的问卷。

我们特别罗列了一些有关调查问卷设计的基本原则，具体如下。

① 目的性原则。该原则指的是在进行设计问卷调查之前，需要有一个明确的目的。进行问卷调查的目的是什么？想要通过调查了解到哪些信息？换句话说，在进行问卷设计之前，需要对调查目的有一个清晰的认识，同时把它转化成为一个细化的、可操作的、具体的信息，来帮助引导完成问卷的设计。

② 明确性原则。该原则指的是需要使用相对明确的表达方式。在问题和答案的设置上应当准确、清晰，方便被测试者能够明确作出回答。比如在使用定义模糊的词语时要更加注意，它们对于不同的人可能意味着不同的东西，像"大多数""最"这类词语。又比如在问题的设置上要具有可变性，尽可能涵盖所有可能的选项，实在无法罗列完成可以使用"其他"代替选项。例如：

请问您使用电子产品的时间：_____

这类问题会使被调查者产生模糊的感觉，导致歧义。用户不知道应该回答电子产品一天内的使用时间，还是电子产品开始使用的时间。

③ 逻辑性原则。问卷设计需要具有逻辑性。问卷的各个组成部分、各个问题的先后顺序要安排恰当，要符合用户的逻辑习惯和行为习惯。这里我们可以将问卷调查看成一次访谈，一次常规访谈会围绕一个主题进行，话题的切换要具有一定的延续性，不要在多个主题间切换来切换去，否则会使被调查者产生迷惑。如果问卷中涵盖多个主题，设计者则需要事先将问题根据主题进行分组归类，并在每一类前增加一个说明性题头，让填写问卷的用户可以意识到主题的切换。

先易后难是问题的排序规律。先让用户填写轻松的、容易的或感兴趣的问题，再询问用户一些较为复杂或不感兴趣的问题，同时可以用一些简单的问题或者有意思、轻松的话题在中间穿插，这样可以减弱用户的疲劳感。当问卷中的某个部分同时涉及用户的行为、态度和意见的问题的时候，我们一般先询问用户有关行为方面的情况，然后再询问用户有关态度和意见的方面[3]。

问卷中如果涉及敏感问题或者人口统计学问题，应当放到问卷的最后，并标记为可选问题。在预测试中应该测试答题流程是否流畅，尤其当问卷中包含一些内容跨度较大的问题时，需要特别注意。

④ 匹配性原则。该原则可以使设计者更加便于对问卷的结果进行检查、数据处理及统计分析。问卷调查不仅需要考虑主题的紧密结合、信息的方便收集，还应该考虑到调查资料的易于处理性和结果的说服力。因此，问卷的题目需要考虑到之后将进行数据处理时需要的分类和解释。这样才能在问卷调查结束之后的数据整理和数据分析阶段，将最后收集到的调查资料进行各种必要的分析。

在问卷调查中，可以建立量表的形式（如5点量表、7点量表、9点量表或10点量表），允许用户有一定的选择性，同时保证得到足够多的数据点[4]。

⑤ 非诱导性原则。问卷内容需要使用中立的陈述明确表达，保持用户的独立性与客观性。不应该事先训练测试对象，也不能提示或主观臆断。例如，不应该问"差错信息易于理解吗"，

而是"您理解差错信息吗"或"您如何看待差错信息"。前者属于诱导性问题，会影响用户的真实判断。

⑥ 可接受性原则。该原则指的是要让用户觉得问卷易于接受。比如在进行问卷调查之前，应该提前告知用户有关问卷调查的目的、概况、原因等。这能够增加问卷的可信度，同时也提高了参与者的积极性。问卷用语应当亲切温和，询问问题时要注意自然、保持礼貌，同时要注意用户信息的保密性。

⑦ 简明性原则。该原则指的是问卷的调查内容应当简明扼要，保持问卷的简短性和易理解性，保证用户能够较准确地回答所提出的问题。问题的设置上，无意义的问题不要列入问卷，会增加用户的负担，同时也要避免相同或相似的问题出现，争取做到简短性和完整性。在问卷开始之前，最好提前告知问卷需要花费的大致时间，这样可以合理安排时间，避免预期需要的时间和实际花费的时间不符而放弃问卷。

⑧ 技巧性原则。该原则指的是问卷设计的过程需要注意技巧的运用，比如设计中立场要中立、眼光要敏锐、问题要开放、思路要清晰、效度要检测。问题设置需要做到中立、客观，不应该带有倾向性，否则会诱导甚至误导用户，这样得到的可用性评价结果是无意义的。

（3）展开调查

调查形式有现场调查、分发邮寄及网络调查等。网络调查（包括PC、移动端）与传统调查方式相比，在组织实施、信息采集、信息处理、调查效果等方面具有很大优势。如图4-2所示，这是移动版问卷调查案例。

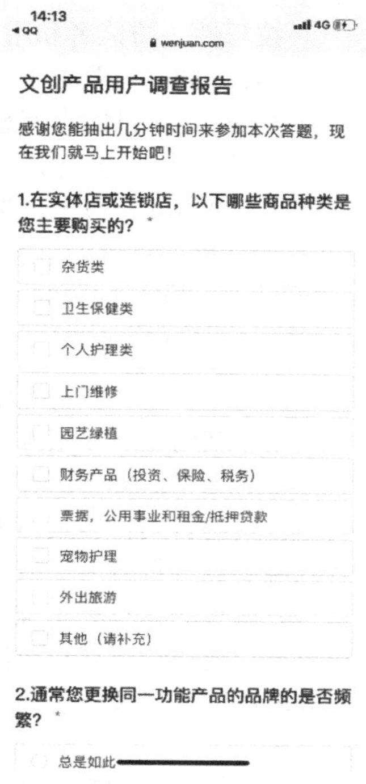

图4-2 移动版问卷调查案例

（4）数据统计与分析

收集数据后，进入数据分析阶段。首先要排除掉问卷答案中一些有问题的问卷，如信息不全；然后只针对有效的问卷进行数据的统计分析。统计与分析有很多方法，如可以借助统计学的方法进行：Excel表格、SPSS、SAS和R语言是较为常见的数据分析辅助工具。需要注意的是，要将研究结果尽可能图像化，达到一目了然的效果，如Excel表格中的条形图和折线图可以起到很大的帮助作用。

4.1.3 用户访谈法

访谈法是使用频率很高的用户研究方法之一。用户访谈即是和用户直接进行交流沟通，从而真正了解用户的感受。当你想获取每个用户的细节信息时，访谈将起到一个至关重要的作用。在访谈的过程中，我们可以了解用户的思想、观点、意见、动机、态度等。这种方法同时也是最容易获得反馈的一种定性研究方法，可以较容易地获得用户对于产品的看法[5]。在可用性测试研究的访谈过程中，用户访谈会更加正式和标准，用户不需要向访谈者提出问题。最终结果是在完成多个用户访谈后，收集到的来自不同用户的意见和看法的整合。

（1）访谈法的特点

访谈法与我们日常生活中的交谈有所区别。访谈法作为调查研究中的一种比较完善而又有效的方法，具有以下4个特点。

① 互动性。在访谈过程中，访谈者与用户两者之间相互影响、相互作用，这是最显著的特点。在访谈过程中，访谈者通过语言上的直接询问、反复追问、追询、解释，并在手势、动作、表情、姿态等一些非语言信息的帮助下，更好地与用户进行交流，从而收集用户对于产品的态度和看法。

② 技巧性。访谈者和用户需要在访谈过程中建立积极信赖的人际关系。访谈者要提前做好准备工作，同时也要善于进行人际交往和熟悉访谈技巧，这样才能和用户相互配合，并让用户有机会表达出自己的真实想法、态度、情感和观点。

③ 灵活性。在访谈过程中，访谈者可以根据用户的回答发现和提出新的问题，基于用户的具体情况进行随机应变，选择提问的顺序、形式和措辞，进行灵活有针对性的访谈。

④ 计划性。访谈的进行应当遵循针对性设计、编制和实施的原则。这些原则可以使整个访谈在计划的制订、问题的设计、过程的实施、访谈的技巧、访谈结果的整理上能够更有原则性。

（2）访谈的类型

① 根据访谈者对访谈的控制程度的不同，可以将一对一访谈分为三种主要类型。

一是非结构化。非结构化访谈与日常对话十分相似。它是基于访谈者与用户之间自然的交谈，主要运用在探索性研究和大型调查的前期研究，用于提出假设和理论的框架。访谈者应该有一个大致的目的，但是不需要事先制定统一的问卷、表格和访问过程。在进行访谈时，与参与者围绕要点进行自由交谈，对答案内容的详略和要点的顺序没有具体要求；问题或主题的讨论都是开放式的，有利于维护用户的主动性、创造性，使得气氛随和轻松，用户能够更加容易吐露心声，使访谈者获得更深层的资料。但是这种方法很难控制，需要访谈者具备丰富的访谈经验和较高的访谈技巧。访谈的结果也难以进行定量分析，对于不同用户的访谈结果也很难进行对比分析。

二是结构化。相反，结构化访谈的过程受到高度控制，需要按照事先设计的、有结构的访谈问题进行。结构化访谈在结构上严密，条理清楚，因此访谈者对过程较容易控制，结果也易于统计分析，不同用户的访谈结果也可以进行对比分析。访谈内容主要由封闭式问题组成，用户需要从提供的选项中选择答案，其局限性在于选项的容量有限，无法涵盖所有的可能性，因此用户只能选择已有的选项，即使选项内容可能并不代表他的观点。

三是半结构化。半结构化访谈是结构化和非结构化访谈的结合。这种方式能够避免结构化访谈中的拘束，也能兼顾结构化访谈便于汇总的优点。虽然半结构化访谈有事先拟定的访谈提纲和主要问题，但在访谈过程中可以根据当时的情况灵活应变决定具体如何提问。访谈者从一系列设置好的问题开始，也可以根据需要打乱问题的顺序或提出新的问题。非结构化访谈、半结构化访谈、结构化访谈三种主要访谈类型的优缺点对比区分如表4-1所示。

表4-1　三种主要访谈类型区分

访谈类型	收集数据类型	优点	缺点
非结构化	定性数据	• 可以获得充足数据 • 对问题可以进行追问，充分挖掘信息 • 访谈具有灵活性	• 数据难以分析 • 问题和答案与预期的设置不一致
半结构化	定性+定量组合	• 可以获得定性和定量两种数据 • 用户可以表达更多意见和想法	• 分析数据花费时间长
结构化	定量数据	• 数据分析便捷 • 访谈的问题可以设置更多	• 理解访谈结果会存在困难，因为没有进行答案的进一步讨论

② 根据交流方式的不同，可以将访谈分为两种主要类型。

一是直接访谈。直接访谈是面对面的访谈。访谈者与用户之间可以进行直接面对面的交谈。直接访谈的特点在于访谈者和被访谈者相互影响、相互作用。访谈者能够了解用户真实的思想、态度、情感，广泛深入地探讨相关问题，也能观察到用户的有关特征和手势表情等非语言信息，从而加深对访谈内容的理解，有助于判断访谈结果的真实性和可靠性。

二是间接访谈。间接访谈是访谈者与用户进行非面对面的交谈，通过一定的媒介（主要方式是电话访谈）进行。它的优点在于收集资料的时间成本较少，对访谈者的要求不高，同时保密性较强。但使用范围有限，访谈者难以深入探讨有关的问题，更不能够直接观察用户有关特征和非语言信息，不利于对访谈结果的分析和理解。

③ 根据用户人数的不同，可以将访谈分为两种主要类型。

一是个体访谈。个体访谈是以个人作为用户的访谈方式，优点在于能够根据用户的特征区别对待。访谈者根据用户的职业、教育程度、性别、年龄及阶层等，可以采取不同的访问策略和技巧。个体访谈双方之间可以相互沟通交流，通常是一对一进行的。访谈者对整个访谈过程控制度高，因此访谈结果具有很强的真实性和可靠性。

二是集体访谈。集体访谈是将很多调查对象集中在一起同时进行的访谈，它也称为座谈会。这种形式可以同时了解多个用户的情况，用户之间也可以相互讨论、相互补充，从而更加广泛且迅速地获取信息，得到的资料也相对完整和准确。

（3）访谈法的实施

访谈法的实施主要包括以下6个步骤。

① 介绍：开始之前，所有的参与者都要进行自我介绍，其中访谈者的介绍应当保持中立的态度。

② 热身：回答问题或讨论开始之前，需要每一个被访谈者进入访谈状态。即在访谈前需要和用户进行热身，把被访谈者从平时的说话习惯引入要访谈的产品或问题上来。

③ 一般问题：以产品为主题展开讨论，应当围绕产品本身及用户的使用习惯。访谈者应该去倾听用户，关注用户对于产品的态度、期望、假设等，然后准确捕捉信息，及时收集有关资料。

④ 深度访谈：讨论完关于产品的观点，用户应当将焦点转向产品的细节功能，如何使用产品，以及产品的使用经验等。在可用性测试中，深度访谈是主要阶段。在情景调查中，深度访谈主要是揭示问题，不进入讨论阶段。

⑤ 事后访谈：在这个阶段中，访谈者可以和被访谈者更加广泛地讨论产品或想法。在此过程中，访谈者不仅要提问和倾听，还需要通过多样的回应方式，将自己的态度和想法传递给用户[6]。例如，"很好"等言语行为，也可以是点头、微笑等非言语行为。

⑥ 结尾：用户访谈过程中最后的一个阶段，需要以正式的形式结束访谈，并向访谈者表示感谢。

应当尽可能扩大访谈对象的范围，选择不同类型的用户进行访谈。在访谈过程中，也需要注意以下一些问题。

① 采访之前对用户有一定的了解，要尽可能自然地结合用户的具体情形。

② 问题应当是由浅入深、由简入繁，同时要过渡自然，尽量避免诱导性的问题。

③ 在充分准备的前提下，同时要注意问题时间的调节和控制。

④ 无论提问还是追问，问的方式和内容都要适合用户。

⑤ 避免随意评论，讲究注意自己的非语言行为。

⑥ 要注意礼仪礼貌，语气平和，避免引起不必要的反感。

⑦ 时间尽量不要超过一个小时，不要影响到用户的工作时间和吃饭时间。

4.2 / 焦点小组访谈法

4.2.1 焦点小组概述

焦点小组是用户需求阶段常用的一种研究方法，它可以快速地揭示目标受众的期望、经验和优先次序。焦点小组在产品可用性研究中，是指由训练有素的主持人将用户聚集在一起，根据有关产品的可用性方面某个特定话题进行交互式的讨论，从而获得产品相关信息。

焦点小组的参与者一般是产品的典型用户。在进行焦点小组讨论时，可以按照事先计划好的步骤讨论，也可以自由讨论，但前提是要明确一个讨论的主题。焦点小组最主要的好处是，相对于个体访谈来说，焦点小组能够更加节省时间。整体的小组讨论，也更能发现一些在个体访谈中会被忽略的问题。

（1）什么情况下适合开展焦点小组

焦点小组的优点在于有利于发现用户的期望、动机和体验感受。一般来说，对于以下问题，我们可以采用焦点小组访谈法。

① 了解用户对产品的设计或使用的观点和看法，产品可以是产品原型或是已生产的产品。

② 了解不同身份的用户在产品使用上的差异性。

③ 修改和构建一套相对有效的调查问卷之前，生成新的假设或相关问题需要更详尽的相关信息时。

④ 研究过程中，有无法理解或不明确的数据时，采用焦点小组可以对研究结果进行更深入的探讨。

⑤ 研发的后期需区分产品特征的优先次序，可以从中了解到用户看待产品某些特征的重要级别。

⑥ 能够充当头脑风暴，使用户在一起产生更多的想法，帮助产品进行深层次的设计。

有些情况下，不能使用焦点小组。例如，当需要对问题进行定量分析时，焦点小组所产生的结果是难以定量化的。焦点小组的结果，不能代表大多数人群，不能取代调研，在人群的取样数量和取样方式上并没有严格要求，因此在进行定量分析时会造成一定程度的偏差。焦点小组也不能用于讨论某一论点或立场，该方法只能够帮助深入理解人们的动机和思维过程，不能够进行准确的证明或否定。

（2）焦点小组访谈需要多少用户参加

一般根据访谈对象及人数的不同，焦点小组可以分为一般焦点小组座谈（6 ~ 12人）和微型小组座谈（2 ~ 6人）。对于应该邀请多少用户在不同情况下需要进行权衡，参与焦点小组访谈并没有一个固定的标准。我们的实践经验认为，对于产品可用性研究的焦点小组访谈，每个小组参加的人数在6～8个之间效果最好。

（3）焦点小组的类型

用户体验研究中，焦点小组的类型取决于要解决的问题及产品开发的阶段，通常会进行4种典型的焦点小组类型。

① 焦点小组：设计者可从中得到用户对产品的一般性态度，帮助更深层次地了解用户对产品的理解、谈论和评价。

② 特征排序：一般来说，特征排序通常被运用于产品开发前期。这一类型的焦点小组是假设用户对某一产品感兴趣，讨论他们对产品的期望，以及哪些特征最重要、最具吸引力及其原因，然后将这些特征进行排序。

③ 竞争性分析：从竞争者角度来分析哪些因素能够得到消费者的信任或不受消费者的喜爱，这一类型的焦点小组有助于发现竞争品对用户体验的优缺点。

④ 趋势分析：当某种趋势出现时，通过研究用户的动机和期望，去理解哪些因素是造成趋势的原因。这一类型的焦点小组通常适用于设计阶段初期，或是只针对某一特定主题的讨论。

4.2.2　焦点小组流程

焦点小组一般具有较为规范的操作流程，如图4-3所示。

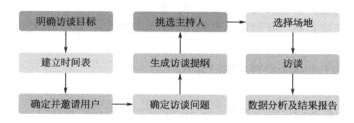

图4-3　焦点小组流程图

（1）明确访谈目标

明确焦点小组访谈的实施目标。一个清晰、具体的访谈目标有助于产品开发和可用性相关的问题得到最佳的解决。以下几个问题，可以在我们进行焦点小组明确访谈目标时，作为参考。

① 这次访谈研究需要解决的问题是什么？

② 我们为什么决定做这个访谈？

③ 我们想要得到哪些信息？

④ 哪些对我们来说是重要的信息？

⑤ 焦点小组访谈得到的结果要交给谁使用？

⑥ 焦点小组访谈得到的信息会被如何使用？

（2）建立时间表

确定焦点小组访谈工作每一个流程的时间和相应的责任。这需要在开展焦点小组之前做好较为全面的计划。下面提供了一个时间表参考，如表4-2所示。

表4-2　焦点小组时间表参考

时间	活动
开始前6～8周	确定目标描述，撰写提纲
	确定参与的用户和规模，进行招募被试
开始前4～5周	收集参与用户的信息，并检查招募的被试
	确定主持人并与团队进行讨论与开发问题
	编写访谈提纲，审阅计划
开始前4周	安排预订访谈场地
开始前3～4周	发出邀请函邀请被试，并确认被试的参与情况
开始前1周	安排房间设施，并打电话提醒被试参与
开始前进2天	收集访谈资料，开始焦点小组的最后一步准备
当天	执行焦点小组访谈，与被试进行讨论，收集笔记
结束后2天	转录并整理会议记录，总结访谈结果，并将摘要发给用户
结束后1周	分析访谈数据，并撰写分析报告

（3）确定并邀请用户

这是确定参与焦点小组的用户并提出邀请的过程。一般需要4个阶段。

① 确定邀请到的用户数量和实际需要的用户数量。

② 回顾确定的研究目标，并制定出参与用户的特征要求，进行用户的筛选。

③ 进行用户的对比，并确定参与用户的名单。

④ 获得用户的信息和联络资料并发出邀请。

（4）确定访谈问题

对于一个焦点小组来说，应当准备3～5个主题方便用户展开讨论。这些主题可以由短语组成，与目标产品和访谈主题息息相关。主题应当是较集中的，并确保每个小组讨论每个主题的时间在10分钟左右。在使用这些问题之前要进行检查和测试，仔细考虑问题是否能够得到所需的反馈。并假设参与者会如何回答这些问题，再反复研究这些问题，最终确认用户讨论的问题清单。

（5）生成访谈提纲

制定访谈提纲，有助于确保问题是从参与者的个人角度出发来设置的，也有助于主持人按照方案进行焦点小组的讨论。一般来说，焦点小组的访谈提纲分成三个部分。第一部分是主持人致欢迎词，介绍焦点小组的目的和概况，并向参与者解释流程和注意事项。第二部分是就问题提出讨论。第三部分是结束部分，对用户表示感谢并提供更多的讨论空间。

（6）挑选主持人

主持人应当具备经验丰富、带动气氛、尊重用户、倾听用户、反应速度快的特点。

① 主持人应当能够控制场面，对用户的反应足够敏感，并具有引导和推动作用，而不是指导参与者怎么做。

② 主持人应当驾驭主题，能够按照原有的计划进行。在焦点小组讨论出现混乱的时候，主持人能灵活地随机应变改动原有的计划。

③ 主持人应当公平公正，不能发表自己的见解。在讨论过程中，主持人要促进参与者之间的相互影响。主持人不能够偏向任意一位参与者。

④ 主持人要和善礼貌，理解用户的感受并表现出亲和力。主持人即使不同意参与者的看法，也要始终尊重参与者。

⑤ 主持人要在焦点小组开始之前进行事先准备，要尽可能多地了解主题的内容和参与者的情况，保证讨论的顺利开展和进行。

⑥ 主持人要能够控制整个讨论的进程，控制讨论的范围和时间。

（7）选择场地

焦点小组是在一个宽敞舒适，没有干扰的环境下进行的实验。一旦开始，除主持人之外，其他任何人不得进入房间。房间的旁边应当设有观察室，以便观察整个活动的进行。焦点小组的讨论场地需要一个舒适的环境，让参与者可以舒适地表达自己的意见，不一定需要装备单面玻璃和监听设备等。

（8）访谈

整个流程中最重要的部分是主持人就问题对焦点小组的参与者进行访谈。在会议前准备好需要的材料，如纸、笔、提纲等，并做好确认工作。然后就可以开始进入到正式访谈阶段，需要按照访谈提纲进行，大致分为两个阶段。

① 讨论前准备。主持人应当在访谈前到达，在开始之前与参与者进行约5分钟非正式的访谈，大致了解参与者的个性特点，这样能够迅速减少主持人和参与用户之间的陌生感。

② 开始访谈。该阶段分为三个步骤，第一个步骤是欢迎介绍，包括焦点小组的规则介绍和成员介绍；第二个步骤是开放性问题的讨论，主持人介绍讨论的主题并鼓励参与者进行讨论，应当遵循提纲，但也要随机应变；第三个步骤是讨论总结，主持人对讨论的问题进行要点回顾，并对参与者表示感谢。

在主持会议中，要保证以下几点要求：

① 整个氛围要轻松、富有激情。

② 阐述清晰，发言清楚，保证在场的参与者都能听到。

③ 引导不同的观点，不要控制讨论。

④ 留出思考时间，并确保大多数人能听懂或理解他人的发言。

⑤ 保证不出现讨论主题跑偏的情况。

⑥ 结束后，主持人和工作人员需要保存备份访谈数据。如果对访谈内容进行了录音和录像，需要及时检查视频资料的内容，是否有故障发生或中断记录的情况，若发现有遗漏，应当组织全场人员回忆讨论并进行笔头记录，方便补充。

⑦ 最后做好数据的转录和备份工作，并完成本场焦点小组的会议总结。

（9）数据分析及结果报告

主持人在和用户的讨论过程中，对每个话题做出大致的总结结论，工作人员也会在焦点小组过程中进行重要点的记录和整理。为了尽量保持记录的准确性，对于焦点小组访谈的数据分析和处理，应当在访谈结束后快速完成。

一般来说，对于访谈数据的分析主要依据研究目标和具体的访谈，从而采用不同的分析方法，产生不同的数据结果。在产品可用性研究中，最普遍的是对用户讨论结果的汇总和分析。总的来说，对于焦点小组访谈结果的数据分析，需要考虑以下两个方面。

① 数据分析的系统性。焦点小组数据分析属于定性分析。为了避免人的主观性对数据分

析的影响，焦点小组的数据应当以文本形式记录下来，并按照相同标准和方式对数据进行分析，以确保每个产生的结果都是有据可查。

② 数据分析的可验证性。不同的研究者对同一个焦点小组的数据分析产生的结果应大致相似。由于不同研究者的背景存在差异性，因此要求分析数据时，不能带有主观性和偏好，应当以焦点小组中产生的用户信息为依据，并深度挖掘有用的信息。

这些内容并非全面和透彻的，需根据焦点小组的研究目标决定。以下是提取最重要信息的一些提示。

① 关注人们做出决定的方法，并探索背后的原因，这是最重要的一点。

② 记录下参与者的专业术语，每位用户对专业术语的理解是不一样的，记录有利于发现产品开发的共同性和差异性。

③ 注意矛盾，人们所说的想法或行为不一定是生活中实际发生的。注意人们想法的变化情况，这代表着参与者的价值观。

④ 注意潜在的偏见：参与者提问的环节、集体思考，以及主持人和分析者的个人体验都会影响答案。注意到偏见后要在分析报告中作出说明。

对收集到的数据进行分析统计，并撰写焦点小组的项目报告，主要分为两个步骤。

① 分析总结：进行焦点小组信息的阅读，寻找讨论的主题并深度挖掘有用的信息。

② 撰写报告：报告形式可以多样化，但应当包含焦点小组的背景、目标、方法、细节、结果和最终的结论。

对于焦点小组访谈的数据分析，也有以下几点建议。

① 在进行数据分析之前需要了解客户对产品的需求有哪些。在不同情况下，不同客户对于产品的需求可能存在差异。只有了解客户的需求，才能够提供有价值的信息。

② 焦点小组访谈数据的分析人员，最好是在场的研究人员。他们对于现场情景有直接的感受，可以避免文本、语录、视频等信息的遗漏。

③ 要把自己当作用户的发言人，清楚地表达出用户真实的观点和想法。

④ 结果的呈现应当尽量运用直观生动的形式，如图片、图表、视频等。这有利于结果的分析，也方便结果在研究者之间的交流。

⑤ 报告中，尽量不要使用准确的数字。焦点小组访谈的结果并不适用于定量分析，所以采用数字报告分析可能会产生误导。应当考虑用"大部分""少数"这种表达方式来代替数字表达。

⑥ 所有研究者在焦点小组访谈结束后，应当及时召开会议。对焦点小组访谈的过程和结果进行讨论总结，有利于提高访谈研究的质量，同时也有助于今后的研究讨论和数据分析。

⑦ 回顾焦点小组中的目标描述，并分析问题答案和焦点小组数据中潜在的信息，并将焦点小组得到的信息和其他渠道（如访谈问卷调查等）获得的信息进行对比分析。

4.2.3　焦点小组要点

焦点小组访谈法的优点在于每位用户可以表达自己的观点，用户之间也可以交流讨论且相互作用、相互影响。该方法适用于产品设计的任何阶段：产品的用户需求设计、概念设计、原型设计、产品指导、用户体验这些过程都可以采用焦点小组访谈法。

其缺点在于由于需要将所有用户集中在一起进行讨论，会增大费用的支出和精力的投入。与其他可用性研究方法相比，焦点小组还存在以下几方面的不足。

① 焦点小组无法获得直接有效的数据。虽然这是一种了解用户和市场的有效工具，但对于产品设计者来说，产品的使用环境及使用过程中的一些细节，无法准确把握且很难提供大量的用户数据。

② 焦点小组访谈的结果不易分析。因为访谈的问题主要是开放式问题，所以回答无法进行定量分析。并且，相对于问卷调查等其他研究方法，焦点小组访谈在结果数据的整理、编码、分析和解释上都有一定的难度，因此需要有丰富经验的数据分析者来处理。

③ 很大程度上，焦点小组的数据质量会受到用户个人选择以及所问问题的影响，导致用户无法分享所有的真实想法和观点，尽管主持人能够引导用户进行回答，但是还是无法保证真实的效果。在焦点小组访谈中，有时访谈的结果无法体现一个集体的想法，因为有时会被某些个人观点所引导，从而忽略一些有争议的意见。

④ 焦点小组对主持人要求较高。主持人是整个焦点小组互动过程中的焦点，缺乏经验的主持人可能会造成焦点小组访谈结果不理想或发生偏差。

4.3 / 认知走查法

4.3.1 认知走查法概述

认知走查法（Cognitive Walkthroughs）是一种形成性可用性检查方法。它是通过分析用户的心理历程来评价用户界面的一种方法，常用于界面设计初期的产品可用性研究。认知走查法只需要专家的参与，不需要收集用户使用界面的行为数据，就可以进行界面的可用性评估[7]。因此，该方法在可用性研究中属于低成本研究方法。在设计和开发网站或交互式软件系统的过程中，只需要原型，就可以采用认知走查法对用户界面进行可用性评估分析，并提出有针对性的、明确的改进意见。

关注新手用户在使用界面过程中的学习探索性，是认知走查法最大的特点。使用认知走查法来提高系统的可用性，能够评估、提高用户界面的易学性。易学性指的是新手用户在第一次接触用户界面进行使用的体验。认知走查法关注的是用户是否能在某一操作步骤上，根据用户界面的引导做出下一步，并正确使用，而不是去思考、迷惑应该如何去使用产品。这时，产品可用性评估的重点由产品转移到了用户身上，是一种以用户为中心的设计思想。

认知走查是评估者模仿用户在操作界面过程中解决问题的过程。根据现代认知心理学的"手段—目的"分析法理论，问题解决的过程被看作是探索"问题空间"的过程。用户运用各种操作步骤，从"初始状态"进入"当前问题状态"，再逐渐走向"目标状态"。且用户更喜欢在未知的情况下采用多样的方法进行操作步骤，同时缩短当前问题和最终目标状态之间的差异，最后来确定解决问题的办法。

在实施操作步骤的过程中，用户结合自身的经验和用户界面的提示引导用户做出动作，并最终到任务完成的状态。有经验的用户会参考过往的使用经验，完成界面任务的操作。然而，初次使用这个系统的用户没有经验，只能对用户界面进行探索性学习。在这种情况下，设计者需要尽可能避免用户的犯错误情况，所以界面需要设计成多步骤引导的形式。

简单来说，认知走查法是让界面原型经过一系列的探索核查。设计者需提供一张标准化的有待核查的问题清单，通过这张清单，评估者对用户界面操作进行模拟和认知加工，并在使用操作界面时发现问题，提出相应的改进意见。

在设计和开发过程中，界面只需要设定一种或多种任务的正确操作训练，并明确界面针对这些操作会做出的反馈，设计者就可以对现有用户界面进行认知走查的评估。这种评估的方法，对处于设计和开发初期的界面，具有高度适用性。不过实际上，在用户界面的原型建立之后的任何阶段都可以采用认知走查法。

4.3.2 认知走查法流程

认知走查法的评估者可以是一个人，但通常为多人组成的团队。这个团队包括用户界面设计师、开发者和评估者。评估者需要具备认知心理学的知识和评估方法的训练。一般在 3 ～ 6 人的小组中进行走查任务。同时，为了提高有效性和可靠性，建议参与者要有超越预期用户范围的各种背景，以增加捕获问题的可能性，并创建认知测试任务，以覆盖系统的全部功能。

如图 4-4 所示，认知走查法评估用户界面被分为三个阶段，分别是准备阶段、正式走查阶段，以及结果整理和界面修改阶段。

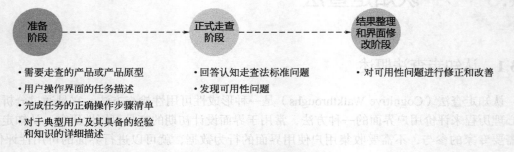

图4-4　认知走查法流程

在准备阶段中，需要在以下 4 个方面做好工作。

① 需要走查的产品或产品原型。产品原型的操作信息应当是完整的，不需要具备所有的功能，但诸如图标文字等影响用户判断操作的重要信息是一定要具备的。

② 用户操作界面的任务描述。这个任务应当是适用于大多数用户的典型任务。

③ 完成任务的正确操作步骤清单。

④ 对于典型用户及其具备的经验和知识的详细描述。

在走查阶段，针对正确操作步骤的每一个动作，回答认知走查法提出的 4 个标准问题，并且从中发现一些可能存在的可用性问题，以此来检验被评估的用户界面是否符合易用性的要求。

在结果整理和界面修改阶段，需要根据前一阶段每个步骤发现的可用性问题进行修正和改善。

从总体上来说，认知走查法操作程序的要素具体如下（Wharton，Rieman，Lewis and Polson，2006）。

（1）认知走查法所需的输入

① 用原型的形式描述待评估的界面，或者直接展示产品的界面。

② 确定用户。

③ 确定评估的任务。

④ 确定完成任务所需要的正确操作步骤。

（2）召集团队开始操作

① 主持人保持讨论现场的氛围。

② 记录员记录两个表格：一是问题和对应的解决方案；二是预设（关于任务和用户经验）。

③ 团队成员讨论关于界面的任务，以及每个任务对应的操作步骤顺序。对于每个任务而言，讨论的结果应当具有可信性。

（3）在走查法每个步骤下构建可信故事的过程中需要核查的问题

① 操作的结果是否和用户在这个步骤上的目标一致？

② 用户能否清楚这个步骤操作？

③ 如果用户发现了正确的步骤操作，是否知道这是他需要的操作？

④ 操作完成之后，用户是否能够理解产品提供的反馈？

（4）记录关键信息

① 可信的成功的故事。

② 关于任务和用户的经验的预设。

③ 存在的问题和提出的解决方案。

（5）修改界面，改正问题

根据走查得出的结果修改界面，改正问题。

4.3.3 信息界面认知走查法

信息界面认知走查法，也称网页认知走查法，是一种以认知理论为基础的评估方法，它可以被应用于网站开发的各个阶段，用来评估对象链接标签、网页的标题等导航功能组件的可用性[8]。信息界面认知走查法通过CoLiDes（Comprehension-Based Linked Model of Deliberate Search）模型来模拟用户的网页探索浏览过程，同时利用潜在语义分析工具来分析用户目标（由评估的用户预先输入）和网页标题、链接标签的语义联系，以找出网页标题、标签的四类常见的可用性问题（不熟悉、容易混淆、弱踪迹、特定任务下的竞争），从而实现网页导航可用性的半自动评估。

由于传统认知走查法对评估者的经验依赖比较大，带来的问题是时间、费用上的耗费，以及评估者经验对评估结果的影响。

信息界面认知走查法来源于传统认知走查法。传统认知走查法的评估过程模拟了用户的网页浏览过程，用4个认知问题来判断用户对任务的完成情况。这种方法部分沿用了传统认知走查法的认知问题，同时也根据网页浏览操作特性做出相应的修正。网页认知走查法的4个认知问题是：

① 用户试图去完成正确的目标吗？

② 正确的操作对用户来说足够明显吗？

③ 通过标题信息，用户可以把当前目标与正确的网页分区联系起来吗？通过链接标签信息，用户可以把当前目标与正确的组件联系起来吗？

④ 用户能够正确理解系统对用户操作行为的反馈吗？

其中，问题①②④都是传统认知走查法原有的，问题③是经过修正的。

和传统认知走查法不同，网页认知走查法不用评估者来回答上述4个问题，而是通过CoLiDes的模型，将4个问题转换成可供计算机程序直接判断的问题。例如，问题②可以转换成：网页标题、链接标签所使用的词语对于用户来说熟悉吗？容易和同级标签混淆吗？网页认知走查法进一步地引入潜在语义分析工具，来自动判断两段文字之间的相似度。

"准备—评估—得出分析报告—修正后再评估"是网页认知走查法运行的4个过程。

（1）准备

在准备过程中，用户只需要输入目标描述，把待评估网页上的各级标签、标题等按照提示依次输入网页认知走查法的自动评估系统。

（2）评估

网页认知走查法运用语义分析工具产生以下几个评估值。

① 熟悉度：用项矢量长度来表示，网页标题、标签等与语义库的相关值。

② Cosine值：网页各标题、标签之间的相关（以下简称Cosine 1），以及用户目标与网页标题、标签之间的相关（以下简称Cosine 2）。

信息界面认知走查法的主要评估目标是网页导航，普遍存在的4种可用性问题如下。

① 弱踪迹：指的是用户目标和正确标题标签没有语义相关，这样用户就会找不到任何可选择的标题、标签。

② 标题、标签等对用户来说不熟悉。

③ 标题、标签等容易混淆。这里的混淆既包括标题、标签等本身的语义模糊，同时也包括标题、标签之间因相似而导致的混淆。

④ 某种特定任务下的竞争。在一般情况下某些标题、标签不会产生混淆，但是在某一些特定任务下会发生混淆。例如，用户的目标是查找有关庭院种植的文章，那么标题"植物知识"和"庭院设计"可能会发生资源竞争。

对于以上4种问题，网页认知走查法可以分别用熟悉度、Cosine 1、Cosine 2作为评价指标。

（3）得出分析报告

分析报告包括信息界面存在的4种可用性问题（给出具体评估值）、问题严重程度、修正建议。

（4）修正后再评估

经过信息界面认知走查法的用户对网页修正后，再进行下一轮的评估，直到没有问题为止。

4.4 / 启发式评估法

4.4.1　启发式评估概述

启发式评估是一种产品可用性评估方法，最早由Nielsen（1990）提出。具体来说，是多位评估者对照可用性准则，依据自己的经验和对用户界面的可用性进行的独立评估[9]。

启发式评估和认知走查法类似，也是一种非正式分析性的可用性评估方法，可以在产品开发设计任意一阶段使用。也就是说，既可以对界面原型进行评估，也可以对成熟的产品进行评估；既可以对产品的整体进行评估，也可以针对产品的某个部分进行评估。同时，启发式评估是一种低成本的产品可用性研究方法，对于企业开展可用性研究来说，与其他方法相比较，启发式评估的实施费用较少，进而降低整个产品开发的支出。

启发式评估法自出现以来深受业内人士的欢迎，2000年的一项调查发现，它是被使用最多的一种可用性评估方法。

相对于其他可用性研究方法，启发式评估的主要特点是：

① 成本低：启发式评估通常只要几个小时就可以完成。此外，并不一定需要最终用户的参与。

② 效果好：根据Nielsen的一项研究，3～5个评估者可以找到75%～80%的可用性问题。

③ 效率高：与正式的可用性测试相比，启发式评估的效率较高，可以在产品开发团队中随时进行。

④ 易学易用：启发式评估中常用的案例较易获取。同时，由于启发式评估相对其他可用性方法来说，结构比较自由，因此也更容易使用。启发式评估的直觉性和易用性能够激发潜在的评估者去使用这个方法。

⑤ 对评估者要求不高：由于启发式评估易学易用，即使评估者是经过训练的非可用性专家评估者，同样能够取得较好的效果。

⑥ 应用于各个阶段的启发式评估不但可以对最终产品进行评估，还可以对产品的各类原型（甚至是低保真度的纸上原型）进行评估，因此启发式评估可以在界面设计的早期使用（而传统的用户测试则不能）。

4.4.2 启发式评估流程

启发式评估是一种形式相对自由的可用性评估方法。采取的方式可以是结构性的，也可以是非结构性的。在结构性评估中，要给评估者一些典型任务或情节，评估者要对这些情节或者任务进行评估。在非结构性的评估中，评估者根据自己的经验或意愿自由地去使用界面，发现可用性问题。

这两种方式得到的结果有很大的差别，要根据不同的评估目的加以选择。一般来说，启发式评估的实施包括以下几个步骤。

（1）向评估者介绍和解释用于评估的启发式系列

在开始之前，有必要向评估者先介绍和解释用于评估的启发式系列中的各项启发式，目的是让评估者熟悉启发式评估的内容，理解含义，以避免评估者产生疑问或误解而影响评估的结果。

（2）向评估者介绍评估的对象

如果评估者是面向大众设计的系统或产品，或者评估者是产品所在领域的专家时，则没有必要对评估者进行指导。如果系统针对的是评估者不熟悉的领域，则有必要对评估者加以解释，使他们能够使用系统了解系统的用途。

（3）评估界面

评估者进行评估的时候，每个评估者要对界面进行独立的评估，保证评估具有独立性和无偏向性。Nielsen建议，评估者原则上应当自己决定如何与被评估的界面进行交互，一般建议评估者至少要浏览两遍。第一遍，大致了解交互的流程和系统概况。第二遍，专注于具体的界面元素和细节。评估者在操作和检查界面时，利用已给的可能性准则进行比较评估，也可以考虑针对特定对话的一些可用性准则。

在评估过程中，评估者身边应当有一位主试，当评估者遇到了困难无法进行下一步操作时，并且表明了这个困难所涉及的可用性问题，主试应当给予帮助。

（4）结果记录及整理

有两种评估结果的记录及整理的方式。一是由每一个评估者单独完成一份书面报告，或者让评估者在评估过程中进行语言报告；二是根据现有的技术，对评估者的评估过程进行全程录制，使结果可靠，同时便于存档和以后的查看[10]。

（5）严重性等级评定

启发式评估找到的可用性问题，包含主要问题和次要问题，也可能存在虚假问题。在评估过程中，评估者专注于寻找新的可用性问题，很难对已经发现的问题的等级进行恰当评定，所以应当在评估结束后对发现的可用性问题进行严重性评定，确定问题进行处理的优先级。

在评定严重性等级时一般考虑以下三个因素。

① 可用性问题发生的频率是很少出现，还是经常出现？

② 可用性问题的影响程度，用户是否能够轻松克服问题？

③ 可用性问题的持续性，用户知道该问题是否能够克服或用户是否会反复受问题困扰？

最后计算每个可用性问题严重性等级的平均值，这个平均值就是可用性问题最终的严重性等级。

启发式评估最终获得的结果是关于一个可用性问题的清单，其中每一个可用性问题都包含一些相关信息，包括评估者认为该问题所违背的可用性原则以及严重性等级[11]。例如启发视频评估可用性问题记录，如图4-5所示。

（6）讨论

严重性等级评定之后，要在小组内进行一次小型讨论。评估者、评估过程中的主试，以及设计人员的代表是小型讨论的参与者。自由讨论如何针对主要的可用性问题和一些普遍的设计问题进行改正。在进行之前，必须首先确立评估目的，

尼尔森和莫里奇的启发式评估

产品名	猎豹浏览器		功能/模块名称	收藏夹
评估人	南可		日期	2019 11 25

启发项	严重程度	记录
系统状态的可见性	0	这里填写你所评估的可用性问题
系统与用户习惯的匹配	1	
用户控制和自由	2	
一致性和标准	3	
防错	3	
降低用户认知负荷	3	
灵活性和效率	3	
美学原则与极简设计	3	
帮助用户识别、诊断错误并恢复	3	
帮助和文档	3	

图4-5 启发视频评估可用性问题记录示例

要评估系统的哪些方面，使用哪个可用性评估系列。在评估完成之后，也可以使用软件工具，提高问题的管理效率和效果。

4.4.3 启发式评估原则

（1）Nielsen和Moclich提出的9条启发式系列

1990年，Nielsen和Moclich提出9条用于对系统进行评估的启发式系列，具体如下。

① 简单和自然的设计。对话只能包含相关的或需要的内容。因为每一个不相关的信息单元会使有用的信息变得不明显，也会占用空间。所有的信息应该以自然和合理的形式显现。

② 使用用户的语言。对话使用的语言应该是用户所熟悉的，而不是以系统为中心的。

③ 保证用户的记忆负担最小化。因为用户的短时记忆是有限的，所以应该让用户去记住对话中每个部分的信息内容。用户在适当的时候应该能够轻易地获得系统的使用说明书，复杂的说明书应该简化。

④ 一致性。不应该让用户去猜想不同的词语、不同的情境或不同的行为所表达的意思是否一致。在适当的时候，一个特定的系统反馈应该由一个特定的用户操作所引发。一致性同时意味着各子系统之间的关系以及各主要独立系统之间的关系对用户群体来说是协调的。

⑤ 提供反馈。系统应该总是能够在合理的时间里给用户提供适当的反馈信息，以便让用户知道其当前的进程。

⑥ 提供明显的退出标志。系统不应该在用户陷入困境的时候没有显示明确的退出标志。用户经常错误地选择系统功能，因此需要有一个明确的"退出"的标志使其能够退出不想要的功能。

⑦ 提供快捷方式。对于有经验的用户来说，显示屏上的冗长对话信息和几乎不怎么进入的一些单元是很没有必要的。因此，一些对于新手用户来说不易察觉的巧妙的快捷方式通常会包含在系统中，以同时迎合新手用户和经验用户的需求。

⑧ 提供有用的报错信息。好的报错信息是防御性的、精确的和建设性的。防御性的报错信息批评系统的缺陷而不是批评用户。精确的报错信息给用户提供准确的引起错误的原因。建设性的报错信息则给用户提供下一步应该如何做。

⑨ 防止出错。出色的系统信息应该是能够在第一时间阻止错误的发生。

（2）Shneiderman界面设计的8条黄金准则

Shneiderman界面设计的8条黄金准则是在1998年提出的，这个准则系列是研究者根据自己的经验总结所得。在经过修改和提炼之后，对绝大多数的交互系统来说它都是适用的。准则具体如下。

① 争取获得一致性。在相似的情境中用户应该可以采用一致的操作步骤。应该使用相同的术语在提示、菜单和帮助的界面中，始终保持命令的一致性。

② 能够让经常使用的用户使用快捷方式。随着使用频次的增加，用户渴望减少交互的次数和加快交互的节奏。缩写、功能键、隐蔽命令及宏工具对专家用户来说都是很有用的。

③ 提供有意义的反馈。每个操作都应有相应的系统反馈。对主要但不常用的操作来说，其反馈应该要详细些；对常用但次要的操作来说，其反馈可以简洁。

④ 设计可以使操作终止的对话。操作步骤应该被组织成一个个包含开始、中间、终止的组。一组操作步骤完成的时候，有用的反馈应该提供用户完成任务的满意感和解脱感，可以让

用户抛开其脑中其他可能的计划和选择，以及提示用户可以准备下一个阶段的操作。

⑤ 提供简单的错误处理方法。这样可以使用户避免造成一个严重的错误。如果错误产生了，系统应该能够检测到错误并且提供简单的、容易理解的方式来处理这个错误。

⑥ 允许简单的返回操作。这可以减轻用户的焦虑，因为用户知道即使出错了也可以撤销；这也可以鼓励用户去探索不熟悉的操作。撤销的单位可以是一个操作、一个数据条目或者一组操作序列。

⑦ 使用户有控制感。经验用户强烈地渴望得到他能够控制系统并且系统能够对其操作作出回应的感觉。在交互中，用户应该是操作的发起者而不是回应者。

⑧ 减少短时记忆负荷。由于人在短时记忆中的信息处理是有限的，因此信息的显示应该简单，多页的显示应该统一，窗口移动的频次应尽量减少，并且给编码、记忆和操作步骤分配充分的练习时间。

（3）Robert J. Kamper 的 LF&G 理论

Robert J. Kamper 在 2002 年提出了 Lead，Follow，Get Out of the Way，简称 LF &G 理论，由若干条启发式内容组成，并分别划分在三个原则下：引导（Lead）原则、跟随（Follow）原则、避开（Get Out of the Way）原则。Robert J. Kamper 认为该启发式系列不但可以解释可用性问题，也可以在设计的过程中起到防止可用性问题产生的作用。其具体内容如下。

① 引导用户成功地完成任务和用户想要达到的目的。

·使系统中包含的功能对用户来说是明显的并能够容易得到。

·阻止一些可能的错误（隐藏、无效、确认无效或者潜在的破坏性的操作）在一部分用户身上发生。

·使每个标签和命名之间有明显的区分度，避免模糊和混淆。

·以用户熟悉的术语和语言给用户提供清晰、简练的提示信息。

·给输入提供恰当的缺省值，对信息进行识别而不是回忆。

·支持用户自然的工作流程或任务流程。

② 跟随用户的操作进展，并在必要的时候提供信息和帮助。

·为所有的操作提供反馈。

·在考虑操作所耗费的时间长度的基础上，在适当的时候提供关于操作进展的指示。

·提供出错信息，用于解决问题。

·在成功完成一个任务后提供反馈。

·要具备以下能力：对输入进行保存以作为将来的模板，对宏进行记录，对参数选择进行定制等。提供目标导向或任务导向的在线帮助和文档。

③ 给用户自由时间，以允许用户快速有效地完成任务。

·尽量减少完成任务所需的步骤数量。

·保持与系统惯例和用户界面标准的一致性。

·提供一个具有美感并且最低要求的设计，使用户从一些细节中摆脱出来，除非用户需要这些细节。

·满足不同技术水平和任务水平用户的需求。

·提供快捷方式。

此外，在一些领域中，一些研究者在各自的领域提出了相应的具有针对性的启发式准则，以提高启发式评估的有效性。

4.5 / 可用性测试

4.5.1 可用性基本要素

可用性测试是典型的实验性方法。实验性方法与启发式评估等方法不同，它是一种基于真实的用户数据进行的评价，具有足够的说服力。

著名的可用性大师Jakob Nielsen（1993）在国际可用性工程领域享有盛誉。他认为，在某种程度上可用性是一个较窄的概念，是一个质量属性，用来评价用户能否很好地使用系统的功能。

可用性具有5个属性，直接影响用户对产品或系统的体验：

① 易学性：系统应当容易学习，用户可以在短时间内用系统来做某些事情。

② 交互效率：系统应当使用高效，用户可能具有高的生产力水平，在学会使用系统之后。

③ 易记性：系统应当容易记忆，在中间一段时间没有使用之后，用户还能够使用系统，不用一切从头学起。

④ 出错频率和严重性：系统应当具有低的出错率，能够防止灾难性错误发生。用户在使用系统的过程中能少出错，在出错之后也能够迅速恢复。

⑤ 用户满意度：系统应当让用户在使用时，得到主观上的满意感。

Hartson（1998）认为产品可用性有两层含义：有用性和易用性。有用性是指产品能否实现一系列的功能。易用性是指用户与界面的交互效率、易学性，以及用户的满意度。

Hartson的定义虽然较为全面，但是缺乏概念可操作性的进一步分析。国际标准化组织（ISO）提出可用性标准ISO FDIS 9241211（Guidance on Usability，1997），其中指出，可用性是当用户在特定的环境中使用产品完成具体任务时，交互过程的有效性、交互效率和用户满意度。有效性是指产品功能是否完备，用户是否可以使用该产品完成其希望达到的目的；交互效率是指用户是否可以高效快捷地完成任务；用户满意度是指用户在使用该产品完成某项工作的过程中是否处于愉悦状态。

4.5.2 可用性测试指标

分析指标是我们用来评价产品可用性高低，以及发现可用性问题的数据来源或相关信息的一种方法。一般来说，可用性研究中的常见分析指标分为两种类型：定性指标和定量指标。定性指标是用户主观认识差异和变化的指标，一般较难用数字进行量化，也较少进行深入的数据统计分析，但优点是分析比较清晰易懂。而定量化指标往往可以通过数据的量化分析得出更为深入的结果。常见可用性分析指标中，用户主观评价、非言语信息及错误分析主要属于定性指标，而绩效、负荷主要属于定量指标。

（1）用户主观评价分析指标

在用户需求研究和可用性测试研究中，最为常见和非常重要的指标之一是用户主观评价。用户主观评价在用户需求研究中，是用户对产品或界面的主观态度和偏好反应。该主观态度和反应既可以通过用户的言语观察记录获取，也可以通过用户的问卷回答和访谈等方式获取。

在可用性测试研究中，用户在使用产品或原型后会形成自己的主观感受和印象。通过问卷调查或直接交流等方式，用户主观评估搜集用户对产品的主观感受，用来判断其中存在的可用性问题。从可用性的不同维度上来评估用户主观感受，可以采用标准的问卷，用专用的数据分析软件对问卷结果进行分析，得出有关用户主观评价的定量结果。

（2）非言语信息分析指标

在可用性研究中，尤其是实验室研究，往往都会通过录像设备同时记录用户的多种行为特征。在许多产品的可用性研究中，用户非言语信息都是一项重要的分析指标。从心理学的角度来说，面部表情和身体姿势等自然流露出的非言语信息要比语言更能反映其内在心理状态。比如在软件的用户测试研究中，对于用户的表情状态变化，研究者可以结合其对应时间的操作行为来判断用户当前产品的使用感受。当然，非言语信息的分析要依赖于用户的性格特征，同时存在一定的地域和文化差异，这依赖于研究者结合研究的实际情况进行判断和分析。

（3）绩效分析指标

绩效分析一般采用正确率、任务完成率、任务完成时间等指标分析产品、界面或流程设计的可用性水平。多用于确定产品的可用性水平，或竞品分析及备选方案评价。但需要注意的是，由于绩效分析一般取用户最佳水平状态下的数据资料进行数据分析，因此单纯拿客观的绩效分析数据作为产品可用性的比较指标有时会过于片面，从而误导研究者的最终评价。所以应对用户的操作过程或操作现象进行分析和解释，并与客观绩效指标数据结合起来，综合评价其可用性水平。

（4）负荷分析指标

负荷分析通常采用移动距离、用户主观评价量表的得分等指标来分析任务操作的可用性水平。从本意上讲，负荷指人或者机器在工作中所克服的外界阻力。在可用性测试中，负荷主要指用户付出的心理资源的大小。主观评定法的基础是人对心理负荷的直接感受和体验，这种方法对心理负荷的变化很敏感，并具有方法简便、不干扰工作，且在不同工作之间可进行比较等优点[12]。常用的心理负荷主观评定法有主观工作负荷评价法、美国国家航空暨太空总署作业负荷指数法等。由于心理负荷常伴有一定的生理变化，可以通过某些生理变量的测定以评价心理负荷的高低。常用的负荷生理和生化测量指标是心率、心率变异、大脑皮层诱发电位，以及肾上腺素、去甲肾上腺素等生化物质含量。此外，在心理学上，人的负荷水平与操作任务的紧迫性、风险性、重要性、艰巨性等因素之间有密切关系。因此，可以描述任务难度的客观指标也可以作为负荷水平的反映。

（5）错误分析指标

错误分析是指分析用户操作中的错误状况，确定可用性问题。由于无法预知未来，结果往往具有不可预测性，因此用户包括我们总会不断地犯错。按照心理学观点，用户的操作出错的原因最重要的是产品设计的操作模型与用户的心理模型之间出现了不匹配。因此，对用户操作错误进行深入分析是可用性测试过程中一项非常重要的工作。当然，研究者需要依靠已有的经验对用户出现的错误进行正确的分类和归因，才能得到真正合理的结论。而有效的错误分析结果往往可以为设计者带来重要的反馈和帮助信息。

可用性指标评价体系是一个对产品可用性水平进行整体评价的体系，可以根据一定规则对可用性指标进行整合。在理论上，它的建立可以完善可用性评价的理论体系，对可用性的科学评价和系统比较的方法实现进一步的开发；在实践中，它可以系统全面地评定产品的可用性水平，横向比较完善产品可用性水平[13]。

McCall、Richards和Waiters（1977）提出的可用性分层评价体系（Hierarchical Usability Model）是最早出现的可用性指标。该评价体系是一个整合概念，其把产品质量作为评估对象，将可用性作为评估产品质量的一个方面，并采用分层的形式构建了可用性评价体系。McCall的可用性评估框架有三个层次，分为因素（Factor）、准则（Criterion）和指标（Metric）。因素层是可用性维度，如可靠性等；准则层是把可用性维度细化为可测量的因素，如把可靠性细分为容错度、精确性、一致性、简明度等次级因素；指标层是可以用以直接测量的可用性指标，如可以用容错控制并计算故障恢复、重要数据恢复等若干检查表来表征容错度。

目前已有的体系从内容上来看，主要是5个要素：第一层为维度层，包括前面提及的可用性维度或者可用性评估因素；第二层为准则层，包括前面提及的可测量的次级因素；第三层为指标层，包括前面提及的可以直接测量的可用性指标；第四层为设计层，包括前面提及的界面设计要素；第五层，包括知识层（Welie等人提及）、背景层（Han等人提及）及感知层（Beom等人提及）等，未包含在前面层级中的部分。这5个方面中，前三个方面属于基本层面，几乎所有体系都提到了，只是在说法上有所不同，或者维度的具体分类有所区别。除这三个方面之外，设计层和知识层等只有某个或若干个体系提到。

4.5.3 可用性测试流程

传统的可用性测试流程包括测试准备、设计测试、预测试、招募用户、进行测试、用户总结性描述和测试后数据分析等步骤。不同的可用性测试方法在设计测试时任务的设计和测试时观察的重点会有所不同，一次完整的可用性测试一般都会遵循如图4-6所示的流程。

第一步，测试准备。其指的是测试前的计划和安排，特别是实验室软硬件设备的准备。第二步，设计测试。测试设计的合理性，这会直接影响测试的效果。第三步，进行预测试。主要是为了验证任务设计阶段的合理性，以及测试安排是否得当。第四步，招募用户进行正式测试。第五步，测试。第六步，用户测试，是用户总结性描述环节。除了感谢用户的参与，通常还会针对测试过程中的问题，对用户进行访谈。第七步，收集有效的测试数据，分析并撰写报告。

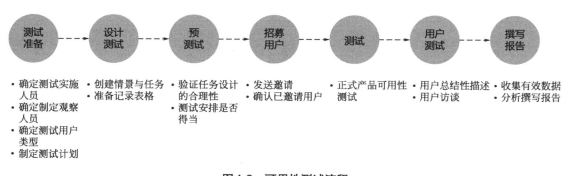

图4-6 可用性测试流程

参考文献

[1] 郑束蕾.个性化地图的认知机理研究[D].郑州：解放军信息工程大学，2015（7）.
[2] 李洪.点对点移动支付信任因素研究[D].大连：大连海事大学，2011（9）.
[3] 李兴利.档案工作问卷调查法[J].档案管理，2005（4）：57-59.

[4] 吴婷. 手机地图出行应用的个性化用户体验和创新研究[D]. 杭州：浙江工业大学，2014（3）.

[5] 包思施. 基于老年人医疗护理产品的交互设计研究[D]. 上海：华东理工大学，2012（7）.

[6] 陈羽洋. 访谈法在市场调研中的运用[J]. 现代商业，2015（14）：275-276.

[7] 程林. 用户研究中的竞品分析方法研究[D]. 武汉：武汉理工大学，2016（5）.

[8] 李宏汀，桑松玲，葛列众. 网页可用性评估的CWW网页认知走查法研究概况[J]. 人类工效学，2009（2）：62-65.

[9] 周用雷，李宏汀，王笃明. 电子游戏用户体验评价方法综述[J]. 人类工效学，2014（2）：84-87.

[10] 葛燕，荣刚，张侃. 界面可用性评价之启发式评价法[J]. 人类工效学. 2005.

[11] 李建光. 面向用户的软件柔点可用性评估方法的研究[D]. 秦皇岛：燕山大学，2010（8）.

[12] 计亚楠，方卫宁. 工效学新技术在机车驾驶环境设计中的应用[J]. 电力机车与城轨车辆，2004（6）.

[13] 郑燕，刘玉丽，王琦君，葛列众. 产品可用性评价指标体系研究综述[J]. 人类工效学，2014（3）：85-89.

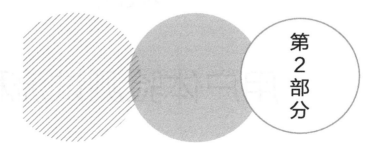

第 2 部分

方法篇——用户体验数据收集与分析

第 5 章　用户体验测试流程

第 6 章　度量数据工具与方法

第 7 章　设计策略输出和迭代

第5章

用户体验测试流程

5.1 / 被试选择和招募

5.1.1 被试类型选择

（1）选择测试对象

当我们设计可用性研究的时候，必须考虑许多因素。考虑全面的研究设计可以节省精力和时间，并能够清楚地解答你所关心的研究问题。欠缺考虑的研究设计却不能够给出你所需要的答案，即与前者相反：浪费时间、财力和精力[1]。要设计一个考虑周全的可用性研究，需要回答以下几个问题。

① 需要什么类型的用户作为参加者？

② 需要多少位参加者参与测试？

③ 需要比较来自单组参加者的数据还是来自多组参加者的数据？

④ 需要调整任务的安排顺序吗？

（2）选择参加者

针对可用性研究选择参加者这个决策过程需要综合考虑各方面因素，例如费用、适当性（Appropriateness）、可获得性（Availability）和研究目标等。选择的参加者与目标受众（Target Audience）不匹配或缺乏总体代表性，是对一些可用性研究非常常见的批评。在开始研究之前，我们需要仔细考虑如何去选定参加者，尽量使各利益相关方在抽样策略（Sampling Strategy）上达成一致。第一个要回答的问题是：参加者对目标用户的代表性如何？无论何时我们都要力求招募真正具有代表性的参加者。例如，如果你正在设计一个医生在工作中要用到的医疗产品，那么就应该考虑选择从业医生作为参加者。但是在一些特殊情况下，不得不退一步选择与目标用户很相似的参加者。在这种情况下，就需要注意收集的数据具有的局限性[2]。选择参加者时，第二个要回答的问题是：我们是否需要根据不同参加者类别对数据分类？如果是计划将参加者划分为不同的组别，则要明确这些组别类型及每组中包含多少名参加者。以下是一些在可用性研究中常见的分类标准。

① 在一些领域中，对参加者专业化的程度进行分类（新手、中等熟练水平、专家）；

② 使用频率（例如，对网站每个月的访问量或交互量）；

③ 对相关物品使用的经验程度；

④ 人口统计学变量（性别、年龄、地理位置等）。

第三个是抽样策略。较大规模（或定量）的可用性研究的目标是使结果能够推广到一个更大的群体。为了达到这个目标，你需要制订一个抽样策略，以便能够对总的用户群体进行说明。下面是几个不同的抽样方法。

① 随机抽样（Random Sampling）。总的来说，每个人都有大致相等的概率被选择成为参加者。随机抽样时，先将所有潜在的参加者进行编号并列于表上，然后根据所需要参加者人数使用随机数字，产生随机编号来选择参加者[3]。

② 系统抽样（Systematic Sampling）。根据先前定义的标准选择参加者。例如，在用户列表中每隔九人选一人，或者从穿过十字转门（体育比赛中用到）的人中每隔九十九人选一人。

③ 分层抽样（Stratified Sampling）。首先将整个总体划分为亚群体，然后再为每个亚群体确定特定的样本大小。这种抽样方法的目的是保证样本能够代表更大的群体。例如，可以招募50%的女性和50%的男性，或者招募年龄中占20%的六十五岁以上参加者样本。

④ 方便抽样（Samples of Convenience）。这是可用性研究中非常常用的方法，可以包括愿意参加研究的任何人。参加者样本可以通过利用过去曾来实验室参加过测试的人员名单来招募或者通过做广告招募。使用这种方法的重点是要明确方便抽样的样本对总体的代表性如何，以及参加者的反馈或数据可能反映出来的特定偏差的大小。一组测试用户或对象至少可以由下面四种不同方式组成。

① 所有目标用户；

② 有代表性的目标用户群；

③ 没有代表性的目标用户群；

④ 非目标用户。

偶然遇到所有的目标用户并一起工作是相当少见的，但这种情况确实会发生，特别是当某个系统是为一个特定的群体或个体量身定做的时候。这种情况下，个体和目标用户完全一样。另外，还有以下三个选择。

第一个选择是尽可能多地使用具有代表性的用户群体，这会产生较为可靠的可用性数据。目标用户拥有不同的性别、年龄、背景、擅长的领域等，可能会有非常不同的态度，并且用相同的系统完成任务或其他活动的方式会截然不同。

第二个选择是拥有任意一个目标用户群。一个目标用户群对于发现第一批主要的可用性问题已经足够了。

第三个选择是只收集一群可供使用的人的可用性数据，例如同事或大学生。虽然他们有很多很好的特征，比如好奇、聪明、精力充沛、精通计算机、容易沟通，但是通常他们都不属于目标用户群。让大学生为居家的老人测试系统，显然不会达到预期效果。一般来说，大学生和同事主要被用于两个方面：其一，用于系统单个部分的快速测试，并修正系统组件，例如图像处理软件或语音识别等，并且不断被测试与修正。其二，他们有助于各种各样的准备工作的开展，例如在真正的测试用户到达之前对驾驶评价设置进行测试，探索性测试尚无目标对象配置文件的系统概念。为选择他们当中有代表性的用户群或目标用户，必须先进行用户配置文件分析，然后筛选潜在的测试对象，可能存在几个目标用户群。

（3）测试对象的招募

在哪里找到测试的对象完全取决于指定的用户配置文件。为了对应配置文件里的每个不同个体，招聘测试对象时经常需要灵活进行。可以考虑联系或使用下列人或物。

① 正在开发该项目的组织。

② 开发者和其同事的个人关系网络。

③ 汽车俱乐部和类似的组织，为系统进行有效的口头传播。

④ 针对目标用户的专业机构，例如耳聋研究机构。

⑤ 各类学校，从学前教育到大学教育，一直到终身学习。

⑥ 通过网站上的广告。

⑦ 内刊、广播、电视、报纸和其他媒体等，如能够出版此项目的出版物。可以尝试的方向有，以测试对象的方式在记者的新闻题材中挖掘，包括其微信、电话号码、网址、电子邮件等。

⑧ 商场、火车站、咖啡厅等公共场所。

如果通过这些还是没有找到有效的训练对象，就有必要去考虑借助招聘机构或者投放广告。确认潜在的测试对象可能需要数周或数月，需要发送大量的短信和电子邮件，打多次电话，进行大量的解释，等等。

（4）测试对象的确定

尽管测试对象有饱满的热情尝试测试系统，或有热情参与会话，但他们有自己的工作和事情，他们的日程表可能会很满，所以要提前约好会话日期[4]，并在进行会话前一两天提醒测试对象。即使这样，有些测试对象也可能会在最后几分钟临时退出测试。制订方案时必须要考虑到这一点。第一个办法是让测试对象填写一个自由测试时段然后待命，准备好一叫即来。第二个办法是让所有的测试对象都来，确保超过实际需要的人数。第三个办法是招聘新的测试对象，直到达到足够的数量。

5.1.2 被试数量选择

（1）测试对象的数量

开发或评价会话需要多少测试对象，主要取决于以下几个因素。

① 可用性结果的可靠性高低：通常来说，可靠性的高低与用户的数量呈正比。注意，这对于研讨和会议并不适用。

② 有多少资源可供计划和执行该方法以及分析收集到的数据时使用：作为计划，你拥有的资源越多，能负担得起招聘的测试对象就越多。注意，有更多的参与者并不意味着会有更多的有效数据，所以，这同样并不适用于研讨会和会议。

③ 发现适合的测试对象愿意或被允许参与的难度。

④ 会话持续时间：除了研讨会和会议方法以外的大多数实验室方法中，如果在测试中每个测试对象生成大致相同数量的数据，若会话时间很长，为了不产生过量用于分析的数据，应采用较少的测试对象而不是缩短会话时间。

⑤ 会话准备：如果准备工作很繁重，除非会话时间非常长，不然最好是收集带有两个以上测试对象的数据。数据的价值必须在某种程度上与花费在准备工作上的时间的价值相对应。

⑥ 是否需要统计有效的结果：一般来说，这需要相当数量的用户来实现，并且与研讨会

和会议不相关。

⑦ 是否正在进行比较研究，并针对两个（或更多）不同的测试条件需要不同的测试对象。

我们推测涉及大部分可用性开发和评价会话的测试对象数量是四至十五人不等。因为会话前、会话时以及数据分析过程中花在测试对象身上的时间很多，所以如果涉及大量以个体为基础的测试对象，成本就会很高，涉及很多用户的会议很快就变得毫无意义，且有收益递减的风险。例如有十四个测试对象的测试就可以确认由系统模型引起的90%的可用性问题，但有二十八个测试对象的测试可能只把百分比提高到95%。因此，可行的方法是运行几个带有较少用户和某些开发时间间隔的测试，而不是运行单一的大型测试。带有四个用户的三次测试，每个带来的经济价值，通常都会多于带有十二个用户的单次测试（Nielsen 1993）[5]。不过，通过有代表性的用户群以个体为基础产生的更多数据总是更好的数据。用于组件训练的专业数据收集有时需要几百个测试对象。

（2）样本大小

所需样本的大小是可用性领域中最常提到的问题。每个相关人员（包括项目经理、市场研究人员、可用性从业人员、研发人员、设计人员）都想知道一个可用性研究需要多少个参加者。不存在这样一个既定规则：如果一个研究没有包括N名参加者，那么这个研究的数据就是无效的。确定样本大小时，应该基于两个因素：你的研究目标和你所能容忍的误差范围[6]。在迭代设计过程中，如果你只对发现主要的可用性问题感兴趣的话，那么通过三至四个具有代表性的参加者就能获得有用的反馈。小样本意味着虽然你不能发现所有甚至大部分的可用性问题，但是能够确定一些比较重要且明显的问题。如果你有许多产品的多个不同部分或任务需要评估，则肯定需要四个以上的参加者。

一个基本的经验规则是：在设计的早期阶段，确定核心的可用性问题只需相对少的参加者。随着设计逐渐完成，你需要更多的参加者以发现剩余的问题。

5.1.3 被试参与度提升

（1）测试对象的初始联系信息

与测试对象的初次和后续联系有很多形式，例如通过微信、电子邮箱、电话和书信等；通过网站初次联系并报名，然后面试筛选；通过网络进行筛选。在所有情况下，初次联系时，需要通知他们会话的主题和内容，需要他们做什么等，并将信息记录下来供后续使用。具体信息如下。

① 对于开发会话：需要测试对象做些什么，以及测试对象的重要性；

② 对于评价会话：被测系统的功能，测试对象的职责，以及该测试人的重要性；

③ 将要进行会话的环境；

④ 会话持续时长；

⑤ 如果会话基于电话或微信，需要提供电话号码或微信号码，方便通知会话推迟或取消；

⑥ 电子邮件和网站地址：测试对象可以通过网站了解系统工作的情况，并且网站可以在与测试对象一起工作时起到辅助作用；

⑦ 实验室地址及开放情况；

⑧ 会话的日期和时间；

⑨ 用户会得到什么回报（如果有的话）。

给测试对象的介绍信件：

亲爱的××：

　　非常感谢您愿意花费时间来帮助测试系统。信封内我们附上以下内容，请查看：

- 一张活页宣传单，描述您要使用的预定系统；
- 4 个任务，我们请求您通过给系统打电话来解决；
- 一份调查问卷，我们请求您在与系统交互后填写并装进附上的信封交回。

　　测试的目的是收集服务于两个目的的数据，它将有助于我们评价预订系统工作得如何，特别是您与用户界面的交互：①它将提供改进系统的基础。您与系统的对话将被记录在磁带上，以便我们通过分析找到系统的薄弱环节，并试着做出改进。②在测试之后为保护您的隐私，您的所有个人信息都将被从数据中删除。如果您有不明之处欢迎给我们打电话，电话号码×××。我们希望您在 1 月 12 日（周四），给我们的系统打电话来完成任务。当系统准备好接听您的电话时，我会通知您。

谨致问候

×××

×年×月×日

图5-1　活页宣传单

　　以上仅是最基本的信息，还可能需要额外的信息，例如数据的机密性。许多测试对象一开始会带着好奇的心理但最终却选择退出，这可能是由于信息获取过少而产生质疑。所以如果有关于系统和开发目标的额外信息，应一并放在初始信息里，让测试对象尽早理解，并选择是否加入测试。

　　图5-1为一张活页宣传单中的实例对话。

（2）测试对象的报酬

　　提供什么报酬给测试对象，需要考虑测试对象的年龄、性别、宗教信仰、文化背景等，可以是购物优惠券、一包精致的糖果、一瓶酒、一包烟或是少量的钱等，或者以抽奖的形式进行奖励，分出抽中的奖励等级。如果测试者远道而来，则应支付差旅费。

（3）展示材料，介绍指令

　　有些实验方法，需要展示材料进行讨论，如用幻灯片、视频、绘图或纸张的形式把数据展示出来。被测试对象在会话过程中要使用人工数据收集或分类排序等方法处理问题，所以我们要事先检查这些材料是否准备就绪。对于文本文件、音像文件或可以在计算机或其他电子设备上运行的材料，要明确地检查这些材料是否可以在要使用的实际设备上运行，以及计算机能否与投影仪一起工作[7]。

　　提前准备好对测试对象的介绍和指令，打印相关材料，并确保每个人都以相同的顺序得到了相同的信息，这有利于保证收集到的数据的质量。

（4）知情同意书和其他许可

　　知情同意书是测试对象签订的表格，告知测试对象会话过程中的相关事宜。这可能是一个法律雷区，国际公认的基本原则是：你必须客观清晰地全面告知测试对象有关研究的目的；预计持续的时间和程序；可能存在的风险、不适、反作用或副作用（如果有的话）；测试对象可以从研究中获得的利益；收集数据的用途；保护个人隐私数据的存储方式，数据何时被销毁；测试开始后，他们拒绝参与并撤回的权利，拒绝或撤回的可预测后果；如有相关问题和谁联系；等等[8]。

　　不同的国家立法不同，在欧洲，相关法规例如《欧洲联盟基本权利宪章》，由欧盟理事会1995年10月24日通过的、第95/46/EC号指令，是关于个人信息保护的数据处理和数据自由流动。一个具有基础性和影响力的文档是世界医学协会在1964年采用并在2000年最新修改过的《赫尔辛基宣言》[9]。

　　我们不会以任何方式伤害测试对象，但有许多情况是未知的。在设计知情同意书时，有必要设计几个最坏的情况，并把这些设想定为背景。如果测试对象在你的实验室里参加会话时摔断了一只胳膊；你是否确切知道，你现在所做的详细数据记录是否会在未来几年被使用；即使你只是在会议展示上使用测试对象的抬头镜头，之后你不会在任何地方留下痕迹甚至保存和展示视频，计算机上也不会保存，但这也可能会被认为是对测试对象隐私的侵犯，除非测试对象明确地以书面形式同意[10]。总之，按测试对象永远不会发生的各种假设来行事并不是明智之举。

我们经常需要收集测试对象的个人信息，包括年龄、民族、学历、地址、习惯、社会环境、宗教信仰等，甚至是测试对象的健康信息。知情同意书应该保证在发布之前，这些信息在任何情况下的使用都需完全匿名。儿童和青少年是特殊的测试对象，家长不想在关于会话的网站报告中看到孩子的视频或图像，以及孩子的姓名、上学的地方或生活住址，录制记录的时间和地点等。通常我们都是从儿童和青少年测试对象的后方拍摄视频，目的是既显示可认出的测试对象的数据又不侵犯隐私[11]。

家长（一定是法定的监护人）需要代替儿童签订知情同意书。有时候，家长还需要参加会议以保证进程顺利。他们基本上都会认真旁听，但会质疑你是否能够使所有的事实、条件和安全措施公开透明。如果你通过学校招聘未成年的测试对象，他们的教师经常会参与到进程中，这是一件有助于数据分析的好事。至关重要的是，要告诉教师所有相关的事情，并确保他或她了解所有与知情同意相关的问题。

图5-2所示为来自欧洲研究项目《今天的故事》的家长知情同意书的草案，在该项目中，为创建关于他们在校日的小故事，孩子们在校内使用小型摄影机录制同步的音像记录（Panayi，etc 1999）[12]。

举例来说，如果我们想在一个组织里进行微观的或微观行为的现场观察，我们还需要另一种不同的许可或同意，你可能不得不签订一份被允许进入组织的保密协议，包括如何利用收集到的数据或什么时间允许你收集数据。在开始进行任何类型的数据收集之前，要确保一切都是可靠的[13]。

（5）想定和事先训练

想定，也就是任务或其他活动的描述，经常在实验室测试中交给用户，描述测试系统模型可能的使用情形，并给测试进程引入一定程度的系统性。常用的途径是创建均匀涵盖系统能力或特定地关注某些方面交互的想定，因为通常认为这些方面会引起可用性问题[14]。想定设计的基本问题就是在有限的想定中获取尽可能多的可使用情形空间。想定也用于用户实验室开发，例如，目标用户为了描述想象的使用情形，创建中心小组或其他会议方面的想定。严格地说，想定就是特殊的交互式任务。

尽管并不是所有的系统都是以任务为本，

基于可靠信息的知情同意书

项目：××   项目编号：×××

项目协调者：××

研究团队：××

实验室名称和地址：

联系人的姓名和电话：

参与者的姓名：   年龄：

代表证明：

我的孩子要参与的"××"项目已经向我解释过，并且我所有的问题已经得到满意的回答。我自愿同意允许我的孩子参与，并且明白，我可以在任何时间停止我孩子的参与而不受惩罚。除了在某些类型的电子材料外，我孩子的隐私和机密性得到尊重，那么我会同意研究者在他们的工作中使用关于我孩子的个人信息。

我明白，这项研究的结果将通过出版物和其他电子媒体等被学术研究团体和其他感兴趣的各方用于评审分析和传播。如果没有追加的授权，这些材料中包括的信息将不会以任何其他的公共或商业形式进行使用。我已知晓来自项目结果的传播原因和性质，并且若有更改及时告知我。材料将根据提交给大学伦理委员会的协议进行收集。协议副本在大学保存。我免除研究者与这些书画、照片、视频以及电子的材料的使用相关的任何责任。我孩子的名字已在上文给出，我和他/她已经说过，并且作为他/她的家长/监护人，我相信他/她愿意参与这个项目。

签名：（家长/监护人）   日期：

图5-2 《今天的故事》的家长知情同意书的草案

但有时给测试对象更广泛的目标来通过交互实现更适当。例如一个协调性的会话冒险游戏，游戏中一个玩家按照一个难以相处的合作者所给的指令行事，这个合作者往往不同意其他参与者的目标，不管这些参与者是虚拟人物还是真人。我们同样把这样的指令称为想定[15]。对实验室里的系统模型测试的想定，通常由开发团队来设计，让测试对象来决定他们希望在与系统模型的全程交互中做什么是可行的。但存在的主要缺点如下。

① 用户行为和绩效的比较变得不太系统；

② 交互经常未能提出开发者想要提出的所有系统功能；

③ 很难或不可能确切查明用户真正要尝试实现什么；

④ 在面对未知的系统时，让用户试着提出想定，有时会让他们感到很茫然。

另外，使用开发者设计的想定存在风险，在重要的真实任务方面，有些与用户相关的约束都被忽略了，这可能使系统次优，除非那些问题以其他方式被发现。将开发者设计的想定与更自由式的用户交互混合使用才是首选。例如，实验室测试可能开始于自由式的条件，这些条件也允许用户探索并轻松愉快地与系统相处，然后再到第二步。基于想定的条件，想定可以以书面表达形式或口语形式展示给测试对象。例如，在大多数情况下，将静态的图形展示用在宣传单上[16]。其优点如下。

① 用户可以随时在宣传单上查找；

② 所有用户得到的信息完全相同；

③ 用户可以记住以口语形式展示的简短的想定，但是较长的想定应以书面形式展示。

重要的是要确保想定的准确性。如果含糊不清，某些用户可能无法理解甚至会误解。提前想定的一个关键风险是：容易被认为事先训练了用户的思想。一个经典的例子是用口语或书面的想定作为本身包括口语或书面输入的交互的基础。

在实验室测试中，如果应用是基于关键词命令或需要自发的口语或书面语输入，那么用户总是倾向于重新使用想定措辞，结果是收集到的数据不含有关于人在与系统交谈中使用自发语言（语法、语音行为、词汇等）的微观行为信息。数据显示的全部意义就是用户能够记住他们被告诉的内容并且能够朗读出来。因此，在识别系统并理解口语输入的能力进行设计的方面，测试根本没有提供帮助[17]。

5.2 ／ 测试任务制订

5.2.1　测试场景选择

（1）实验室测试

实验室测试，即在可用性实验室进行的用户测试。开展实验室测试的前提任务是事先让用户准备好体验与评测实验室，确保各种软硬件测试设备能够运行到位。测试软硬件环境包括两部分，一部分是测试设备；另一部分是被测者使用的计算环境，如计算机软件配置（满足产品运行要求）、音频设备、显示设备及输入设备等[18]。

因此，建造一个专业性很强的可用性测试实验室需要较高成本[19]。如果生活中有专门的实验室当然会方便许多，但也可以临时建造一个可用性的实验室来开展可用性测试。可以使用下述任何一种设置进行有效的实验室测试。

① 两室或三室的固定实验室，配备视听设备；

② 会议室、工作室或用户的家，配备便携式录音设备；

③ 会议室、工作室或用户的家，通过记笔记和人眼观察代替录音设备；

④ 当用户在不同地点可以远程控制。

（2）实验室功能结构

可用性测试实验室一般包括视频、音频硬件设备和各类用户分析软件。下面从建造一个具有专业水准的用户体验与评测实验室的角度详细介绍正规的可用性测试实验室应有的功能结构。

如图5-3所示，用户体验与评测实验室区别于传统的可用性测试与评测实验室的分割做法是将观察室和行为分析室进行整合，利用开放的空间，进行用户行为观察和分析、数据采集和分析，附设小型用户行为数据存储系统。该设计方案强调先进性、集成性、优越性、可扩展性、易用性、可靠性和灵活性[20]。

如图5-4、图5-5所示，用户体验与评测实验室设计包含以下几部分：专业检测和监控设备，其中包括眼动仪、色差仪、综合性能测试系统、多角度效果测色仪、多路温度巡检仪、用户行为采集系统和Survey Cool用户在线测试系统等。

（3）现场测试

与实验室测试有所不同的现场测试也是用户测试的其中一类。它是在用户的真实使用场景中通过可用性测试人员开展测试，能够面对面接触用户，并记下所有的现场记录和观察。如果说实验室测试便于掌控，那么现场测试的优点则是更贴近用户的真实使用场景，能够保留用户的肢体语言等信息。随时解决用户的问题，使他将注意力更集中于测试本身，这需要确保一个无干扰的环境和通畅的网络来开展现场测试。有些问题只在用户的使用环节才会出现，而在实验室测试期间很难被察觉。最后，现场测试在制作测试原型和搭建测试环境时，工具的要求更低[21]。

然而，现场测试也有局限性，例如对金钱和时间的耗费，并且不易控制。因此，现场测试只适用于有限制、数量少的样本测试。此外提醒一点：要测试核心功能，因为现场测试不可能测试全部功能[22]。

另外，对于目前越来越火爆的智能硬件而言，其可用性和用户体验也越来越受到重视，特别是涉及人机工程方面，用户在关注功能特色之外，更在乎操作的便捷性和穿戴的舒适度等。因此，

图5-3 用户体验与评测实验室

图5-4 美的用户体验创新（上海）实验室

图5-5 中国家用电器研究院的用户体验实验室

进行一次现场测试对智能硬件产品设计问题的挖掘，可能比实验室测试更直接更有效。同样，随着"车联网"概念的悄然出现，车载系统的体验设计也对可用性测试专家提出了挑战，驾驶员与车载对象的交互只是一方面，驾驶场景和任务成为可用性和安全性的重要考虑因素[23]。本小节将会分别选取与之相关的案例做进一步的介绍，分析现场测试在可穿戴设备和车载系统设计中的使用情况。

现场测试，特别是进行移动 App 可用性测试时，需要有可记录屏幕、用户表情、手势、声音的测试设备或软件。与 PC 端可用性测试比较来说，一方面，移动设备屏幕较小，主持人、记录员等其他观察者很难直接观察被试者的移动设备屏幕；另一方面，在这个移动互联网时代，用户通过手势语触摸屏之间的交互与通过鼠标和键盘与 PC 端之间的交互有所不同。因此移动可用性测试为有效观察和记录用户行为操作的方式增加了难度。所以测试时要记录界面行为和用户手势，如果条件允许还要同步记录用户语音和表情[24]。由此可见，现场移动可用性测试需要通过工具解决三个问题，即放大移动设备屏幕便于现场观察，记录屏幕和用户手势，记录用户声音和表情。

如图5-6所示，用户行为观察时可使用摄像头、摄像机等录制设备。

图5-6　固定摄像头

录制屏幕和记录用户声音比较容易解决，但记录用户在移动设备上进行操作的手势比较困难。这对于移动可用性测试而言尤为重要，例如用户在屏幕上尝试滑动手势，或者用户对着一个按键点了多次但是没有响应。这些场景都可以通过记录用户手势信息被有效地还原和记录，或利用 SCR（适用于 Android）与 Magitest（适用于 iOS）实现[25]，如图5-7、图5-8所示。

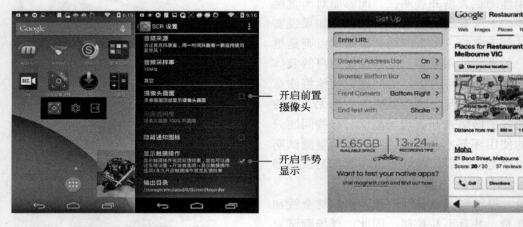

图5-7　SCR（Android）　　　　　图5-8　Magitest（iOS）

5.2.2　任务清单卡片

（1）任务设计

用户测试中会请参与者进行一些作业，即任务。比如，使用财会软件处理会计事务、使用手机下载音乐、网上购物等。如：

① 税务最后申报（税务网站）；

② 收看录好的电视节目（DVD录像机）；

③ 搜索（地铁、公共汽车等）最后的班次（交通换乘应用软件）；

④ 设置某网络供应商的网络（设置帮助软件）；

⑤ 申请参加某化妆品的活动（商品活动信息网站）；

⑥ 准备10份会议资料的复印件（多功能数字一体机）；

⑦ 汽车保险的预估（保险公司网站）；

⑧ 去某游乐园（车载导航仪）；

⑨ 搜寻可以开年会的饭店并预约（餐饮信息网站）；

⑩ 确认三个月来体重的变化（保健设备）。

任务会在很大程度上影响测试的结果，可以把任务设计理解为用户测试的关键。要设计最适合的任务可参考以下四个原则。

第一，把精力锁定在主要任务上。

用户使用产品有各种各样的目的，如果包含一些小的子分类，可能会有上百个任务。当然，我们不可能测试所有的任务，用户测试只从中挑选主要的任务。

比如，如果有功能或服务利用率这样的数据（访问日志也可以），我们就可以将其作为参考，锁定主要任务。即使不是很严谨的数据比如开发团队的经验值，也没有关系。另外，升级产品或改款时，会有新加入的功能和改变操作步骤等，这其中肯定有引人注目的部分，可以优先做这些任务[26]。

如果完全不知道如何下手，可以从产品研发目的的角度出发，这样自然就能明白主要任务是什么。

第二，从用户的角度出发。

用户界面最重要的作用就是支持用户达到自己的目的，而任务就是用户的目的。然而，开发团队经常会把他们想让用户做的事情（即所谓的商业目的）当作任务来研究，这一点需要注意。

例如，某门户网站为了让用户注意到"重要通知"，特地制作了图标放在显眼的地方，但开发团队内部就图标的设计和显示的位置产生了分歧。结果在做用户测试时，大多数用户居然以为这个"重要通知"是横幅广告而直接将其忽略了。事实上，该测试的任务被设置成了"使用该网站的内容"。如果把任务设置为"阅读重要通知"，那么即使用户多少有些茫然，也会去寻找通知的。

再举一例，某房地产信息网站的开发团队把"购买一手房"当作任务。但事实上用户是不太可能在网站上买房的。用户之所以访问该房地产信息网站，主要是收集房产信息，查看自己感兴趣的户型的资料等。之后，用户便会亲自看房，在和售楼处的销售人员当面沟通后再购买。购买房产的流程不同于书记和日用品，即使房地产网站最终的目的也是销售，但该任务并不适合主动提供给用户。最终，该测试还是把任务修改为"申请参观自己感兴趣的房产"。正是因为根本的任务设置错误，才会发生上述情况。

第三，明确起点和目标。

用户测试中最重要的地方就是"用户是否可以完成任务"，因此要明确"目标"是什么。如果没有明确定义目标，也就不能判断用户是否完成了任务。一般会事先定义一个目标页面（界面），用户最终如果到达了该页面（显示了该界面），就说明完成了任务。

但是，比如有一个测试是在网店购买商品，既可以把显示了"下单成功的页面"作为目标，也可以把收到"下单确认邮件"作为目标。如果希望尽量接近实际使用的情况，应该把收到"下单确认邮件"作为目标。但如果此次项目的目的是改善网站内购物流程，也就没有必要验证下单确认邮件了。即使任务相同，如果目标不同，测试目的也大不相同[27]。

另外，除了目标外，也需要明确任务的起点。以申请参加在线活动的任务为例，既可以把网站的首页作为任务的起点，也可以把（直接跳转到活动信息页面的）广告邮件里的URL地址作为任务的起点。像这样，任务的起点并不一定非要是类似首页或待机界面的"零起点"，应该根据不同场景定义合适的起点。

第四，剧本化。

即使任务已经设计得很好，但如果突然要求用户进行"请在该网站上寻找一家店"的任务，用户可能会不知所措。当然，实际使用时，用户会有自己的目的和理由，但测试中不是这样。如果没有动机，用户就不会主动行动，而是等待指示。

因此，需要附上部分假设的背景（情况），将任务编写成故事[28]。假设你所工作的部门要召开一次欢送会，刚好由你来负责准备工作，请你使用该网站寻找可以开欢送会的地方。如果能像这样以剧本形式告诉用户任务，用户就可以通过自己以往的经历，带着生活的真实感，更主动地使用产品。

在用户测试时，非真实个人信息在注册会员和下订单阶段是有需要的，假如需要用户购买商品，还需要准备能支付费用的信用卡。如果需要测试完整的购物流程，就必须获取测试用的邮件地址，并事先设置好测试计算机的邮件软件。

做手机测试时，需要事先在电话本里准备好假的联络人信息。如果需要测试拍照功能，需要事先准备好拍摄物品。如果要测试下载手机铃声的功能，也需要事先把下载网站放进收藏夹。

除此之外，还要事先准备好商品的说明手册和照片，以及用户申请服务时所需的流程示意图，需要输入文本时要事先准备好范文等。

（2）任务卡片

用户在执行任务时所需要的信息，写在纸上交给用户比口头传达更准确，这样做也有利于用户更主动地使用这些信息。另外，在事后通过访谈让用户进行主观评价时，也是把写有评价等级的纸展示给用户让用户指出来这一做法更容易操作。有些比较复杂的任务，任务本身可能就是采用了卡片的形式[29]。如图5-9所示，类似这样的信息提示卡，大多数都是使用PowerPoint制作的，但如果时间有限，手写也没问题。

图5-9　信息提示卡

第一，初始化操作指南。

因为用户测试是让所有参与者在相同的环境下接受测试，所以每个参与者完成任务后都要进行初始化。

比如测试收发邮件的情况，如果邮箱中留有上一个参与者操作过的邮件，那么会让接下来的参与者陷入混乱。另外，在需要输入文本的任务里，如日语输入系统具备记忆功能，记住了上一个参与者输入的内容，再比如由于未访问的超链接和访问过的超链接颜色是不同的，因此如果不清除浏览器的访问历史，那么下一个参与者只要沿着前一个参与者的访问痕迹就能完成任务了，很可能让这个测试前功尽弃。

因此，在设计测试时，必须仔细检查系统的初始化作业，并制作操作指南。因为初始化作业大多是在任务与任务之间的空隙进行，所以只依靠记忆，很可能会漏掉某个步骤或发生操作失误。

第二，制作访谈指南。

访谈指南是用户测试的剧本。访谈指南里有用户从入场到退场的流程、提示提问和时间分配、任务的顺序、采访人员要说的台词等。采访人员原则上一边参考访谈指南，一边按访谈指南推动用户测试。

用户测试并不只包括任务构成，还包括签订信息保密协议（NDA）、支付酬劳等事务性的作业内容，以及把握用户背景的"事前访谈"、听取任务完成后的感想和主观评价的"事后访谈"等[30]。

以一个小时的测试为例，其基本的流程和时间分配情况大致如下所示。

① 序曲（几分钟）：签订保密协议、录像许可等；

② 事前访谈（5～15分钟）：询问用户背景及任务相关内容；

③ 事前说明（几分钟）：让用户在执行任务的过程中说出正在思考的内容，并对设备做简单的操作练习；

④ 观察任务的执行（30～45分钟）：提示任务并观察；

⑤ 事后访谈（5～10分钟）：期望、感想、主观评价等；

⑥ 尾声（几分钟）：支付报酬，送客。

然而，根据测试目的及设计师的喜好，访谈的构成多少也会有些不一样。比如，为了事先完成所有事务性的作业，会在访谈前就支付报酬。另外，也会存在每完成一个任务就去询问主观评价的情况和感受的方式。

5.2.3 测试相关设备

（1）硬件

① 音频采集设备

如图5-10所示，实验室音频采集部分设备为全向隐藏式话筒。小巧且便于隐藏，具有高灵敏度收音效果的全向隐藏式话筒可装置在墙壁、桌面或天花板上[31]。它具有高性能、高信赖度镀金震膜电容元件，固定式充电背板和永久极性电容收音头。

② 视频采集设备

如图5-11所示，实验室视频采集部分设备为智能球形摄

图5-10　全向隐藏式话筒

图 5-11　智能球形摄像机

像机。观察室内设置五台智能球形摄像机，可采集测试室内的全景，测试者的肢体动作、表情、对各类设备软件的操作动作和测试者对各类设备软件的操作动作。根据现场情况，摄像机与地面的距离为 2.0 ～ 2.5 米。如想看清其手指动作，摄像机的镜头焦距应设置在 33 毫米左右；而在广角情况下，摄像机应能覆盖半个观察室房间的范围[32]。在监控明暗反差大的场景中，其宽动态表现出色，还具备了场景变化检测、自动图像稳定智能化功能，应用灵活。很远处物体的微小细节也能通过 30 倍光学变焦镜头轻松捕获。

（2）软件

系统的观察是研究行为的基本方法，而行为观察分析软件系统是一种行为事件记录软件，能够收集、分析和演示观察数据，并且操作便利。系统通过视频、音频记录设备，拍摄并记录被研究对象的表情、位置、情绪、人际交往、社会交往等各种行为活动，记录被研究对象各种行为发生的次数、发生的时刻和每次持续的时间，然后进行统计处理，得到分析报告。下面介绍几款行为观察分析软件系统。

1）德国 Mangold INTERACT 14

如图 5-12 所示，INTERACT 14 是一套行为分析软件，由德国 Mangold 公司生产，作用是结合视频数据以及眼动距离的数据生成参数，做出人的思维动态和动物的行为过程的分析。该软件科学性较强、数据化程度较高，最终让研究更加目的化、科学化、条理化[33]。该系统被运用于许多领域，比如研究儿童心理、儿童教育、犯罪心理、动物行为、昆虫行为等方面。INTERACT 图像系统的设计具有很强的专业性并且功能完善，对观察到的数据进行收集、管理、分析和表达，并对其行为过程进行研究。

图 5-12　INTERACT 14 界面

INTERACT 14有以下几个特点。

第一，电脑进行半自动的行为研究。在观察期间，只需要集中精力于所需要观察的行为，电脑就会自动记录事件发生的时间，这就是电脑工具的重要优点。

第二，整合视频功能。进行行为记录时一定要拥有摄像机。因为摄像机能够捕获全部细微之处，视频能够和大量其他数据搭配运用，并且能够运用视频来训练新的观察者。

第三，多模式研究。研究人员把清晰的观察和其他生理特征相结合的做法在当今愈发流行，如脑电图、心率、力量或者眼睛的转动等。各种视频和数据匹配，可以降低研究的工作量，提升精确度。

第四，可以自由设定参数。可以在研究的全过程中自由编码，随意设定研究的参数，以达到各种研究目的。

第五，定量的方法。INTERACT 14可以量化研究人员的观察。研究人员可以定义和记录需要观察的行为，然后测量和统计这些行为的特征。INTERACT 14提供了大量统计表，通过它能够客观并系统地研究所有行为。

2）MORAE行为分析记录软件

如图5-13所示，MORAE是全数字化可用性测试解决方案，由美国TechSmith公司发布[34]。它可以协助产品开发团队录制用户在测试环节中的完整过程（如产品使用过程、测试问卷、现场问答等），并且以实时远端监控和后期分析的方式得出最客观的测试结果，最终输出影像或图表形式的报告。

图5-13　MORAE界面

MORAE由以下三个独立的组件构成。

MORAE Recorder：录制可用性测试影像；

MORAE Observer：实时远端监控，支援多用户端；

MORAE Manager：统计、分析并制作演示报告。

MORAE Manager是在录像和监控资料的基础上进行后期分析和统计的工具，由三个功能标签构成：Analyze、Present和Graph。

在Analyze中，使用者可以导入MORAE Observer录制的视频录像，以及测试工作人员通过MORAE Observer添加的监控记录。基于时间轴的操作，可实现非线性的快速浏览，支援智慧搜索，更快地发现问题所在，并可添加标记和注释[35]。

在Present中，使用者可以编辑视频、添加描述等，并截取关键的视频片段和图表做成视频报告，或直接导入PPT。

在Graph中，软件为使用者提供了专业的可用性统计工具，根据整理的标记可自动计算各项指标（如出错次数、任务时间等），资料图表一目了然。

3）诺达思Obeserver XT行为观察分析系统

如图5-14所示，荷兰诺达思（NOLDUS）公司设计的Observer XT行为观察分析系统支持一个研究项目的整个工作流：实验设计、数据采集、设计编码方案、演示和数据分析。

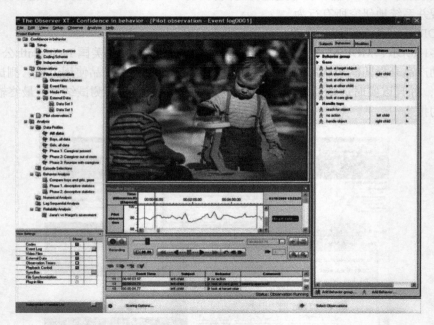

图5-14　诺达思Observer XT界面

Observer XT行为观察分析系统能够和眼动仪、生理仪及脑电等外部设备同步记录行为并读入被观察者的生理信号和注视位置，从而更便利地综合分析被观察者的各种行为。屏幕图像抓取组件让研究人员面前的计算机屏幕上可以显示受试者屏幕上的内容，通过此组件，研究人员可以知道受试者在计算机上进行的操作[36]。

4）眼动仪

眼动仪对于研究可用性测试的视觉注意力、反应等非常有帮助。通过研究眼球的运动，如眨眼、扫视、瞬间凝视和瞳孔大小变化等，来获取兴趣区域、热区图、实现图、蜂群图等。

Tobii TX 300组合式眼动仪的诞生，使眼动性能的控制产生了新的行业标准。它集多种优势于一身，整合屏幕式（眼动仪带显示器的工作模式，简称T-模式）与独立式（眼动仪不带显示器的独立工作模式，简称X-模式）的功能特性，集成了屏幕式和独立式两台眼动仪。高采样率的测试环境极其适用，比如研究眼球运动如眨眼、眼跳、注视和瞳孔大小变化等，因为具备300Hz的高采样率、高精度和高准确度、强大的追踪性能等优势，大范围的头动补偿让它能够进行各种眼球运动和人性行为分析。Tobii TX 300组合式眼动仪提供了最灵活的解决方案来适应所用种类的刺激材料测试。采集人类自然行为，不需使用任何束缚性装置，如头盔、腮托等。

如图5-15所示，Tobii TX 300组合式眼动仪组合了眼动追踪装置和可移动式23英寸宽屏TFT显示器，而且和显示器组合使用或单独使用都可以。该系统的模块化设计既能将刺激材料呈现在监视器上，又能研究真实平面或场景（如外部视频屏幕、实物和投影）。

Tobii Pro VR集成套装。眼动追踪平台与VR头戴模块的结合可提供稳定的120Hz眼动数据采样率，兼容绝大多数人群，包括大多数戴眼镜的被试者。眼动数据通过具有专利的Tobii Eye Chip芯片来处理，使CPU负载率降至最低。然后，眼动数据通过标准的HTC Vive线缆传输，无须任何外置线缆。眼动数据可实时获取也可用于后期分析，使用Tobii Pro SDK或Unity VR引擎来创建研究场景。

图5-15　Tobii TX 300 与显示器组合

5）面部表情分析软件

Noldus面部表情分析系统Face Reader包括面部表情分析模块和面部行为动作分析模块。

第一，面部表情分析模块。

如图5-16所示，Noldus面部表情分析系统Face Reader是用来自动分析面部表情的一款非常强大的软件工具。面部表情分析系统是能够全自动分析七种基本面部表情的唯一软件工具，这七种面部表情包括：高兴、悲伤、厌恶、生气、害怕、惊讶、轻蔑，甚至包括无表情。

图5-16　面部表情分析系统

面部表情分析系统6.0新的特点主要包括以下六个方面。

① 完整的解决方案：增加了刺激呈现、事件标记、面部动作、自动分类，以及高级分析和生成报告的功能；

② 提升了面部模型和表情分析的质量；

③ 全新模块：刺激呈现和事件标记分析模块以及面部行为动作分析模块；

④ 标记感兴趣的事件并分析相应的数据；

⑤ 实时分析，同时录制被试者的视频；

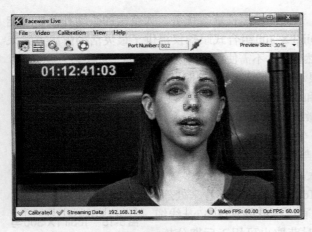

图 5-17 面部行为分析

⑥ 增强了外部应用程序编程接口（API）功能。

第二，面部行为动作分析模块。

如图 5-17 所示，面部表情分析系统添加的面部行为动作分析模块，可以更好地采用先进技术，从而减少工作量。

面部表情分析系统现在能够自动分析的十九个行为动作为：内侧眉毛提起、外侧眉毛提起、眉毛降下、面颊提起、上眼睑提起、眼睑收紧、鼻子起皱、拉动嘴角、上嘴唇提起、挤出酒窝、嘴角下撇、下巴提起、嘴唇延伸、绷紧嘴唇、紧压嘴唇、微张嘴唇、嘴唇张大延伸、下巴落下和眼睛闭合。

6）情感测试软件

运用人工智能的脸部识别技术基于全球最大的脸部数据库，数据库包括 175 个国家 320 万张脸孔，支持 Android 装置（Windows 系统）及 iOS，量度多达十五种表情及七种情感数据，可调校每秒处理的图像数目建议为 5fps。

7）生理信号记录系统

生理信号记录系统可以检测生理负荷、精神负荷和情绪状态，客观地记录人的各种生理指标随环境变化而发生的变化，真实、客观、准确地反映人的内心状态和活动，常用于心理生理测量。在游戏研究领域重视程度逐年升高的心理生理测量，是一种通过研究身体发出的信号来深度了解心理生理过程的方法，主要涵盖皮肤电反应、脑电描记、心率和面部肌电扫描技术。在游戏用户体验评价中，心理生理测量有客观性、数据记录连续性、非侵入性、及时性、精密度高等特点。但与此同时，它也有一定的局限性，比如较难解释生理指标的数据，因此大多数生理状态和心理反应之间有着多对一或者一对多的关系。除此之外，测量生理指标的设备价格昂贵，对设备保修和使用人员的培训投入高，在实验设备配置和实验阶段需要消耗较大的时间和精力等也是它的局限性所在。

心理生理测量与其他用户体验评价方法的对比见表 5-1。

表 5-1 心理生理测量与其他用户体验评价方法的对比

评价方法		问卷法	启发式评估	心理生理测试	行为指标评价法	视线跟踪技术	面部表情分析系统
一般研究方法	定性	√	√	—	—	√	—
	定量	√	—	√	√	√	—
测量情绪的工具	言语	√	√	—	√	—	—
	非言语	—	√	√	√	√	—
产品的测量方法	经验性	√	—	√	√	—	√
	非经验性	—	√	√	—	—	√

　　电脑化多导生理记录仪具有使用广泛、功能强大的特点，如图5-18所示，MindWare多导生理记录仪的优势在于灵活自由、可升级、功能强大和易于使用等。为了满足不同研究目的的需求，美国MindWare公司共有四种移动式多导生理记录仪，如测量ECC、EEC、EMG、GSC、EOG，抗阻心电图的仪器，加速度计，测高仪以及其他类型的传感器。由于Ambulatory移动式多导生理记录仪采用小电池，所以可以轻松地佩戴在皮带上。它既能够以PDA采集数据的方式把采集的数据存储到SD卡中，又能够通过Wi-Fi无线协议传输到台式电脑中，与Biolab软件共同运行，对数据进行采集和分析。多个移动式多导生理记录仪可以同步使用，最多实现十六路导入数据同步记录及分析。

图5-18　MindWare多导生理记录仪

MindWare多导生理记录仪的产品优势包括以下方面。

　　① 生理信号记录仪是用来记录人的各种生理指标的仪器，能够客观地记录人的各项指标随环境的变化而发生的变化，真实、客观、准确地反映人的内心状态和活动；

　　② 有强大的数据分析软件和数据采集软件，能够得到各种专业的数据指标；

　　③ 系统可以与Observer XT软件同步使用，数据能够导入Observer XT软件进行整合数据分析；

　　④ 有友好的用户界面和完全集成的方案，随时可以开始试验；

　　⑤ 系统具有有线和无线两个版本方案，可供用户灵活选用；

　　⑥ 同步记录人机交互和多路音频、视频；

　　⑦ 摄像头可远程控制；

　　⑧ 有独立于操作系统的高分辨率屏幕捕捉方式；

　　⑨ 在用户现场安装和培训。

5.2.4　汽车抬头显示器（Head-up Display，HUD）设计项目

（1）项目背景

　　汽车安全驾驶研究项目一共有四个阶段，包括前期调查与场景分析、概念设计与方案论证、安全驾驶服务设计和倒车场景HUD设计。第一阶段通过资料收集、需求调研、产品分析、

场景分析等过程大量收集相关资料，并详细分析影响驾驶安全的因素，结合问卷访谈分析用户需求；第二阶段针对需求产生低保真原型，提炼出关键场景，然后进行现场测试以改进原型；第三、第四阶段则是挑选出倒车场景进行HUD界面设计和制作DEMO。

本小节重点在于讲解用户现场测试方法在实际项目中的运用，因此将较少涉及项目最后两阶段对倒车场景HUD的设计。

（2）场景观察

汽车驾驶中行为研究项目里场景观察方法的前期调查与场景分析阶段，我们安排了三次驾驶场景观察，通过对驾驶员的操作以及对环境处理的观察，深入了解在实际驾驶场景下通常可能存在的一些安全问题，进一步寻找出具有普遍性的安全驾驶影响因素，以便进行深层次的需求分析。由于白天的驾驶场景与夜晚的情况差异较大，于是我们的场景观察安排在夜晚和白天分开进行。

场景观察——白天

第一步：设计场景观察点。针对白天场景，我们重点观察市郊、城市、城郊等各种路况的行车安全问题，下面是出发前准备好的观察点。

① 匀速行驶情况下，公交车、大型车对驾驶员心理、行为的影响，特别是驾驶员对车距的把握，是否会导致车道偏离；

② 不同路况下的超车行为（频率等），超车时对车距的判断，后视镜盲区的影响；

③ 不同路况下的变道操作，车辆平时是否频繁变道，什么情况下会变道，变道时方向灯如何操作；

④ 红绿灯十字路口或直角转弯时，对周围车辆行人距离的判断；

⑤ 地下车库停车时，后视镜是否有白斑效应，若有，对驾驶员有什么影响；

⑥ 倒车入位时，后视镜的观察，车距的把握，盲区的影响——地下停车场灯光暗，柱子比较多，车停在两车之间。

第二步：事先规划好行车路线。根据对周边道路的观察，选择一条满足所有观察点的路线，即先后历经各种路况，具体安排如表5-2所示。

表5-2　场景观察

场景观察：白天	
时间	11月10日下午3点半
行车路线	校门口—安亭—工业园区—嘉定
被观察人员	陶女士
观察人员	A：观察驾驶环境；B：观察驾驶员操作行为和表情；C：拍照、录音，做记录
目的	了解白天城市、城郊等各种路况行车安全问题

如图5-19第1图所示，可以观察到驾驶员对与前方车辆的车距控制。通过访谈得知，该驾驶员判断车距主要凭感觉，对于小型车，原则是车头看不到前车的牌照即可，大约1.2米（驾驶员身高不同会使得车距的把握不同，有较强的主观性）。

第三步：记录观察。如表5-3、表5-4所示，首先要记录好被观察人员的基本信息，特别是驾龄和性别，因为驾龄和性别是安全驾驶的重要影响因素。最重要的是，汇总观察结果并进行驾驶分析。图5-20为白天驾驶的安全主要影响因素。

第1图

第2图

第3图

第4图

图5-19 观察行车安全

表5-3 驾驶员基本信息表

项目	信息	项目	信息
性别	女	职业	行政人员
年龄	27岁	车型	Ford
驾龄	约8年		

表5-4 驾驶分析结果

序号	项目
1	突然变两道，从辅道行驶到正道的中间道
2	想变道超车的情况多是因为前车行驶速度太慢
3	当前车突然变道且不打转向灯的时候，变道超车会遇到困难，此时驾驶员会按喇叭示意，不行则会放弃超车
4	驾驶员会在车况较好、车辆较少的时候多次变道超车，且行驶速度较快
5	驾驶员变道原因：前方车速较慢，为了超车，需要转弯变到相应的道，红绿灯比较多需变到相应的道上。有时变道不打转向灯，部分是因为忘记打灯，部分是因为看了后方路况，认为没有必要打转向灯
6	红绿灯变道时，驾驶员会提前变道，一般不会突然变道。具体何时变道没有明确的标准，往往是靠感觉

序号	项目
7	当车辆靠右行驶时，驾驶员会多次关注道路的右侧，主要是注意辅道或路边的行人、自行车和摩托车等
8	遇到陌生的道路时，驾驶员会使用手机导航，在开车前事先看好路线，在开车过程中，只听声音不看手机，手机会放在操作杆后的空位
9	该驾驶员判断车距主要凭感觉，对于小型车，原则是车头看不到前车的牌照即可，大约1.2米，但因每人身高不同，个体间判断方式不同
10	在行驶过程中，有一个路口，因没有看到地上的路标，而在红绿灯前突然变道
11	对于大型车辆，驾驶员不会惧怕，但会保持一定距离，其中最想避让的是土方车。第一，土方车经常会抖出泥土之类的杂物；第二，行驶过后会扬起沙，影响视线
12	在匀速驾驶的时候，驾驶员习惯一手握方向盘，一手握操作杆，原因是平时开手动车的习惯
13	驾驶员的倒车技术较为熟练，在侧倒、正进、反进的时候速度都比较快，一方面，是因为驾驶技术比较娴熟；另一方面，停车的时候空间比较大，邻近没有车辆
14	驾驶员对上方的路标不会特别在意，因为对路线比较熟

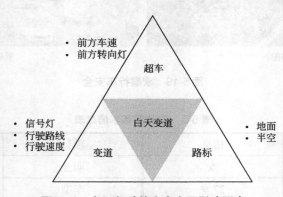

图5-20　白天驾驶的安全主要影响因素

场景观察——夜晚

如图5-21所示，夜晚的观察与白天的流程一样，主要区别在于观察的重点不同、目的不同。夜晚观察目的是观察夜晚的下班高峰期和汽车在高速情况下的夜间行车安全问题，观察点列举如下。

① 下班高峰期，低速行车时，油门刹车的操作，前后车距的把握；

② 高速行车的速度，超车行为，是否有其他开车的行为习惯；

③ 是否及时看见各种标牌、道路标志。

另外，还可以在观察之后进行情景式访谈，问题如下。

① 傍晚弱光环境下，是否出现白斑效应，即后视镜晕眩，是否干扰正常驾驶；

② 高速行车过程中，是否有注意力分散的情况发生，导致分心的原因是什么；

③ 红绿灯前，或下班高峰期低速行车时，对车距和行人的把握是否感到困难；

④ 在何种情况下，会看不到或遗忘路标；

⑤ 根据实际情况提问。

图5-21　夜晚场景观察

夜晚场景的驾驶分析结果如下。

① 因为北京非机动车较多，整个行驶过程中多次注意右视镜，观察是否有非机动车行驶过来；

② 拐弯或变道时，因习惯提前看后视镜确认是否有车辆在后方，因此会忘记打转向灯；

③ 爬坡时打开远光灯来判断路线；

④ 在车速较低时会主动看后视镜来观察周围环境；

⑤ 夜间为了看清路面白线来判断道路走向会开远光灯；

⑥ 超车时，判断与后车的相对速度；

⑦ 通过两个后视镜的亮度来判断左右侧是否有车辆；

⑧ 晚上更容易急刹，因为相较白天，不能准确判断前车速度；

⑨ 前方车辆较为平稳地行驶时会习惯跟车，这样会比较轻松；

⑩ 遇车辆缓行时，男性会挂空挡，刹车踩得比较轻，女性相比较而言不愿意换挡，会一直踩刹车；

⑪ 高速路上转到另一条路上时，打转向灯提醒后车不要跟车，以免后车走错路；

⑫ 晚上更倾向于跟车，这样更轻松，但也容易发生追尾事故；

⑬ 自发光的广告或警示牌光强度过大，会给驾驶员带来很大干扰；

⑭ 车内外温度或湿度相差较大，挡风玻璃会突然起雾，视线突然消失十分危险，只能通过驾驶员或副驾驶手动清除，或马上开窗，但不能马上做出反应；

⑮ 有些车，例如拖车，车体后方会安装强度很大的灯来防止后方车辆跟车太紧，但若行驶路线相同，前方一直有强光照射，干扰会很大。

总的来说，夜晚驾驶的安全问题主要涉及五个方面，总结如图5-22所示。

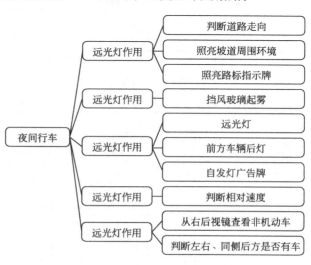

图5-22　夜晚驾驶的安全问题

（3）焦点小组

如图5-23所示，基于前一节内容提到的场景观察结果，我们进行了焦点小组讨论，展开讨论所有可能发生安全事故的场景，深入探讨各个安全事故场景发生的原因，并对所有原因进行归纳和分类。

图5-23   焦点小组讨论分析

经过焦点小组讨论分析，我们总结了六大类因素：A类为道路状况，如窄路、弯道等；B类为机动车，如周围机动车的车速、车距的判断；C类为行人、非机动车较密集的情况；D类为路标，包括路面标志、限速标志、红绿灯、广告牌等；E类是一些特殊的自然环境，如夜间、雨天、雾霾等恶劣天气下行车状态；F类则特指驾驶车辆本身的问题，例如新手驾驶员开别人的车时，由于无法准确掌握该车的刹车距离、油门力度等，可能会发生安全问题。

焦点小组分析结果汇总如表5-5所示。

表5-5   安全驾驶影响因素以及对应的驾驶场景

A类：道路状况，如窄路、弯道等：路况	
A1	路况好，从辅道变到主道时一下子变两个车道
A2	在人车较多的窄路行驶，不断踩刹车
A3	前车行驶速度较慢时，频繁变道超车
A4	转弯，确定无车尾随后，不打转向灯
A5	拥挤的窄路，后视镜有盲区
A6	窄道，车距判断不准，发生刮擦
B类：机动车，如周围机动车的车速、车距的判断等：车况1	
B1	刹车时与前车最小距离是车头看不到前面的车牌
B2	两车反向变道时不能发现彼此的意向，须临时避让
B3	A车欲冲过绿灯，前车突然刹车导致A车紧急刹车
B4	出入口处，邻道车突然急变道
B5	后视镜没看到后车时，变道不打方向灯
B6	前后车辆行驶很慢，尤其是在路口会和前车贴得很紧
B7	大型车超速而过，车内乘客大声尖叫，引起驾驶员的紧张和心慌
B8	夜间，要变道时，通过看两边后视镜是否有反光来判断车在左还是右
B9	路口拐弯处有摊位或其他障碍物，转弯须小心
B10	无法准确想出最有效的停车入位路线
B11	加速变道超车时，前车也突然同向变道且不打方向灯

续表

C类：行人、非机动车较密集的情况：车况2	
C1	仔细看三个后视镜来确定后方非机动车走向
C2	转弯路口突然出现高速行驶的摩托车，车主立刻急刹车
C3	在无斑马线或红绿灯的路况下，行人和障碍物容易导致紧急刹车
C4	岔路口突然有行人或摩托车行驶过来，特别是导航覆盖不全的乡村岔路口
D类：路面标志、限速标志、红绿灯、广告牌等：路标	
D1	特殊路况下（校内）行驶，驾驶员更易于受环境影响而变得更谨慎或放松
D2	无监控路段容易频繁发生小型违规事件
D3	无法判断是否超过停车线（新手）
D4	找不到或误判停车位导致多余倒车操作让人烦躁
D5	前方过亮的发光体带来干扰
D6	本可以直行的路面标志由于箭头被磨掉而误解为不能直行
E类：夜间、雨天、雾霾等恶劣天气：自然环境	
E1	夜间行车，不能准确判断前后车的车速，不敢超车
E2	夜晚高速行车，打开大灯看清路面白线
E3	前方土方车经过，尘土漫飞，视线受到影响
E4	夜间行车，前方车辆行驶稳定，为减少判断周围环境的动作会选择跟车
E5	车内外温差较大，使挡风玻璃起雾，夜间视线被完全遮挡，无法立即反应
E6	夜间行车，上坡，需要打开远光灯照明，下雨天对比度低，反应较慢
E7	夜间灯光较差，不能准确判断车速，更容易刹车
F类：驾驶车辆本身的问题：车身信息	
F	开不熟悉的车，无法准确掌握油门力度

（4）关键场景描述

经过大量的资料调研、分析和场景观察，以及多次的"头脑风暴"和焦点小组讨论，我们根据典型的驾驶体验把驾驶场景划分为五个关键场景，即红绿灯路口、路边小道、变道超车、低速行驶和停车，并进行详细的关键场景描述。

场景概述：李红驾车去幼儿园接六岁的儿子放学。角色信息见表5-6。

表5-6 角色信息

姓名	李红
性别	女
年龄	32岁
驾龄	3年
性格	脾气较急，胆子较大，对自己比较有信心

关键场景：包括路边变道超车、小道、红绿灯路口、道路拥挤条件下低速行驶、停车等。

① 路边小道。李红沿着道路直行，此时前方左侧小道中突然出现一辆电动车，在前方大

弧度行驶后靠右向前直行。过程持续时间为几秒,李红受到惊吓后立刻打方向盘和踩刹车,所幸未发生事故。该路口较隐蔽,路边有两处建筑物遮挡视线,因此导致了李红的视线盲区。李红镇定后继续前行,驶向幼儿园,路边小道的视线受阻。

②变道超车。李红沿大道行驶时,正前方车辆正低速行驶,跟车一段时间后,李红认为前车会持续低速行驶。在后方没车、未打转向灯的情况下,李红变道超车至左边的车道。但此时前车也突然向左变道,李红立即按喇叭并打开转向灯,且向左侧偏转。前方车辆注意到后回到原车道。过程持续时间为几秒,李红受到惊吓,变道时前方车辆也立刻随之变道。

③道路拥挤条件下低速行驶。李红在即将到达幼儿园时,遇上道路堵车,且周围非机动车和行人较多,难以前进。李红注意到右边车道有间隙可以变道插入时,紧急打方向灯欲变道,此时在后视镜看到后方有电动车迅速驶来,立刻紧急刹车。在拥挤道路上,特别是非机动车,注意力过于集中在前方而忽视了后方的情况时有发生。

④停车。在即将到达幼儿园门口时,接孩子的家长较多,导致停车场大量私家车涌入,李红找车位费时费力,在找到两车之间的空位后小心倒入,倒车过程中不时开窗探头和利用后视镜看与左右车的距离,以及确定与后墙的距离。在此过程中,汽车的停车警报系统常响。停车位难找,倒车时驾驶员盲区以及对障碍物距离和车距的判断有误是停车时的常见问题。

(5)现场测试

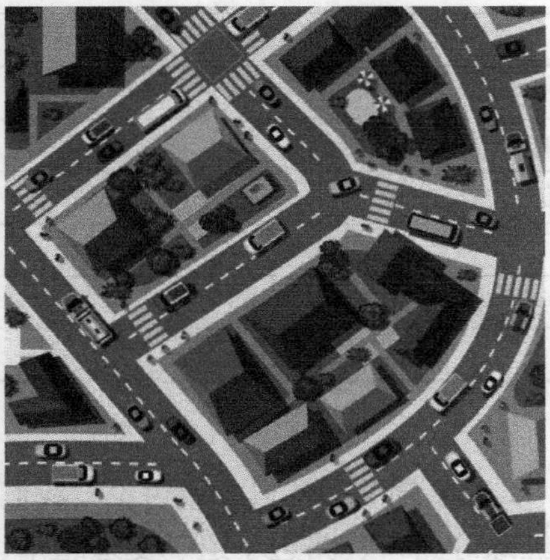

该项目中针对安全驾驶问题进行的概念设计基于HUD与增强现实技术结合,而且对仪表盘进行再设计和利用,也是一个挑战。在进行界面设计时,过于复杂或者是令人费解的交互反而可能会吸引驾驶员的注意力,让路上行驶的驾驶员处于更危险的境地。为了避免这些问题,我们的汽车HMI设计在驾驶过程中更多地考虑语音交互,手动操作则是在开车前的系统设置,而其他需要触屏的情况也要保证手离开方向盘的时间尽可能短。另外,从一个屏幕到下一个屏幕的显示布局要一致。保持布局一致,驾驶员才能在不同场景下保持相同的方向感和关联;模式和场景的转换要简单并且使人容易理解;提供声音反馈等。

由于汽车HMI设计的复杂性,其信息的呈现和提示等交互方式都需要结合具体的车外车内环境进行充分的考虑,我们进行了现场测试以验证概念原型的可用性。

测试目的:验证问题的重要性和需求的普遍性以及原型设计的信息呈现内容、提醒方式、位置等,为进一步改进原型提供依据。测试对象:由于技术上的限制,无法在驾驶的同时进行概念测试。于是,我们先是安排被测者在规定的路线上行驶,体验之前提到的五个关键场景,然后观看概念设计动态原型并进行访谈。图5-24所示为动态原型的设计。

图5-24　动态原型截图

图5-25　Vbox设备

如图5-25所示,Vbox设备由一个GPS、四个摄像头和控制盒组成。测试前,先用手提电脑安装对应的Vbox

软件对摄像头进行校准，并准备一个容量足够大的存储卡插入控制盒，用于视频存储。接下来，将Vbox和GPS贴在车顶，用于检测地理位置；一号摄像头贴于车后玻璃，检测车辆后方路况；二号摄像头贴于中央控制台前方玻璃，检测车辆前方路况；三号摄像头贴于车左侧车窗玻璃，监测驾驶员行为；四号摄像头贴于车前玻璃，监测驾驶员表情。驾驶过程中，四个摄像头的开启与关闭由控制盒开关控制。

图5-26中的被测人员2008年拿到驾照，但不经常驾驶，特别是倒车的经验很少，仅有两次，因此被测人员不敢倒车，常开自动挡的车，开手动挡较少。

由于现场测试成本比较大，我们此次只测试了三个目标用户（新手驾驶员）。表5-7是针对各个关键场景测试结果的汇总。

图5-26　录制视频截图

表5-7　关键场景的测试结果

关键场景	测试结果
路边小道	挡风玻璃：红点闪动代表有机动车或非机动车提醒
	仪表盘：显示周围车况的缩略图
	语音提醒：红点停止闪烁时，语音提醒驾驶员
红绿灯路口	挡风玻璃：显示虚拟红绿灯，并显示相应的秒数
	仪表盘：显示周围车况的缩略图
	语音提醒："前方停车线，请刹车！"
变道超车	挡风玻璃：显示后车的车速和车距
	仪表盘：显示周围车况的缩略图
	语音提醒：前车或后车车距预警可以语音提醒
安全车距监测	车距预警提醒信息变化不要过于明显
	语音预警车距，不要在现实影像中叠加
拥挤道路后方路况监测	直接告知是否能超车较好
	主要为与周围车车距的问题
	主要看要变道处前后车距离是否够大
停车	可以找停车位会更好
	主要为车头右侧与右侧的距离难以判断
	会对车轮的方向感到疑惑
	首要为停车路线，其次是实际的后倒车影像

5.3 ／ 实验方法制订

5.3.1　实验设备选择

用户测试需要同时观察用户的发言和行为。虽然发言只是把文字说出来，但实际对话中的"嗯""啊"等语气词也是很重要的。行动是指操作手机、计算机的动作，再添加表情、视线的移动、肢体语言等。然而，要想完整且正确地观察、记录人类所有的动作并不是一件容易的事情，需要多个摄像头记录面部表情、手上的操作和身体的移动。另外，为了让视线的移动可视化，还需要装备眼球跟踪系统。

这些虽然都是非常有用的信息，但事实上，最重要的信息是界面上鼠标的移动和操作触摸屏时的手部动作。鼠标和手上的动作可以如实反映用户在操作时的困惑或者轻松感。相反，如果缺失这些信息，用户测试的价值也就减半了。

（1）计算机

推荐使用测试专用的笔记本计算机。因为笔记本电脑会配备外部输出的接口，可以直接连接观察人员使用的屏幕。如果测试对象是一般计算机上用的网站或程序的话，只需要看到页面和鼠标的动向就可以了，因此使用这样的笔记本计算机就足够了。采访人员可以坐在用户的旁边观察操作（必要时，可以使用多屏幕分配器，同时在多个屏幕上显示）。

另外，还需要准备录音的麦克风。计算机上的麦克风就很方便，或者也可以让用户戴上耳麦。

如果观察人员和用户离得很近，应该可以清楚听到用户的发言。但如果是很大的会议室，或者另设观察室的情况，要记得另外准备麦克风和音箱。

（2）智能手机/平板计算机

在使用手机或者平板计算机时，常常出现不知道该按哪个按钮，或者明明点击了按钮，却在运行中突然返回了前一个页面的情况。人们常说眼为心生，在用户测试中却是"手为心生"。

直接上手操作的产品，如果只是观察、记录页面上的变化，那是不能进行正确分析的，还要观察并记录手上的动作。这种情况下，显然投影仪（Document Camera）就十分方便了。

图5-27　计算机投影设备

投影仪可以将手中的资料放大到屏幕上，经常用于教学和演讲。卡西欧、ELMO、爱普生等为主要的供应商，价格在几百元到几千元之间。当然目前国内好多品牌性价比要比这些高，可自行考虑选择。如图5-27所示，如果是IPEVO或SANWA SUPPLY在售的可以连接计算机的USB投影仪，一千元左右就可以买到一台（也可以把摄像头架在三脚架上自制投影仪）。

（3）家电、车载导航仪、办公自动化设备

电视、数码相机、DVD刻录机、多功能数字一体机、车载导航仪、打印机……这些都可以用来进行用户测试。要使用的器材虽然会因测试对象和测试目的的不同稍有差异，但基本上，只要将家用摄像机和三脚架搭配使用，就可以进行摄像。

虽然很多情况下都是把摄像机架在三脚架上拍摄，但如果能安排一位专门摄影的人，访谈的过程中就可以根据需要调整界面大小和角度了。有时根据需要，摄影师还可以手持设备摄像。如果需要同时在多个角度进行拍摄，就需要使用多部仪器，如小型的CCD相机、安装在天花板上的摄像头，有时还需要使用装在眼镜上的摄像头。摄像完成之后，还需要使用视频合成器合成或剪辑。

但是作者认为，软件开发过程中很少做上述测试，也只有OOBE（Out-of-box Experience）测试会用到。OOBE是指用户把产品从包装盒里拿出来直到开始使用的这个过程，苹果公司的产品OOBE是非常出色的。

举个例子，如果想对套装软件进行OOBE测试，一般会把计算机和产品套装交给用户，请他独立完成安装，并观察记录整个过程。这种情况下，只对着屏幕进行观察显然是没有意义的，要观察并记录用户从打开包装盒、确认盒子里的内容、把碟片装入计算机、翻看说明书等一系列的动作。

（4）纸质原型

纸质原型的测试非常接近一对一的访谈形式。操作软件的动作不会很快（因为是手动进行的），而且用户的发言和行为多少有夸张的成分。因此，可以很好地观察用户操作时的样子，当场记录也很容易，完全不需要采访人员事后重新看一遍录像。

如果因为"想在别的会议室里观察测试""希望能够看到参与者放大的手势动作""希望留下测试记录"等原因不得不摄影的话，可以使用投影仪进行，也可以在参与者肩膀的位置拍摄屏幕页面。

5.3.2 实验方案设计

（1）情景剧本

情景剧本（Scenario）是主人公用户使用系统或产品时的情景剧。通过编写故事的方式，把用户使用系统或产品时的背景、需要达到什么目的、怎样使用及其结果描绘出来。

通过编写故事的方式来记述用户体验的最大好处就是不会丢失背景信息，若逐条记载访谈内容，要么会因为只概括了大概内容而导致前后关系不明，要么会发现示意图或照片可以被理解成各种各样的含义。如果是写成故事，就可以完整地描述出用户是在什么样的情况下，采取了什么样的行动，最终导致了怎样的结果。也可以通过逐条记录操作步骤或用照片或示意图的方式说明环境，以此补充情景剧本。

而且，若通过编写故事的方式记录用户发言，也会提高内容的严谨度。人与人之间的对话，常会夹杂"这个""那个"等口头语，或者省略主语，甚至有些话的含义并不明确，导致不同的人经常会有不同的理解。但编写故事时就必须明确主语和宾语，不可以使用含义模糊的话，因此无论读者是谁，理解都是一致的。

再者，以编写故事的手法写出的情景剧本，任何人都能读懂。比如，如果用流程图来表述，工程师很快就能适应，但是对设计人员来说就相对较难理解。相反，如果采用漫画的故事版面来表述，工程师可能会觉得烦琐冗长。如果是故事风格的情景剧本，根据读者的不同，可以改编成流程图或分镜图等，但反之则不可行。

情景剧本示例：在线辞典服务。

① 用户的个人信息

A先生（30多岁的男性）是供职于某软件开发公司的工程师。由于工作性质，需要了解IT

最前沿的资讯，而这些资讯主要来源于国外的网站和邮件新闻。但是，A先生的英语不太好，虽说与专业有关的英语大概能看个明白，但要想精确地把握含义的话，就得借助辞典。

② 使用在线辞典服务的原委

以前A先生主要使用电子辞典。虽然携带方便，但输入不方便，而且显示屏幕太小，要一直翻页阅读，这让A先生很不满意。更加让A先生不能忍受的是，很多IT相关的专业术语经常查不到。

因此，大概从两年前，A先生开始使用免费的在线辞典网站。该网站不仅广泛收录了各专业的术语，而且还及时收录当前的流行语。另外，它的翻译并不生硬，这一点令A先生很满意。因此，无论是在公司还是家中的计算机里，A先生都把该网站添加进了网址收藏栏，以便在需要查询时随时访问。现如今，已经完全用不到电子辞典了（A先生的家里和公司都可以上网）。

使用场景1：复杂使用

阅读长篇的英文时，A先生一般会先把文章打印出来。之所以这样做，一是因为在电脑上看太累，二是因为在电脑上阅读的话不能添加标注。不懂的单词还是得通过在线辞典网站查询。虽说A先生特别注意不出现拼写错误，但是仍会发生因拼写错误而查不到单词的情况。

确认检索结果后，A先生会把他认为最合适的解释标注在英文单词旁的空白处。因为在比较长的英文文章中经常会发生读了几段之后又重头读起的情况，如果不把翻译的结果标注在文章里，很可能下一次又要重新查一遍。

尽管如此，还是会发生同一个单词检索多次的情况。因为对于一篇几十页的文章来说，很难记住上一次查询的结果标注在了哪一页，与其回头找，不如重新查询一次。因此，A先生认为，如果在线辞典服务能把之前查过的单词以列表方式显示出来的话，那就方便多了。

使用场景2：简单使用

如果是比较短的英文（一页A4纸的长度），A先生一般都在电脑上阅读。如果遇到了不认识的单词，就打开浏览器窗口，通过书签访问在线辞典网站。

有时A先生会直接在检索框内输入要查询的单词，一般通过简单的复制粘贴查询单词，因为如果手动输入不小心拼错单词的话，就什么都搜索不到。以前使用电子辞典时，就算是拼错了单词，也会提示形似的单词以供选择。A先生认为在这一点上，电子辞典倒是非常方便。

确认了单词的含义后，再通过任务栏切回到英文网站。若再看到不认识的单词，仍然需要切换到在线辞典进行搜索。如果要查找单词的数量比较多，就要频繁地切换窗口，使用上有点不方便。

使用场景3：特殊情况

在写英文邮件时，A先生偶尔也要使用日英辞典，这时也是使用在线辞典网站。然而，该网站默认使用的是英日翻译，要想使用日英翻译，就必须每次都转换一下设置。因为A先生平时使用的都是英日翻译，所以很多时候只有在检索结果为0时才注意到设置没有更改。所以，A先生认为如果能够自动识别语言种类的话就更好了。

（2）建立原型（Prototype）

原型总是被翻译成试制品。但是在以用户为中心的设计里，原型所发挥的作用与传统的试制品大相径庭。

① 原型的作用

以建造房子为例，瓦匠、木匠们先把建筑工地上堆积如山的木材、砖瓦、水泥进行加工组合，把房屋整体的框架搭起来。然后，再搭建房梁，建造墙壁，布线埋管道。最后，进行室内装修。

② 实验模型

然而，事实上在施工前，还会先由建筑师设计一份图纸，然后用泡沫板或厚纸板制作出微型模型。这种建筑模型，一方面用来验证设计是否合理，另一方面也用来向客户展示（最近比较常用的是电脑制作的3D模拟视图），引导他们提出更为具体的需求。

制作模型的好处是可以灵活地应对设计中的错误以及客户提出的新需求。如果是在施工之后突然发现设计中存在问题，或者客户突然提出希望增加一个房间等情况，那么完工时间肯定会延迟，而成本也会比原先要高很多。如果这种情况经常发生，房子估计也就建不成了。

其实，不止建筑师会在设计的过程中制作这种模型，汽车设计师、飞机设计师等但凡与产品制造有关的人员，都会制作模型以提高设计精确度。

③ 试用品

原型到底是什么？从前面建房子的例子来看，原型并不是指"已经搭建了框架的房子"，而是指那些用厚纸板或泡沫板制成的模型，是一种由设计师用来检查设计是否合理的材料，并不是为了完成产品而制造的中间产物。无论是房子还是用户界面，如果等到真正施工时才发现错误，就为时已晚了。

因此，笔者认为与其把Prototype翻译为试制品，还不如翻译为试用品更合适。试制品经常会被人们理解成"制作者试着做做看"的意思，而在以用户为中心的设计里，原型是为了"让用户试着用一下"才被制作出来的。

④ 高保真和低保真

根据对实物界面忠实程度（保真度）的不同，原型可分为高保真（High-fidelity）和低保真（Low-fidelity）两类。基本全部根据实物来制作就是高保真，与之相反，粗枝大叶地制作就是低保真。

当然，制作高保真的原型无论是时间还是成本都会很高。一般情况下我们推荐制作低保真的原型，但这并不意味着要把所有部分都做得粗糙。

对于原型而言，如果和测试直接关联的部分不是高保真（但也不至于是低保真），那就起不到任何作用。比如说，建筑师制作的房屋模型要能表现出平面空间的布局，而为风洞试验制作的飞机模型也必须能真正地产生浮力。

以此类推，如果是为了比较并讨论外形设计方案而制作原型，就一定要通过高品质的制图工具使外形和实物基本相同。又比如，如果是为了检验在线商城购物车功能的原型，就必须完全模拟购物步骤之间的跳转和出错时的提示。

原型并不是整体都是粗制滥造，而是为了达到目的，在满足最低需要的前提下以最少的资源来制作。如果能降低与测试无关部分的保真度，那么成本和时间就都可以节约了。

⑤ T原型

制作网站的原型时，通常不采用任何装饰性的图形元素，只采用文本链接和线条。从外形上看，这种原型保真度较低，制作手机的原型时，通常不会制作出实物，而是在电脑上模拟。这种不是通过实际按键，而是通过鼠标键盘来操作的"手机"，从输入和输出的角度来看，保真度也较低。

然而，即使不考虑外观和输入输出的保真度，如果要把网站的所有页面都制作一遍，时间和成本仍然会很高。这里向大家介绍两种只需要制作一部分页面的方法：水平原型和垂直原型。

水平原型就是只需要制作网站首页和第一层链接页面的原型。虽然用户可以看到首页里所有的菜单，并且可以自由地选择任何功能，但实际上被选择的功能是不能用的。这种原型也可以称为浅式原型1。

垂直原型是只具备某一项功能的原型。比如说某网站只支持用户注册，用户虽然不能搜索和购买商品，却可以实际体验注册功能，这种原型也可称为深式原型2。

如果只具备水平、垂直两种模型的其中之一，则与实际的用户体验相差甚远。水平原型最多算是界面的样本，如果采用垂直原型，用户根本没有选择的余地。但如果合二为一，就能形成一个可以让用户试用的原型了，如图5-28所示。像这样广度和深度兼备的原型就是T原型。

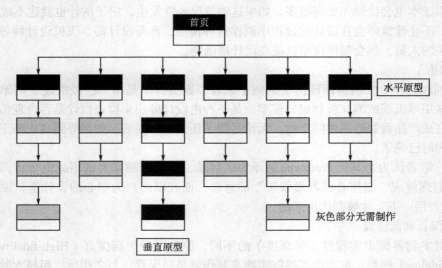

图5-28　T原型

也就是说，虽然刚开始时会出现各种各样的意见，但在看到别人的回答后会修正自己的部分意见，因此会逐渐把结果归结到一定范围内。把Delphi法应用在卡片分类法时，步骤如下。

① 制作构造信息的原型（种子）；
② 请参与调查的人分别按照自己的意愿在原型上修改；
③ 持续进行步骤①②直至能够将结果限定在一定范围内。

5.3.3　实验步骤说明

（1）测试准备

本小节我们将讲述可用性测试前的准备工作。测试准备工作非常关键，做好充分准备工作，可以在受试者到来时营造轻松且易于控制的气氛。

成功的测试都是做好充分准备的。虽然每个测试内容不同，但典型的准备工作都包含以下步骤。

① 确定测试目标；
② 设计测试草案；
③ 决定受试者的数量和人口统计学特征；
④ 确定测试地点；
⑤ 安排测试行程、日期及次数；
⑥ 招募并筛选受试者（或雇佣代理人完成此项工作）；

⑦ 确定测试任务；

⑧ 准备测试脚本；

⑨ 准备好必要的设备（软件、硬件、视频记录设备等）；

⑩ 准备好受试者的报酬；

⑪ 准备好其他相关要件（知情同意书、任务卡、报酬收据条等）；

⑫ 布置好实验室或测试地点；

⑬ 检查视频、音响等记录设备能否正常工作；

⑭ 进行预实验；

⑮ 如有必要，改进测试脚本及其他要件。

可以列出检查单以保证不会遗漏任何步骤。显然，对于从未主持过测试的人来说，每一步都要进行详细分解。关于测试前准备工作的详细分解，可参考Dumas和Rubin（1994）或者Redish（1999）的著作。

（2）任务统筹

对于很多新手主试来说，主试的难点除了要真正与受试者进行互动外，还在于主试是多重任务的组合。主试的职责包括以下几点。

① 为每位受试者设置产品或软件；

② 整个测试过程要做好记录；

③ 记录好任务时间或其他量化数据；

④ 监看测试过程，在受试者没有完成任务时决定下一步该怎么做；

⑤ 处理产品的技术难题；

⑥ 运行录像设备或软件；

⑦ 与客户、观察人员或其他支持人员互动。

我们的建议是尽可能做好充分准备和练习，这样才能聚精会神地观察受试者，而不是担心DVD是否在正常录像等。以下是一些小提示。

① 如果是打字记录的话，提前准备好收集数据的表格或文件，并做好标签和数字编码，这样笔记本不会混乱。

② 如果在测试过程中不得不进行产品或软件设置，那么在测试前预先练习好，在检查单上列出要做的每一项工作，还要记得留出足够的时间。

③ 提前熟悉你要收集的数据类型，选择一种有效且连续的记录方法。

④ 充分了解测试产品和测试任务，预想受试者可能遇到的问题，包括技术问题或与可用性相关的问题。

⑤ 提前想好如果一个或更多的受试者不能完成所有的任务时，主试该怎么做。例如，把测试任务进行优先级排列，把不要紧的或可以忽略的任务放到最后，或者规定每个任务完成时间的限制。

⑥ 如果你负责操作录像设备，则在测试前要多试几次是否能正常运行，并做好准备工作。我们已经多次发现录的视频有声音没图像或者有图像没声音，发现时已经太迟了。尤其是当你需要剪辑一段精彩视频时，或者有重要利益相关者不能来现场观看，希望看视频资料时，要确保录像的完整有效。

（3）了解测试产品及其领域

尽可能充分了解要测试的产品，这是至关重要的。如果没有充分了解，即使主试平时的常规测试做得很好，也会影响到主持测试的过程和测试记录的准确性，从而影响测试结果的准确性。同时，时刻记住受试者对于测试项目的经验常常要比主试丰富得多。不要装作自己是个"百事通"，要让受试者来告诉你相关领域的知识。毕竟，请他们来是因为他们是这个领域的专家，有丰富的经验，你想知道的是他们的看法和意见。

（4）初步接触

你永远没有第二次机会去给人留下良好的第一印象。在本小节中，我们将探讨"测试前"这段关键时间应做的事情：建立良好的第一印象，与受试者建立融洽的关系，并让他们放轻松。做好这些铺垫后，你在之后的测试中能避免很多问题，并建立"基本规则"（包括你如何与受试者互动），即告诉他们在测试过程中可能发生的事情。

在本小节中，我们将重点述述与受试者相关的以下三点内容。

① 招募受试者；

② 当受试者到来；

③ 测试前的准备。

（5）接触受试者

可用性测试招募受试者的方法有很多种，最好的方法是根据测试的性质和你所需要受试者的类型来招募。许多测试机构聘请第三方来招募—筛选—确定受试者，并按时间或每人支付一定的费用。一些机构也通过自己长期建立起来的潜在客户数据库招募受试者。有时候客户（测试赞助商）会提供一个潜在的候选人名单。这有时可能是一个很大的帮助，但是有时它也给招募带来困难，因为你会有种被强迫的感觉或是这些候选人信息已经过时。

有时候客户为了节约成本会自己招募受试者，但是我们反对这样的做法，并且尽可能避免这样的情况发生，因为客户可能会犯以下错误。

① 在本已很忙的情况下又低估了招募耗费的时间；

② 为了得到最"方便"的样本，筛选过程可能会走捷径，这可能会影响最后的结果；

③ 给予不能实现的承诺（如允诺的报酬不能兑现，自作主张安排行程）；

④ 不能准确地向受试者传达测试的性质（特别是客户本人对可用性测试不熟悉时）；

⑤ 无法招募到足够的受试者，在招募的最后时刻要求你接手；

⑥ 无论谁负责招募，都要知道如何接触到目标人群。最常用的方法是通过电话、互联网、电子邮件或是这些形式的组合做广告。

（6）广告

无论你是通过广告招募（不管是在互联网上还是在印刷品上），还是通过电子邮件招募，都要保证广告比较简短，认真思考要表达的是什么。你需要把以下信息交代清楚。

① 你理想的受试者是谁；

② 你对受试者的要求是什么；

③ 这项研究将在何时、何地进行；

④ 你会给他们什么作为回报（如表达谢意的礼物）；

⑤ 如果他们感兴趣的话，和谁联系。

由于发布的网络招募信息会收到较多的反馈，可能无法一一回复每一位申请者。我们要寻找的是特定用户，所以以上信息请填写完整。

（7）解释测试

初次接触潜在受试者时，你要为随后的互动打下良好的基础。要确保所有必需的信息都得到交换，不要让不必要的信息岔开话题。我们建议使用脚本来筛选申请人，如图5-29所示，为电话招募脚本的一部分。脚本应该包括以下信息。

① 你是谁及你代表的公司；

② 明确声明，你不卖任何东西，而是在请人参与一对一的产品研究；

③ 你将会给予的报酬；

④ 测试的日期、时间和地点；

⑤ 确保受试者的身份及你收集信息的数据都会严格保密；

⑥ 告知测试过程将被录像；

⑦ 可以问他（她）是否感兴趣。如果感兴趣，那他（她）现在是否有时间回答几个问题；

⑧ 签署一份保密协议（如果有必要）。

为网站研究招聘大学生及家长

我们今天打来电话，是为了寻找对可用性测试感兴趣的受试者。本特利设计和可用性研究中心为某个向大学生提供金融服务的公司进行一项研究。为了让该公司网站操作更为人性化，希望能从大学生和其家长中得到反馈信息。作为答谢，每个受试者将获得 75 美元现金作为报酬。

我们专门寻找本学院父子（女）或母子（女）组合。你和你的父母对此感兴趣吗？如果回答是肯定的，请继续以下内容：

让我为你更多地介绍一下这个研究项目。这个项目将在沃尔瑟姆，MA.本特利校区进行，面试需要大概一个半小时。正式参与将特别安排在 9 月 7 ～ 14 日进行。在面试时，我们会请你浏览公司的网站并给出相应的反馈。你将与本特利主试待在一个房间，他将会指导你。你的父母（孩子）可能与你在一间房间或不同房间进行面试。

如果你有几分钟的时间，我会询问你一些问题以确定你的教育背景是否与这项研究匹配。你现在有时间来回答我几个问题吗？

你的回答是保密的并只用于判断你是否有资格参与这项研究。如果你的回答是否，可以适时安排某个时间回访。

图5-29　一个电话招募脚本

以下是对一位经验丰富的测试专家的采访记录。

如果通过E-mail来招募受试者，对主试的建议如下。

如果你收到申请者的来信，你应该告诉他们何时会给他们答复，及最后答复的时间，这点相当重要。我还会特别告诉他们我用的是内线，也有可能没能及时回复他们。对于很难找到的群体，如高收入者和医生，如果这次没有选他们作为受试者，你要发出一封"婉拒信"并告知也许下一次的研究项目，他们是最合适的人选，到时一定联系，为你将来的再次联系打下基础。

另外，需要特别提醒受试者在回复邮件时，把邮件内容复制和粘贴到文本中，这样我可以把一些直接的问题输入到邮件中，他们回答时不用再重新打字或者把问题错过了。我还会在邮件中告知这项研究的主题并提供参加调查的链接，让他们了解详情。在回复中我提出了一些筛查问题甚至电话调查，这样的E-mail招募就会比较成功。

在刚开始就要很明确地告知测试过程是要被录像的。不希望受试者到来后，却因为知道要被录像而表现得很反感、不配合，甚至不让你在旁边观看和录像。但不管如何，这时你还是要给他们报酬。

当申请者回复了，我会询问他们什么时候方便，然后再选择与我们的时间相匹配的合适人选（比如，我曾与一位技师就是这样做的，因为当时可供我选择的申请人比较少）。一些申请人相对来说更容易说服，我会从所有合适的申请人中选择最合适的来参与，而不是选择一个时间合适的来参加。

你需要注意如何解释你的测试，如何向受试者提问，对于潜在的申请者该使用怎样的语调。你应该使用清晰、简短的句子和友好的声音，并表达你对这项研究的热爱，你要随时准备回答他们的提问（但是对于产品的名称或公司是不能透露的，这是需要保密的）。一定要说明请他们来是对某个产品进行判断并提出有价值的反馈意见，并不是来测试他们的能力如何。有时你可以这样说："这里的回答没有对与错之分，我们只是对于你的意见和看法很感兴趣。"

有些案例中你需要问一些比较敏感的问题。就比如几年前我们有一个招募特殊病人的测试，涉及生殖方面的权利，是针对那些只有一个小孩的人。在这种案例中，你要特别注意解释说明的方式，测试脚本的书写，以及提出的问题。

（8）筛查候选人

要准确说明招募要求和招募的指标，通过问卷的形式来筛查申请者是否合格。我们建议从能确立他们资格的最重要的问题开始问（例如，你在最近六个月有没有买车）。先要看最主要的标准是否达标，其余的都不是关键点。对于每一个问题，你都要记录下来，哪些是不能接受的，哪些回答是能接受的。如果还要增加其他问题，你可以询问"仅仅是信息类"的问题。如某个候选人曾经在网上订过旅游套餐，你可能还想知道他还在其他哪些地方购买过什么服务或产品。但是保持这些问题最小化，在预先准备好的问卷中再额外增加一些问题也是可以的。

提前使用筛选问卷进行筛查是个好办法，可以确保筛查问题清晰，不会忽略可能的矛盾冲突。问卷的逻辑设计是有讲究的，尤其是需要将候选人分成多个组时。例如，如果候选人表示他们正在使用某产品，你就可以将他们归入"顾客"组，并询问其相关问题，或者一些不适用于非顾客的问题。

在进行筛查问卷调查时，可能会涉及一些敏感词汇，如有些人不愿意告知准确的年龄，收入水平或者受教育程度，不愿意提供他们的民族等敏感信息。所以不要询问这类信息，除非这是招募规定的标准。如果你的寻找标准要求提供这类信息，你可以设置一个可供选择的范围让其选择。如你要找一个在网上买了很多音乐产品的中年人，关于他年龄信息的问题，你可以设置多个年龄段供其选择：18～25岁，26～44岁，45～60岁或更高年龄。当然，这个范围可以根据你的测试目的扩大或缩小。

很明显，你在招募中肯定要取消很多申请者的资格，因为他们的某些条件不符合要求。这个工作当然也不好做，尤其是当申请者真的很想参与研究时。要处理这个问题就要根据你的环境和申请人的特点来定（更进一步讲，就是这个申请者是普通民众还是你的某个很重要的客户的朋友），在拒绝时你要表现得很真诚并且很有礼貌。

在整个入场资格筛选过程中，你可以告诉申请者实情：他对于我们的测试要求还不是特别匹配或我们已经找到足够多的背景更匹配的人选。如果你只是想延迟某人的参与而不是取消其资格，也就是他的条件与我们的要求很接近，但又不完全匹配，这种情况下，你可以对他说，虽然我们已经找到足够合适的受试者，但如果有某个受试者退出的话，我们可以把他作为潜在的替补。最后，你可以对那些特别渴望参与却没能参与的申请者保证，在将来的测试中优先考虑，并把他们的资料存档。

（9）确认参与

一旦你确定了受试者并与其约定好了测试事宜，就要严格遵守。要派专人与受试者进行电话、信件或E-mail联系。另外，最好联系两次，如最初是通过信件或E-mail确定联系，在测试前最好再次使用E-mail或电话联系。

确认时你要以一个朋友的口吻，说明他的参与对我们的研究有多么的重要。记住要提醒其这个测试是一对一进行的，你会等待着他们的到来。还要清楚地说明，如果要取消的话应该给谁打电话说明，如果迷路了要打电话向谁询问，请他们提前10～15分钟到来，这样可以确保他们能及时赶来。你还要说明他们的交通费和停车费可以予以报销（如果可以的话），并提供一些美味的零食。所做的一切最终目的是受试者能按时前来参与测试，清除所有可能的障碍来确保测试的顺利进行。

（10）受试者到来后

当第一位受试者按时前来时，你应该已经把所有该准备的都准备好了，这样你就可以把所有的精力都集中在招待受试者上。如果他们来了你还没准备好，这将会严重影响你与受试者的初步联系，会让他们感觉到不舒服。

1）欢迎受试者的到来

对于能够为你提供重要价值数据的受试者要做好招待工作，毕竟是你选择了他们，并由他们来帮助你设计一个更好的产品。需要注意的事项如下。

① 说话时要微笑着看着受试者的眼睛，告知对方你的名字，感谢他的到来，并与他热情握手；

② 感受受试者的心情，是愉悦、紧张还是生气（如感觉这个测试有点难），并及时帮助他调整心情。

2）确认受试者的身份

通过直接的数据验证，确定他正是本人。注意那些"职业的受试者"——故意把产品质量夸张化或说假话的人，他们只是为了获取报酬。如果你有怀疑可以进行验证（许多市场研究机构都是这样做的）。

3）令人舒畅地问候对方

记住主试的角色就是亲切热情的主人，主试有责任让客人感觉到从他们来的那一刻起直到他们离开的时刻都倍受欢迎。这意味着让他们身心感觉舒服，以确保测试顺利进行，并保证整个测试过程受试者都积极面对。

4）签署知情同意书

每个测试组织都应该有一份恰当的知情同意书，并且在每次测试开始前都要向受试者解释清楚，并给予他们足够的时间阅读理解，最后签名认可。这份文件就是让受试者对相关事项有所了解，包括这个测试是合法的，他们是自愿同意前来参与的，等等。另外，一些人更容易理解书面表达的信息而不是口头表达的信息。知情同意书要包含以下几点。

① 测试中会发生什么；

② 有权提出休息；

③ 受试者有权随时停止测试，即使这样也可以得到报酬；

④ 告知受试者可能会有人来参观测试过程（如确实有人参观）；

⑤ 告知受试者测试过程将会被记录/录像（如果确实需要记录/录像）；

⑥ 记录数据的使用方式；

⑦ 对于受试者的个人信息会绝对保密。

没有知情同意书的测试是不道德的，违反了相关专业机构的职业道德标准，如美国心理学协会（American Psychological Association）、人因工程学协会（Human Factors and Ergonomics Society）和可用性专业协会（Usability Professional's Association）。

我们一般是在受试者到达等候室后将知情同意书给他们看，这样他们既有时间阅读又避免了有人站在他们身后看。事实上，虽然受试者已经同意录像了，但在他们签署知情同意书之前不能进行录像，所以在把他们带入测试间前都要认真对待/管理知情同意书。即使他们已经看过了同意书并签字，在他们等待的时间里你还要向他们讲解清楚，以确保他们理解了同意书的内容。

图 5-30 是一份典型的知情同意书样本，你也可以参考 Snyder（2003），Dumas 和 Redish（1999）及 Rubin（1994）等人书中的样本。

了解你的受试者（知情同意书）

目的：本特利学院（或代理人）请你参与一个关于 ×× 网站的研究，这个网站使用起来很简单。

通过参与这项研究你将帮助我们改进网站的设计，使其使用起来更加简单。

过程：在测试中，我们会让你执行一系列关于 ×× 网站的任务。然后，我们会询问你对这个网站的看法。整个过程将会持续六十分钟。我们会将你给予的数据信息收集起来，加上其他受试者的数据，取其精华来改进网站。

记录：我们将会记录，拍摄你浏览整个网站的过程和录下你的有声思维。这个记录将只提供给本特利团队用于分析、研究网站使用。数据分析整理完毕后将会送到客户设计团队。这些记录将只会用于改进网站，无任何其他目的。

保密：你的姓名将不会以任何形式出现在记录中，只有本特利学院专职参与这项研究的雇员才有权利看到。

风险：这项研究无任何可预见的风险。

休息：在测试过程中，你可以随时要求休息。

退出：受试者参与这项研究完全是自愿的，你可以在任何时间退出而不用承担任何责任。

疑问：如果你有任何问题可以现在就问我们，或在测试中的某个时间询问。如果在测试结束后你还有疑问，可致电 ××× 或者通过邮箱 ××× 给我们发 E-mail。

如果签署了这份协议，就表明你同意以上条款并赋予本特利学院权利使用你的声音、言语思维、视频录像用于评估和改进公司网站。

签名：
日期：

图 5-30　知情同意书

5.3.4　测试前准备

如果你和用户还没有进入测试区，那么你可以带领受试者进入测试区域。在测试前，一定要确保你已经准备就绪，所有设备已经准备到位并已调试好可以正常使用，观察员也已经安排就绪。

（1）个人的准备工作

对于一个新手主试，测试开始前的几分钟是最困难的时刻，因为这是最紧张的时候，会感觉到好像是"表演"要开始了一样。主要表现为说话会有些结巴，或者时不时地要看一下手上的笔记本或清单，脑子可能一瞬间变得空白。新手主试的眼神与受试者缺乏交流，肢体语言和颤抖的声音仿佛是向观察员和受试者表明"我是一个新手"。要把测试最初的焦虑紧张感降到最低，可以尝试以下方法。

① 确定你已经充分理解了测试目的和每一个任务的目的；

② 比受试者提前十五分钟到现场，并确保所有的设备和用品都已准备齐全；

③ 想象你正面对受试者做最初的介绍，熟记前面的几句台词；

④ 如果你是新手，就要在测试前反复实践、实践再实践；

⑤ 会见受试者前，连续深呼吸几次；

⑥ 记住，如果你表现得不轻松，那么受试者或观察员都会受你影响而变得紧张。

（2）受试者的准备

这部分最多花十分钟时间，但有许多内容都要覆盖到。

在做介绍时，你要告诉受试者测试的目的，并准确说明你希望他（她）具体要怎么做。你与受试者交流的方式很重要，因为这可以为接下来的测试打下良好的基础。你必须注意语速和举止，不是仅仅简单地把要说的"带过"就好，而是要避免慌张失措或冲动。

告知受试者他们可能遇到的情况及处理方法，这可以避免后续的一些问题。告知受试者他们的参与是在帮助将来的用户，他们所做的一切都不分正确与错误。在这个产品试验过程中遇到的任何问题都是在说明产品有哪些地方是需要改进的。记住，受试者不能完成某项任务而自责是正常现象。

（3）使用测试脚本或清单

不管你是新手还是老手，我们都强调要遵循测试脚本或清单，来确保测试准备中所要求的每一项都覆盖了。这样可以帮助你集中注意力，降低焦虑情绪，并确保每位受试者都能收到同样的指示，这对于确保所收集数据的正确性非常重要。

你有时可能会在不经意间忘记了某些点，那么测试清单可以帮你一把。当你介绍到末尾时，可以看一下清单以确定你该讲的是否都讲了，如果没有，要镇静地把遗漏信息补上去，如可以说"顺便说一下，我可能会在任务完成前中止任务。如果出现这种情况，那是因为我已经获得了我想要的所有信息，我确定我们已经完成了这个测试的大部分任务"。

一些可用性测试会做一个有利于受试者回答问题的清单，并在计算机屏幕上进行演示介绍，他们发现这样可以减轻测试者和受试者双方的紧张感。

注意，在清单上要写明，请受试者关闭所有的移动通信设备以免对测试造成干扰，但也有一些特殊情况是不能这样做的（如儿童或临时照顾幼儿的人需要开机以保持联系）。大部分情况下，受试者都是愿意暂时关机的。

测试预备介绍清单内容如下。

① 表示欢迎并介绍你自己。

这个产品并不是我设计的，所以你对于产品任何肯定或否定的评论都不会伤害到我。

② 介绍测试部分：持续的时间，你可以在任何时刻提出休息。

③ 浏览知情同意书。

a.测试过程我们将摄像，所以你的测试过程会被其他人看到；

b.测试过程可能会有其他人观看；

c.记录只用于研究；

d.收集的所有数据中都不会出现你的名字；

e.你有权在任何时刻停止测试而不会受到任何惩罚。

④ 最重要的一点：我们测试的是这个软件本身，而不是你个人。如果你在使用过程中遇到困难，那是因为它的某个设计不合理，从而导致你使用困难。

⑤ 我的角色：中立的观察员，只作记录；只说与任务本身相关的事，其他时间我都保持沉默。

⑥ 你的角色：做你自己，享受测试过程——你做的任何事都不是错误的。坦诚——你在产品早期阶段就进行了试用，是在帮助将来的用户改进产品。

⑦ 任务：大声读出每一个任务，并尽力完成任务。如果有必要，可以询问产品说明。

⑧ 花费比你平时做类似任务相同或更少的时间来完成。

完成某一个任务后，请告诉我们，或尽你所能，能做多少就做多少；

如果你不能完成所有任务，这也没有关系，测试时间可能不够完成所有任务；

重申：我们测试的是软件本身，而不是你个人。

⑨ 让受试者做有声思维。

描述操作步骤：你在寻找什么呢？就像讲故事那样；

你的评论相当重要，对于这个产品你感兴趣的是哪些？不喜欢的又是哪些？

演示有声思维（这个可以放在后面做，只要是在测试前都行）。

⑩ 在我们开始前，你有任何疑问吗？

（4）实践有声思维的技巧

在大部分的可用性测试中，我们会要求受试者边做任务边进行有声思维。对于许多受试者来说，这并不是问题。关于如何演示有声思维，可以参考以下内容。

① 解释你要求他们做什么；

② 举例说明；

③ 演示；

④ 让他们实践一遍；

⑤ 把所有技术组合起来。

如果有时间，建议看一下网络视频，可以在测试预备阶段训练受试者做有声思维，或者在他们开始第一个测试任务前进行有声思维的练习。

对于网站测试中有声思维的演示方式，可用性研究人员也曾进行过很多次讨论。在最初的实验室测试中，我们一般使用一个订书机、一支铅笔或其他普通物品。后来，我们发现这个可能离网络太远、太抽象，所以我们开始尝试使用一个不相关的网站来进行有声思维的演示。不过不幸的是，如果我们使用一个网站来演示，受试者会模仿我们在网站演示中的评语，如我们说"我喜欢这个顶部的菜单，但是我不是很理解这个选项"。然后受试者在网站测试中，对于菜单往往也会发表相同的评论。这样我们还是回过头来使用订书机演示。

也许有时你可能没有足够的时间来进行演示或培训，或者你的公司有其他不同的方法。我们也执行和观看过许多其他不同的方法，但是没有注意到这些受试者在随后的测试任务执行中有什么本质的不同。不过数据很有趣，大部分的受试者都能迅速接受有声思维的方法，只有少数人需要一两次的提醒。

正如我们所知道的，关于不同的训练方式对测试中的有声思维有什么影响，目前这方面的研究还比较少。从"研究者说"的参考文献中可以看出，公司间和公司内的主试观点都是不一致的。也许指导受试者最好的方式还没有被发现，或者是与现在使用的方法有些不同，只是我们还不知道如何去做。

（5）确定受试者已经做好准备

在测试开始前，我们一般都会花几分钟询问受试者是否还有其他问题要问。我们还会询问是否要喝一杯水或去卫生间等。通常，受试者刚到时会拒绝吃点心，一旦他们感觉比较舒适时，就会改变想法。

（6）过渡到测试任务

测试准备介绍完之后，就可以开始准备录制收集数据了，这通常也意味着受试者要开始测试任务了，或者将事先准备好的问卷交给他们后再开始任务。当你第一次开始收集受试者测试信息时，就要开始转变你的角色了，你现在是中立的观察员。也就是说，你还要保持友好礼貌的态度并充满兴趣，但是对于与产品相关的问题和受试者的反应，你要保持中立和不偏不倚的态度。

第一，开始测试任务。

通知受试者测试开始，可以对产品开始进行评估。如果你觉得有助于加快进程，你可以告诉受试者有多少个任务要去完成。另外，如果你有三十个或更多的任务，提前告知，可能会让受试者惧怕和泄气，这时你要说："我们有一定数量的任务需要你来参与，如果我们没有全部完成也没有关系。"不管是哪种情况，要告诉受试者不需要对每一个任务都抱有过高的期望，如果只完成了一小部分也无须自责。

根据你的计划，你可以给受试者第一个任务的卡片，让他们读出来或者你大声为受试者读出来。有时由我们做两件事——为受试者大声地读出任务，询问他们是否有疑问，然后在受试者有需要时把这个任务卡片给他们。

很多时候受试者可能不能理解所写内容的含义，你可以试着解释，但不要透露任何可能有关帮助他们完成任务的信息。

第二，测试前的采访。

如果可以，我们会花几分钟来执行测试前的采访，这是因为以下四个原因。

① 让受试者谈谈他们自己，透露出重要的信息和观点；

② 可以帮助受试者放松心情；

③ 用视频记录下他们的背景信息；

④ 可以为观察员提供一些背景资料。

我们经常会在招募筛选申请人时，反复问他们一些简单的个人问题，然后询问他们是如何使用当前产品或类似产品的。这种采访可以帮助观察员或负责人通过观看记录来确定受试者的资格。通过这种做法，当某个受试者多次任务都失败时，就不会怀疑他不够资格却被选了进来。

我们还会使用一套很复杂的问题来分析受试者在测试前对于产品的期望和观点，测试结束后我们还会重复询问这套问题，看看测试完成后他们的观点是否发生了改变。

（7）测试中的互动

关于互动，主试都有他们自己的风格。在诊断性测试中，高效的主试对于互动的尺度把握的范围很大，就是有的互动很多，有的互动很少。目前还没有研究过互动次数的多少对测试结果准确性的影响有多大。

主试开口说话时，多少会对测试结果产生影响。有时干预反而会让测试更有成效，有时会影响数据的有效性。追根究底的询问可以增加测试的客观性，比如能弄清楚到底发生了什么或获取一些意外的信息。

第一，让受试者不停地说话。

在大多数可用性测试中，要求受试者边做测试边进行有声思维，我们尤其要求他们做到以下几点。

① 边与产品互动，边说出他们的测试过程；

② 就产品的各种特性，描述出他们的期望；

③ 分享他们的喜好，说出他们的意见；

④ 使用有声思维能够产生大量的数据，能够为测试产品的改进提供帮助，因为它记录了受试者的目的和困惑、期望及无用的地方，这些都是有用的信息。

你很快就会发现，对于绝大多数人来说，有声思维是很容易做到的。另外，即使是一个健谈的人在完成某项任务时，也可能突然变得安静起来，这时你就要进行干预了，让他继续说话。在初期介绍阶段，你要教受试者如何进行有声思维。有些受试者会不管你的指示而停止有声思维，最常见的理由是忘记了，他们太专注于某项任务，并集中了所有的精力。

给予提醒

当受试者只做不说时，要给予提醒，你应该考虑好要等多长时间再去提醒他们，可能不需要多久，他们又开口了，这样就不用提醒了。研究显示，在我们观察了许多主试后发现，提醒前等多久是一个很宽的变量（Boren，Ramey，2000）。没有一个规定说要等多久合适，因为这要根据受试者及当时的情形来定。根据我们的经验，打断了他们的思维链，但只要能让他们保持说话，我们的感觉还是良好的（我个人倾向于等待时间稍微长点再打断、提醒一下）。

大多数受试者只需要你温和地提示一下，就能让其意识到要继续说话，你可以使用以下一些常见的提示语。

① 你在想什么？

② 所以……？

③ 你在看什么？

④ 请告诉我发生了什么。

我们倾向于最简单的那个"所以？"，说时要有一个音调的转变，这很管用。要避免直接问"为什么你不说了？"因为这样会有一个暗示，他做错事情了，或者会使他改变策略来完成任务。

鼓励喜欢沉默的人

有时受试者是一个文静的人，但即便如此，仍然要提醒对方，使其进行有声思维。这种情况下，你要仔细地关注他们的行为，可以用提问的方式来提醒他们说出所想的及正在努力做的。与这类人互动有些困难，因为他们讨厌说话，他们喜欢集中注意力做事，不会显露什么烦躁的表情。碰到这种情况，记住这并不是你的过错，而是他们确实不喜欢边做边说。

当你不巧遇到一个沉默寡言的人，而你的提醒毫不奏效时，还有一个方法可以试一试。想打破沉默但不提沉默这个词，你可以小心地、慢慢地说"想好了再说帮助也很大"或"在说之前仔细考虑一下确实很重要"。这种状态确实不正常，但如果受试者确实不肯进行有声思维，那也没关系。

第二，询问。

询问就是干预，想通过询问从受试者那里获取更多的解释或信息。测试的目的之一就是要获取关于产品优劣的诊断性信息，措辞谨慎非常关键，既不要太暴露又能有所洞察。发生以下几种情况时，你需要加以询问。

① 确认受试者是否真正理解某个概念或项目；

② 确认受试者当前在想什么；

③ 想知道为什么受试者会选择这个选项/路径而不是另一个；

④ 想确认这个行为或结果是不是受试者所期盼的；

⑤ 对受试者进行非言语行为询问，如斜看一眼或发出叹息声；

⑥ 确认受试者是否看见按钮、选项或链接等。

为了记住提问，测试者常常会使受试者无意识地进入防备状态。有一个好办法能让受试者觉得不是在被质问。这个办法包括两部分：语言学部分和舌头发音部分。第一，使用"好奇指令"来取代提问，使用祈使语气感觉既不像命令又不像提问，可以使用"请解释"或"请告诉我"这样的词来引起话题，并用一个带有感情的声音询问。以下一些词语可供参考。

① 请告诉我更多一些关于……的内容；

② 关于……的描述请再多一点；

③ 请讲述更多关于……的内容；

④ 请分享更多关于……的内容；

⑤ 请帮助我理解一下……

询问方式有两种：计划式和自然式。当事先已经知道你想在任务中的某个点上要获取额外的信息，那么这种询问就是预备好的，通常在测试计划阶段就已经制定好了。比如，一个网站设计团队想知道，当用户填写完一个信息对话框，是会保留这个对话框（即单击"申请"按钮）还是会退出这个对话框，返回到最初的那一页（单击"完成"或"确定"按钮）。设计团队希望他们能单击"确认"按钮，但不确定用户是否会单击。所以当某个受试者单击"确定"按钮时，主试就会问道："这正是你所想的，是吗？"接下来是关于选项的讨论。

有时计划式询问要等到预测试或正式测试多个阶段后才制定。无论何时发现有提问的意向，都要把它记下来，这可以帮助记住何时要发问以及要问什么。你可以在测试脚本上做记号提示，也可以单独写在另一张纸上，与测试用的其他用品放在一起，如任务卡片、脚本、清单等。

非计划式的询问可以在测试的任何时间进行。当你想知道更多的信息，或受试者有更多有价值的数据要记录时就可以询问。

询问时的注意事项

关键要注意保持公正，不偏不倚。以下是几条尤为重要的指南。

其一，不要与受试者谈论过多或因你的询问而打断了他。你一定也不想看到他因为你而忘记了本来想说的或想做的。如果你们两个同时都有话要说，那应该让受试者优先。

其二，不要试图借受试者的口来间接告诉研发人员什么问题。比如，受试者说："这个屏幕太花了。"你反问道："你刚刚说什么？"即使你已经听清楚了他的评论，你可能想试着借受试者的嘴巴来告诉研发人员这里有问题，从而要求受试者对于这个言论大声地说出来或详细解释为什么给予否定。也有这样问的，只是略有不同："你想表达什么意思？可以多说点吗？"

常见的询问方式

以下是常见且有效的询问方式。

① 关于这个任务你有什么看法？

② 这是你所期望的呢，还是不是你所期望的呢？

③ 接下来你会怎么做呢？

④ 请问你有没有注意到（UI项目的名称），或者你没有注意到它？

⑤ 你刚说"此处援引受试者的话"，请帮我理解一下你这句话的意思好吗？

⑥ 我注意到你在单击（UI项目名称）前停顿了一下，你愿意跟我分享一下你对这个停顿点的想法吗？

第三，鼓励。

当进行设计欠佳产品的测试时，受试者会犯错、需要帮助、失败。如果你参与了产品测试计划的制定并主持了预实验，对于受试者会在哪里挣扎或过不了关，肯定会心中有数。不幸的是，很多受试者遇到困难了会责备自己太笨，即使你已经和他们说明不用这样。

给予鼓励能帮助受试者减轻压力，能推动他们继续下去。给予鼓励的方法很重要，因为你的身份是一个中立的观察者，既要鼓励又要公正、不偏不倚，这也会让你很挣扎。一个好方法就是在测试早期就让每一个受试者选择一个任务，任务结束时给予鼓励。你可以这样说："你的发声思维很清楚，你对我们的帮助太大了。"要说得很有激情，而不是随便说说。

鼓励要在测试任务结束后说。按常规，对于无论是正面还是负面的行为，你都不用给予过多强化。最保险的方法就是鼓励独立于测试任务外，因为在完成测试任务过程中的言语或行为受到鼓励，受试者会以为他目前的某种言语或行为是值得肯定的，从而导致他刻意保持某种状态。

应避免的鼓励用语

假如有个受试者接连三个任务都失败了，你可能很想去说点什么让他好受点，如"你表现得很好"或"这还是很不错的"，这种激励很容易让他们误解，他们会误认为你还是希望他们成功的，因为测试的目的就是想产品能做成功。在接下来的测试中，应尽量用更中性化的言语表达。

按常规，在测试中你不应该给予任何的鼓励，但是当他们要求时，失去信心很沮丧时，或者没有动力继续下去时就例外了，当然这时的你已不再是中立的一方了。

以下是测试中常用的鼓励用语。

① 你做得很棒！

② 你提供了我们改进产品上所需要的信息。

③ 你的有声思维很清楚、很有帮助。谢谢！

④ 你真的帮了我们大忙。

⑤ 我们今天的工作对以后的用户有很大帮助。

（8）测试后的互动

从最后一个任务到测试结束之间的时间也很有价值。任务可能已经完成，但你仍然要记录受试者的主观看法，这些都是很重要的评价。受试者花费了一两个小时的时间做任务，他们肯定会有自己的看法及观点，一定要记录下来并弄清楚在各阶段发生了什么。

诊断性测试是发现产品优缺点的最后机会，而对比测试或总结性测试是对用户试验过程进行总结分析的时间段。

1）维持你的角色

最后一项任务结束时，你和受试者都会感觉松了一口气，这是人之常情，因为做这种测试任务要承受巨大的压力。通常情况下，压力越大、失败次数越多的人，在经历这些之后会觉得越轻松。

此时的受试者可以好好放松一会儿，但是作为主试，你还得维持你的角色直到他们离开，因为即使任务结束了，你还有很多重要的信息要收集。这时你可以说："让我们先放松一下，稍后我想听听你对这个产品的看法或意见。"休息归休息，谈论归谈论，你要跟受试者讲清楚。

作为一名有亲和力的主试，你可以询问一下受试者是否需要休息。但如果受试者真的很累，那么你应该主动提出，告诉他可以休息一下。如果你与他坐在一起，可以起身为受试者提供一些可口的点心，你也可以做些伸展运动放松一下，并鼓励他也做一下。如果你在另一个房间，你可以说："休息一下，马上回来。"如果你在远程测试，你可以说："我需要几分钟做下伸展运动，你也可以像我这样放松一下。"

在谈论中受试者肯定会说任务有多么难或其实并不难，你不能附和他们的观点，因为你是一名中立的观察员。发表有引导性的言论不属于放松休息的范畴。休息的时候不要谈论什么任务，休息只是为了让长时间紧张的精神得到暂时的放松。

如果你是一名领导，休息时间是与访客交流的好时机，你可以询问访客是否有其他问题要问受试者。如果他们提出的问题太前卫或使用术语，你可以换句话去问受试者。比如，访客说："请问下她是否喜欢用户化选项？"而你可以这样问受试者："你对可以自行重组屏幕结构有什么看法？"

2）确定行为秩序

测试后的行为取决于测试的目标，至少有以下四个常见的行为。

① 与受试者讨论任务中发生的关键事件。

② 对产品进行自由式问答。

③ 提问一些关于相似产品的问题（如：你之前用过的产品是什么样的？你用过的有一定竞争性的产品是什么样的？）随着市场调研和可用性关系日益紧密，我们发现我们的客户在参观完受试者试用产品的测试后，常会问些与市场相关的问题，如人们购买此产品的欲望如何。

④ 发放一组封闭式提问或一份自制的问卷调查，或询问他们对于产品可用性的评定等级。其中问卷调查已发展为标准选项之一，如软件工具可用性测试（Brooke，1996），或是主试公司内部研发的问卷。

测试后行为的常规顺序如下。

如果是诊断性测试，首先要做的就是区分出产品优缺点。如果是总结性测试，首先要测试受试者对产品可用性的整体看法。

在诊断性测试中，首先要讨论测试任务中发生的关键性事件，接着是主观的等级评定及开放式提问，希望通过受试者对产品的反应和操作表现来发现可用性问题。

在总结性测试中，首先要总结的是调查问卷和等级评定。问卷或评定表内容越接近调查或评定的具体对象，则调查或评定结果越可靠。在比较性测试中，如果受试者使用了多个产品，主试可能很想知道他最喜欢哪个。所以在比较性测试中，建议主试最先问这个问题，以免开放式提问和任务绩效影响受试者的答案。

当然，测试的目的不止一个。如果测试是在产品研发末期进行，这时测试可能聚焦于度量可用性，但它也可能是产品唯一执行的测试。因此，除了度量产品的可用性，测试组对于任何一个诊断性信息都不应放过。在这种情况下，主试需要与团队共同确定测试后行为的先后顺序。

3）阐明测试中发现的问题

诊断性测试是为了获取大量的测试信息来帮助主试和主试的团队发现产品可用性问题。然而问题经常是在测试没有被主试打断的情况下出现，任务结束之后主试可以就不明白的地方向受试者询问清楚，然而有些问题最好是了解完所有产品或完成所有的测试任务后再进行讨论。如在一个研发早期的测试任务中，主试肯定很想知道受试者是否了解了用户操作界面的基本概念，他们是掌握了所有概念还是掌握了一部分，或一点也不懂。这些问题通常比量化的主观测量更重要。

纯粹的总结性测试注重产品评估，因此弄清楚问题的具体情况反而显得不那么重要了。在既重诊断性又重评估性测试中，首先要收集主观看法，而后再询问问题详情。

4）问卷调查和等级评定

在可用性测试末期询问一组封闭式问题，并对产品进行等级评估是很常见的。封闭式问题有些是针对产品特设的，有些是来自文献的标准化问卷。而关于等级评定，一些机构有专门的一套等级表用于测试，受试者可以此为基础进行比较而给予等级评定。

① 问卷调查

在测试计划阶段就有一个问题要提前做好决定，那就是调查问卷是由受试者自填还是由主试读出来进行回答记录。如果由受试者自问自答，自己写下来，它就不在主试的记录之中，而且访客或其他人要想看到的话只能等到这一阶段的测试结束后（除非在受试者头顶上有一个摄像头，并且还能随着他们写字的纸张自动伸缩）。如果在这些问卷中隐含了重要的信息，那么当报告写出来后，只有研发人员才能看。另外，如果让受试者自问自答，那他们写的内容可能更坦诚。

当然，还有第三种方式，那就是给受试者一份问卷，让他独自填写，然后由主持人把答案读出来。一些主试认为受试者的答案太出乎他们的意料了，而受试者则认为他所填写的内容应该都是很隐私的，不希望主试在公共场合进行讨论。如果你考虑到这一点，可以明确告知受试者会发生什么事情。比如，你可以先询问他："我希望你能填写好这张问卷调查表，等我回来时，我们能就你的回答进行讨论吗？"

如果问卷和等级评定都是受试者自己完成的，那么你最好离开测试环境或保持沉默；如果是远程测试，你可以直接在椅子上休息，不能让他们感觉有压力。此外，很多主试认为如果让受试者单独完成，他们会填写得更坦诚。

② 准确定级

给产品定级的一个重要决定因素是受试者提供数据的真实性和可靠性。通常，如果受试者给出的评价值超出主试和团队的预期，则意味着他很喜欢这个产品。经常看到受试者在努力完成任务后，在测试阶段快结束时给出7个等级中的一个6级满意程度的等级评定。有关测试文献也谈论过这个现象，并认为是"情境需求特征"而非受试者的任务表现起推动作用，从而使得评级升高。这些因素有满意的需求，积极的、非挑剔的需求，显示计算机或产品优越性的需求。有时受试者最后一个任务做起来很容易使他们误认为自己已经掌握了，在其他情况下，他可能真的很需要这个产品或对你所展示的特性很感兴趣。也许这可能不实用，他关心的是它的功能，结果导致他不想去做什么消极的评定，因为担心这会延迟产品的投放。

没有什么研究能证实或阐明测试快结束时的等级评定有没有夸大。为此我们请来一批毕业生进行验证测试，当我们问学生受试者为什么会选择这样一个评定值时，他们可能这样说："我想到过去那么多年里用过的所有产品，这个产品还不算坏。"对于他们的等级评定，他们认为这是一个很好的理由，并且没有故意拔高它的等级。

我们发现在每个任务结束时进行等级评定比每个阶段测试结束时进行的效果更好。任务结束后评定似乎会容易受到当时情境的影响，也就是说当受试者努力完成任务时，他对任务的评定值就会偏低。

有许多方法可以帮助受试者明白，你究竟要他评定的是什么，不要问"你对这个产品的整体评定等级是什么？"，你可以问得更明确些。例如你可以这样说："我希望你能对刚刚过去这段时间内试用产品的经历做个等级评定，不用考虑这个产品将来该如何使用或对于其他人来说是否有用，只基于你今天的实际经历进行评定。"

③ 等级评定后的思考

在诊断性测试中，问卷的回答对于发现产品的优劣有指导意义。一个典型的只有5～8人参与的诊断性测试并不能提供非常可靠的数据，因此，你要关注的重要信息是受试者为什么会选择填写这个答案而不仅仅是他们选择的数值。如：他们选择了数字6而不是7，你要关注的并不是数字本身，而是他们为什么要选择6。因此，当受试者没有写下任何理由时，你要问一下"为什么"。你可以问："数值6在这里是什么意思呢？"只要你对他的所有选项都这样提问，他就会回答你的问题并解释他所做的选择，而不仅仅是选个数值。

许多受试者喜欢给予两个数字之间的值评定等级，如："我要给它评定为三级半"，你可以问："为什么在这两个值之间呢？"还可以接着问："如果你要选择一个数字，你会选哪个？"

④ 自由式提问

自由式提问一般是在测试结束后的采访中进行。标准的结束问题是："你还有其他要补充的吗？"或简单说："还有其他什么吗？"受试者通常将这个问题视为测试流程结束的信号，所以请在测试后访谈的最末尾来问这样的问题。

如果你想请受试者做个总结，通常可以这样问："在你接触这个产品的过程中，你认为最好的和最差的方面分别是什么？"和"你已经接触这个产品1小时了，你对产品使用的难易程度印象如何？"这类问题能引出很有价值的评论，你可以在你的报告中用引号突出或在视频录像中给予高光强调。此外，如果你对所有受试者都问了同样的问题，你在报告中可以这样描述：5/6的受试者认为自动填充功能对数据输入来说是非常有价值的。

一个常见的问题是受试者只注重产品的功能而非可用性，如当问他最喜欢的三个方面时，他可能会说："我喜欢它能自动出报告。"这个回答也有其价值，但是这只是表明产品有这一特点，并不表明这个产品很容易操作。你可以进一步询问："很好，那你觉得让它出报告的难易程度如何呢？"你必须在最初问问题时就明确，要询问的是有关可用性方面的问题，即产品容易操作与否。

（9）结束测试

如果你的公司建有潜在受试者数据库，你可借此机会询问受试者是否愿意参加进一步的测试活动。如果他愿意，你可以给予他一张名片或用表格记录下来存放到数据库中。你还可以请他邀请他的亲朋好友前来参与。

如果是本地测试，在受试者要离开时，你可以询问他是否知道如何回到停车场或附近的交通点，需不需要帮助。如果是远程测试，则要求他按程序结束网络会议，关闭所有桌面共享程序。

最后要再次感谢他抽出宝贵的时间参与测试。

参考文献

[1] Bernsen N O，Dybkjaer L. Multimodal Usability. Springer Science & Business Media，2009.
[2] （美）约瑟夫·杜玛斯（Joseph S. Dumas），（美）贝丝·洛琳（Beth A. Loring）．可用性测试——交互理论与实践[M]．姜国华等译．北京：国防工业出版社，2016．

[3] 由芳，王建民. 可用性测试[M]. 广州：中山大学出版社，2017.

[4] Anderson，J. Cognitive Pychology and Its Implications[M]. 5* ed. New York：Worth Publishers，2000.

[5] Barum，C. Usability testing and research[M]. New York：Longman Publishers，2002.

[6] Courage C，Baxter K. Understanding your users：A practical guide to user requirements. San Francisco：Morgan Kaufmann，2006.

[7] Dumas J. Designing user intefaces for software[M]. Englewood Cifs，NJ：Prentice-Hall，1988.

[8] Dumas J S，Dumas J S，Redish J. A practical guide to usability testing. Intellect books，1999.

[9] Dumas J，Redish J. A practical guide to usability testing[M]. Norwood，NJ：Ablex Publications，Inc，1993.

[10] Mitchell C. Effective techniques for dealing with highly resistant clients[M]. Johnson City，TN：Clifon Mitchell Publishers，2007.

[11] Nielsen，J. Usability engineering. New York：Academic Press，1993.

[12] Rubin J. Handbook of usability testing how to plan，design，and conduct effective tests [M]. New York：John Wiley & Sons，1994.

[13] Sales B D，Folkman S. Ethics in research with human participants. Washington，DC：American Psychological Association，2000.

[14] Snyder，C. Paper Prototyping：The Fast and Easy Way to Derign and Refine User Intefaces. Boston：Elserier/ Morgan Kaufmann，2003.

[15] West，D. State and Federal E-Grenment in the United States. Providence[M]. RI：Center for Publie Policy，Brown University，2003.

[16] Bernsen N O，Dybkaer H，Dybkjer L. Designing interactive speech systems：From first ideas to user testing. Berlin Heidelberg：Springer-Verlag，1998.

[17] Dumas J S，Redish，J C. A practical guide to usability testing[M]. Intellect Ltd.，1999.

[18] Dalsgaard P. Proceedings of the ESCA Workshop on Spoken Dialogue System：Theories and Applications，Vigsø，Denmark，May 30-June 2，1995. Aalborg Universitetsforlag，1995.

[19] Nielsen J. Usability engineering[M]. New York：Academic Press，1993.

[20] Panayi M，Van de Velde w，Roy D，Cakmakei O，De Paepe K，Bemsen NO Today's stories. In；Gellersen HW（ed）Proceedings of the firstinternational symposium on handheld and ubiquitous computing（HUC' 99）. Spring-erBerlin，LNCS 1707，1999：320-323.

[21] Rubin J. Handbook of usability testing. New York：John Wiley and Sons，1994.

[22] Barker R T，Biers D W. Software Usability Testing：Do User Self-Consciousness and the Laboratory Environment Make any Difference?//Proceedings of the Human Factors and Ergonomics Society Annual Meeting. Sage CA：Los Angeles，CA：SAGE Publications，1994，38（17）：1131-1134.

[23] Beauregard，R.（2005）. One of five presentations given at a session 10 Minute Talks on Usability Isues. Usability Professionals&apos；Association annual meeting，Montreal，Quebec.

[24] Birru，M. S.，Monaco，V. M.，Charles L.，Drew，H.，Njie，V.，Bieria，T.，De-tlefsen，E. & Steinman，R. A.（2004）. Internet usage by low-literacy adults seeking health information：An observational analysis，Jounal of Medical Internet Research，online publication at；http//uwe.pubmedcentral. nih. gou/articlerender，fegiartid = 1550604.

[25] Boren M，Ramey J. Thinking aloud：Reconciling theory and prac-tice[J]. IEEE Transactions on Proessional Communication，2000，43（3）：261-278.

[26] Branch J L. The trouble with think alouds：Generating data using concurrent verbal protocols//Proceedings of the Annual Conference of CAIS/Actes du congrès annuel de l' ACSI. 2000.

[27] Brooke J. SUS：a "quick and dirty" usability. Usability evaluation in industry，1996：189.

[28] Brush A J B，Ames M，Davis J. A comparison of synchronous remote and local usability studies for an expert interface//CHI'04 Extended Abstracts on Human Factors in Computing Systems. 2004：1179-1182.

[29] Evers V. Cross-cultural applicability of user evaluation methods：a case study amongst Japanese. North-American，English and Dutch users，CHI，2：20-25.

[30] Gribbons W. Universal accessibility and functionally illierate populations：Implications for HCI，design，and testing（A）. In Jacko J A, Sears A（eds. ）.The Human-Computer Interaction Handbook[C]，2" ed. NJ：Mahuah，Lawrence Erbaum Associates，2007.

[31] Hanna L，Risden K，Alexander K. Guidelines for usability testing with children. interactions，1997，4（5）：9-14.

[32] Hass，C. Conducting Usability Research with Participants with Disabilities：A Practioner& apos；s Handbook Washington . DC：American Institutes for Re-search，2004.

[33] Hauley . M. & Dumas，J Making sense of remole usabiliy testing：Setup and rendor options. Proceedings of the Usability Professionals &apos；AssociationAnnual Meeting，2006：1-12.

[34] Iesaigle，E M. & BiersD W. Efect of type of intime usability evaluation：Implications for remote usability testing. Proceedings ofthe IEA 2000/HFES 2000 Congress，6，2000：585-588.

[35] Loring，B. ，& Patel，M. Handling anckuard usability testing siua-tions. Proceedings of the Human Factors and Ergonomics Society，45" Annual Meeting，Santa Monica，CA，2001：1-5.

[36] Marcus，A. Culure：Wanted alive or dead？ Joumal of Usability Studies，2006，1（2）：62-63.

第6章

度量数据工具与方法

6.1 / 样本数量筛选原则

6.1.1 可用性测试样本量预估原则

我们预估样本量的主要参考因素是经济成本问题。其中，问卷的固定成本包括确定所需信息、筛选问卷题目、编写调查问卷等活动。我们常说的可用性主要分两个概念[1]：总结性可用性和形成性可用性。它们来自于心理学实验方法（主要是认知心理学和应用心理学）和人体工程学。

有时为了正确预估要达到特定测量目标所需的测试者人数，我们可能需要预估一下测量的值。传统的样本量预估可以借鉴相同或相近的任务和衡量方法来估计方差，从而评价测量方式到底有多精确[2]。但是假如没有可以借鉴的，我们就可以定义一个临界差作为标准差的一部分，并标明标准单位的临界差，然后在保持条件相同的情况下，尽可能让测量结果更加精确。

预估样本量除了能让我们节约成本，其整个过程也可帮助我们探明到底需要多高的精度才可以做出必要的决定[3]。在帮利益相关者决定想要的精度时可以进行大胆的假设。首先问自己如果研究得出的平均数值比实际数值低0.5%会怎么样。一般而言，像0.5%这样小的差异不会影响到最后的决定。如果这个误差值无关紧要，那么测量时有2%的偏差又会怎么样？如果这个误差仍然不够的话，继续大胆假设，直到利益相关者认为不能精确地帮助他们做决定时为止。接着重复这个步骤，直到找到所需的统计置信度。注意对于不熟悉统计学的决策者，我们可以将为达到不用精确水平和置信度所需要样本量呈现出来，帮助他们制订更贴近实际的数据收集计划。

6.1.2 二项置信区间样本量预估

二项比例置信区间的样本量估计的方法和t检验的类似[4]。这时，我们需要比例（p）的评估值，其中$p=x/n$（成功的次数除以二项试验的次数），而非方差均值的评估值（s^2）。这是因为二项测量的方差为p（$1-p$）。如果对p值没有任何的预期，那么最保险的做法就是假设$p=0.5$，因为此时的方差最大（这也会让你得到一个相对较大的样本量）。

（1）大样本的二项样本量估计

二项检验时需要大样本的条件同t检验需要大样本的条件是一样的：高置信水平、高检验力、大方差和小临界差。Wald（大样本）置信区间的临界差为：

$$d = z\sqrt{\frac{\hat{p}(1-\hat{p})}{n}}$$

z值取决于：所需的置信水平、所需的检验力水平以及是单侧检验还是双侧检验。

将n置换到公式左边，可以得到：

$$n = \frac{z^2(\hat{p})(1-\hat{p})}{d^2}$$

注意这两者之间的相似点：

$$n = \frac{z^2 s^2}{d^2}$$

除了用二项方差的估计量替代了s^2以外，这两个公式是相同的。

例如，我们想用以下标准来估计用户使用新登录流程登录某APP的成功率：使用p=0.5，临界差（d）为0.05，置信水平为95%。那么样本量就可以用（1.962）（0.5）（0.5）/0.053来计算，结果为384.1。

（2）小样本的二项样本量估计

Wald校正置信区间是在1998年由Agresti和Coull发表的，它的历史很短，因此对这种类型的二项置信区间样本量估计的现有公开研究并不多，这里只能提供一些实践性的指导方法。

首先需要确定所需的置信水平，查询相应的z值。对于一组给定的x和n，将$z^2/2$与x相加得到x_{adj}，z^2与n相加得到n_{adj}。这样，x/n的校正值为：

$$\hat{p}_{adj} = \frac{x + \dfrac{z^2}{2}}{n + z^2} = \frac{x_{adj}}{n_{adj}}$$

从上面这个公式中，我们可以得出以下三点。

① 要从Wald校正公式里的n校正值得到n的实际值，用n_{adj}减去z^2。

② 除了一个例外$\hat{p}$=0.5，$\hat{p}$随着二项方差的增大，置信区间的宽度也相应增大。

③ 当x和n的值增加时，$\hat{p}$的校正值产生的影响将会减小。

使用标准Wald置信区间样本量估计的公式作为模型，Wald校正公式为：

$$n_{adj} = \frac{z^2(\hat{p}_{adj})(1-\hat{p}_{adj})}{d^2}$$

用n代入x，$\hat{p}_{adj}$的公式为：

$$\hat{p}_{adj} = \frac{n\hat{p} + \dfrac{z^2}{2}}{n + z^2}$$

因为 $n_{adj}=n+z^2$，$n=n_{adj}-z^2$，所以对 n 的最终估计为：

$$n=\frac{z^2(\hat{p}_{adj})(1-\hat{p}_{adj})}{d^2}-z^2$$

$\hat{p}$ 值来源于之前的评估，如果 $\hat{p}$ 值未知，我们可以将其设置为0.5使得方差最大。然而，如果 n 的值是未知的，我们可以分以下三个步骤进行估计。

① 使用标准 Wald 公式得到 n 的初始评估值：

$$n=\frac{z^2(\hat{p})(1-\hat{p})}{d^2}$$

② 使用上述初始评估值来计算：

$$\hat{p}_{adj}=\frac{n\hat{p}+\frac{z^2}{2}}{n+z^2}$$

③ 将 $\hat{p}_{adj}$ 代入，得到 n 的最终评估值：

$$n=\frac{z^2(\hat{p}_{adj})(1-\hat{p}_{adj})}{d^2}-z^2$$

例如，假设某个任务的现有成功率（$\hat{p}$）为0.75，我们想验证一下这种成功率是否正确。由于该任务无法开展大规模研究，也就是能测试的人数不会超过20人，我们可以将目标精度设为0.20，并将置信水平设为95%（即 $z=1.96$）以达到平衡，想要得到 n 的最终评估值，我们可以进行以下步骤。

首先，利用标准 Wald 公式计算样本量初始评估值：

$$n=\frac{z^2(\hat{p})(1-\hat{p})}{d^2}=\frac{1.96^2\times(0.75)\times(1-0.75)}{0.2^2}=18.01$$

进位取整，得到 n 的初始评估值19。

然后，使用 n 的初始评估值来计算 p 的校正值：

$$\hat{p}_{adj}=\frac{n\hat{p}+\frac{z^2}{2}}{n+z^2}=\frac{19\times(0.75)+\frac{1.96^2}{2}}{19+1.96^2}=0.708$$

再使用 p 的校正值来计算 n 的最终评估值：

$$n=\frac{z^2(\hat{p}_{adj})(1-\hat{p}_{adj})}{d^2}-z^2=\frac{1.96^2\times(0.708)\times(1-0.708)}{0.2^2}-1.96^2=16.02$$

进位取整，得到 n 的最终评估值17。

如果 n 接近17，并且 p 的期望值为0.75，那么 x 的期望值为 np，也就是 $17\times0.75=12.75$，约等于13。我们必须对评估值进行进位取整，因为 x 只能是整数。基于这个原因，x/n 的值通常不会等于 p 的预期值，但是会比较接近。在这个例子中，x/n 为 $13/17=0.7647$。

6.1.3 卡方检验的样本量预估

研究表明只有在2×2的表格中至少有一个期望值（不是观测值）为零时，才需要使用Fisher检验。在大多数时候，研究员使用2×2表格比较两个比例的时候，都应该使用N-1卡方检验（标准的卡方检验，但用$N-1$代替N）。

将用来计算2×2表格的卡方检验公式转化为计算样本预估大小的公式并不是一件容易的事情。不过，我们可以参考卡方检验中计算两个不同比例差异的标准误差这一方法来解决，或者我们可以通过因子$\{(N-1)/N\}^{1/2}$来修改标准公式。为了让计算可控并尽量简单易行，我们可以假设每一组的样本数量是相同的。

假设两组样本量相同，计算不同比例差异的标准z检验公式为：

$$z = \frac{d}{\sqrt{\dfrac{2pq}{n}}}$$

式中，d是两个不同比例p_1和p_2的差异；$p_1=x_1/n$，$p_2=x_2/n$，n是每一组的样本数量，x_n代表所关注事件的数量，例如成功完成任务的数量。

$$q=1-p$$

为了将这个标准z检验调整为和推荐的$N-1$相同，将以上的公式乘以

$$\sqrt{\frac{2n-1}{2n}}$$

因为在卡方测试中所有测试组的样本数量之和为N，所以我们用$2n$代替N。在所有测试组样本量相同的前提假设下：

$$z = \frac{d\sqrt{\dfrac{2n-1}{2n}}}{\sqrt{\dfrac{2pq}{n}}}$$

为了将这个z检验转化为预估样本量的等式，我们需要使用代数来得到等式左边n的值。具体步骤如下：

$$z = \sqrt{\frac{2pq}{n}} = d\sqrt{\frac{2n-1}{2n}}$$

$$z^2 \frac{2pq}{n} = d^2 \frac{2n-1}{2n}$$

$$z^2(2pq) = \frac{d^2(2n-1)}{2}$$

$$2z^2(2pq) = d^2(2n-1)$$

$$\frac{(4z^2pq)}{d^2} = (2n-1)$$

$$2n = \left(\frac{4z^2pq}{d^2}\right) + 1$$

$$n = \frac{4z^2 pq}{2d^2} + \frac{1}{2}$$

$$n = \frac{2z^2 p(1-p)}{d^2} + \frac{1}{2}$$

那么，为了计算 N–1 卡方检验的预估样本量，我们需要知道如下的值。

z：置信度的双侧 z 检验值与检验力的单侧值之和；例如，90% 的置信度和 80% 的检验力对应的 z 值为 1.645 和 0.842，总和为 2.487。

p：期望的 p_1 和 p_2 值的平均（来自前测研究或利益相关者的共识）。

d：检测出的最小实际差异，也就是 p_1 和 p_2 之间的差别（d 越小，越会显著地增加在统计上区分两者显著差异所需的样本量）。

例如，我们刚做过一个测试来对比某个 APP 当前版本的安装完成率与改进后的新版本安装完成率（当前版本的成功安装完成率是 0.7，新版本为 0.8）。之后我们还消除了一些影响新版本受测者的问题，假定这样足以拥有 90% 的成功率。通过这些既定的背景信息，我们就可以来计算需要多大的样本量。也就是 z 是 2.487（置信度 90%，检验力 80%，得到 z 值为 1.645 和 0.842，取它们的总和）；p 为 0.8（期望的 p_1=0.7 和 p_2=0.9 的平均值）；d 为 0.2（p_1 和 p_2 的差）。

将这些值代入公式中，可得到：

$$n = \frac{2 \times (2.124)^2 \times (0.8) \times (0.2)}{0.2^2} + \frac{1}{2}$$

$$n = 36.6$$

每组样本量为 37 虽然稍微好些，但总量为 74（$2n$）仍然不是那么令人满意。再进行一次尝试，将检验力设为 50%（这样对应的 z 分数为 0），则：

$$n = \frac{2 \times (1.282)^2 \times (0.8) \times (0.2)}{0.2^2} + \frac{1}{2}$$

$$n = 13.6$$

也就是需要每组 14 个被测者（总共 28 人）。这就是说如果被测者少于 14 人，那就需要将数量先凑齐到 14 才可以，另外还需要 14 个被测者来测试最新版本的产品，这样一来才能进行 N–1 卡方检验（或者 N–1 双比率检验）。

6.2 ／ 样本数据基准性比较

6.2.1　单侧检验和双侧检验

我们通常使用置信区间描述一个未知参数最有可能的范围，通常我们首先需要的是建立区间，使得更大或者更小值的概率之和等于 1 减去置信水平。例如，一个对称的 95% 置信区间，低于下限值的概率为2.5%，高于上限值的概率也为2.5%，这个置信区间就蕴含了一个 a 为0.05 的双侧检验（置信区间的两侧都需要得到我们的关注），如图6-1所示。也就是说，当我们的关心结果既可能显著高于标准也可能显著低于标准时，我们就可以用到双侧检验。但是有的时候，当只与一个基准进行检验时，就只需要注意结果的一侧，也就是单侧检验。

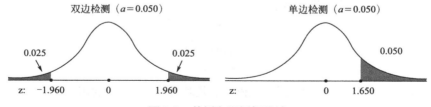

图6-1 单侧和双侧拒绝域

对于评定观测结果是否达到预先建立的基准，传统的方法是，在假设基准为真的情况下估计所获观察结果的可能性。另一方法是构建一个置信区间，然后根据情况，将基准与区间的上限或下限进行比较。对想要知道成功完成率的，可以将基准与置信区间下限进行比较。

有一个用置信区间做单侧检验的小窍门是：由于不再考虑置信区间另一侧发生的情况，我们可以把所有的拒绝域放在置信区间的一侧。例如，我们可以将用于检验的 a 值翻倍，并从100%中减去这个值，得到用于置信区间的置信水平。例如，如果将 a 值设为0.05，则需要建立一个90%的置信区间。如果将 a 值设得更高，如0.10，那么就需要建立一个80%的置信区间。

6.2.2 小样本和大样本差异

我们通常会参考样本规模在单侧检验和双侧检验中选择一种，进而判定是否有充分的证据说明能够完成任务的用户百分比超过了某个设定值。为达到设定的精度水平和置信水平，成功率、失败率的观测值越接近50%，需要的样本量则越大。一般来说，小样本中的"小"是指当测试用户数乘以比例（ p ）或者乘以[1–比例（ q ）]的值小于15（ $np<15$ 或 $nq<15$ ）。换个方式说，要成为"大"样本，则至少需要15个失败样本和15个成功样本。在实践中，如果测试用户总量少于30，就应该计划使用小样本检验方案。

（1）小样本检验

对于小样本，我们使用二项分布（Binomial Distribution）中的精确概率（Exact Probabilities）来判定样本的完成率是否超出了特定的基准：

$$p(x) = \frac{n!}{x!(n-x)!} p^x (1-p)^{(n-x)}$$

式中， x 是成功完成任务的用户数； n 是样本量。

小样本精确概率检验方法具有一定的保守性，这是因为它的概率只能从有限的数值中选取，而非采用任何值。我们可以通过取精确概率内的一个点（这个点叫作中间概率）来模拟连续结果。通常来说，采用中间概率得到的结果总是要比采用精确概率得到的结果看起来要好。

虽然中间概率值在实践中能够得到很好的应用，但是也存在着一些缺点，例如，采用折半概率并没有很好的数学概念作为基准。但是，就像统计中的其他连续性校正一样，它作为校正数据的离散性方法来使用是合理的。特别是当需要将概率值应用于用户研究领域时（可用性测试或用户研究），我们推荐使用保守性较弱的中间概率值。

（2）大样本检验

当样本中至少有15个成功样本和15个失败样本时，这样的大样本检测才是适用的。基于二项分布的正态近似值，大样本检验使用z分数来生成p值。注意，当在检验中只使用单侧p值时，检验会特别容易出错。

大样本检验统计量采用以下形式：

$$z = \frac{\hat{p} - p}{\sqrt{\dfrac{p(1-p)}{n}}}$$

式中，$\hat{p}$是表示为百分比的完成率观测值；p是基准；n是测试的用户量。

6.2.3　满意度分数与基准比较

在实际的统计评估中，我们所得到的问卷数据可看做是连续数据，所以无论是大样本还是小样本，我们都可以使用单样本t检验来和基准进行检验比较。t分布也可以用于建立置信区间和比较两个统计数据的均值。它的检验统计量表达如下：

$$t = \frac{\hat{x} - \mu}{\dfrac{s}{\sqrt{n}}}$$

式中，$\hat{x}$是样本平均值；μ是被检验的基准值；s是样本标准差；n是样本量。

分数$\dfrac{s}{\sqrt{n}}$叫做均值的标准误差（Standard Error of the Mean，SEM）。等式的结果是样本平均值和基准之间的标准差，标准差越大就越说明样本超出基准。

在满意度评级这样的连续测定中，我们可以将结果"降级"为二分离散答案。管理者关注"最高选项"或"最高两项"时，就可以采用这样的处理办法。

例如，下面是在某购物网站上完成两个任务的十二名用户在测试的最后对"我有信心与这个网站进行交易"的答案。1代表非常不同意，5代表非常同意。我们是否能得出"至少75%的用户有信心在该网站上进行交易（选择评级4或者5）"的结论？

$$5, 4, 5, 4, 5, 5, 2, 5, 3, 5, 4, 5$$

将这些答案转换为二进制，我们得到：

$$1, 1, 1, 1, 1, 1, 0, 1, 0, 1, 1, 1$$

这说明十二名用户中有十名用户同意该陈述，也就是小样本二项中间概率值为0.275，表示75%的用户同意该陈述的可能性是72.5%。对于大多数应用来说72.5%并不高，因此较难确定是否至少75%的用户同意"我有信心与这个网站进行交易"这个陈述。

当将连续评级转换为离散数据时，会有信息损失，例如在这个过程中，4和5都变成了1，这就导致了对于同意或不同意的程度不再有精确的测量，测量改进也变得更难，检测改进和达到基准需要更大的样本量。例如，同样使用对此购物网站的这十二个评级，计算出回答的均值为4.33（标准差为1.2）。不检验"同意"回答（最高两项）的某个百分比是否超过了基准，而使用4作为"同意"的下边界，计算单样本t检验来回答相同的问题，这时候就把同意程度考虑进去了。

11是这个单侧检验的自由度，t值为0.929（p=0.186）。因此，有81.4%的可能性所有用户的均值超过4。我们一般会推荐使用原始的连续数据，但是当在公司报表上报告结果时，很多时候需要将数据以最高选项或最高两项的方式处理，以此与特定的标准进行比较，诸如必须90%"同意"。

要想将连续评级量表数据转换为离散的最高两项得分，我们还可以使用现在较为常用的NPS（净推荐值）。NPS是对忠诚度的测量，只使用单个问题，如"您是否可能将产品推荐给朋友？"，并以11点量表来测量（0=完全不可能，10=十分有可能）。评分为9或10的用户是推荐者，评分为0到6的用户是贬损者，评分为7或8的用户是被动者。推荐者百分比中减去贬损者百分比后是净推荐值（Net Promoter Score）。

例如，十五名用户尝试在马蜂窝网站上进行旅程安排，他们回答NPS题的答案如下：

10，7，6，9，10，8，10，10，9，8，7，5，8，0，9

当把这些答案转化为贬损者（0～6）、被动者（7～8）和推荐者（9～10），得到推荐者七个和贬损者三个，得到的NPS值为4/15=26.7%。

像净推荐值这样用最高选项得分处理办法的好处在于，从某种程度来说它们要比均值更容易解释。相比只知道平均值为7.5，知道愿意推荐产品的用户比例高于劝阻其他人使用产品的比例可能会更有帮助。但是除了负面比例和正面比例的比较，我们仍需知道一个"好"的净推荐值是什么水平。同类产品领先对手的情况、行业平均水平和历史数据都是有帮助的，但是这些数据通常都较难获取。

6.2.4　任务时间和基准比较

就如满意度数据一样，任务时间是连续度量。大多数统计处理程序基于这样的一个假设：数据近似均匀且正态分布，好在对这种违背正态假设的情况，很多统计检验都有较强的兼容性。然而单侧单样本t检验却很容易受到这种违背正态假设的影响。我们首先将原始的任务时间数据转换为时间的对数，再和问卷数据处理方法一样，执行单样本t检验。

$$t = \frac{\ln(\mu) - \hat{x}_{\ln}}{\frac{S_{\ln}}{\sqrt{n}}}$$

式中，$\hat{x}_{\ln}$是对数值的均值；$S_{\ln}$是对数值的标准差。

在这个公式中，我们用基准时间减去了观察时间，这与之前的公式有些许不同，但这只是部分情况。在可用性测试中，任务时间取决于任务情境。即使是在同一任务场景下，微小变化也会使得任务时间大幅变动，从而使得对比变难。

6.3　／　组均值差异比较

统计检验在用户体验设计中是十分必要的。当风险比较高时，仅提供描述性统计并宣称一个设计更好是不够的，这时我们还需要判断两个设计的差别（如转化率、任务时长、排名）是否比随机事件的概率要大。

首先，我们需要好好理解"随机事件"（Chance）在计算中扮演的角色。如果无法对每一位用户进行测量来计算一个推荐的均值或任务时长的中位数，我们就得从样本入手来估算这些平均值。

一组产品A的用户样本在系统可用性量表（System Usability Scale，SUS）中的平均分数高于一组产品B的用户样本在该量表中的平均分数，并不代表产品A的所有用户在SUS中的得分要高于产品B的所有用户在该量表中的得分。随机事件在每一次的取样中都扮演重要角色，而我们在计算平均值的时候也需要考虑到它。

如果要判断如SUS得分、净推荐值或任务时长（Task Time）此类连续变量的两个均值是否存在显著差异，我们首先需要确定相同的用户参与不同的测试（组内设计），还是不同的用户参与不同的产品测试（组间设计）。

6.3.1　比较均值数据

当一些用户用很长的时间完成一个任务时，任务时长的分布便会呈现明显的正偏态（Positive Skew）。这种偏态致使置信区间基于基准的测试精度减弱。在这种情况下，我们使用对数转换（Log Transformation）来转换原始时间数据，以提高结果的准确性。当分析差异分数时，对非正态分布数据的分析被普遍认为是对双侧配对t检验，尤其是当两个样本的分布呈现同样的偏态时具有稳健性。虽然样本任务时长的均值可能会与总体的中位数不同，但是我们依然使用配对t检验来准确地判断两个均值的差异是否比偶然事件的概率要大，所以这里没有必要使用转换来完成检验。

通过配对t检验的公式可以看出，运算针对差异分数进行。我们只针对一组样本进行计算，这意味着配对t检验与单样本t检验是同一回事，也就是不论它们是否有相同的正态性假设。对于大样本来说（30以上），正态性不是关注重点，因为均值的样本呈正态分布。就更小样本（30以下）和双侧检验而言，配对t检验或单样本t检验很稳固，不受正态假设的影响。因此，在使用配对t检验时选择双侧检验比较好。

6.3.2　组内数据比较

让同一组被试参加两个不同测试，有助于排除个体差异对测验结果的混淆。在这类测试中，需要谨慎处理用户先接触哪个产品这一问题，从而尽量降低学习效应的影响。同一组被试参加不同测试的好处是，可以将测验结果的差异归因于产品间有差异（而非用户个体差异），且同样的样本量可以检验更小的差异。

想要判断两个连续或等级量表分数的均值是否存在显著差异，可以用以下公式：

$$t = \frac{\hat{D}}{\frac{S_D}{\sqrt{n}}}$$

式中，$\hat{D}$是每个用户在体验两个不同产品得分差值的均值；S_D是得分差值的标准差；n是样本量；t是检验统计量。

在这里使用双侧检验的目的是确认两个可用性测验均值的差异是不是为0。不妨尝试看一下结果，如果产品A的均值分数更高，就采用单侧检验。这样做虽然在此不会造成太大影响，但是却有可能出现这样一个问题：双侧检验的 p 值不显著，而单侧检验的 p 值变得显著。在明确使用单侧还是双侧检验方法后，结果还取决于概率，这显然是不合适的。所以，我们推荐在比较两个均值时继续使用双侧检验。

在做比较时，我们还想知道其差异究竟有多大，即常说的效应量（Effect Size）。配对 t 检验中的 p 值只用来告诉我们差异是否显著，SUS测验分数的一分之差，也可以造成差异显著，而这点差异在实践中往往可以忽略不计。随着样本容量增大，测验结果很容易出现统计性显著差异，而实际的效应量却并不明显。差异的置信区间有助于区分细微的（即便是统计性显著的）差异和值得引起使用者注意的差异。

计算差异分数的置信区间的公式如下：

$$\bar{D} \pm t_a \frac{S_D}{\sqrt{n}}$$

式中，差异分数的均值是 $\bar{D}$；样本量是 n；差异分数的标准差是 S_D；t_a 是自由度为（$n-1$）的 t 分布在特定置信度的临界值（Critical Value）。

例，当置信区间为95%，样本量为26（自由度为25）时，临界值为2.06，代入数值可得：

$$29.5 \pm 2.06 \frac{14.125}{\sqrt{26}}$$

得：   29.5 ± 5.705

也就是说，我们可以95%地确信：两个产品SUS分数的实际差异在23.8 ～ 35.2这个区间之内。

差异是统计性显著的，它的现实意义取决于我们如何理解最高的和最低的合理性差异。即使是取区间的最低值23.8，也意味着产品A比产品B的得分高45%，相比于其他数以百计的产品得分，23.8分的差异覆盖了大范围的产品，使得产品A的感知可用性要比产品B的高很多。基于上述信息，我们可以合理地得出如下结论：用户应该可以留意到产品可用性的不同，并且这种差异应该同时具有统计学和实际应用意义。

关于置信区间，我们使用了常用的1来代表双边检验的置信水平。很多统计学书籍使用1（1 ～ 2）来计算单边检验的值。我们认为单边检验方法在本小节中会比较令人困惑，因为大多数情况下你面对的是双边的而不是单边的置信区间。而且单边检验方法也不符合Excel TINV方程。而在计算置信区间的时候，这个方程可以很容易地得到需要的 t 值。

6.3.3　比较任务时长

任务时间（Time on Task）是一个测量产品效率的最佳方法，它有时指任务完成时间或简单地指任务时间。一般情况下，参加者能越快完成某任务，说明其体验越好。事实上，如果有用户抱怨完成任务所用的时间比期望的要少得多，这将是很奇怪的事情。对"完成得快就是好"这样一个假设，有两个例外。第一个例外是游戏的设计，游戏过程中用户可能并不希望结束得太快。大多数游戏的主要目的在于体验游戏本身，而不是快速完成某个任务。另一个例外是学习，例如，如果你断断续续学习一个在线的培训课程，那么慢速度可能会更加有助于学习。用户不是急着浏览该课程，而是花更多的时间去完成相关的任务。

任务时间越快通常越好，这一观点似乎与网页分析中期望更长的页面浏览或停留时间的观点相悖。从网页分析的角度来看，更长的页面浏览时间（每个用户注视每个页面的时间）和更长的页面停留时间（每个用户在网站上所花的时间）通常会被看作是好事，因为这样的数据说明网站有更高的"沉浸感"或"黏性"。我们的主张与这种观点相左的部分原因是我们不认同这种判断。网站停留和浏览时长是从网站所有者的角度而不是用户角度提出来的度量方法。我们依旧主张，一般情况下用户会希望在网站上花更少的时间，而不是更多的时间。但这种观点在有些情况下也是一致的。一个网站的目标或许是让用户操作更深入或更复杂的任务，而不是浅显的任务。与浅显的任务相比，更复杂的任务通常会使得在网站上的停留时间和操作任务的时间更长[5]。

（1）测量任务时间的重要性

对于那些需要用户重复操作的产品而言，任务时间起到了决定性的作用。一个任务由同一个参加者操作得越频繁，效率就变得越重要。测量任务时间的一个好处是：由于效率提高，它能相对直接地计算出所节省的成本，这样就可以计算出实际的投资回报。

（2）如何收集和测量任务时间

任务时间是指任务开始状态和结束状态之间所消耗的时间，通常以分钟和秒为计算单位，一般而言很多不同的方法都能测得任务时间。测试中可以使用一个秒表或其他任何一个可以测量分钟和秒的时间记录设备，例如智能手表或手机上的某个应用。我们在对测试单元进行录像时，发现多数记录器上都有显示时间的标记，这对记录任务时间来说很有帮助，因为根据这个标记可以得出任务开始和任务结束的时间。如果选择手动记录任务时间，则要留意何时开始和停止计时器或记录开始和结束的时间。让两个人来记录时间或在记录时间的过程中不被打扰，可以有效避免一些误差。

① 何时开/关计时器

在进行测试时，我们不但需要确定一个测量时间的方法，同时也需要制订一些有关如何测量时间方面的规则，其中最重要的规则是何时开/关计时器。测试前，计时员可以让参加者大声阅读任务，当他们完成阅读时，计时员需要尽可能快地打开计时器开始计时。

何时结束计时则是一个较复杂的问题，其中最为重要的是让参加者尽可能快地报告他们的答案。在任何情况下，当参加者说出了答案或者认为自己已经完成了任务时，计时员都要停止计时。

② 用表格整理时间数据

首先，我们需要把数据整理成表格的形式，如表6-1所示。通常可以把所有的参加者或其编号列在第一列中，其他列可以分别列出每个任务的时间数据（以秒表示，如果任务时间长，可以用分钟表示）。表6-1也呈现了总结性的数据，包括平均数、中位数、几何平均数及每个任务的置信区间。

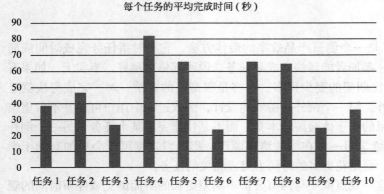

每个任务的平均完成时间（秒）

图6-2　十个任务的平均完成时间

我们可以用多种不同的方法分析和呈现任务时间数据，其中最常用的方法可能是一种直接报告任务数据的方法：通过任务的分配来得出每个参加者的所有时间，用于查看一组任务或一组特定任务的平均时间，如图6-2所示。这种方法有一个不好之处，就是需要我们一直报告置信区间，以显示任务数据中的变异性。这不仅能表示出同一任务中的变异性，还有助于在视觉上呈现任务之间的差异，进而确定任务之间是否存在统计上的显著性差异。

表6-1 二十位参加者在五个任务上的任务完成时间数据（秒）

项目	任务一	任务二	任务三	任务四	任务五
参加者1	258	111	134	59	7
参加者2	252	65	278	161	11
参加者3	43	53	61	58	26
参加者4	38	110	114	145	25
参加者5	33	143	67	45	37
参加者6	33	51	261	24	43
参加者7	35	150	52	22	43
参加者8	113	66	170	133	45
参加者9	28	93	153	56	56
参加者10	157	112	134	87	63
参加者11	25	68	113	23	63
参加者12	108	51	145	14	76
参加者13	111	129	98	99	78
参加者14	38	65	102	84	81
参加者15	116	77	43	165	100
参加者16	125	149	67	167	109
参加者17	34	53	54	118	115
参加者18	76	99	45	82	128
参加者19	31	123	285	103	234
参加者20	77	64	109	185	243
平均数	86.9	91.2	125.6	91.5	81.1
中位数	59.1	85.9	111.9	83.1	66.7
几何平均数	65.2	85.1	106.2	73.2	60.9
90%置信区间	31.2	15.3	33.3	23.4	28.1
上线	56.1	76.2	92.1	68.0	52.3
下线	117.2	106.2	158.1	115.1	108.5

在使用时间数据时，需要精确到何种程度一般取决于测量的对象，在用户体验领域中我们所度量的时间多数是以秒或分钟而不是毫秒来计算的。但是，如果记录的时间超过了一小时，就不需要精确到分钟以内。有时使用中位数而非平均数来汇总任务时间数据更合理[6]。中位数是一个按顺序罗列的所有时间数据中的中间值：一半时间数据在中位数以下，另一半时间数据在中位数以上。时间数据是一种典型的偏态分布，使用中位数或几何平均数来度量会更合适一些。分析任务时间数据的有效方法一般有以下两种。

① 全距

计算全距就是报告落在每个时间区间上的参加者频次，这种方法能有效呈现所有的参加者任务完成时间的范围，以及帮助我们了解某个区间的用户所具有的特征。

② 阈值

通常情况下，我们需要关注用户能否在一个可接受的时间范围内完成某些特定的任务。研究的主要目标是减少需要过长时间才能完成某任务的用户数量。我们可以为每个任务确定一个阈值，简单算出这个阈值之上或之下的用户比例，绘制出如图6-3所示的图。

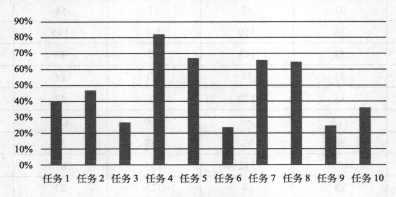

图6-3   在一分钟内完成每个任务的用户百分比

我们在分析时间数据时，还要注意查看数据的分布状态，尤其是对于通过自动化工具（当测试主持人不在场时）收集到的任务时间数据。参与者在测试中可能会出现各种各样的情况，例如接听电话，甚至在任务进行的过程中外出就餐。在计算均值时，最不想看到的情况是多数任务时间只有10～20秒，而有一个长达两小时的任务时间也被计算在其中。这时我们可以从分析中剔除异常值，例如，我们可以剔除均值以上大于两个或三个标准差的任何时间值。有时，我们也可以设定一些阈值，这样就可以从所得数据中选出测试者完成某任务的有效数据。

然而，有时候参与者很明显地在不正常的短时间内完成了任务，因为他们很着急或者只是对参加测试的酬金感兴趣。比如，作为产品的专家用户都没有办法在八秒钟之内完成某任务，那么一个普通用户完成该任务所用时间就不可能比八秒钟还短。一旦我们设定了这种最短的可接受的时间，就可以轻易地剔除那些比该时间还短的时间数据。如果一个参与者在多个任务上出现了这种情况，我们就应该考虑剔除这个参与者的所有测试数据。通常情况下，参与者中会有7.5%左右的人的数据需要被剔除。

分析时间数据时，有些问题需要优先考虑，例如，是考查所有的任务还是只考查成功完成的任务；使用出声思维口语报告分析（Think-aloud Protocol）可能带来的影响是什么，以及是否要告知测试参加者我们要测量任务完成时间等。

我们需要思考的第一个问题是：在分析中，是否应该只包括成功的任务还是包括所有的任务。只包括成功任务的优点是能帮助我们更清晰地测量效率，而分析所有任务时间数据的优点则在于更能准确地反映出整体的用户体验。比如，如果只有一小部分用户能成功完成任务，但有些特别的用户群能非常高效地完成任务，那么整体的任务时间将会很短。因此，当只分析成功任务时，就很容易对任务时间数据造成错误的解释。但这样做的另一个好处是：它是一个独立于任务成功的测量。如果只分析成功任务的时间数据，则需要在这两组数据之间引入一个依存性条件。如果参加者总是可以确定何时放弃某个未能成功完成的任务，那么我们在分析过程中就可以包括所有的时间数据。如果测试主持人有时能够决定何时结束一个未能成功完成的任务，那么可以只使用成功任务的时间数据。

我们还需要考虑当收集时间数据时，是否适合使用同步出声思维口语报告分析的方法（参加者一边操作任务，一边报告操作时的想法）。很多可用性专家都喜欢使用同步出声思维口语报告分析方法（Concurrent Think-aloud Protocol）来获得一些用户的重要想法。但有时这种方法也会带来一些不相关的话题，导致交互时间变得冗长。

此外，在进行时间测量时，是否要告知参加者他们的操作时间会被记录也是一个很重要的问题。如果不告知这方面的信息，参加者就不会以一种高效率的方式进行操作，例如当他们在操作任务的过程中，往往会访问或点击网站的不同区域。但是如果告诉参加者他们的操作正在被计时，他们可能会变得很紧张。这时我们可以要求参加者尽可能又快又准地操作任务，而不是主动告诉他们正被精确地计时。如果参加者偶尔问起，我们可以只是轻描淡写地解释，说只关注每个任务开始和结束的时间。

6.3.4　组间数据比较

组间数据比较时，不同的产品、不同的用户和不同的设计都会造成测试结果的变化。必须检验均值（如问卷数据、反应时间）的差异是否比不同用户所带来的差异更大。

我们使用双样本t检验，又称为独立均值t检验（T-test on Independent Mean）来判断在独立的用户样本之间是否存在均值差异。公式如下：

$$t = \frac{\hat{x}_1 - \hat{x}_2}{\sqrt{\dfrac{S_1^2}{n_1} - \dfrac{S_2^2}{n_2}}}$$

式中：
$\hat{x}_1$ 和 $\hat{x}_2$ 分别是样本1和样本2的均值；
S_1 和 S_2 分别是样本1和样本2的标准差；
n_1 和 n_2 分别是样本1和样本2的样本量；
t 是检验统计量。

对于单样本t检验来说，自由度很容易计算，只需要用样本量减1就可以了，即（$n-1$）。对于双样本t检验来说，计算自由度也有一个简单的公式，在很多统计书中出现过——将两个独立样本量相加再减去2，即（n_1+n_2-2）。

在这里，我们将采用一种修正过的算法来代替先前那种简单的双样本t检验的算法，这种新的算法称为Welch-Satterthwaite过程。这种方法能够在方差异质性（双样本1检验的假设之一）的情况下，通过修正自由度来提供精确的结果，公式如下：

$$df' = \frac{\left(\dfrac{S_1^2}{n_1} + \dfrac{S_2^2}{n_2}\right)^2}{\dfrac{\left(\dfrac{S_1^2}{n_1}\right)^2}{n_1-1} + \dfrac{\left(\dfrac{S_2^2}{n_2}\right)^2}{n_2-1}}$$

式中，S_1 和 S_2 是两个组的标准差；n_1 和 n_2 是两个组的样本量。

小数点之后的数字可以省略，只取整数作为自由度即可。计算自由度：

$$df' = \frac{\left(\dfrac{4.07^2}{11} + \dfrac{4.63^2}{12}\right)^2}{\dfrac{\left(\dfrac{4.07^2}{11}\right)^2}{11-1} + \dfrac{\left(\dfrac{4.63^2}{12}\right)^2}{12-1}} = \frac{10.8}{0.52} = 20.8 \approx 20$$

无论何种比较，都需要了解差异的大小，即效应量。双样本t检验中的p值只能告诉我们差异是否存在。报告效应量的方法有好几种，而在实际工作中，最有说服力且容易理解的就是置信区间。可以用下面的公式计算差异的置信区间：

$$(\hat{x}_1 - \hat{x}_2) \pm t_a \sqrt{\frac{S_1^2}{n_1} + \frac{S_2^2}{n_2}}$$

式中，$\hat{x}_1$ 和 $\hat{x}_2$ 分别是样本1和样本2的均值；S_1 和 S_2 分别是样本1和样本2的标准差；n_1 和 n_2 分别是样本1和样本2的样本量；t 是在特定水平置信度和自由度下的临界值。当置信区间为95%，自由度为20%时，检验统计量为2.086。

代入值可得：

$$(51.6 - 49.6) \pm 2.086 \times \sqrt{\frac{4.07^2}{11} + \frac{4.63^2}{12}}$$

$$= 2 \pm 3.8$$

也就是我们有95%的把握说两个产品的SUS分数的实际差异在−1.8和5.8之间。因为这个区间跨越零值，所以我们无法有95%的把握说差异存在。就像前面陈述过的，我们只有71.65%的把握。虽然看上去产品A的分数要比产品B高一点，但是置信区间说明还是存在一些产品B分数高于产品A的概率（差不多1.8分）。

双样本t检验有以下四个前提假设。

① 两组样本都能代表它们各自的总体（代表性）；

② 两组样本彼此不相关（独立性）；

③ 两组样本能基本满足正态分布（正态性）；

④ 两组样本的方差近似相等（方差同质性）。

和所有的统计规则一样，第一假设总是最重要的。只有当用户样本对你所推论的总体有代表性的时候，p值、置信区间和结论才有效。在用户研究中，这意味着要让合适的用户在合适的界面上完成恰当的任务。

满足第二条假设在用户研究中往往不是难题，因为一组样本的值通常很难影响到另一组样本。然而，后面的两条假设可能会让人费解。

配对t检验、独立样本t检验和大多数参数统计检验，都基于潜在的正态假设，具体来说，就是检验基于均值的差异分数（而非原始分数）大致呈正态分布。当均值的差异呈非正态分布时，p值在一定程度上是无效的。对于大样本（样本大于30，一些极端分布除外），正态分布并不难，根据中心极限定理（Central Limit Theorem）样本均值的分布是符合正态分布的。

幸运的是，即使是小样本（30以下），且样本不符合正态分布时，t检验依然能够得出可信性较高的结果。举例来说，Box证明典型的误差量可以控制在2%。比如，如果你得出的p值为

0.02，那么长期的实际概率可能是0.04。这种情况在两组样本量相等时尤其容易发生，所以，如果可以的话，你要在计划的时候使两组有相同的样本量，哪怕最终得到的样本量可能是不同的。

前面提到的第三个假设是：两组中的方差（同样的还有标准差）是大致相等的。按照惯例来说，只有当两个标准差的比例大于2时，才需要注意一下方差的异质性问题，其他时候即使稍许违背假设，双样本 t 检验依然能保持稳健性，特别是当两组样本量大致相同时。

没有什么统计操作能够弥补选错测试用户或测试任务的差错，因此在处理特定连续性数据和可用性量表数据时，对 t 检验要谨慎使用。我们的建议是，在用户研究中，特别是涉及使用双侧概率和（近似）相等样本量的情况时，双样本 t 检验有助于对于用户研究中的统计比较得到精确的结果。数据永远是需要检查的，最好通过图表来查找编码错误或用户反应时的错误造成的极端值或非正常观察数据。这些类型的数据质量错误会真实地影响到你的结果，其影响可能无法用统计手段来补救。

6.4 / 生理和行为数据度量

大多数参加者在可用性研究中，除了完成任务、回答问题和填写调查问卷以外，还会有其他方面的表现，他们经历着丰富的情感体验[7]。这些能够为理解被测试产品的用户体验提供有价值的信息，通过测量到的行为和情绪变化得出。本部分将讨论自发性的言语表情相关的度量方法，包括眼动追踪、情感投入和脑电心电度量。

6.4.1 眼动行为度量

最近几年，由于眼动追踪系统更加易用，特别是在分析方法、精确性、移动技术（以眼镜的形式）和基于网络摄像头的新技术方面的发展。利用眼动追踪技术进行用户研究变得越来越常见。眼动追踪系统提供的信息在可用性测试中非常有用。即使对眼动追踪数据不做进一步分析，这种实时显示的眼动信息也能提供一些其他方法不可能提供的洞察视角。

红外摄影机和红外线光源被许多眼动追踪系统（如图6-4所示是SMI公司的眼动追踪系统）来追踪参与者的注视位置。红外线在参与者眼球表面形成反射（称为角膜反射），系统将对比该反射的坐标位置和参与者的瞳孔位点。随参与者的瞳孔移动，角膜反射相对瞳孔的位置会改变。

进行眼动跟踪研究首先要求参与者注视一系列已知点来进行系统校准，校正结果符合要求是至关重要的，否则，眼动数据的所有记录和分析都没有价值。随后，系统可以基于角膜反射的坐标位置来对参与者的注视位置进行定位。通常情况下，研究者会检查系统校准的质量，这时一般会看在 X 轴视平面和 Y 轴视平面上偏离的角度（偏

图6-4 SMI公司的眼动追踪系统

图6-5　单个用户在某广告上的
眼动扫描路径图示例

差值小于1°时通常被认为是可以接受的，小于0.5°被认为是非常好的）。有时还需要研究主持人让参与者前后、左右移动来重新抓取参与者的注视点。

将眼动数据可视化的方法有很多，这些可视化的数据可以告诉我们人们在什么时间点关注了什么地方。随着技术的进步，基于网络摄像头的眼动追踪设备操作起来与相对传统的眼动系统的使用方式类似，用户体验研究者可以用参与者端的网络摄像头来进行远程的眼动研究。然而，网络摄像头不使用一个红外光源信号，只通过识别参与者的眼睛特别是瞳孔的运动，就能确定参与者所注视的刺激物的位置点。这项技术使得在较短的时间内跨越地理限制，采集大样本量参与者的眼动数据成为可能，因此，对用户体验研究者有非常高的潜在价值。

图6-5显示了单个参与者在某一广告上的注视点序列或顺序，又被叫作注视路径图（Scan Path）。这可能是在展示单个参与者的眼球运动时最常用的方式。注视点被定义为眼球运动在某个固定区域内的一次暂停，这些暂

停通常会持续至少10秒或更长。注视点通常都会用数字编码来标明它们的顺序。圆圈的大小与注视点持续的时长成正比，眼跳或注视点之间的移动用连线表示。扫描路径图可以很好地展现参与者是怎么样浏览一个页面，以及他们按照什么样的顺序看到哪些部分的内容。

我们的眼球在眼跳的过程中从一个点移动到另一个点，在这个间隙中，实际是处于失明状态的。然而，我们没有察觉到这个现象，这是因为我们的大脑一直持续不断地整合不同注视点传来的信息，因此，我们感觉到的是连续不断的视觉信息流。

目前，热区图（Heat Map）是最常见的将多位参与者的眼动数据进行可视化展现的方式，图6-6是某眼动仪网站上的热区图示例，显示这项研究中所有参与者的眼动注意力分布。不同颜色所标识的高亮度区域表示受到了更多的视觉注意，相对最亮的区域表示注视更密集。但是，分析软件中很多可视化效果的标尺是允许被不同的研究者定义成不同的，比如可以自定义什么区域是"红色"，什么区域是"橙色"，不过还是建议使用大多数软件的默认设置。另一种与热区图相反的可视化方法是焦点图（Focus Map），它把受到较多视觉注意力的区

图6-6　Amazon视频网站上的热区图示例

域标识为透明的区域，把受到较少以及没有视觉注意的区域标识为黑色不透明区域。在某种意义上，这种方法更加直观，但是由于焦点图中很难看清楚那些被用户忽略的区域，因此并不是很常用。

最常用的眼动数据分析的方式是测量特定元素或特定区域内的视觉注意力。大多数研究者并不仅仅对视觉注意力在一个网页或界面上如何分布感兴趣，他们也想知道参与者是否注意到特定的事物，以及在关注这些事物上花费了多少时间。一些特定元素对任务成功非常关键，可以带来积极体验时，在这些特定元素上的视觉注意力很重要。如果用户没有看到这些元素，我们就能清楚地知道问题出在哪里。

图6-7提供了一个如何定义页面特定区域的示例。这些区域通常被称为"注视区域"（Look-zones）或"兴趣区"（Areas of Interest，AOI）。兴趣区实际上是你想要测量的那些元素或区域，使用页面上的x和y坐标来标定。

图6-7　划分了兴趣区的某网站页面

图6-8所示的堆积柱形图（Binning Chart）是分析眼动数据中兴趣区域时的另一个有效方式，它能展示在一段时间内，花费在每一个兴趣区内的时间百分比。

和眼动数据有关的度量指标有很多，以下列出了用户体验研究人员相对最常用的一些眼动度量指标。

（1）停留时间

停留时间是关注某个兴趣区的时间总和，包括兴趣区内所有的注视点、眼跳和回访的时间。停留时间是表示对特定兴趣区感兴趣程度的一个非常好的指标——停留时间越长，对特定兴趣区感兴趣的程度就越高。

（2）注视点数量

注视点数量是兴趣区内所有注视点数量的总和。注视点的数量和预想的一样，与停留时间是强相关的。正因为如此，我们通常只是报告停留时间。

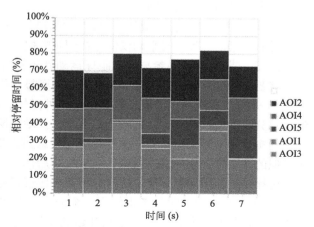

图6-8　某电影网站的堆积柱形图示例

（3）注视时间

注视时间是所有注视点的平均持续时长，通常从150 ms持续到300 ms。注视时间与注视点数量和停留时间比较相似，代表被关注对象吸引的程度。平均注视时间越长，投入程度越高。

（4）浏览顺序

浏览顺序是每一个兴趣区首次被关注到的时间排序，它可以告诉研究者在指定的任务背景下，每一个兴趣区的相对吸引力。通常情况下，浏览顺序是通过计算每个兴趣区被访问的平均顺序得到的。

（5）首次注视所需要的时间

有些情况下，需要知道用户花费多长时间才第一次注意到一个特定的元素，分析这些数据的一种方法是计算特定元素被首次注视到的所有时间的均值。计算这个时间数据时，从呈现元素开始计算，到这个元素被注意到的时间点结束。对所有注意到特定元素的参加者来说，均值表示首次注意到这个元素花费的时间。

（6）重访次数

重访次数是指眼睛注视到一个兴趣区，并在视线离开这个兴趣区之后，又再次返回注视到这个兴趣区的次数。重访次数可以代表一个兴趣区的"黏性"。

（7）命中率

命中率就是在兴趣区内至少有一个注视点的参与者百分比。换句话说，就是看某个兴趣区的参与者数量。

（1）眼动分析技巧

多年来，我们学会了一些关于如何分析眼动数据的知识，建议制订研究计划时一定要仔细，并花时间去探索数据。仅基于几张热区图会很容易产生错误的结论，下面是一些在深入分析数据时应记住的重要技巧。

① 控制好向每一位参与者呈现刺激材料的时间。如果他们没有用相同的时间观看同样的图片或刺激材料，就需要事先设定好，在分析数据时只包括前10秒或15秒的数据，或者最能说明相应研究问题的任何时长。

② 如果你不能控制参与者的实验测试时间，则需要分析停留时间占页面总访问时间的百分比。因为如果某人花费10秒，而另一个人花费了1分钟，不但他们的眼动不同，而且实际关注每一个元素的时间也不同。

③ 只分析参加者在完成任务时的时间数据。不要包括其他任何时间，如用户讲述其使用经历时的数据，尽管此时眼动仪依然在记录数据。

④ 研究期间，确保参与者的眼球运动处于实时被追踪的状态。一旦参与者开始低头或转头，就要温和地提醒他们保持最初开始时的姿势和位置。

⑤ 分析动态网页上的眼动数据时要格外谨慎。网页由于广告、Flash动画等经常变化，导致大部分眼动追踪系统记录的数据出现混乱。动态网页的每一个新画面实际上是被作为单独隔离开的实验刺激物来对待的。强烈建议在注意到这些页面不是完全相同的情况下，尽可能把许多类似的网页合并在一起。否则，实验结束后你会发现每一位参与者都浏览了太多的网页。另一种选择是只使用静态图像，这样分析起来比较容易，但是缺少交互体验的过程。

⑥ 在实验开始的时候考虑使用一个触发的兴趣区来控制参与者最初看的位置。这个触发的兴趣区可能是一句话"看这里来开始试验"，这句文字可能会在页面中间的位置。在参与者注视这段文字一定时间之后，试验才开始，这意味着所有参与者从相同的位置开始浏览。这对

典型的可用性测试来说可能是过分之举，但是对需要更严格控制的眼动追踪研究来讲则需要考虑这一问题。

（2）瞳孔反应

在可用性研究中，与眼动追踪技术紧密相关的是利用瞳孔反应的信息。大多数眼动追踪系统都必须检测参加者瞳孔的位置和直径，以确定参与者眼睛注视的位置。因此，大多数眼动追踪系统都提供了瞳孔直径信息。瞳孔反应（瞳孔的收缩和扩张）的研究被称为瞳孔测量法（Pupillometry）[8]。很多人都知道瞳孔会随着光线的强度而相应地收缩和扩张，但鲜为人知的是，瞳孔也随认知加工、唤醒和兴趣增加而变化。一般情况下，瞳孔会随着唤醒水平或兴奋程度的增加而变大。

由于瞳孔扩张与不同的心理和情绪状态相关，研究者很难判断平常的可用性测试中的瞳孔变化意味着成功还是失败。但是，当研究关注的重点是思维集中程度或者情绪唤醒程度时，测量瞳孔的直径或许会有帮助。

6.4.2 情感行为度量

测量情感非常困难，情感通常是快速变化的、隐藏的且矛盾的[9]。通过访谈或问卷的方式询问参与者的感受可能并不总是有效。许多参与者往往只能告诉他们个人认为的我们想要听的话，或者难以描述他们的真实感受。还有一些参与者甚至在完全陌生的人面前犹豫或者不敢承认自己的真实感受。

尽管测量情感很困难，但理解参与者的情感状态对用户体验研究人员仍然非常重要。参与者在体验一些事情期间的情绪状态几乎是一个一直受到关注的话题。大多数用户体验研究人员会综合使用各种探询性问题（Probing Questions）、参与者面部表情的分析，甚至肢体语言来推测参与者的情绪状态。对一些产品可以采用这类方式，然而，对另外一些产品并不总是足够有效。一些产品或体验的情绪感受要相对复杂得多，并且会对整体的用户体验带来更大的影响。

测量情感主要有三种不同的方法，可以通过面部表情、皮肤电或者脑电波扫描设备推测出来。接下来将着重介绍分别应用这三种不同方法的三个不同的公司。现在这些产品和服务都已经得到商用。

（1）Affectiva公司和Q传感器

本小节的内容是基于对Affectiva（www.affectiva.com）公司产品经理Daniel Bender的访谈。图6-9所示是Affectiva公司推出的第一款产品，叫作Q传感器。

Q传感器是一种戴在手腕上的可以测量皮肤电导（皮肤电活动）（Electro Dermal Activity，EDA）的设备。当我们出汗时，皮肤电活动会增强，湿度的微量增加会受交感神经活动的增强影响，因此交感神经系统活动增强则表示情绪状态的激活或唤醒。认知负荷增加、情感状态以及身体活动可以被三种激活类型唤醒。与皮肤电活动增加相关的情绪状态包括三种——害怕、生气和快乐。唤醒程度增加也与认知需求相关，通常在集中精力解决某件事情的时候表现出来，当处在轻松或无聊状态时，皮肤电活动会相应减弱。

图6-9　Affectivpa公司的Q传感器，一个无线、可穿戴生物传感器

许多领域的研究者使用Q传感器来客观地测量交感神经系统的活动。Q传感器最初应用的一个案例是理解自闭症学生的情绪状态。在用户体验研究领域，Q传感器可以用来帮助定位参与者体验到兴奋、沮丧或者认知负荷增加的确切时间点。用户体验研究者为每一个参与者建立了一条基线。然后就可以将他们的体验和基线进行对比，特别注意峰值，以及情绪唤醒峰值所处的位置。

（2）蓝色泡沫实验室和Emovision

本部分基于对蓝色泡沫实验室（www.bluebubblelab.com）创建者暨首席执行官Ben van Dongen的访谈。蓝色泡沫实验室有一家子公司叫"第三只眼"，该公司开发了一整套技术方案，包括集成机器视觉、面部表情分析和眼动追踪技术。其中一款名为Emovision的产品，可以帮助研究者确定参与者注视区域时理解他们的情感状态。这是一个强大的技术组合，研究者现在可以在任何时刻随时发现视觉刺激物和情感状态之间的直接关系。这对测试不同的视觉刺激物如何产生一系列的情感反应将是非常有价值的。

Emovision基于参与者的面部表情来判断情绪状态——每一种情绪都表现为不同的面部表情，并能用机器视觉的算法可靠地自动识别出来，展现出一组截然不同的面部表情。Emovision利用网络摄像头来实时识别面部表情，并且将其归为七种不同的情绪之一：中立（Neutral）、高兴（Happy）、惊奇（Surprise）、悲伤（Sad）、害怕（Scared）、厌恶（Disgusted）以及困惑（Puzzled）。同时，网络摄像头还被用于捕获眼球运动。

（3）Seren公司和Emotiv

本部分基于对Seren公司（www.seren.com）客户总监Sven Krause的访谈。Sven Krause结合脑电波技术和眼动数据开发出一套测量用户的情感投入和行为的方法。Seren将这项技术广泛应用在很多领域，包括品牌、游戏、服务和网站设计。Seren的研究人员认为这项新技术可以测量参与者对刺激物的无意识的反应，从而让他们对用户体验形成一个更完整的刻画。

Seren使用Emotiv（www.emotiv.com）开发的脑电扫描设备，可以测量脑电波，特别是参与者大脑皮层不同部位的脑电活动的数量。脑电活动与认知和情感状态有关，当参与者处于相对兴奋的状态时，会有一个特定模式的脑电活动。同样地，其他情绪如沮丧、无聊等也对应于另外几种特定的脑电活动模式。Seren正在与SMI公司（www.smivision.com）合作将SMI的眼动追踪设备与Emotiv耳机设备整合。这样允许Seren的研究人员可以确定参与者正在观察什么，以及什么事情触发了他们的情感和认知状态。脑电波扫描技术和眼动追踪数据的整合是至关重要的，由于所有的数据将拥有一个一致的时间点，研究人员可以同时探索一个特定事件的眼动数据和脑电数据。

Seren系统的安装和使用相当简单。参与者将脑电扫描设备戴在头上，将一系列小导电块连接头皮和额头。脑电扫描设备通过无线网络和眼动追踪设备连接。首先通过几分钟的基线测量，让参与者适应设备环境。在研究人员认为已经达到可以接受的基线之后，研究正式开始。图6-10展示了一个典型的设置，研究人员正在同时实时监测眼球运动和脑电反馈。脑电波数据对监测参与者在一段时间内的情感投入是非常有用的。基于其结果可以发现一些其他的问题，或者创建"情感热图"来确定导致情绪状态改变的区域。

图6-10　使用Seren脑电技术时的典型场景

6.4.3 脑电和心电度量

毋庸置疑，紧张是用户体验重要的一环。参与者在寻找重要信息遇到困难的时候可能感到紧张，或者当他们对正在经历的事务存在不确定的时候，也可能会紧张。由于很难弄清楚紧张的原因，所以在典型的可用性研究中，很少将测量紧张作为一部分内容。因此，这些度量指标必须谨慎使用。然而，他们在某些情况下仍然可能是有价值的。

（1）心率变异性

测量心率，特别是心率变异性（Heart Rate Variability，HRV）是最常见的测量紧张程度的方式之一。心率变异性测量心跳之间的时间间隔。有些不合常理的是，心率存在一定程度的变异性比不存在任何变异性更健康，这主要由于人们对健身和健康的痴迷，以及移动技术的发展，测量心率变异性在最近几年变得容易了很多[10]。如图6-11所示，一个受欢迎的叫作"即时心率检测+"的应用程序可以让使用者利用他们的智能手机测量自己的紧张程度。使用者只需轻轻地将手指放在摄像头上，软件就可以探测他们的心率，并且计算心率变异性。心率变异性在大约两分钟后可以计算出来，并计算出紧张程度得分。

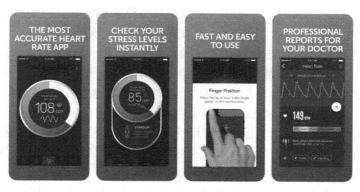

图6-11 利用摄像头检测心率、计算心率变异性来测量压力的压力检测应用程序

这些新应用程序可能对用户体验研究有用，尤其是在评估更加情感化的产品，比如处理和人的健康或与金融相关的产品时。在使用不同的设计方案前后测量心率变化是非常容易的，很可能一个设计方案相对其他设计方案导致所有参与者产生更大范围的心率变化。虽然我们不建议这种方法作为测量用户体验的唯一方式，但是它可以提供一些额外的数据，并有助于洞察用户体验背后的原因。

（2）心率变异性和皮肤电研究

有几项研究试图判断皮肤电反应和心率是否可用于可用性测试环境中紧张或者其他负面反应的度量指标。例如，Ward和Marsden（2003）通过用皮肤电反应和心率，测量用户对某网站两个不同版本的反应：一个设计优秀，一个设计拙劣。设计拙劣的版本在主页上的下拉列表"隐藏"大多数功能，提供无效的导航线索，使用不必要动画，甚至还会弹出广告。以实验前一分钟的数据作为基线，将心率和皮肤电反应相对于基线的变化绘制成图。

两种测量都对设计优秀的版本显示心率和皮肤电反应下降。在设计拙劣的版本方面，在实验的前五分钟皮肤电反应数据增加，在最后五分钟回到基线水平。设计拙劣的版本所引起的心率，总体趋势保持在与基线相同的水平上。与设计拙劣的版本不同，设计优秀的版本的心率相对于基线水平反而下降了。测量显示：当使用设计拙劣的版本时，会引起更高程度的紧张。

（3）其他测量手段

一些具有创新精神的研究者已经提出了一些可能适合评估用户与电脑交互过程中的受挫感或者精神集中程度的其他方法。麻省理工学院媒体实验室情感计算研究小组的Rosalind Picard和她的团队研究了多种新技术，用来评估人机交互中用户的情感状态。其中有两项技术可能应用到可用性测试中，分别是压力鼠标（Pressure Mouse）和姿势分析座椅（Posture Analysis Seat）。

图6-12　压力鼠标

如图6-12所示，压力鼠标是具有压力传感器的计算机鼠标，它可以探测用户抓握鼠标的力度。其中塑料外壳将压力传递至位于鼠标顶部和两侧的传感器。当用户对界面感到越来越烦躁时，很多人会潜意识地将鼠标握得更紧。研究者们让使用压力鼠标的用户填写基于网页的调查。当他们提交其中一页调查结果时，参加者会看到一条错误信息，对该页面的错误记录进行提示。确认错误信息后，用户会重新回到原来的网页，但是所有以前填写的数据都被删除，他们必须重新输入。

姿势分析座椅可以测量参与者施加在座椅底部和靠背上的压力。Kapoor、Mota和Picard（2001）发现能够十分可靠地检测到参与者姿势的变化，如坐直、向前倾、向后下滑或者向一侧倾斜。这些也许可用于推断参与者精力集中程度或对某事物感兴趣的程度。当然，有教学经验的人能够通过学生在座位上是多么无精打采来轻易发现学生的精神集中程度。

这些新技术虽然还没有被用于常规的可用性测试中，但是它们看起来都很有前景。随着测试精神投入程度或受挫感类似的其他技术的价格变得越来越可以承受，以及使用起来越来越让人感到舒适和自然，它们将会被用于很多可以提供有价值测量指标的场景，比如为持续注意时间有限的儿童设计合适的产品，测量用户对下载时间或错误信息提示的忍耐程度，或者测量青少年对新型社交网络应用的沉迷程度。

6.5 ／ 标准化的体验测试问卷

调查问卷能够用来在生存周期内随时收集可用性信息。它们被用于各种目的，比如用户调查、场景启发以及来自客户和（潜在）用户的其他信息、来自专家的知识引导、测试对象筛选、用户测试前质询和测试后质询等。用户体验设计评价有很多种方法，编写用户体验问卷调查表是一种费用少、管理人员和用户双方都能接受的方法。这个方法以一个实用性的工具——清单为基础，清单由一系列用于评价用户体验的具体问题组成，这些问题为评价人员提供了一个标准化和系统化的方法，使他们能找出并弄清存在问题的领域、待提高的领域和特别优良的方面等。

有时测试对象被要求当场填写调查问卷，有时在测试对象收到和填写调查问卷之间可能会有几小时或几天的时间间隔。任何情况下，测试对象都有比他们在访谈中回答问题时更多的时间来思考他们的回答。调查问卷基本上可能包括三种类型的问题。第一，确定事实问题。这可能是关于测试对象的年龄、性别、民族等对象总体统计问题，这些问题通常应该包括相称的教育、职业、习惯、知识等问题。比如测试对象以前是否进行过模拟器训练，如果进行过，用的是什么样的模拟器；或者可能是关于测试对象使用系统的体验问题，比如系统在交互中死机多少次，或者在能够选择时测试对象是使用触摸屏还是鼠标。第二，测试对象兴趣、信仰或看法的相关问题，例如汽车生产商组织要求驾驶员从清单中选择开车时愿意使用的通信服务类型。第三，测试对象对其使用过的系统感知和评价的相关问题，例如他们是否觉得在交互中受到控制。依据它们的目的，某些调查问卷包括所有三个类型问题的混合，而有些调查问卷则关注于单一的类型。

在进行大规模用户体验调查之前，必须准备用户问卷调查表。在调查表中，可以根据量表的形式（如5点量表、7点量表、9点量表等），要求用户回答调查表中提出的问题。以5点量表为例，计分的形式可以为–2到+2，也可以为1到5分。

可用性评价将易学性（Learnability）、效率性（Efficiency）、一致性（Memorability）、容错性（Errors）和满意性（Satisfaction）等作为评价指标。普渡大学有关于可用性问卷调查表的内容，涉及八个方面100个问题，如兼容性、一致性、灵活性、可学习性、极少化的用户动作、极小化的记忆负担、知觉的有限性和用户指导等。用户体验涉及产品的软硬件操作的心理感受，其内容要涵盖可用性范畴；同时，也可以将可用性评价指标作为问卷调查表的内容，只不过在一些指标设定和具体内容的说法上有所不同。

针对不同的产品、不同的评价目的，用户体验设计评价所涉及的问卷问题是不一样的，涉及工业设计、软件开发、美学、社会学、心理学、人机工程学、商业等方面的内容。在实际运作过程中，用户体验的评价比较复杂，层次也非常丰富，很难列出具体的一套标准来作为指导，要具体问题具体分析。

进行问卷设计，首先，我们需要详细指定你想收集的信息，然后开始设计尽可能有助于高效获取这些信息的问题。每个问题的回答接下来将如何以及为何目的被分析和使用都要指定。这将有助于你获得相关信息，而不是获得你不知道用来做什么的回答。

尽量保持调查问卷简短。十页的问题甚至在开始之前就已经将人吓跑，或者可能令人中途放弃。仔细地想一想每个问题，对每个问题你是必须知道答案还是仅乐于知道答案，如果是后者，这个问题就可以抛弃。在书面表达问题时要小心，这些问题应该清楚、确凿，不应该以任何方式事先训练用户，不要使用技术上或其他方面的行话。

为调查问卷给出有意义的标题和细致的布局。把介绍性的信息放在前面。告诉调查对象你是谁、调查问卷的目的是什么。包括如何填写调查问卷的简要提示。鼓励受调查者填写，并确定回答都将被机密地对待，并保证完全匿名。如果填写调查问卷有奖励，要明确提到这一点。奖励和对调查问卷内容的兴趣往往是提高回答率的两个因素，尤其是如果测试对象没有以你为前提填写调查问卷时。至关重要的是要使用易于理解的、简单直接的语言。下面对提问题时要注意的问题给出了几点建议。

① 使用中立的明确表达。不要事先训练测试对象。例如，你不应该问："差错信息易于理解吗？"而是"你能理解差错信息吗？"或者是"你如何看待差错信息？"

② 不要问双重问题，比如"你喜欢A和B吗？"（或"你喜欢P还是Q？"）除非A或B能够加以选择，比如通过单选按钮。否则，喜欢A但不是B或更喜欢Z的测试对象不知道如何答复，或可能只是简单地说是或否。

③ 问题必须适合于所有回答，所以不要使用像这样的问题："你有哪种计算机？1.苹果麦

金塔计算机；2.戴尔个人计算机。"如果你包括了答案选项，那么这些选项就必须相互排除或完成。如果你为测试对象列出一组选项从（多个选择）中进行选择，那么记住要包括"其他"或"无"，以便于测试对象总是能够回答。

④ 在答案方面，问题必须创建出可变性。因此，不要选择基本上只有其中一个会被选中的选项，那样的话你就能预测了。

⑤ 不要想当然地看待事物。不要问像下面这样的问题："你满意你的计算机：是或否？"即使在今天，有些人也没有计算机。

⑥ 如果你问了问题，测试对象对问题不知道如何立即回答，却不得不回答（比如"你每月的预算哪一部分花在了×上面"），那么很多人只会给你一个估计，这可能意味着答案方面的大差错。

⑦ 包括"不适用"或"不知道"选项可能是一个好主意。例如，如果你问"你更喜欢什么类型的计算机游戏？"那么测试对象可能会回答"不适用"，如果他/她不玩计算机游戏并且对此也没有兴趣的话，或者用户可能会回答"不知道"，如果他对他知道的游戏没有特殊偏爱的话。

⑧ 在使用定义模糊的词语时要小心，它们对不同的人可能意味着不同的东西，例如"大多数"或"最"。

⑨ 只使用众所周知的词语以及只使用你确定每个人都知道的缩略语。

⑩ 考虑一下分支是否真的有必要，也就是对于回答某个特殊条件是否得到满足这样的问题，例如是否拥有一个便携式计算机或以前尝试过某个特殊程序，有其子集是否必要。分支可能会使受调查者感到糊涂。

⑪ 如果你要求测试对象确定优先顺序排列详细信息表，那么表中最多不要超过五个详细信息。另外，潜在的偏爱选择清单可以很长。

⑫ 避免没有明显不同的问题。这种模糊性招致每个测试对象难以考虑到意义上的不同，往往产生对问题的不同和虚假的解释。不要让测试对象难以考虑到问题之间的关系，从而难以考虑到答案的一致性。

⑬ 把相关的问题分组。测试对象对这些问题不一定了解很多，可以创建一个所有问题及其关系的完整模型。把问题分组就可以获得彼此关联的问题的概述，并因此按照预期回答每个问题变得更为容易。

设计一个"任何其他意见"的问题以激起受调查者想到其他问题没有涵盖的内容，通常是一个好主意。因为可能影响测试对象的回答，所以有必要仔细考虑一下问题的顺序。如果你在问题中提到一种特殊类型的软件，然后寻求受调查者知道的软件，那么他可能就会提到那个特殊软件，仅仅就因为早些时候它被提到过。像这样的不相关性的累积很快就会使测试对象的回答毫无价值。问题顺序还可能影响到填写调查问卷的复杂程度。一个经验法则就是把简单的问题放到前面以鼓励测试对象继续填写，而把有难度的或敏感的问题放到最后。

如果一系列的问题有相同的答案选项，比如重复出现"好—中—差""好—中—差"等等，人们对这些选项往往就习以为常了，随着往下填写，他们对问题就不做太多思考了。如果你必须有这么长的一系列问题，那么尽量对不同的受调查者以不同的顺序来提问，以便不是机械式地来回答相同的问题；或者把这些问题分成较短的系列，之间用其他问题进行串联；或者修改问题的效价，改变所有问题都正面陈述的做法，以便有些问题进行反面陈述。除非受调查者因已经回答了太多类似的问题而变得头晕眼花，否则这一做法会引导他们仔细思考每个答案。例如，你可以把"在差错情形中，系统的反馈非常好"这一正面陈述变成"在差错发生时，没有来自系统的有用反馈"。同意第一个陈述的受调查者应该不会同意第二个。

在使用调查问卷前，有必要让别人试用或评论一下。这可能会展现出某些问题在其他方面含糊其词或没说清楚。评价完成后，实验者需要将用户的问卷进行统计分析，重点捕捉用户对一些犀利问题的看法和态度，以便对产品设计进行评估，为管理者和设计师提供参考。目前，分析软件有Excel、SPSS等，分析结果的呈现方式也是多样的，有表格、图标、雷达图等形式。

6.5.1　整体评估问卷

整体评估可用性问卷（Post-study System Usability Questionnaire，PSSUQ）用于评估用户对计算机系统或者是应用程序所感知的满意度。PSSUQ起源自IBM的一个内部项目，IBM进行了一项不同用户组对可用性感知的独立性调查，表明存在通用的五个可用性特征。不同的十八项版本的PSSUQ呈现了其中四个特征（工作的高效性、易学性、信息高质量、功能适用性），同时却没有涵盖第五个特征（生产力的快速增长）。将这个特征囊括后产生了包含十九个题项的第二个版本的PSSUQ。第二个版本的PSSUQ经过几年的使用后，通过项目分析表明，版本中的三个题项对PSSUQ信度的贡献相对小，将之删除后得到十六个题项的第三版，如表6-2所示。

表6-2　PSSUQ第三版

整体评估可用性问卷版本三		非常同意						非常不同意	
序号	问卷问题	1	2	3	4	5	6	7	不适用
1	整体上我们对这个系统容易使用的程度是满意的	□	□	□	□	□	□	□	□
2	使用这个系统很简单	□	□	□	□	□	□	□	□
3	使用这个系统我能快速完成任务	□	□	□	□	□	□	□	□
4	使用这个系统我觉得很舒适	□	□	□	□	□	□	□	□
5	学习这个系统很容易	□	□	□	□	□	□	□	□
6	我相信使用这个系统能提高产出	□	□	□	□	□	□	□	□
7	这个系统给出的错误提示可以清晰地告诉我如何解决问题	□	□	□	□	□	□	□	□
8	当我使用这个系统出错时，我可以轻松快速地恢复	□	□	□	□	□	□	□	□
9	这个系统提供的信息（如在线帮助、屏幕信息和其他文档）很清晰	□	□	□	□	□	□	□	□
10	要找到我需要的内容很容易	□	□	□	□	□	□	□	□
11	信息可以有效地帮助我完成任务	□	□	□	□	□	□	□	□
12	系统屏幕中的信息组织很清晰	□	□	□	□	□	□	□	□
13	这个系统的界面让人很舒适	□	□	□	□	□	□	□	□
14	我喜欢使用这个系统的界面	□	□	□	□	□	□	□	□
15	这个系统有我期望有的所有功能和能力	□	□	□	□	□	□	□	□
16	整体上，我对这个系统是满意的	□	□	□	□	□	□	□	□

注：界面包括用于与系统进行交互的部分，例如，有些界面的成分是键盘、鼠标、麦克风和屏幕（包括它们的图像和文字）

PSSUQ问卷有四个分数、一个整体和三个分量表。

计算规则是：

① 整体：题项1～16的反应平均值（所有题项）；

② 系统质量（SysQual）：题项1～6的平均值；

③ 信息质量（InfoQual）：题项7～12的平均值；

④ 界面质量（IntQual）：题项13～16的平均值。

结果分数可以介于1～7，分数低表示更高的满意度。另外，各种心理测量的评估研究都建议不要进行这类标签逆序的操作。如果要比较已发表的研究，那么知道实际使用中哪项对应哪个标签很重要，必要时可以对分数进行调整以便比较。使用问卷的研究者需要说明引用出处，需要明确在他们的方法部分说明标签如何对应题项。如果从业人员需要，可以增加问卷的题项，或在有限的程度中，可以对特定背景意义不大的题项进行删除。将PSSUQ作为特定用途的问卷基础时，要确保从业人员能计算PSSUQ整体问卷和分量表的得分，从而保持标准化问卷的优势。

（1）PSSUQ的心理测量评估

PSSUQ的最早版本有非常高的问卷和分量表信度。版本三的信度如下。

① 整体：0.94

② 系统质量（SysQual）：0.9

③ 信息质量（InfoQual）：0.91

④ 界面质量（IntQual）：0.83

如果所有的信度都大于0.8，就表明问卷作为标准化的可用性测量具有了足够的信度。在不同版本的PSSUQ中，因子分析结果是一致的，说明问卷具有实质的建构效度。除了建构效度，还有证据表明PSSUQ的同时效度。

（2）PSSUQ基准和基准模式的解释

各版本PSSUQ题项和问卷基准高度相关，表6-3显示了版本三的最佳可用基准，如果要使用原始的排列，那么低分比高分更好。对于PSSUQ（也可能对所有类似的问卷），从业人员不应该仅使用问卷中位数作为参考来判断用户对可用性的感知。最好能参考对类似产品、任务和用户进行类似评估的已有数据。如果这些数据不能用，那么次选的最佳参考是PSSUQ基准。

表6-3　版本三的最佳可用基准

题项	题项内容	下限	平均值	上限
1	整体上我们对这个系统容易使用的程度是满意的	2.6	2.85	3.09
2	使用这个系统很简单	2.45	2.69	2.93
3	使用这个系统我能快速完成任务	2.86	3.16	2.45
4	使用这个系统我觉得很舒适	2.4	2.66	2.91
5	学习这个系统很容易	2.07	2.27	2.48
6	我相信使用这个系统能提高产出	2.54	2.86	3.17
7	这个系统给出的错误提示可以清晰地告诉我如何解决问题	3.36	3.7	4.05
8	当我使用这个系统出错时，我可以轻松快速地恢复	2.93	3.21	3.49

续表

题项	题项内容	下限	平均值	上限
9	这个系统提供的信息（如在线帮助、屏幕信息和其他文档）很清晰	2.65	2.96	3.27
10	要找到我需要的内容很容易	2.79	3.09	3.38
11	信息可以有效地帮助我完成任务	2.46	2.74	3.01
12	系统屏幕中的信息组织很清晰	2.41	2.66	2.92
13	这个系统的界面让人很舒适	2.06	2.28	2.49
14	我喜欢使用这个系统的界面	2.18	2.42	2.66
15	这个系统有我期望有的所有功能和能力	2.51	2.79	3.07
16	整体上，我对这个系统是满意的	2.55	2.82	3.09
问卷	问卷积分规则			
SysUse	题项 1 ~ 6 求平均	2.57	2.8	3.02
InfoQual	题项 7 ~ 12 求平均	2.79	3.02	3.24
IntQual	题项 13 ~ 16 求平均	2.28	2.49	2.71
Overall	题项 1 ~ 16 求平均	2.62	2.82	3.02

注：这些数据来自于21个研究，共210个用户，基于用户水平得到的分析。

可以使用这些基准直接评估一个产品的情况可能很少，尽管如此，数据中有一些有趣的和潜在有用的模式，这些在不同版本问卷中都具有一致性。

6.5.2 任务评估问卷

整体评估问卷是可用性从业者工具箱中重要的工具，但它们是在一个相对较高的水平上评估满意度的。这使得在比较竞争对手或产品不同版本的总体满意度时，将成为一个优势，但不利于在用户界面问题中寻找更多详细的诊断信息。对于提到的这个劣势，在可用性研究中，很多从业者在被测者完成每个任务或场景后，立即进行感知可用性的快速评估。研究表明，感知可用性的整体评估和任务评估存在实质的、显著的相关性，这表明他们有共同潜在的结构，但不完全一致。换句话说，他们相似但不完全相同，因此研究时进行两种类型的测量是有意义的。本章节这部分将介绍各种常用的任务评估问卷。

（1）ASQ（场景后问卷）

场景后问卷（After Scenario Questionnaire，ASQ）的开发代替了前文所介绍的PSSUQ问卷。如表6-4所示，三个题目组成的ASQ问卷，可以探测整体上完成任务的难易度、完成时间和支持信息的满意度。这些题项反馈的平均值是整体的ASQ得分，它的测量的信度范围为0.9 ~ 0.96，分数与场景任务的成功率之间存在显著相关 $[r(46)= -0.4, p<0.01]$，这也是显示效度的证据。ASQ因子和相关任务之间有明确的关联，8个因子几乎解释了所有（94%）的总方差。数据的方差分析表明场景存在显著的主效果 $[F(7, 126)=8.92, p<0.0001]$，场景和系统的相互作

用显著[F(14，126)=1.75，p=0.05]，表明ASQ具有灵敏度。

表6-4 ASQ问卷

场景后问卷版本1	非常同意						非常不同意	
	1	2	3	4	5	6	7	不适用
1 整体上，我对这个场景中完成任务的难易度是满意的	☐	☐	☐	☐	☐	☐	☐	☐
2 整体上，我对这个场景中完成任务所花的时间是满意的	☐	☐	☐	☐	☐	☐	☐	☐
3 整体上，我对完成任务时的支持信息（在线帮助、信息、文档）是满意的	☐	☐	☐	☐	☐	☐	☐	☐

（2）SEQ（单项难易度问卷）

单项难易度问卷（Single Ease Question，SEQ）只是要求被测者评估完成任务的整体难易度，类似于ASQ第一项。在这里，我们建议使用SEQ问卷的7分制的版本，如表6-5所示。值得注意的是，SEQ标准版越简单的任务对应分值越大。

表6-5 SEQ标准版

整体上，任务是：								
非常困难	☐	☐	☐	☐	☐	☐	☐	非常容易

（3）SMEQ（主观脑力负荷问卷）

Zijlstra和van Doorn（1985）开发了SMEQ（Subjective Mental Efort Question，主观脑力负荷问题，也称为脑力负荷问卷），如图6-13所示，它是一个单题项问题，等级量表从0到150，有9个文字标签对应从"一点也不难做"到"极其难做"。SMEQ的创始者声称它可信并易于使用，而且他们设置了文字标签，并采用心理测量学的方法根据任务对这些标签进行标定。

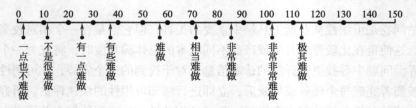

图6-13 SMEQ问卷

6.5.3 可用性评估问卷

在可用性研究领域，国外有很多研究者已经开发出一些可以直接用于产品研究的可用性研究问卷或量表工具。这些问卷工具因为已经经过了效度和信度的检验，因此在实际使用时可以直接拿来使用。这些常用的可用性量表工具包括"用户交互满意度问卷"（QUIS—Questionnaire for User Interaction Satisfaction）、"SUMI软件测试问卷"（SUMI—Software Usability Measurement Inventory）、"计算机系统可用性问卷"（CSUQ—Computer System Usability Questionnaire）、"NASA任务负荷问卷"（NASA-TLX）等。我们将对这些问卷工具作简单介绍。

（1）用户交互满意度问卷

QUIS问卷是美国马里兰大学（University of Maryland）人机交互实验室开发的用于评估用户对人机界面不同方面主观满意度的工具。该问卷经过信度和效度的检验，适合于各种不同类型的界面评估，目前已经发展到7.0版本。使用QUIS必须取得马里兰大学办公室的许可。目前学生的许可费用是50美元，学术或非盈利许可费用为200美元，商业许可为750美元。

该问卷问题主要包括用户背景部分、系统总体满意度以及九个特定的界面方面评估（包括屏幕因素、终端和系统反馈、学习因素、系统容错性、技术手册、在线教程、多媒体、电话会议以及软件安装）。对于每个方面，都会有不同的9点量表问题。第一个长版本的QUIS有90个项目，表6-6为简短版本5。简短版本QUIS包括27个评价项目，分为5个类别：总体反应（Overall Reaction）、屏幕（Screen）、术语/系统信息（Terminology/System Information）、学习（Learning）和系统能力（System Capability）。评分是在一个10点标尺上进行，标示语随着陈述句的不同而发生变化。前6个项目（评估总体反应）没有陈述性的题干，只是一些截然相对的标示语词对（如很糟糕/很棒、困难/容易、挫败/舒适等）。

表6-6　QUIS问卷版本5

总体反应		0	1	2	3	4	5	6	7	8	9		N/A
1	很糟的	□	□	□	□	□	□	□	□	□	□	极好的	□
2	困难的	□	□	□	□	□	□	□	□	□	□	容易的	□
3	令人受挫的	□	□	□	□	□	□	□	□	□	□	令人满意的	□
4	功能不足	□	□	□	□	□	□	□	□	□	□	功能齐备	□
5	沉闷的	□	□	□	□	□	□	□	□	□	□	令人兴奋的	□
6	刻板的	□	□	□	□	□	□	□	□	□	□	灵活的	□
屏幕		0	1	2	3	4	5	6	7	8	9		N/A
7.阅读屏幕上的文字	困难的	□	□	□	□	□	□	□	□	□	□	容易的	□
8.把任务简单化	一点也不	□	□	□	□	□	□	□	□	□	□	非常多	□
9.信息的组织	令人困惑的	□	□	□	□	□	□	□	□	□	□	非常清晰的	□
10.屏幕序列	令人困惑的	□	□	□	□	□	□	□	□	□	□	非常清晰的	□
术语/系统信息		0	1	2	3	4	5	6	7	8	9		N/A
11.系统中的术语的使用	不一致	□	□	□	□	□	□	□	□	□	□	一致	□
12.与任务相关的术语	从来没有	□	□	□	□	□	□	□	□	□	□	总是	□
13.屏幕上消息的位置	不一致	□	□	□	□	□	□	□	□	□	□	一致	□
14.输入提示	令人困惑的	□	□	□	□	□	□	□	□	□	□	清晰的	□
15.计算机进程的提示	从来没有	□	□	□	□	□	□	□	□	□	□	总是	□
16.出错提示	没有帮助的	□	□	□	□	□	□	□	□	□	□	有帮助的	□

续表

学习		0	1	2	3	4	5	6	7	8	9		N/A
17. 系统操作的学习	困难的	☐	☐	☐	☐	☐	☐	☐	☐	☐	☐	容易的	☐
18. 通过尝试错误探索新特征	困难的	☐	☐	☐	☐	☐	☐	☐	☐	☐	☐	容易的	☐
19. 命令的使用及其名称的记忆	困难的	☐	☐	☐	☐	☐	☐	☐	☐	☐	☐	容易的	☐
20. 任务操作简洁明了	从来没有	☐	☐	☐	☐	☐	☐	☐	☐	☐	☐	总是	☐
21. 屏幕上的帮助信息	没有帮助的	☐	☐	☐	☐	☐	☐	☐	☐	☐	☐	有帮助的	☐
22. 补充性的参考资料	令人困惑的	☐	☐	☐	☐	☐	☐	☐	☐	☐	☐	清晰的	☐
系统能力		0	1	2	3	4	5	6	7	8	9		N/A
23. 系统速度	太慢	☐	☐	☐	☐	☐	☐	☐	☐	☐	☐	足够快	☐
24. 系统可靠性	不可靠的	☐	☐	☐	☐	☐	☐	☐	☐	☐	☐	可靠的	☐
25. 系统趋于	有噪声的	☐	☐	☐	☐	☐	☐	☐	☐	☐	☐	安静的	☐
26. 纠正您的错误	困难的	☐	☐	☐	☐	☐	☐	☐	☐	☐	☐	容易的	☐
27. 为所有水平用户进行设计	从来没有	☐	☐	☐	☐	☐	☐	☐	☐	☐	☐	总是	☐

（2）微软需求工具箱

传统的问卷法都是用既有的问题让用户打分，用户是被动的，容易受各种定式影响，针对这一问题，为了能够得到用户更为真实的感受，并且激发用户对产品的真实反馈，尤其是使用产品时的情绪体验，比如失败感、开心等，Benedek 和 Miner 在 2002 年开发了微软需求工具箱（The Microsoft Desirability Toolkit）。该工具箱包括两个工具：面部情绪问卷（The Faces Questionnaire）和产品反应卡（Product Reaction Cards）。

面部情绪问卷是采用一套由模糊的表情图片组成的表情库，请用户首先说明该照片的表情是什么，然后请用户对使用产品后的感受进行相应的评分。研究者从用户对该表情的描述以及最终的评分中分析用户对产品使用后的感受是什么。该问卷的实施对被试提出了一些要求，即被试的词汇表达能力要好。

产品反应卡是用来获得用户对产品的主观感受的工具。Benedek 等人经过筛选，确定了 118 张反应卡片，每张卡片上都写明一个可以用来描述对产品感受的形容词，如易接近的（Accessible）、有创新的（Creative）等。用户每次只需要从这 118 张卡片中挑选出 5 张最能反映该产品的卡片，并解释其原因。依据研究目的的不同，结果呈现方法有很多，比如可以让设计者也选出他们认为的消费者感受的 5 张卡片，然后将卡片与消费者选出的卡片进行比较，看设计师对消费者的心理把握是否准确。

（3）SUMI 软件测试问卷

SUMI，全称 Software Usability Measure Inventory，是爱尔兰软件协会编制的用于软件可用性研究的调查问卷。SUMI 问卷测试的对象是软件的最终用户。软件的管理者、开发者、使用者、人因专家等都可以通过SUMI来收集数据。大约花费10分钟可以完成一次调查。这个测试要求的人数为有代表性的用户至少10人。对于软件整体性的评价满分为100，平均分50，标准偏差10（大多数软件得分为40～60分）。SUMI软件测试问卷采用3点量表设计，要求用户在每道题目上从三个选项（同意、不确定、不同意）中进行选择。

SUMI问卷共有50道题，分为以下五个维度。

效率性（Efficience）：指用户认为软件是否能够高效完成工作；

情感（Affect）：指用户是否能愉悦地使用软件；

帮助性（Helpfulness）：指软件能否以互助的方式与用户交流并帮助解决操作问题；

控制性（Control）：指用户是否能轻松命令软件执行任务；

易学性（Learnability）：指软件是否容易学会，其指导界面、手册等是否具有可读性和指导性。

SUMI的得分可以用于衡量软件产品使用性的优劣。软件在开发过程中用SUMI来评估产品的使用性可以发现产品在可用性方面的弱点，在推出产品之前可以调查一下这些问题的起因并加以解决。SUMI非常适用于交互设计过程的后几个阶段，并且可以用来评估已上市产品的使用性。SUMI附带一个统计软件，对数据进行分析并给出定量的评估数据。

该软件也是收费软件，SUMI问卷的部分题目如表6-7所示。

表6-7 SUMI问卷的部分题目

项目	同意	不确定	不同意
1.软件的反应太慢，很难输入。	☐	☐	☐
2.我会向我的同事推荐这款软件。	☐	☐	☐
3.该软件的说明和提示非常有用。	☐	☐	☐
4.软件有时会出乎意料地停止。	☐	☐	☐
5.开始学习使用该软件非常困难。	☐	☐	☐
6.使用中，有时我不知道下一步该做什么。	☐	☐	☐
7.我使用该软件，觉得轻松愉快。	☐	☐	☐
8.我觉得该软件的帮助信息没有多大用处。	☐	☐	☐
9.当软件停止后，很难再次启动。	☐	☐	☐
10.需要花费很长时间来学习该软件的使用。	☐	☐	☐
11.我有时怀疑自己是否使用了正确的命令。	☐	☐	☐

（4）计算机系统可用性问卷

计算机系统可用性问卷（Computer System Usability Questionnaire，CSUQ）是PSSUQ的一种变形，是专门测量计算机系统可用性的问卷工具，由IBM公司人因素研究组的Lewis于1995年首次发表于国际人机交互杂志。在发表PSSUQ之后，为了适应非实验室测试的测验环境，Lewis更改其措辞编制了CSUQ。因此，CSUQ在项目数、计分方式等方面与PSSUQ是一模一样的。如果要在PSSUQ和CSUQ间做选择，则在实验室测试时选择PSSUQ，而在非实验室的测试环境时选择CSUQ。

CSUQ的总体信度为0.95，系统质量的信度为0.93，信息质量的信度为0.89，界面质量的信度则是0.89（Lewis，1995）。

　　该问卷一共有19道题目，采用7点量表的形式，要求用户在不同意—同意的不同程度上进行选择。最后根据总分来确定计算机系统总体可用性水平。研究表明该问卷具有较好的信度、效度以及敏感度。目前该问卷国内已经有中文版本，如表6-8，它是可用性研究人员开展相关研究的一个有力工具。

表6-8　计算机系统可用性问卷中文版

计算机系统可用性问卷		非常同意						非常不同意	
序号	问卷问题	1	2	3	4	5	6	7	不适用
1	整体上我对这个系统容易使用的程度是满意的	☐	☐	☐	☐	☐	☐	☐	☐
2	使用这个系统很简单	☐	☐	☐	☐	☐	☐	☐	☐
3	使用这个系统我能有效完成我的工作	☐	☐	☐	☐	☐	☐	☐	☐
4	使用这个系统我能快速完成我的工作	☐	☐	☐	☐	☐	☐	☐	☐
5	使用这个系统我能高效完成我的工作	☐	☐	☐	☐	☐	☐	☐	☐
6	使用这个系统我觉得很舒适	☐	☐	☐	☐	☐	☐	☐	☐
7	学习这个系统很容易	☐	☐	☐	☐	☐	☐	☐	☐
8	我相信使用这个系统能提高产出	☐	☐	☐	☐	☐	☐	☐	☐
9	这个系统给出的错误提示可以清晰地告诉我如何解决问题	☐	☐	☐	☐	☐	☐	☐	☐
10	当我使用这个系统出错时，我可以轻松快速地恢复	☐	☐	☐	☐	☐	☐	☐	☐
11	这个系统提供的信息（如在线帮助、屏幕信息和其他文档）很清晰	☐	☐	☐	☐	☐	☐	☐	☐
12	要找到我需要的内容很容易	☐	☐	☐	☐	☐	☐	☐	☐
13	这个系统提供的信息很容易理解	☐	☐	☐	☐	☐	☐	☐	☐
14	信息可以有效地帮助我完成任务	☐	☐	☐	☐	☐	☐	☐	☐
15	系统屏幕中的信息组织很清晰	☐	☐	☐	☐	☐	☐	☐	☐
16	这个系统的界面让人很舒适	☐	☐	☐	☐	☐	☐	☐	☐
17	我喜欢使用这个系统的界面	☐	☐	☐	☐	☐	☐	☐	☐
18	这个系统有我期望有的所有功能	☐	☐	☐	☐	☐	☐	☐	☐
19	整体上，我对这个系统是满意的	☐	☐	☐	☐	☐	☐	☐	☐

　　注：界面包括用于与系统进行交互的部分，例如，有些界面的成分是键盘、鼠标、麦克风和屏幕（包括它们的图像和文字）

　　（5）SUS系统可用性问卷

　　SUS（System Usability Scale）系统可用性问卷采用里克特5点量表形式，于20世纪80年代中期编制而成，用于对各种系统的可用性水平进行测试。该问卷经验证具有较好的效度，同时该问卷的得分是以百分制来计算的，便于在产品可用性研究中对产品可用性水平进行客观评价。同时，该问卷也是免费使用的。SUS量表被认为是20世纪80年代经典的可用性问卷标准，用于评估对整体系统的可用性，全球大约43%的专业机构进行整体评估时，将SUS量表作为测试后问卷题目。

　　SUS问卷要求用户在使用过系统或产品后，在没有听取有关产品的任何外界信息前提下进行问卷打分。该问卷只有10道题目，主要从需要的支持、培训和复杂度等方面对系统进行评价。评价的总分本身并没有意义，需要乘上2.5后转化为SUS分数。一般来说，SUS分数超过60分被认为可用性水平比较好，SUS标准版问卷的具体题目如表6-9所示。

表6-9　SUS标准版问卷

SUS标准版		非常不同意				非常同意
序号	问卷问题	1	2	3	4	5
1	我愿意使用这个系统	☐	☐	☐	☐	☐
2	我发现这个系统过于复杂	☐	☐	☐	☐	☐
3	我认为这个系统用起来很容易	☐	☐	☐	☐	☐
4	我认为我需要专业人员的帮助才能使用这个系统	☐	☐	☐	☐	☐
5	我发现系统里的各项功能很好地整合在一起了	☐	☐	☐	☐	☐
6	我认为系统中存在大量不一致	☐	☐	☐	☐	☐
7	我能想象大部分人都能快速学会该系统	☐	☐	☐	☐	☐
8	我认为这个系统使用起来非常麻烦	☐	☐	☐	☐	☐
9	使用这个系统时我觉得非常有信心	☐	☐	☐	☐	☐
10	在使用这个系统之前我需要大量的学习	☐	☐	☐	☐	☐

　　SUS量表是通过大量实验为基础的量表设计，也是现在全球使用最多的整体性可行性评价量表。其主要优点如下。

　　① 正反语气间隔，使答案客观。SUS问卷中大家可以发现奇数问题是正面语气，偶数问题是负面语气，这样减少了被测试者的依从性，从而使结果更加客观。

　　② 问题可量化为百分数。正面问题转化分值为x–1，负面问题为5–x，所有题目得分后乘以5即得到分值。

　　③ 步距为奇数。从非常不同意到非常同意，我们一般使用奇数，有很多量表也是这样规定的。因为用户可以选择一个中间状态而不像偶数那样，不具有这个中间状态。

　　④ 快速收敛到正确结论。在对几种量表研究的同时，SUS是最快达到想要结论的量表。通常来讲，一个量表所测量出的结果与用户真实的意向具有一定的偏差，经研究SUS量表能够在不超过15个样本得到该系统的真实评价，所以该量表具有相当的灵敏性。

　　⑤ SUS量表包含易学性与可用性。其中4和9是易学性，其余的表示可用性。这两个方面代表了整体评价的两个主体方面。具体的题设数量设计，是通过大量的样本研究发现后得出的。

　　（6）NASA任务负荷问卷

　　产品可用性研究中，尤其是在进行用户绩效测试时，用户的心理负荷高低可以直接反映产品使用的难易程度。NASA任务负荷问卷由美国国家航空航天局Ames研究中心人因素研究小组哈特等人开发，专用于测量任务操作过程中人的心理负荷。哈特等人认为心理负荷是多维的，具体来说，主要有脑力要求（Mental Demand）、体力要求（Physical Demand）、时间要求（Temporal Demand）、努力程度（Effort）、绩效水平（Performance）以及挫折度（Frustration Level）。这六个维度在心理负荷结构中的权重不同，其加权值随任务类型和情景的不同而有所差异，如表6-10所示。

表6-10　NASA任务负荷问卷

维度	两极	内容
脑力要求	低/高	需要多少脑力和知觉活动（比如思维、决策、计算、注视、搜索）？任务容易还是困难？简单还是复杂？紧张还是宽裕？
体力要求	低/高	需要多少推、拉、转动等体力活动？是容易还是困难？是缓慢还是快捷？是舒适还是劳累？
时间要求	低/高	由于速度或频率给你造成的时间压力有多大？是悠闲还是快速？
努力程度	低/高	为了达到绩效水平，需要做多大的努力（包括心理和生理上）？
绩效水平	好/差	你认为自己在完成规定目标方面做得如何？对自己的成绩满意程度如何？
挫折度	低/高	在任务过程中有过大的动摇、烦恼、紧张和气馁吗？感受到多大满足、充实和轻松？

NASA-TLX量表用一条分为20等分的直线表示，调查对象在直线上与其实际水平相符处画一记号，然后再根据六个维度对总负荷贡献的权重值计算该用户任务完成的总负荷得分。国内有研究者对NASA-TLX量表的信度和效度进行了检验，结果表明该量表在我国使用具有较好的信度和效度。

（7）网页在线测试工具

传统网页可用性研究需要邀请用户使用设计原型或产品完成操作任务，并通过观察、记录和分析用户行为和相关数据，对网页可用性进行评估。为了解决传统可用性研究方法本身存在的测试环境要求较高、测试周期较长等无法克服的缺点，可用性专家们设计了针对网页可用性的在线测试，为测试者提供了快速、自动化的测试工具。如可以在用户浏览网页的自然状态下进行测试，避免了"人化"测试环境对用户的影响；它们可以在较短的时间内调查大量的用户，使测试样本的代表性有较大的提高，也大大缩短了测试的周期；它们对所获得数据的解释有一套共同的标准，避免了传统可用性研究对结果解释主要依靠测试人员的主观经验等。

这类在线测试工具中比较有代表性的是美国国家标准及技术研究所开发的WebMetrics套件和NetRaker公司的NetRaker套件，前者侧重于技术标准，后者侧重于用户的反馈信息。侧重于技术标准的WebMetrics套件是为了解决网页及网站可用性研究所设计的工具包，它对所要测试的网页按照一套可用性标准进行测试，通过检查单个网页上的HTML来发现潜在的可用性问题。该套件包括WebSAT（Web Static Analyzer Tool）、WebCAT、Web2VIP、FLUD、VisVIP和Treedec六个部分，其中WebSAT是该套件的核心。而侧重于用户反馈的NetRaker套件是由可用性问题的辅助确认工具和实施市场调查的在线工具组成。测试者可以借此创建在线调查来收集用户与网站的互动信息。测试者可以用它来了解用户的期望、可用性反馈。

随着科学技术的发展，可用性研究人员能够借助的工具种类越来越多。需要强调的一点是，虽然这些工具从某种程度上弥补了传统可用性研究的缺点，但同时这些工具也存在着灵活性较差的缺点，容易忽视用户在测试中的主导地位。可用性研究中最重要的思想是要以用户为中心，而用户本身就是具有不同特点、不同行为方式的多样体。因此，有关可用性研究所得出的任何结果都需要结合多种测试方法或信息进行综合分析，比如采用工具的绩效测试必须要结合考虑用户的主观评价结果，甚至有时候还需要结合市场环境分析以及其他相关的研究数据。

参考文献

[1] 金小璞，毕新. 基于用户体验的移动图书馆服务质量影响因素分析 [J]. 情报理论与实践，2016.

[2] 林连南，叶丽清，张子伟. 基于图式理论的人机交互课程体系设计 [J]. 计算机教育，2017（08）.

[3] 孔祥杰，刘玉庆，安明. 交互方式对航天员虚拟训练效率和体验影响研究 [J]. 航天医学与医学工程，2018（06）.

[4] 王廷魁，胡攀辉. 基于BIM与AR的施工指导应用与评价 [J]. 施工技术，2015.

[5] Richard E. Mayer，郭兆明，宋宝和. 在多媒体学习中减少认知负荷的9种方法 [J]. 中国电化教育，2005（08）.

[6] 肖元梅，王治明，王绵珍. 主观负荷评估技术和NASA任务负荷指数量表的信度与效度评价 [J]. 中华劳动卫生职业病杂志，2005（03）.

[7] 孙崇勇. 心理负荷测量方法的现状与发展趋势 [J]. 人类工效学，2012（02）.

[8] 林一，陈靖，周琪. 移动增强现实浏览器的信息可视化和交互式设计 [J]. 计算机辅助设计与图形学学报，2015.

[9] 孙崇勇. 认知负荷的测量及其在多媒体学习中的应用 [J]. 高等教育研究，2015.

[10] 林一. 基于上下文感知的移动增强现实浏览器构建及优化方法研究 [D]. 北京：北京理工大学，2015.

第7章

设计策略输出和迭代

7.1 / 实验报告撰写方法

7.1.1 实验报告格式

实验报告是描述、记录、总结某项实验过程和结果的书面报告，在做出一系列可用性测试后，应撰写一份具体的实验报告。将测试所得数据及成果以更细化的方式呈现于完整的报告之中。从本质上而言，由于不同产品所采用的可用性测试研究方法不同，且实验对象和实验流程有着较大差异，所以，实验报告并没有一个非常严格的规范，但其内容的主要组成部分具有一致性和通用性，且遵从一定的格式，对于进行实验项目的后续工作有着重要的意义，它可以帮助研究者理清问题的主次性和优先级顺序。以下是对于一般性实验报告格式可使用的基本原则。

（1）统一性

实验往往由小组或多人协作完成，因此，在撰写实验报告时，所有参与人员应统一写作风格和格式要求，比如字体样式、字体大小、颜色等，需要提前建立一个统一的格式规范。

（2）规范性

在撰写实验报告时，必须严格根据国家标准所规定的术语、符号、表格等规范进行书写，并按照要求从重要结果到次要结果进行归类整理。

（3）精确性

精确性是实验报告中尤为重要的一项原则，实验即是为了进行多项测试后得到更为精准的测试结果，因此，撰写实验报告应该简单且精练，比如每个段落仅涉及1～2个观点，并做出详细阐述，并需要注意语句数量控制在3～5句话以内。

7.1.2 拟定报告提纲

任何一份严谨的实验报告都需要拟定出完善的提纲，提纲是实验报告的"骨架"和"结构"，是研究人员构思实验报告的关键环节。提纲应简洁且清晰地体现出研究者分析问题的方法和逻辑。实验报告的提纲篇幅不宜过长，首先，应从全局性的角度出发去思考报告中的每一个部分在实验中的地位及作用；其次，应充分考虑实验环节之间的逻辑关系，其论述语句与论点之间应形成严密的逻辑性；最后，需要把实验研究的课题、如何研究的计划、理论来源等问题清楚地呈现于报告之中。

（1）实验基本信息：其中包括实验人员的参与人数、名字、实验进行日期、实验报告撰写日期等。

（2）实验报告名称：将实验项目的内容精简为一个具体的名字，能够准确地反映出实验的内容，字数控制在20～30以内。

（3）实验目的：实验目的是实验进行的意义所在，也是实验的最终目标，应阐明实验最终解决了何种问题。

（4）实验原理：详细说明实验所运用的方法和原理，并以可视化的方式解释实验原理的运作方式，从而能够清晰说明使用此原理后所导致的变化。

（5）实验内容：实验内容是实验报告的重要组成部分，表明该实验进行的背景条件、理论依据、操作方法以及计算过程等。

（6）实验流程或步骤：应简明扼要地写出实验进行的主要步骤或过程，按照先后顺序进行阐述。

（7）实验结果：对实验数据做出处理和分析，用客观的语句描述实验的现象和结果，并需要阐明实验结项后各实验对象之间的变化关系。

7.2 / 实验数据分析

当我们完成了所有的测试，就应该着手把大量的数据转换成对产品的改进建议。典型的数据分析可以分成以下两个目的完全不同的过程。

第一个过程为初步分析，是为了尽可能快地确定热点问题，这样我们的设计师不用等待最后的测试报告就可以开始改进产品了。测试完成后还要尽快开始初步分析，分析所得可以是一个简单概括的书面报告，也可以是关于发现和改进建议的音频报告。进行初步分析的步骤可概括为以下三个部分：收集数据、提炼数据和分析数据[1]。概括来讲，就是去除数据中的糟粕，而取其精华——发现数据中所蕴含的大趋势。

在提交初步报告时一定要做到谨小慎微，一方面要及时提出改进建议，这样产品研发团队，如设计师，可以及时跟进，对产品进行适当的调整。另一方面不能遗漏重要建议。初步报告提交后，接下来就不只是"初步报告"了。设计师会开始改进产品，而改进过程往往是不可逆转的。

不在初步报告中提出任何改进建议虽然可以避免这种不可逆转的局面，但是如果看过实验过程后，设计师定会在最终报告出来之前有所行动。所以，不提出任何初步改进建议也是不能令人满意的。最好的办法就是谨慎和保守地提出初步的发现和建议，着眼于最关键的问题。当需要进一步分析某一个发现和建议时，可在报告中直接写出。

我们通常在测试完成后立刻就向产品研发团队做个简洁明了的非正式的报告，此后才会整理并提交正式报告。非正式报告中只包含无须继续分析的项目，如果可能的话，在分析过程中或分析完成后，也会召开共识汇报会。另外，我们会把初步报告真的当作"初步"结果，在相关的文档中突出"初步"两个字。这样，就可以根据后续分析修改相应的建议。接下来，我们会讨论如何分析测试数据并提出改进建议的步骤。这一过程总共有四个步骤：汇总和统计数据、分析数据、提出改进建议、写最终报告。

7.2.1　数据编辑

从理论上来看，数据编辑的过程是一步一步完成的。但是实际上，数据编辑的过程要比理论上更加错综复杂。数据编辑的多个步骤可能循序渐进地进行，一个问题的解决往往会引发出更多需要解决的问题[2]。

数据编辑的过程就是把收集到的数据放入表格中，它贯穿整个测试过程，不受初步报告写作的影响。这样不仅可以加快整个数据分析的过程，而且可以在测试进行中不断检测是否收集了正确的数据，以确保数据符合测试计划的要求。另外还可以避免遗漏重要的事项，让你在进行新的测试之前理解已经收集到的数据。

在每天的测试结束后立即收集当天的实验数据，要确保所有的数据都是可以辨认的，尤其是他人帮忙收集数据时。对所有的记录和数据进行备份，对录音数据要有文字转录。数字版的记录要比模拟版的记录更容易使用。经转录的文字数据有助于分析和研究原始记录，因为这些工作依赖于词汇表或信息架构[3]。

把手写记录转移到电脑上，把时间和其他定量数据转移到一个主表单或者电脑表格中。如果条件允许，可以每天都对数据进行一次汇总。持续的数据编辑工作利用了记忆的时效性这一事实，在测试进行的当天，我们会记得测试过程中发生的具体事件。使用鼠标和键盘进行记录总会遗漏某些事件，这些事件只存在于我们的记忆中，而记忆会随着时间逐渐模糊。正是因为这个原因，我们才推荐在测试进行中每天编辑数据的方式，而且它可以加速初步分析的速度。

如果我们正在对一个快速迭代和升级的产品进行测试，我们要尽可能地每天都进行数据编辑。而设计团队每天都要决定如何改进产品，以方便第二天的测试工作。在这种情况下，我们可能需要更新测试计划、会话脚本和简要指南，以反映产品的最新情况。

完成了某一部分研究后，就会得到多种数据：测试记录和笔记、被试者的问题和评价、观察者的问题清单等。对原始数据进行组织后可以得到多种多样的数据。比如每段测试的录音，尤其是针对那些进行发声思考的测试。需要看多种录音数据，甚至语音的情感状态也能反映问题的严重程度。另外，使用监测软件可以记录很多信息如鼠标点击，进而生成相应的电子表格。

查看记录的工具虽然简单但是十分丰富：列表、标签、矩阵、故事、故事板、结构模型、流程图等等。使用任何可用的工具获得数据的基本状况，如可以使用荧光笔高亮显示、粘贴黄色便签、翻转图表等，以便更好地理解数据[4]。其中，使用起来最为简单便捷的工具是电子表格程序。电子表格程序可以统计出个数、均值、中位数和百分比等数值。除了数值相关的数据，电子表格还可以对数据进行排序和过滤，这有助于发现不具有典型统计意义的重要模式[5]。

即使把文字输入电子表格中，如被试者对某些问题的答案，也有助于发现有用的结论。通过对两到三个关键词进行查找和替换，表格程序可以统计出有多少被试者的回答包含这些关键词，每个被试者都说了什么。通过几轮的关键词查找，就可以得到用户组的倾向了。当然也可以使用提纲生成程序、数据可视程序或思维导图程序。使用任何可以帮你发现趋势和模式的工具。发现趋势和模式后，就可以推断出可用性存在的问题了。

7.2.2 数据总结

当所有测试都完成后，就要开始把数据收集表格换成数据总结表格。如果使用自动数据记录程序进行数据总结，打印收集到的文件并复查。通过整合收集到的数据，可以得到测试进行的快照：被试者在哪个地方表现好或者不好。这些总结也能指出不同用户组的不同表现，如新手和有经验的用户之间，抑或他们在产品的不同版本上的不同表现。这时也要决定测试是否达到了目标，并回答测试计划中的原始问题。

最常用的表现的统计描述量可以帮助我们按照误差和任务准确率来总结表现数据，或者按照时间进行衡量。通过这些统计描述量对数据进行分类，会帮助我们发现趋势和模式[6]。而任务时间的度量与被试者完成任务的时间相关。常用的度量任务时间的统计量有平均时间、中位值、范围和标准差，下面我们将进行逐一的介绍。

（1）任务的平均完成时间。对于每一个单独的任务，所有被试者完成任务使用的平均时间可以用如下的公式来计算：

平均完成时间＝所有被试者完成时间/被试人数

平均完成时间可以粗略地估计出用户组的表现。通过与初始设定时间进行对比，可以得到被试者的整体表现是否符合预期。

（2）完成任务时间的中位值：时间的中位值是指把所有被试者完成任务的时间按照升序排列，处在中间位置的被试者的时间。

（3）完成任务时间的范围（最长和最短）。这个统计量显示了完成任务的最长和最短时间。如果两个时间相差很大，这个统计量具有重要的意义。每个被试者的表现都很关键，一定要清楚为什么两个值差距很大。

（4）完成时间的标准差。和时间范围类似，标准差也是描述变化量，即不同完成时间之间的差异。标准差刻画了完成时间和均值的接近程度。因为标准差同时考虑了均值和每个完成时间，它比只使用最长和最短完成时间更准确。

除了总结表现数据外，也需要总结收集到的偏好数据。偏好数据来源于多个方面：调查、测试后问卷和测试后的回述环节。总结不同偏好数据的指导原则主要包括以下几点：针对有限选项的问题、针对形式自由的问题和点评、针对回述环节、列出自己和所有被试者的点评和数据采集表中的观察信息。

除了标准统计量外，还可以使用多个其他的统计量。比如下面的几个统计量在回答有些研究问题和进行可用性测试的规划时可能会用到：非必要情况下返回主导航页面的次数、提示的次数、网站地图被访问的次数、犹豫的节点。有需要时在报告中编辑和总结这些统计量，它们可以用来诊断问题和处理测试目标。

7.2.3 数据分析

把原始数据转换到更可用的总结数据的这个时间点，用来进行数据分析时很好。按照任务来总结数据可以说是一个审慎结论，因为任务象征着用户的角度或者目标。站在用户的角度思考问题也正是测试的最终目的。试着思考这样一个问题：用户能使用你的产品来完成任务吗？如果不能，需要找出罪魁祸首是哪个部分或哪几部分。为了开始进行分析，首先需要确定哪些任务对用户来说是最困难的。

（1）确定没能成功完成的任务

在测试过程中，我们通过具体的完成标准来定义一个任务是否成功地完成。也就是说，没有成功完成的任务是指在规定的时间内完成任务的被试者的比例小于某个阈值。例如使用70%的成功率进行衡量。如果在测试中，超过70%的被试者都不能完成某个任务，就可以说这个任务是困难或者有问题的。这样的任务在分析和报告中要重点关注。从本质上来说，这样的任务跟产品的薄弱环节是相关的。初步报告首先要关注那些很难或者根本不可能完成的任务。

在对产品的早期版本进行测试时，70%的成功率可以看成是合适的度量准则。如果在进行较小的测试并对产品进行迭代更新时，成功率会逐渐逼近70%的阈值。虽然最终的目标是95%的成功率，但是如果一开始就把目标定得这么高，大部分任务都不能完成。70%～95%是设计团队通过不断改进产品才能达到的。相反，如果一开始把目标定得特别低，那么产品的很多不足之处将不能及时得到改进。虽然70%成功率准则有助于得到任务难易程度的对照，但是我们仍然可以把使用其他完全不同的方法纳入考虑范围，来识别出最困难的任务。比如在被试者个数有限的测试中不用分析就可以知道最困难的任务。不过只把所有的结果罗列，集中注意力去解决重要的问题。单一的表格是不够的，还需要能区分开每个任务的完成程度。

（2）识别用户的错误和困难

确认不合格的任务后，需要找到哪些错误导致了不正确的表现。这里的错误是指用户任何偏离了预期的行为。在研究开始前就把错误定义好是十分有益的，这些必须在验证测试或总结测试中完成。这些测试的目的就是搞清楚可能的错误是什么。例如，用户需要在第二十一区域输入用户识别码，结果在第二十一区域输入了其他内容。又例如，用户需要删除备份的文件，结果用户删除了正在使用的文件。用户也可能忽略了某个步骤，这些错误都会导致任务失败。

（3）分析错误原因

现在进入真正有趣的环节：找到可能导致错误产生的原因，指明应该负责的部分或几个部分的组合，或者其他原因。这也是从任务中心到产品中心的转化点。这种分析才是终极的探索目标，也是最耗费精力的后续分析工作。分析的目标就是找到与产品相关并导致任务难以完成的原因。从本质上讲，只有清楚了错误的原因，才能做出准确的改进建议。所以，准备好时间进行彻底详尽的分析。这时候可能需要查看实验过程的记录，但是最好不要单独进行所有的工作，而是应该大家共同努力找到问题产生的原因。

有些错误原因可能是显而易见的。例如，用户的任务是在屏幕的某个区域输入二十位长的用户记录识别码，但是该区域只能容纳十一位字符。有些错误的原因可能非常难以找到。例如健康保险公司的客户不能进行一项决策，而参与整个决策过程的有网络应用的三个部分、保险理赔手册的四个小节和与客服人员的两段网络聊天记录。找到这个错误原因的难度要增加一个数量级。前述参与决策的每个部分都可能与错误相关。然而，通常情况下错误的产生都有主要原因和次要原因。例如，当各个部分都参与时，产生错误的主要原因可能是令人迷惑的导览，其次是文件的内容，再次是客服的错误信息。主要问题的解决会极大简化对次要原因的排查。

为了分析错误原因，需要查看和理解许多方面的资料。包括你自己的记录和记忆、他人的记录和记忆、你对产品工作原理的了解、视频录像和你对以用户为中心的设计的理解。另外还需要考虑发生错误的用户的背景情况。对于有些特别有挑战性或者关键的错误，需要查看所有监控软件产生的数据和发生错误的被试者的实验录像。测试过程中可能忽略了某些重要的东西。

分析失败原因时，不能急于求成并过早地提出产品修改建议。周密地分析错误原因，查看每个任务中每个用户所犯的错误，这样就能考虑每一个不足之处并提出相应的建议。

（4）问题优先级排序

有很多方法可以用来对可用性问题进行排序。按照关键度排序是一个方法。确定错误的具体原因之后，下一步就是对这些问题按照关键度进行排序。关键度定义为问题严重程度和问题发生概率的总和。使用公式进行定义如下：

$$关键度=严重程度+发生概率$$

使用关键度进行问题排序的原因是产品研发团队可以组织和排序对产品进行改进的工作。在产品下次发布之前的时间内，产品研发团队显然应该先解决那些最关键的问题。下面介绍一种按照关键度对问题进行排序的方法。

首先，按照严重程度把问题分类。问题的严重程度被分为 1～4 级，所有的问题都有对应的层级。其次，按照估计问题发生的频率进行排序。也就是说，估计问题在某个区域发生的概率，并把估计的概率转换为基于发生频率的排序。为了估计发生频率，需要考虑以下两个因素：受到影响的用户的百分比和受到影响的用户组中的用户碰到问题的概率。因此，如果估计有 10% 的用户会在 50% 的时间内发生问题，那么估计的发生频率只有 5 个百分点（$0.10 \times 0.5 = 0.05 = 5\%$）。不用担心估计的发生频率的准确程度，一个较好的估计也是很有意义的。

计算问题的关键度只需要把严重程度排序和发生频率排序进行相加即可。比如，一个具体问题的严重程度是不可用（严重程度=4），但是只在 5% 的时间内发生（频率排名=1），那么这个问题的优先级为 5（4+1）。同样，如果一个问题本身非常轻微，但是会影响到所有人，那个优先级也可能是 5。通过这种方式，那些导致所有人都不能使用产品的问题会获得最高的优先级。问题的优先级排序可以帮助产品研发团队把精力集中到最关键的问题上，以按时完成对产品的更新。理想情况下，产品发布之前要解决所有的问题，但实际中这种情况很少发生。需要注意的是，可以根据自己机构的目标和测试的产品来制订关键度的标准。

对于简单的测试，存在更简单的判定关键问题的方法，那就是在测试总结阶段询问被试者最困难的情形是什么。如果有几个被试者给出相同的答案，这就表明你可以把注意力集中到相应的问题上了。

（5）用户组和产品版本的差异分析

如果正在进行对比型测试的话，你可能需要比较不同用户组或者产品不同版本之间的差异。例如，比较一个电子商务网站新旧两个版本结账程序的不同，或者新用户和老用户的不同表现。可以分析两个版本或用户组产生错误的个数、类型和严重程度，还有用户的喜爱程度、排序和通用的评价。有些不是很清楚的问题只能通过分析记录获得，如被试者所犯错误的类型、正确表现时的假设还有他们对产品的评价。

（6）使用推断的统计量

到现在为止，我们使用了简易的统计量对测试数据进行了分析。比如均值、中位值和时间范围都描述了数据的特点，有助于看清表现和偏好的模式并确定可用性问题。对于大多数的可用性测试和本书的大部分读者，这样的分析完全足够做出有意义的推断。

有时候，产品研发团队或者委托方会坚持要求得到具有统计意义的结果。这种情况常出现在对一个产品的两个不同版本进行对比测试时。为了得到具有统计意义的结果，需要使用推断的统计量。也就是说，使用少量的被试者样本推断出符合大量人群的结论。如果一个测试结果具有统计意义，就可以假设对具有相似经验和背景的不同用户进行相同的测试，并得到相同的结果。然而，使用推断统计量也可能带来大量问题，我们强烈建议谨慎使用。

首先，决定使用什么统计技术不是一个简单的问题，需要考虑多个方面，例如测试条件的尺度和度量准则、条件的个数和每个条件的层级、同时需要分析的条件个数、被试者分组的方式、使用统计方法推断出的内容。其次，那些依靠推断统计量做出产品决策的人几乎没有接受过相关的训练，他们很容易误解相应结果。向他们解释这些统计结果能说明什么问题是很重要的。最后，也可能是最相关的一点是，是否获得统计意义的结果决定了测试的方式。如果要获得有统计意义的结果，就需要更细致的设计和大量的被试者。

例如，当对一个产品的两个或多个版本进行对比时，需要细致地控制每个版本的不同之处。如果想测试新版本的格式是否比旧版本的格式更好用，但是新版本除了格式不一样外，还可能增加了内容和索引，把格式改变对用户表现的影响分离出来是十分困难的。如果想证明某个格式会改进表现，新版本只能改变格式并保持其他部分完全一致。另外，如果测试过程中主持人和被试者有大量的探讨和交互，那么很容易为了证明某个假设而偏爱某个版本并损害另一版本。

样本量大小也是个关键问题。如果样本个数很小，就很难获得有统计意义而不是随机产生的结果。一个通用的准则是，在所有条件都相等的情况下，每种情况下最少要有10～12个被试者，才能考虑使用推断统计量。

总结如下，合适地使用推断统计量是一个极复杂又微妙的主题。在可用性研究中推断统计量确实有自己的用武之地，但是只有具有实验设计和统计理论的坚实背景后，才能使用这个工具。因此对于绝大多数人，我们建议避免使用类似的统计推断量。

7.3 ／ 测试修改建议

可用性测试是检查某一产品现存和潜在用户在可控制条件下进行操作的系统测试方法，它在很大程度上区别于其他测试方法（如质量保证测试和产品演示）[7]。可用性测试要求受试者在没有外力帮助的情况下自主完成产品的各项操作任务。可用性测试可以在实验室、会议室等各种受试者自身所处的环境中进行，或是远程进行测试。因此常有公司使用这种方法来评估软件、硬件、文档、网站，或是任何带有用户界面的产品。

因此，可用性测试很容易做到，但却很难做好，且只能通过实践才能完善。从招募受试者，到测试结束对他们表示感谢，主试与受试者的互动方法显得尤为重要，这关系到测试成功与否，数据的有效性以及公司的声誉。当产品在受试者面前展示时，主试需保持公正和中立的态度（既保持中立，又要保持平易近人，这一点确实很难做到）。大多数从业者只是从范例中了解测试，很少真正了解与受试者互动时应当遵守的基本原则，这些基本原则主要包括以下几点：

① 根据测试目的选择互动方式；
② 保护受试者的权利；
③ 牢记对未来用户的责任；
④ 视受试者如专家，但要有所掌控；
⑤ 既专业又真诚；

⑥ 让受试者说话；

⑦ 公正。

可用性测试是目前对产品设计的最具有影响力的评估方式，其成功在很大程度上取决于主试的技巧。然而，大多数主试缺少正式的培训，也几乎没有技术反馈。他们观看了几场测试，在他人监督下进行了几次测试，然后就参与执行测试，再也没有进一步的学习。因此，即使是来自同一公司的主试，他们的测试行为也不尽相同。此外，不管是总的理论还是特别针对主试什么该做、什么不该做的指导方针，这类可利用资源都没有。也许是因为许多人认为这就是可用性测试的"艺术"所在，一种难以言传的本领。相关文献的缺乏促使我们开始尝试着教导人们如何测试。所以，我们将深入探讨在与受试者互动时，什么是应当做的，什么是不应当做的。此外，我们还总结了较好的实践准则。在我们教授人们如何进行可用性测试的过程当中，我们发现需要帮助主试面对以下困难。

① 作为新手主试，学会如何克服焦虑；

② 保持测试中的控制（主导）地位；

③ 对受试者保持友好，但并非朋友关系；

④ 当受试者遇到可用性问题而挣扎时，主试要处理好个人情绪，不能受其影响也变得焦虑；

⑤ 既要尊重受试者的权利，又要推动他们不断前进，这对平衡要把握好；

⑥ 懂得何时及如何向受试者提供帮助；

⑦ 懂得如何不偏不倚地获取更多信息。

7.3.1 短期设计建议

（1）短期项目设计

一般来说，短期项目需要几个小时、几天或几周就能完成。有关项目治理的决策通常取决于预算、所需资源、业务影响以及项目范围。一个好的项目经理首先会评估项目需求并确定需要多少时间才能达到预期的结果。

① 预算

短期项目通常比长期项目需要更少的资金来完成。由于短期项目通常成本较低，因此它们通常需要较少的批准就能开始和完成。

② 资源

短期项目所需的资源数量通常取决于正在开发的产品或服务的类型。短期项目通常需要专门知识。例如，可以建立一个短期项目来分析重复出现的产品问题并设计解决方案。

③ 影响

短期项目通常影响有限。你可以启动一个项目来处理一个特定的问题或者对一个情况做出反应。一旦问题解决了，项目组就解散了。

④ 范围

短期项目通常只关注一个目标。评估短期项目比大型项目需要更少的努力和分析。对于持续时间超过一个月的项目，您的公司可能需要一份正式的范围声明。

（2）可用性测试的优先级排列

在可用性测试中，有两个部分需要研究人员进行优先级排序：首先，决定哪些研究问题优先解决。随机安排测试任务的顺序有利于避免顺序效应对研究结果导致的偏差，有着逻辑关联的测试任务则应该按照其逻辑顺序进行测试。但如果你的时间有限，无法完成全部研究目标，或者你手里有多个测试需求的时候，则需要对研究目的和测试需求的优先级进行排列。其次，测试发现的问题哪些优先解决。Jakob Nielsen 的文章中一次可用性测试平均能够发现五十个以上的可用性问题。一次简单的测试中也会发现不少的可用性问题。在考虑如何解决这些问题的同时也该考虑它们的优先顺序。

Jakob Nielsen 在一次访谈中表示在排列可用性问题优先级时需要考虑以下三个问题。

① 该问题对用户有怎样的影响，包括：影响到的用户数量，对任务完成程度的影响，发生频率如何等；

② 该问题对商业目标的重要性，包括：对企业的收益影响，对企业品牌形象的影响，是短期还是长期的影响等；

③ 解决该问题的难易程度和成本。

David Travis 在 Userfocus 上分享了在进行优先级排列时的决策树，同样需要考虑以下三个问题。

① 问题是否发生在核心任务流程，发生核心流程的问题将影响更多的用户；

② 用户自己解决问题的难易程度，最严重的问题是那些用户不能解决而导致任务失败的问题；

③ 问题的持续影响，即问题发生的频率，在整个任务流程中都不断重复的问题将影响到任务的完成时间和用户满意度。

通过决策树，你可以将可用性问题分为以下三级。

① 严重问题：这个问题使得用户不愿意或是不能够正确地完成测试任务，需要马上解决。

② 重要问题：这个问题将大幅度地降低用户完成任务的效率，或者用户需要寻求帮助才能完成测试任务，需要尽快解决。

③ 中等问题：这个问题将使一部分用户感到不快，但不会影响到测试任务的完成，可在下一次更新产品时进行修复。

7.3.2　长期项目设计建议

长期项目需要几个月甚至几年才能完成。通常，公司需要更多文档和基础架构以进行长期工作。

① 预算

短期项目负责人可能只是在电子表格中跟踪支出，而更大、更复杂的长期项目，可能需要使用更复杂的专业的项目管理软件来跟踪和监控预测和支出。

② 资源

大型、复杂的长期产品开发项目设计，通常需要在项目生命周期中使用大量资源来启动、计划、执行、控制和关闭项目。

③ 影响

长期项目往往会对企业、部门或员工产生更大的影响。例如，你可以建立一个长期的项目来分析复杂的问题，并做出全面的改变，影响到你的整个公司。项目团队成员通常承诺在工作期间从事项目工作，这确保了一致性和连续性。

④ 范围

长期项目往往很复杂。项目计划描述了多个目标、业务需求和相互依赖的需求。长期项目可分为较小的项目，使其更易于管理，并产生更直接的结果。建立这种类型的治理可以确保项目的特性和需求的数量在早期就被记录下来，以防止以后的错误沟通、误解和成本超支。

7.3.3 可持续设计建议

当可用性测试对象的设计目标为可持续设计时，测试中的每个因素、每个步骤和每个阶段都应该秉承可持续发展的理念。

"可持续设计"（Design for Sustainability）源于可持续发展的理念，是设计界对人类发展与环境问题之间关系的深刻思考以及不断寻求变革的实践历程。体现在具体的界面、产品和服务设计中，要求设计能够尽可能减少资源消耗、避免污染排放以及实现资源循环利用。

在针对可持续设计的目标进行可用性测试时，应该把可持续设计的理念贯穿在可用性测试中。关于用户体验的度量的定义、问卷调查和小组访谈的内容等用户体验度量方法，都应该按照可持续发展的方向去进行，才能保证准确测试可持续性设计的可用性，以及准确度量其用户体验的良好程度。接下来根据可持续设计的理念给出几点可用性测试建议。

（1）关注测试者对于用户界面的信息认知度。避免干扰因素，防止信息浪费，从而减少系统效能损失，提高产品使用效能。

（2）评估界面中的每一个元素是否对用户的行为起到了积极引导的作用，从而决定是否去除界面中不必要的元素或进行优化改进，来达到提高使用效率、节省信息资源的目的。

（3）反复进行可用性测试后，应当注意记录每一次优化升级后，用户对于界面的行为和心理反馈。以保证产品在后续的迭代升级过程中避免不必要的错误，节省时间成本和人力资源。

把可持续设计宏观的目标和理念置于可用性测试的中心位置，才能在满足可用性、给用户带来良好用户体验的基础上展现可持续设计的理念。

7.4 / 设计原型迭代

用户体验领域已经有三十多年的历史了，所以一些理论和方法学看起来像是原有思想的新版本。在软件开发的早期，产品是基于原来的装配线模型构建的。每个人负责整体产品的一个部分。完成一个部分，就把它放在一边，然后不管另一个人会做什么[8]。这个周期被称为瀑布模型，即从一个步骤以符合逻辑的方式前进到下一个步骤，产品就是这样组装起来并运送的。营销人员负责找出机会，开发团队负责构建和运送产品。在这种模型中，两次发布之间的周期可能是好几年；开发人员在开发软件的时候，营销需求常常发生改变。产品被运送出去时，常常已经过时。

20世纪80年代，数字系统正在成形，一些公司开始意识到使用瀑布方法难以得到成功的产品。此时，迭代开发方法开始被吸收到产品开发中。迭代开发过程包括几个阶段：倾听顾客，开发需求，然后在原型阶段通过真正的用户测试需求，接着重新设计产品，最后运送产品。这些迭代能够整合用户的需求和目标，得到更加成功的结果。

我们的目标是了解设计师错误的设计，这样就可以在下一轮迭代设计中修正这些错误。即使是那些最优秀的设计师，他们的设计方案在第一次测试中也大多会出现问题。你必须尽早和及时地了解这些问题，然后进行相应的改正，从而让自己更加有自信地继续工作。

随着项目的推进，时间越来越紧张，所以很容易找个借口忽略原型和用户测试，然而，在这些事情上投入了足够多的时间会帮助节省更多的时间和金钱。否则，产品发布之后不会取得成功，而会面临非常棘手的难题。在这一节，我们将关注如何验证用户体验和进行迭代设计，并指出何时去完成这些工作。

7.4.1 迭代测试

概念设计阶段要尽可能多地提出各种可能的设计方案，然后，再把注意力集中到其中部分方案上，这些方案使你感觉到自己有足够的把握继续为它们制作原型。如果我们想设计一个出色的产品，就必须尽早、经常性地进行测试[9]。

迭代是指为了获得一个满意的结果而进行重复工作。用户体验测试流程中的每一次重复就称为一次迭代，而且其结果将被用于指导下一轮的测试或迭代。迭代或者冲刺是敏捷项目的心脏，它们是一段短的、固定的时间。在这段时间内，团队自我组织并自我管理[10]。从本质上说，每次迭代分为三个部分：产品所有者要求完成某个有价值的东西、在一段较短的时间内完成、将其展示给产品所有者。反馈以及随机应变的能力是关键所在。对于每次迭代，团队的展示会一结束，就有了可发布的功能。通过让迭代保持短小，团队可避免可能永远不需要的活动。随着产品的出现以及用户测试，不可避免的改变就会容纳在迭代过程中。

下面我们来进行一次迭代的详细分析，在每次迭代开始之前，团队选择他们准备上手的故事，然后，在一段短的、固定的时间内，他们精心制作并开发此故事。目标是在每次迭代的最后产生有价值的东西，如图7-1所示。

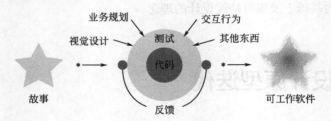

图7-1　一次迭代的组成

视觉设计是指产品的外观。我们将需要有创意的、为功能提供支持的人工制品，可以只是线框、在故事中使用的图片或者开发人员用于构筑功能的HTML和CSS。

业务规则是系统需要做的事情背后的逻辑。它们用于定义或者限制在输入和输出上所发生的事情，以及它们之间如何相关联。在有业务分析师的项目上，这是他的地盘，业务规则会对体验设计有直接的影响。所以，就如我们稍后要探究的那样，它们与用户界面（UI）一起开发。交互行为定义用户与系统交互的方法。再一次，这可以用草图或者带有JavaScript作为占位符的HTML来清晰描述，从而演示出行为。其他东西可能会有需要，这取决于项目的本质以及故事本身。比如，由文案人员来编写（让我们不给分析师和开发人员写错别字的机会）这些输入提供关于什么是所需要的东西的细节。但对于我们的敏捷开发人员来说还不够，他们需要测试。测试将使得团队得以知道什么时候达到了所要求的质量。如我们稍后将看到的测试驱动的开发那样，测试从一开始就嵌入其中，而不仅仅处于开发过程的末尾。

最后，编码是过程的中心。作为非技术人员，很容易认为编码只是坐在计算机前面打字，这就如同说视觉设计只是坐在计算机前面使用Photoshop或者Illustrator那样。事实绝不只如此。在敏捷过程中，开发人员做的是技术设计，他们随着项目在白板上的演化而扮演系统的建筑师，这一过程不是提前在详细的规格说明中完成的。随着他们了解得越多并且需要改变和演化他们的设计时，他们会重构代码。

在故事的整个开发过程中会有持续的反馈。只有在故事完成时我们才算完工（尤其当它通过所有测试时），所以在这个循环中任何正式的结案都是没有意义的。就算已完成捕获、编档等业务或视觉设计和交互行为，在编码时仍旧可能需要重新访问它们。所以，这些活动的拥有者必须主动参与到开发过程中。他们不仅仅是给开发人员提供用来构建的规格，还是主动的参与者，为所构建的内容提供指导。对于设计师而言，这意味着设计不是在项目开始的时候创建静态的东西，而后都不会再碰到，而是个持续的过程。

在一次迭代的最后，将完成的故事在展示会中展示给利益相关者。如果一切顺利，每个人都心情愉快，而故事的确按照期望的那样运行，过程也能自己重复。当处于持续设计和持续交付的过程当中时，我们几乎可以肯定能够在故事这一级别上发布产品的改进。更典型的，故事是批量发布的。一次发布相似的详细结构。用户目标与经过整理的故事一起进行定义，故事包裹在测试中，既在代码级别（如场景测试），也在体验设计级别（如可用性测试），从而让用户得以实现这些目标，如图7-2所示。

图7-2 一次发布的组成

让我们回到将故事转变为软件所需执行的活动上。不能仅仅因为这是个敏捷项目，就认为我们可以跳过分析。我们必须要有业务规则，需要接受测试准则。在实践层面上，开发人员将需要知道要将功能元素放在页面上的什么位置。

我们需要尽可能多地减少故事周围的歧义和不确定性，然后才开始编写代码。否则我们将会给过程引入潜在的浪费。比如，定义单个页面上的内容很容易，但除非你亲眼看到这个页面的样子，否则难以确认。以电话类别页面上的手机描述为例。要描述这个手机有许多属性：尺寸、屏幕、内存、照相机功能等。呈现给用户的电话准则是什么，将会极大地受到它们的重要性和价值的影响，但也会受到在页面上显示它们的方法的影响。使用开发人员的力量在代码中对设计进行迭代是不够的。以页面设计先入手，对此做实验，然后开始编码则要好得多。

这不是说要在开发人员编写代码之前完成所有的分析与设计。比如，如果对用户的尊称（诸如先生、女士、小姐、博士或者教授）有一份列表，那么开发人员在系统上建立用户故事时就无须考虑教授是不是我们需要的尊称。在这样的信息得到确认之前就可以开始编码。

对于要成功嵌入过程中的体验设计而言，一次迭代应该需要一周或两周的时间。这使得团队可以定期并且快速地给利益相关者提供反馈；只要超过两周时间，快速的反馈周期带来的收益就会被稀释。由于要在这么短的时间内编写代码，要求在刚刚开始处理故事之前就完成故事的分析和设计就合情合理了。当我们运行在一周或两周的迭代中时，提前一次迭代发生会是很惬意的事情。我们提前一次迭代做分析和设计的事情意味着开发人员可以将其取来就开始工作，而不会被需求或设计的歧义阻碍不前。

7.4.2　验证用户体验

这一阶段的主要目标应该是了解如何提高产品设计质量。这需要用户参与进来，虽然用户总觉得他们处于别人的监视之中，但这实际上是对设计方案进行评估。第一次提出的设计方案往往是不理想的。只有努力尝试其他设计方案，才能保证你在最后获得更好的结果。

（1）用户的回归

在原型阶段，我们可以再次邀请那些曾经参加过早期用户研究的人。因为在完成对创意和概念的探索之后，我们会继续为设计方案建立更加实在的原型，所以再次招募那些曾经参与过项目的用户可以保证工作的延续性。所以，除了招募一些不熟悉我们设计方案的新用户之外，我们还要招募那些老用户。

我们可以将以下思路应用到原型测试中的用户身上。

① 建立测试环境：是在用户的家里或办公室对其进行评估，还是在实验室中；

② 招募：一些用户已经在早期的研究中参加过，此外还有一些新的用户加入；

③ 为用户准备场景：这些场景将影响你的原型，而且应该通过这些场景来评价设计方案是否成功；

④ 建立可以遵循的格式：针对问题序列和流程进度（我们将在"针对调整的初步测试"部分提出你可以遵循的格式）进行快速的初步测试；

⑤ 展示任何已经准备就绪的内容：对于那些已经完成的工作，不要苛求它们是完全正确的，因为随着迭代的进行，我们会不断完善这些设计工作；

⑥ 一天最多邀请3～4个用户进行测试：这可以让你在测试的间隙和结束之后有时间与客户或团队成员进行讨论；

⑦ 在测试过程中倾听用户的反馈并做好笔记：这样你就能在随后与团队成员或客户讨论测试结果时参考这些笔记；

⑧ 在每天的测试之后达成一致性意见：整个团队对那些已经被验证的设计特征要达成一致性意见，这是很重要的，而且这些特征在后面的测试中需要得到进一步完善。

最终，这些能更好地判断测试中的用户属于何种类型，以及这种类型特征如何影响他们的观点。开始的时候，我们会更加关注用户是否能完成一项测试任务，而不是关注他们是否符合你的喜好，并且经常可以从用户中发现一些一般性的主题或模式。

（2）邀请人们观察

根据经验，如果人们能观察一下用户测试流程，他们就会意识到其中的价值所在。就算他们当初对用户测试可能持否定态度，但只要他们看到一个真实用户（从团队或公司外部招募来的）进行交互式原型的测试，这项工作的价值就会立即不言自明。鉴于这个原因，我会鼓励尽可能多的客户来观察这些测试流程（不同的业务领域和团队成员），并且鼓励你也这么做。

你的计划最终会决定哪些人会参与到这一观察过程中。如果你仅仅拥有一个房间，而且无法记录测试流程，也无法安排另一个房间让人们进行实时的观察，那么你就只能最多邀请一个人参与到测试中来观察用户。因为对于坐在房间中被测试的用户而言，当周围有许多人在观察他们的一举一动时，他们会紧张不安。这就会妨碍你获得客观的测试结果，而且对项目是不利的。

在你开展任何形式的测试之前，请考虑一下你将邀请哪些人，以及为了获得最好的测试结果，你将进行何种设置。有时候，为实验观察人员设置指导是很有用的。鼓励那些观察测试的人做好记录，并且将他们发现的主题和问题写下来，此外，提醒人们不要根据一个用户的行为就轻易做出结论。

在每天的测试结束之后，这种实践有助于你考虑对设计方案中的哪些部分做出必要的修改。这将帮助你确定做出哪些更新，并区分出其中的优先级。

（3）如何设置测试环境

通过记录研究过程，我们可以重温整个过程中的片段，并从数据中提取出新的结论。有一个常见的误解，就是对于用户测试而言，需要在实验室中安装一个单面镜。但根据已有的经验而言，实验室中的单面镜反而会让参与测试的用户紧张。即使没有任何人观察实验过程，用户也隐约觉得他们的一举一动在被人监视。

正如先前进行的情境式研究一样，我们可以到用户的家中或办公室中，在他们自己的设备上测试产品。进入用户自己的环境中进行测试有很多好处：用户不太会感觉到他们正在被人测试，而且即使有相机在拍摄他们，通常他们也会感觉更轻松，因为他们熟悉自己的环境和设备。

我们已经在一些陌生的地方进行了用户测试，使用了一些很简单的记录设备。此外，所有市面上已有的截屏技术还能显示出用户点击或触摸过的地方，突出他们的操作路径。这里有一些方法可以用于设置用户测试的环境。

① 建立便携式实验台

如果我们有一台苹果笔记本电脑，它在iOS操作系统中内嵌了QuickTime播放器，其具备记录功能，可以更容易地捕捉屏幕内容。也可以考虑将ScreenFlow和ISilverback这两款软件组合起来使用，因为它们可以通过笔记本电脑内置的iSight（或FaceTime）摄像头有效记录用户的面部表情，并用电脑的麦克风记录声音。而使用像Camtasia这样的截屏软件则可以帮助我们来进行后续的分析。

② 多个房间之间的设置

过去，实验室的房间中散布着杂乱无章的电缆线，这就是一个噩梦，更不用说它所带来的安全隐患。如今，通过Wi-Fi无线网络将同一网络中的两台电脑连接起来，就可以建立起不同房间之间的联系。iChat（或Messages）软件可以发送用户在屏幕上的交互记录，而Skype软件则能发送音频。

③ 在手机和平板电脑上测试

通过分屏软件，可以在MacBook苹果笔记本电脑上显示iPad平板电脑屏幕的镜像。然后用Camtasia软件记录测试过程中的屏幕内容，并在MacBook苹果笔记本电脑上以画中画的形式显示。这种方法的优点在于不需要通过在电脑上安装摄像头来记录屏幕内容，因为这会挡住人们的视线，而且容易受到屏幕强光的干扰，或者由于焦距调节不好而影响画面质量。

当然，如果想让测试更正式，可以租用一个实验室。但即使没有一个正式的实验室环境，我们也能进行原型测试。

（4）选择测试类型

在这一阶段我们需要进行用户测试，这样做有很多原因，例如，所设计的产品以及你希望从测试中获得的结果将最终让你决定进行测试。这里将列出一些不同类型的测试方法，以及在哪些情况下你可以应用它们。

① 可用性测试：效果如何？

让用户接触产品的一个基本原因就是看他们是否能理解你的设计意图，并按照你的预期进行操作。例如，如果你正在设计一个航空公司的网站，最基本的一个任务就是能在线购买机票。这个任务就是这个网站存在的原因，所以决定这个网站是否成功的一个重要因素就是：你要知道如何设计一个简单和直观的方案。为了确保步骤易于操作，要重点关注用户何时能完成任务，从而度量设计方案的总体效率（即传统的可用性）。考虑你的用户是否需要一些帮助才能完成任务，同时没有太多的挫折感。这就能让你知道你的设计方案处于何种水平了。

② 概念测试：用户是否能理解这个概念？

当我们开发一个新产品时，进行概念测试是值得考虑的。在这种情况下，重点不是看这个产品的基本可用性如何，而是看用户是否被这个概念所吸引，并能理解有关这个产品的更多概念。这对于研究如何开发产品或设计的特征而言，是一种理想的测试方法，而且尤其适合在大量探索市场新品时使用。概念设计能帮助你理清设计问题或对设计特征进行收敛。在这类测试中，关于交互的具体细节可以在稍后的环节进行完善，其主要的重点在于搜集用户对设计方案的初步反应和印象，而不是关注用户针对具体设计元素的反馈细节。总的来说，需要对后续设计工作区分出优先级，并尽早了解哪些概念会让用户产生困惑和混淆，或者用户对哪些概念接受程度比较低，而哪些概念又值得进一步开发或孵化。

③ 设计评价：哪个设计更吸引人？

当我们开始进入线框图和原型制作阶段时，很可能已经开始思考产品的视觉设计了。这意味着在进行操作序列和任务流的设计时，也在设计一些关于视觉的概念。用户测试给了我们一个机会去获取用户对视觉设计的反馈。所以当你让用户在室内进行测试时，不要放过这个机会去获取他们的反馈。寻找用户对设计方案的回应或情感上的反馈，而不是那些针对布局或色彩设计的建议。情感上的反馈是分析设计缺陷的一个必要组成部分，它能真正帮助你确定你的设计方法是否能引起用户的共鸣，是否有助于指导产品的设计方向。

④ 竞争性比较测试：用户如何使用竞争性产品？

比较相互竞争和互补性的产品，是设计问题求解过程的一个重要部分。这在测试阶段也不例外。例如，让用户使用这些竞争性产品完成一些基本任务，以便了解你的设计是否适合目标用户。尽量去理解用户对不同设计模式或特征做出反应的内在原因。在原型阶段，你可以进行比较测试，让用户使用两到三种不同的产品完成同样的任务，其中有一个就是你的产品原型。有时候，你会对竞争对手做出假设，认为他们的设计存在一些优点和缺点，而这种测试就能验证你的这些假设。你甚至可能会发现，你的客户或相关人员在关注竞争对手的设计方法，而且希望你最终的设计方案也和他们一样。对原型和其他竞争性产品进行比较，有助于摒弃那些曾经遵守的设计模式，并找到正确的设计方案。通过这种方法，我们可以知道用户测试能一劳永逸地终结设计方案上的一些争论。

（5）测试脚本与测试

我们所进行的测试似乎是一个与用户对话的过程。要让用户感到自在，并鼓励他们针对你的设计方案畅所欲言，使他们基本感觉不到自己在接受测试。当然，你需要引导和控制这个对话过程，所以要围绕重点展开讨论，然而，一丝不苟地遵循测试脚本，或者总是寄希望于临场发挥也会导致测试结果没有太多价值。由于受到不同类型测试方法的影响，测试脚本也不尽相同。即便如此，建立测试脚本还是很重要的，因为它可以让你在测试过程中保持方法的一致性，并且能向用户提出关键的问题。总的来说，把测试脚本作为指导工具，而不是把它当作一成不变的教条。

第一，常用方法。

关于如何建立一套方法来开展测试过程，总结出了以下几点。

① 打开记录设备，然后把参与测试的用户召集过来。你应该在用户进入测试房间之前准备好照相机，并开始记录，以便在测试过程中的热身阶段就能捕捉到所有重要的用户反馈，而不要等到别人提醒你的时候才开始记录。

② 准备一个简要介绍，总结一下测试目的和测试内容（这可以强调测试的预期指标，并有助于明确后续工作的流程）。

③ 如果你要给用户录像，就要告诉他们，并确保他们对这无异议。总的来说，要做哪些记录要视你给用户的报酬而定，所以说大多数的用户对这一过程还是很满意的，但要付给他们报酬。

④ 要求用户签订保密协议，并就他们已经获得报酬和同意录像等事宜进行正式签名。我们会预先给用户支付报酬或赠送礼物，因为我们发现一开始就让用户的报酬落袋为安，可以使他们放松下来，不会让他们担心我们在后面会忘记支付报酬，从而让他们集中精力完成测试任务。

⑤ 开始测试之前，要把热身活动的介绍以及用户招募说明文件发给用户，让他们提前熟悉一下。这些准备活动有助于消除用户的紧张感，并让他们的谈话变得自在起来，能无拘无束地畅所欲言。这可以记录用户对感兴趣主题（例如，"对于你个人来说，烹饪意味着什么？"这样的问题可以让用户自己先思考一下）的行为和想法，不管是在线还是离线的时候。

⑥ 在结束热身活动中的讨论之后，告诉用户你将让他们执行一系列的任务，完成任务的方式没有对与错之分，并说明这只是测试设计方案，而不是测试用户。为了消除用户的紧张情绪，还可以对他们说："如果你不能完成这个任务，那么很可能其他人也不能完成。"

⑦ 经常说自己对设计方案一无所知，从而使用户能大胆地批评这些设计，而不至于让他们感觉到冒犯了你。有时候，参与测试的用户会对设计方案的批评有所保留，因为如果你是一个好客的主人，他们就会喜欢你，于是就有可能避免冒犯你。所以，你务必告诉他们，对设计方案的批评根本不会影响你。

⑧ 在开始审查测试任务之前，让用户放松下来，并询问他们是否对测试有任何疑问，解决用户想要喝水等需求。务必使用户感觉到舒适，然后再让他们进入到测试过程中。

⑨ 要向用户多提关于产品的问题，例如"你什么时候最后一次使用与这类似的产品？"或者是"你用过这个产品吗？如果没有的话，你用过类似的产品吗？"然后鼓励他们回答为什么要使用这些产品或服务，或者为什么不使用它们。

⑩ 对于每个任务而言，不管用户是否需要帮助才能完成它们，都要把相关信息记录下来。如果用5个等级来评分，就要通过笔记本把这些分值清楚地记录在文档中。我可能用1分或是2分表示任务失败，3分表示通过，4分或5分表示优秀——这可以让你在后续的结果分析中区分出各个任务的完成情况。

⑪ 在每个测试过程的结尾，问一些总结性的问题："你的总体印象如何？哪三个方面是我们最需要进行改进的？如何用10分制对你的体验打分，1分表示糟糕，10分表示优秀。"然后向用户发放测试之后的问卷。

不要担心对测试脚本是要墨守成规，还是要临时发挥。最终，你都会对脚本做出更好的调整，并根据其是否能最好地理解用户而开展测试工作，这样才能从用户测试中获得更多的结果。

第二，引导性测试。

我们经常都会在正式测试之前开展所谓的引导性测试，这让我们有机会改正测试脚本中存在的各种问题，从而确保正式的测试流程无懈可击。引导性测试是对用户测试的模拟，它可以邀请任何人（团队成员、同事等）作为被测试用户。通过它可以遍历测试脚本，并检查描述测试场景的措辞和任务操作流程是否合适。在进行正式测试之前开展引导性测试可以将时间开销降到最低，但是你在实际应用中需要关注以下几个方面。

① 测试时长：最多一个半小时；

② 场景的流程、逻辑和顺序：当你在测试产品的不同方面时，要注意相应任务的先后顺序；

③ 场景的措辞：将描述测试场景的文字大声朗读出来，看看你招募的模拟用户是否能理解它们，如有必要还要进一步修改；

④ 提供附加信息：提前为用户提供一些案例信息，将其写在一张单独的纸上，这样用户就能预先了解他们所要完成的测试任务；

⑤ 尽量多加练习：在你招募真正的用户之前，把握引导性测试这个机会，至少要把测试流程练习一遍。

第三，如何与用户交谈。

测试流程应该像谈话一样，而且必须让用户感到轻松自在。如果想让用户直接回答问题，并且说明他们的操作内容和操作方式，这是很重要的一点。用户通常会产生一些疑惑，所以他们会需要我们指导，来告诉他们该做些什么。所以尝试去改变谈话的方式，使我们能获得用户的反应。不要在意用户一定要完成任务，而是关注用户本身。回避用户的直接提问是很难的。因为从以往谈话中，可以看到用户经常会向我们提问题，而不是依靠他们自己找到答案。

第四，及时结束任务。

与上面对用户的引导相反的是，有时候也需要对用户进行一些干预，从而帮助他们完成测试任务。如果用户在任务执行过程中陷入停顿，或者遇到挫折，他们就无法再继续进入想测试的屏幕页面，也无法获得相应的反馈，这个时候再浪费时间就没有意义了。

所以在这些情况下，要给这个任务的完成情况打0分，然后说我们稍后会再测试这个任务，不然，就要引导用户进入那个我们想测试的页面，并询问他们的反馈意见。可以这么说，"看起来你似乎在完成这个任务时遇到了一些麻烦，那么我们是现在停止测试还是稍后再回来试一下？"或者说"如果你现在陷入困境，我将直接给你展示那个我们想要测试的页面"。

记住，别让用户在困境中陷入的时间太长，否则就越不可能实现测试目标，用户很快就会失去信心，而且我们也会发现，一旦用户开始感到他们自己已经彻底失败，你可能很难再让他们重新建立信心，按照既定流程继续进行测试了。

第五，回应用户的任何提问。

作为测试主持人，其实不需要讲太多的话，我们所要做的，就是倾听和指导（或回应）用户。有一些提问在这些情况下很有用。

① 你的想法是什么？

② 你的喜好是什么？

③ 你对这个问题怎么看？

④ 你现在感觉如何？

⑤ 它对你重要吗？

⑥ 在这种情况下什么可以帮助你？

⑦ 你有什么建议吗？

任何时候只要用户向我们直接提问，可以用上面的这些问题反问他们，把问题又交还回去。我发现用这种回应方式可以避免用户觉得他们自己一无所知，或者正在被人盘问，或者感觉你在回避他们的问题。所以如果你自己不愿多发表意见，就让用户自己滔滔不绝地说起来。

第六，再次强调"五个为什么"。

笔者发现在回应用户的提问时，"为什么"和"什么"这些词很有用，因为它们促使用户考虑他们的操作，以及这样做的原因。所以再次说明，这样有助于你从用户那里获得答案，而不是你自己把答案说出来。强调"五个为什么"有助于你开展成功的用户测试流程，能深入分析用户这么想或这么做的原因。用户自己可能难以表达他们行为的内在原因，所以"五个为什么"可以帮助你深入研究他们的行为，并揭示他们言行之间的矛盾。

（6）衡量设计的成功性

先想想如何定义一个成功的设计方案，然后据此来衡量设计方案的成功性。这样，整个设计团队就能很清楚地知道是否需要对某个设计方案进行修改了。其中一个最简单的衡量指标就是任务完成度，也就是说，用户是否能完成你指派给他们的任务？这个基本的判断标准可以告诉你，设计方案的哪些方面还需要进一步关注，以及哪些操作序列或流程需要完善。

这里还有一些其他衡量指标，我们曾在大型项目中使用过它们，这些项目需要考虑许多方面的因素，进而帮助我们做出综合决策。

① 指派专家对任务完成度进行打分，每个任务及其完成情况用1～5分来衡量，而不是简单地用成功或失败来区分（1分或2分表示失败，3分表示通过，而4分或5分表示优秀）；

② 要求用户根据自己的主观判断进行10分制打分（针对所有的测试流程提出一个想要达到的平均满意程度，用1～10分表示，1分表示满意程度最低，10分表示满意程度最高）；

③ 使用系统可用性量表（SUS）的评分方法给测试结果打分（SUS采用易于使用的百分制。在一个设计团队中，你可以提出一个期望达到的满意分值）。

虽然还可以应用一些其他的衡量指标，但是上述这些简单的指标已经足够让你做出决策了。特别是在为了修改设计方案，而需要比较充分理由的情况下，这些基本的衡量指标足以胜过用户仅仅口头上的反馈。

7.4.3　设计方案迭代

一旦我们让用户来测试原型，我们就能根据测试反馈结果来修改设计方案。根据这些反馈信息更新设计方案，并再次测试它们，这个过程进行得越快，效果就越好。在用户体验流程中，我们将这称之为迭代测试和完善。对交互式原型进行测试和完善，可以加快传统设计方法中的产品发布、反馈获取、方案修改和后续发布等工作，但在一个受控的测试环境中，这样做会因小失大。如图7-3所示，为了能对自己的设计方案充满信心，我们需要至少进行三轮的迭代。

对于孵化不成熟的设计方案而言，这是一个行之有效的方法。根据从用户和特定领域专家反馈的信息，以及从客户和同行那里得到的一些建设性批评意见，可以建立一个良好的外部环境，使得设计方案能逐步成熟起来。只要对迭代测试和设计优化有足够的重视，就能获得更多"物美价廉"的结果，而不是需要进行2～3天的测试，才能对一个设计方案进行完善。

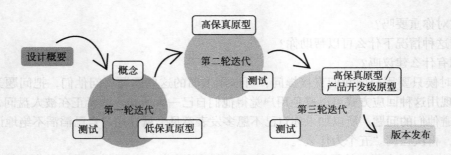

图7-3　迭代：不断的测试、分析和修改

（1）迭代过程

在进行编程开发之前，对设计方案进行用户测试，可以让我们从中不断获得反馈。理想情况下，你应该留下足够的时间（但也不要花过多的时间）来消化测试结果，并和团队成员或客户就其进行交流，这样你就能自然而然地在下一轮迭代中明确工作方向。

我们制定了一个广义的提纲，在迭代测试中，我们会经历其中的以下步骤。

① 规划测试流程（这和最初的测试计划是相同的）；

② 招募合适的用户，从而保证测试结果与项目的相关性；

③ 明确测试内容，这样就能知道设计方案是如何工作的；

④ 为了保证测试结果质量，一天最多测试四名用户；

⑤ 分析测试结果，并和团队成员进行讨论；

⑥ 根据分析结果对原型进行修改；

⑦ 再招募三至四名用户对新方案进行测试。

如果进行了多轮的迭代测试，务必要从客户或团队成员那里获取一些修改意见，并在下一轮迭代开始之前完成这个工作，因为还有其他很多工作要做。

（2）理解结果

因为已经在用户研究阶段完成了情境式调研，所以开展用户测试时，就要从测试样本中发现一些模式，它将揭示出关于原型的一些情况。

第一，快速分析结果。

在目前这个阶段，要更加关注如何向设计方案或开发团队灌输一些想法，从而能快速修改设计方案。如果幸运的话，可以让客户（或者是团队中的成员）来观看整个过程，所以应该充分利用这个机会，并保证每天得到的分析结果能得到大家的一致认可。为了和更多的人或者是那些不在现场的人进行交流，只有建立越多的文档才越能满足这一需求。

每天的评估结束以后，要总结一下。把设计方案中的页面打印出来，并把它们贴到墙上，让每个人都可以在上面添加评论。在一张简单的电子表格中把这些记录下来，然后让大家针对这些问题进行讨论，区分出优先级。最后，从整体层面对这些测试结果进行总结，并把它们分发给其他成员。

也许还存在一些灰色地带，我们对其中存在的问题还不了解。需要现在就行动起来，并马上进行下一轮的迭代测试。

第二，对不同的结果要认真分析。

测试过程中用户的反馈结果可能是多种多样的。不是所有的用户都能全身心投入到测试中，也不是所有的用户都能准确地表达或理解他们的所见所闻。所以就需要我们作为半个行为学家或半个设计师进行相应的分析、设计工作。当你发现用户之间的反馈意见互相产生冲突时，就需要理解其中的原因所在。可以从以下这些方面进行考虑。

① 是因为用户的经验存在差异吗？（新手/专家）

② 是不是测试场景过于具体？

③ 在向用户提问时，你是否做出了过多的引导？

④ 你是不是对用户的反馈过于敏感？

⑤ 是不是你的测试目标过于模糊？

通常来说，经过四名用户的测试之后，就会开始发现一些趋势或模式。然而，如果测试还存在太多的问题，就需要重新检查一下你的测试方案是否存在一些错误。不管你采取什么行动，如果还存在相互矛盾的测试结果，就不要对设计方案做出修改。

7.4.4 何时结束工作

关于"结束"的定义，是在软件敏捷开发领域提出来的，但没有必要让用户体验流程和敏捷开发一模一样。行为驱动的开发（BDD）应用敏捷开发方法，并在编程实现之前完成场景的设定[11]。随后这些场景将轮流驱动设计和开发工作流程的进行。现在，许多用户体验方法都成功引入了敏捷开发流程。因此，如何通过用户体验方法来确定何时结束每个环节的工作，考虑这一点是很有用的。

通过用户测试进行迭代式评估，可以让客户对当前的设计方案树立信心，然而，有时候，在某个时间点上，客户也会对设计结果的质量产生不同看法。下列这些衡量指标和指导意见有助于建立我们的信心。

① 在测试过程中，只进行两到三次的设计迭代（这样的话，如果你一共测试八名用户，那么只需要两次迭代；如果你测试十二名用户，就需要三次迭代）；

② 在最后一次迭代之后，每个人在总结阶段要保证95%的问题都得到了解决，进而使得每个人都很乐意开展后续工作；

③ 如果客户或团队成员认为设计方案还需要改进，那么就要提出对设计方案再进行一轮快速修改。

这些指导意见只不过是一些例子。你需要和你的团队进行协作，针对你所处的具体情况制订一套衡量标准，并达成一致意见。最终，大家达成的一致意见还要受到经费预算、项目时间进度和总体工作目标的影响。即便如此，通常还是需要计划清晰的工作流程，以便每个人都对工作流程满意。

参考文献

[1] 李雷. 大数据环境下数据存储与查询的研究 [D]. 哈尔滨：哈尔滨工业大学，2014.

[2] 朱久法，张彩虹. 学术论文中常见的一些数据问题及对编辑工作的要求 [J]. 中国科技期刊研究，2010，21（04）：546-548.

[3] 胥橙庭，孙松茜，张彤，张蓓. 大数据时代编辑的信息获取能力初探 [J]. 科技与出版，2015（03）：43-45.

[4] 董道国，薛向阳，罗航哉. 多维数据索引结构回顾 [J]. 计算机科学，2002（03）：1-6.

[5] 邱宁. Excel电子表格与数据库的数据转换 [J]. 计算机应用与软件，2004（10）：24-25，79.

[6] 黄倩文. 基于不可分小波的数字图像盲取证方法研究 [D]. 武汉：湖北大学，2013.

[7] 胡凤培，韩建立，葛列众. 眼部跟踪和可用性测试研究综述 [J]. 人类工效学，2005（02）：52-55.

[8] 华梅立. 交互设计中的原型构建研究[D]. 无锡：江南大学，2008.

[9] 杨杰荣，李先国. 迭代开发模式中功能测试自动化的研究与实现[J]. 计算机工程与设计，2007（20）：4862-4864.

[10] 吴玉玲，赵玲莉. UED产品体验与敏捷迭代的平衡战术研究[J]. 无线互联科技，2019，16（14）：57-59.

[11] 张欣，姚山季，王永贵. 顾客参与新产品开发的驱动因素：关系视角的影响机制[J]. 管理评论，2014，26（05）：99-110.

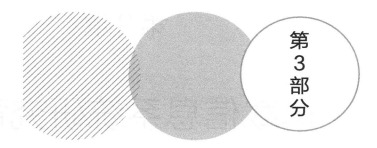

第3部分

实践篇——车载信息系统智能交互设计案例研究

第8章　车载信息系统（IVIS）研究背景
第9章　如何划分IVIS可用性指标
第10章　从设计出发的IVIS可用性量化
第11章　不同IVIS设计之间的差异
第12章　可用性模型与IVIS迭代设计
第13章　用户体验设计案例
第14章　智能时代，回归体验设计

第8章

车载信息系统研究背景

8.1 / 什么是车载信息系统（IVIS）

8.1.1 IVIS走向何方

本研究的主要目的是：通过在真实情境下检测车载信息系统的可用性数据，形成一套基于用户的车载信息系统设计程序，制订可用性评价方法，为我国车载信息系统设计和应用提供参考，具体包括以下内容。

（1）揭示驾驶过程中，驾驶人员使用车载信息系统和车辆运行状态较正常情况下驾驶过程的变化规律，提出基于安全性的可用性评价指标体系，丰富车载信息系统可用性相关理论研究。

（2）综合考虑多种任务测试车载信息系统，建立车载信息系统可用性评价模型，提高评价准确性。

（3）基于可用性评价模型，测试相关数据，对车载信息系统的输入端口、输出端口、界面布局等提供设计的指导依据，形成一套基于用户研究的设计程序，解决应用和设计脱节的问题。

8.1.2 IVIS走得多远

（1）理论意义

系统研究驾驶员在使用车载信息系统时的驾驶行为、视觉行为、生理反应，克服目前研究仅关注具体模块任务中单一指标的不足，并在此基础上建立车载信息系统可用性评价体系，综合考虑多项交互任务的影响，进而提高评价系统准确性、全面性，为安全驾驶下的人机交互系统开发奠定基础。

（2）实际意义

① 提升驾驶员的主动驾驶参与性，进而提高驾驶员与界面的交互绩效，最大限度地使用车载信息系统；

② 有助于设计师更好地进行界面个性化设计，同时为消费者购车时提供可靠性决策和多样性选择；

③ 在实际的车辆行驶中，可以辅助驾驶员更安全有效地进行车辆驾驶，从而降低交通事故的发生率，提高道路通行能力。

8.2 / IVIS现状研究

据世界卫生组织出版的《道路安全全球现状2018》报道[1]，在过去三年间，每年的道路交通死亡数量并未增加，但每年死亡人数仍处于125万人的高水平，有3000万～3500万人在交通事故中受伤，且超过90%的死亡发生在中低收入国家，而这些国家的车辆总数仅占全球总数的54%。其中，中国在2016年交通事故死亡率为27.3%，位居世界首位[2]。在道路交通事故中，因为驾驶注意力分散而引起的为25%～50%，而事故之中，由驾驶人员主动参与使用车载信息系统的比例高达17.1%[3]。

以上数据表明，安全驾驶条件下的车载信息系统研究已经成为各国的研究热点问题，其中美国研究侧重于驾驶员如何在车辆快速行驶中和车辆实现准确的信息交互，而研究表明，车辆每行驶1英里，驾驶员需要做出20个复杂决定，这种状况下必须通过车载信息界面的合理设计，以提高可用性和驾驶绩效[4]。

近年来，驾驶实际状况中，道路环境不断复杂，驾驶任务也愈发多样化，但是大量的车载信息系统还是不断应用到汽车驾驶空间中。按照Norman的观点，追求复杂是人类对产品功能和情感体验需求的体现，问题的关键不是简单地减少复杂，而是通过精心的设计良好地管理复杂，为用户提供复杂但易用的产品[5]。作为科技产品，车载信息系统也不例外。因此，车载信息系统在复杂信息的情境下，开展其可用性评价研究，将有效解决车载信息系统操作便利性的问题，又保证驾驶安全和效能。在这样的情况下，车载信息系统的可用性评价就必然成为当前汽车工程和人机界面领域研究的热点问题之一。

8.2.1 纵观国内IVIS趋势

分别利用CNKI和WOS数据库展开车载信息系统领域的文献检索，采用文献计量分析方法，对近十年来国内外的相关研究成果进行综述。

中文文献来源于CNKI数据库的四个子数据库：期刊、博士、硕士、国际会议。检索式为：TI='车载信息系统'+'驾驶'and SU='交互设计'+'工业设计'，发表时间为2007年1月1日至2017年1月1日，学科领域不限，共检索得到有效文献521篇。

（1）年发文量

按期刊论文（含国际会议）、学位论文和总体来统计上述文献的年发文总量，得到图8-1。除去2017年因未含全年数据造成发文量偏低的影响，车载信息系统领域的年发文量基本呈上升态势，且出现了两个较为明显的增长点。2012年，年发文量为59篇，较上一年有56.7%的增长，2012—2015年为平稳期，年均发文量为61篇；2016年，年发文量为87篇，较上一年有57.6%的增长，2016年达到峰值。

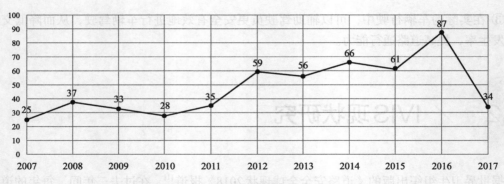

图8-1 车载信息系统领域的年发文量（CNKI数据库）

（2）文献来源

分别按期刊论文和学位论文来统计文献来源，得到图8-2。期刊论文的主要来源为《城市轨道交通研究》《微计算机信息》《计算机测量与控制》《农业工程学报》《湖南农业大学学报（自然科学版）》《电子世界》等，其中发文量较高的《城市轨道交通研究》发表的车载信息系统论文主要侧重于车载信息系统评价的模型研究；从学位论文的来源机构看，国内车载信息系统研究集中在湖南大学、吉林大学、武汉理工大学、中国科学技术大学、南京航空航天大学、东北大学、华东理工大学、山东大学、浙江大学等高校，其中湖南大学的主要研究方向为车载信息系统界面操作。

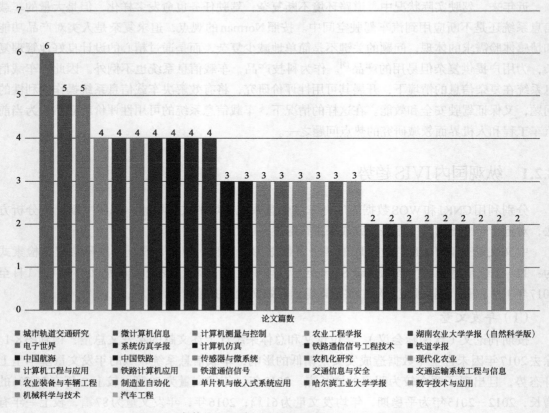

图8-2 车载信息系统领域的文献来源（CNKI数据库）

（3）作者发文及合作关系

对521篇文献的作者发文情况及合作关系进行统计，利用CiteSpace软件绘制可视化图谱，设定时间切片为1年，Top N选择50，得到图8-3。文献共涉及2211位作者，发文量3篇以上的作者共有12位，前3位分别是胡文斌、陈定方和翟社平。围绕这12位作者存在较为明显的3个聚类，形成合作作者群集。编号为1的聚类核心作者为胡文斌和罗亚辉，编号为2的聚类核心作者为陈定方、蒋云和汪璇，编号为3的聚类核心作者为翟社平和李威。图8-3中采用由蓝到红的渐变色表示2006—2017年的过渡，从颜色变化可以看出编号为1和2的聚类研究具有持续性。

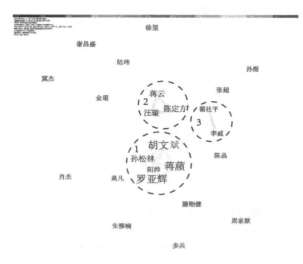

图8-3　作者发文及合作关系（CNKI数据库）

（4）机构发文及合作关系

所属机构发文及合作关系的可视化图谱如图8-4所示。文献共涉及68所研究机构，发文量10篇以上的机构共有4所，分别是武汉理工大学、湖南农业大学、北京黎明视景科技开发有限公司和西安邮电大学。围绕这4所机构存在较为明显的3个聚类，形成合作机构群集。编号为1的聚类核心机构为武汉理工大学和湖南农业大学，编号为2的聚类核心机构为北京黎明视景科技开发有限公司，编号为3的聚类核心机构为西安邮电大学。从结点变化可以看出编号为1的聚类研究具有持续性。

图8-4　机构发文及合作关系（CNKI数据库）

（5）高被引论文

对521篇文献的被引频次进行统计，达到40次的共有9篇，见表8-1。其中，编号为1和2的文献是综述类论文，编号为3的文献是国内研究车载信息系统最早的一篇博士学位论文。

表8-1   高被引论文（CNKI数据库）

编号	篇名	作者	被引频次
1	学习型组织的过程模型、本质特征和设计原则	陈国权	348
2	城市智能交通系统的发展现状与趋势	陆化普，李瑞敏	129
3	智能车辆自动换道与自动超车控制方法的研究	游峰	121
4	基于机器视觉的车道偏离预警系统研究	余天洪	86
5	地铁列车智能驾驶系统分析与设计	黄良骥，唐涛	61
6	山地果园遥控单轨运输机设计	张俊峰，李敬亚，等	52
7	高速列车多模型广义预测控制方法	杨辉，张坤鹏，等	45
8	基于模糊预测控制的列车智能驾驶系统研究	康太平	45
9	基于遗传算法和模糊专家系统的列车优化控制	何庆	42
10	运动行人检测与跟踪方法研究	常好丽	35
11	基于单目视觉的夜间车辆和车距检测	周俊杰	34
12	基于遗传算法的列车智能驾驶系统研究与实现	张强	33
13	汽车驾驶模拟系统的研究与进展	王力军，荆旭，等	32
14	多源信息智能融合算法	易正俊	32
15	基于单目视觉的车道偏离预警系统设计	马超	30
16	基于虚拟现实技术的汽车虚拟驾驶系统的研究与开发	荆旭	30
17	高速汽车弯道前方碰撞预警算法的研究	张立存	30
18	基于OSG的分布式汽车驾驶模拟器运行仿真及碰撞检测研究	汪璇	29
19	基于VIRTOOLS的分布式VR的网络技术研究	王乐	29
20	模糊预测控制及其在列车智能驾驶中的应用	周家猷	27

（6）关键词共现分析

依据年发文量的增长趋势，设定时间切片为1年，Top N选择30，利用CiteSpace绘制521篇文献的关键词共现网络聚类图谱，并对图谱信息进行梳理，得到图8-5。编号为1的圆反映了车载信息系统领域的主要研究目的，即列车自动驾驶，此外还包括速度控制、无人驾驶、模糊控制等；编号为2的圆涵盖了521篇文献的主要研究对象，包括辅助驾驶系统、虚拟现实、模拟驾驶、光学设计等；编号为3的圆包含了产品车载信息系统的研究内容，包括辅助驾驶、模型预测控制、车道线检测、自适应巡航控制等，其中辅助驾驶的研究最为广泛；编号为4的圆囊括了车载信息系统领域的研究目的，包括自动驾驶系统、标注化作业、自动导航、电动汽车等；编号为5的圆揭示了车载信息系统领域的发展方向，车载信息系统的发展趋势诸如行人检测、车辆辅助驾驶、驾驶意图等多个方向。图中采用多种颜色的线条分别表示2007—2017年主要关键词之间的联系，从颜色变化可以看出，辅助驾驶系统开发已成为近几年的研究趋势。

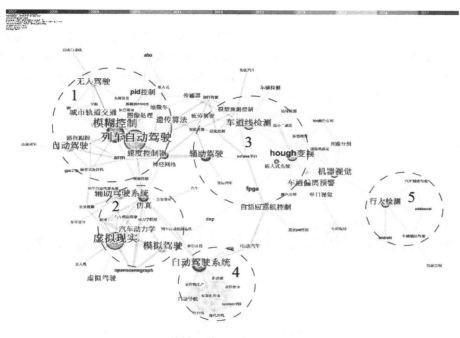

图8-5　关键词共现网络（CNKI数据库）

8.2.2　剖析国际IVIS趋势

英文文献来源于Web of Science数据库的三个子数据库：SCI-E、SSCI、AHCI。检索式为TS="In-vehicle information system" AND TS=design，文献类型为Article OR Proceedings Paper，时间跨度为2007年1月1日至2017年1月1日，共检索得到有效文献349篇。

（1）年发文量

按期刊论文（含国际会议）、学位论文和总体来统计上述文献的年发文总量，得到图8-6。英文文献的年发文量基本呈上升态势，也出现了两个较为明显的增长点。2012年，年发文量为38篇，较上一年有15.7%的增长；2015年，年发文量为51篇，较上一年有25.3%的增长；2016年又进入低谷期，年发文量为33篇。

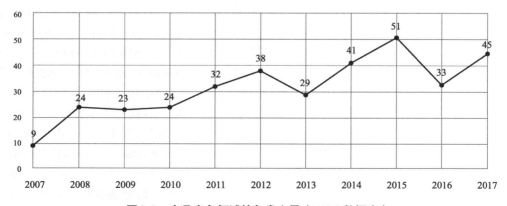

图8-6　产品意象领域的年发文量（WOS数据库）

（2）文献来源

按期刊论文和会议论文来统计文献来源，得到图8-7。期刊论文的主要来源为*Plos One*、*Transportation Research Part F Traffic Psychology and Behaviour*、*Jove Journal of Visualized Experiments*等，会议论文的主要来源为*Veterinary Immunology and Immunopathology*、*Applied Ergonomics*、*Journal of Proteome Research*等。

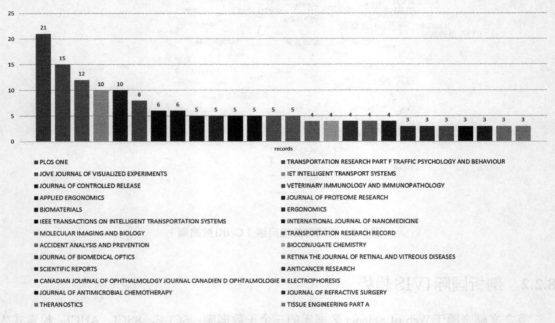

图 8-7　车载信息系统领域的文献来源（WOS 数据库）

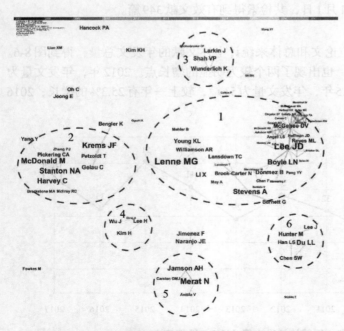

图 8-8　作者发文及合作关系（WOS 数据库）

（3）作者发文及合作关系

设定时间切片为1年，Top N 选择50，得到如图8-8所示的作者发文情况及合作关系的可视化图谱。349篇文献共涉及522位作者，发文量10篇以上的作者共有12位，前3位分别是Monash University 的LENNE MG、HSBC Holdings 的MCDONALD M和University of Birmingham的STEVENS A。围绕这12位作者存在较为明显的6个聚类，形成合作作者群集。其中，编号为2的聚类核心作者为Technische Universitat Chemnitz的Krems JF和University of Southampton的Stanton NA，编号为3的聚类核心作者为 Noblis的Wunderlich K和Larkin J，编号为5的聚类核心作者为University of Leeds的 MERAT N。从颜色变化可以看出编号为1的聚类研究具有持续性。

（4）机构发文及合作关系

所属机构发文及合作关系的可视化图谱如图8-9所示。文献共涉及436所研究机构，发文量15篇以上的机构共有26所，包括国内的天津大学、华东理工大学、东北大学、浙江大学和东南大学。围绕这26所机构存在较为明显的5个聚类，形成合作机构群集。编号为1的聚类核心机构为UC Berkeley、清华大学、Univ Michigan、MIT和同济大学，编号为2的聚类核心机构为Univ Southampton。从颜色变化可以看出编号为1的聚类研究具有持续性。

图8-9　机构发文及合作关系（WOS数据库）

（5）高被引论文

349篇文献共包含2892条有效引文，其中被引频次达到100次的共有11篇，见表8-2，这11篇文献代表了近十年来车载信息系统研究重要的知识基础。其中，编号为1的文献作者是Univ Calif San Diego的McCall JC，他是车载信息系统研究的奠基性人物；编号为2的文献作者是沃尔沃汽车研究院的Engstrom J；编号为3的文献作者是Univ Illinois的Seiler P。结合前文分析，高被引论文揭示了国际具有代表性的研究团队，其中有企业也有高校，高校主要集中在欧美国家，而中国的清华大学和同济大学在国际期刊中的文献发表数量也呈现明显上升趋势。

表8-2　高被引分析（WOS数据库）

编号	文献	发表时间	被引次数
1	Video-based lane estimation and tracking for driver assistance：Survey，system，and evaluation	2006	411
2	Effects of visual and cognitive load in real and simulated motorway driving	2005	224
3	Disturbance propagation in vehicle strings	2004	174
4	Automatic traffic surveillance system for vehicle tracking and classification	2006	166
5	Looking at Vehicles on the Road：A Survey of Vision-Based Vehicle Detection，Tracking，and Behavior Analysis	2013	159
6	Sensitivity of eye-movement measures to in-vehicle task difficulty	2005	146
7	An efficient method of license plate location	2005	133
8	Real-time detection of driver cognitive distraction using support vector machines	2007	119
9	Vibrotactile in-vehicle navigation system	2007	117
10	Speech-based interaction with in-vehicle computers：The effect of speech-based e-mail on drivers' attention to the roadway	2001	116
11	Exposure to particulate matter，volatile organic compounds，and other air pollutants inside patrol cars	2003	104
12	A headway-based approach to eliminate bus bunching：Systematic analysis and comparisons	2009	94
13	A comparison of tactile，visual，and auditory warnings for rear-end collision prevention in simulated driving	2008	92
14	Time-location analysis for exposure assessment studies of children using a novel global positioningsystem instrument	2003	90
15	Time-varying travel times in vehicle routing	2004	88
16	DGPS-based vehicle-to-vehicle cooperative collision warning：Engineering feasibility viewpoints	2006	87
17	Kalman filter-based integration of DGPS and vehicle sensors for localization	2007	81
18	Bus arrival time prediction using support vector machines	2006	80
19	In-vehicle data recorders for monitoring and feedback on drivers' behavior	2008	77
20	Adaptive fuzzy strong tracking extended kalman filtering for GPS navigation	2007	68

（6）关键词共现分析

设定时间切片为3年，Top N选择30，绘制349篇文献的关键词共现网络聚类图谱，并对图谱信息进行梳理，得到图8-10，其布局与图8-5类似。不难发现，英文文献中车载信息系统领域的主要研究目的为辅助驾驶；研究对象有驾驶系统、驾驶绩效等；研究内容包括驾驶可用性、驾驶安全等，其中驾驶驾校评价的研究最为广泛；研究方法与中文文献差别不大，主要包括聚类分析、因子分析、结合分析、神经网络、遗传算法、支持向量机、模糊逻辑、灰色系统理论等；学科背景涉及交通工程、设计学、人因工程学等多门学科。

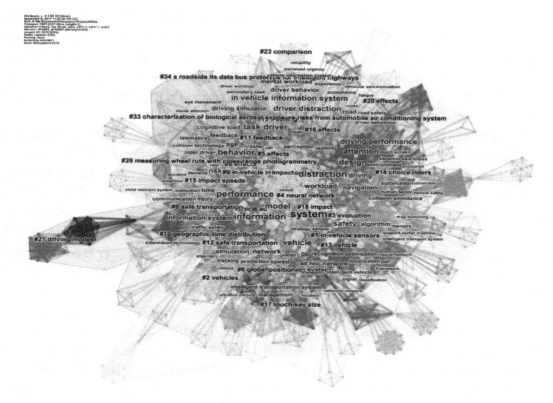

图8-10　关键词共现网络（WOS数据库）

（7）主要研究成果

基于主观可用性指标评价的主要研究成果如下：Joonhwan、Jodi和Scott E等人通过用户描述来评价车载导航系统，根据客户满意度优化了导航路线情境，使得导航地图的显示时间减少至1/6，进而提高了工作效率[6]。Jannette和Mark通过驾驶员在执行车道变换任务时利用语音操作车载信息系统，观察驾驶员的眼动行为和注意力，对车载信息系统的绩效水平和基本水平进行可用性评价[7]。Andreas从性能指标和感知吸引力两方面对车载信息系统进行可用性评价，同时引入人体工程学验证评价指标的可靠性[8]。Wen-Chen Lee从司机工作效率指标评价车载导航、手机导航、纸质地图三种方式的工作效率，通过城市和农村不同的环境进行实验，得出便携式手机导航的工作效率更为有效[9]。雷诺汽车公司提出驾驶员执行驾驶任务时，用户感知仪表板发出的声音作为用户感知数据库的数据来源，继而进行可用性的评价标准。Talia Lavie将美学尺度、色彩数量、图形模式等外观设计要素作为车载导航可用性评价指标，得出用户的可用性评价不仅关注车载信息系统的实际功能，同时也考虑到了外观设计[10]。Shana Smith探讨了用户使用汽车抬头显示器（HUD）时的感受和情绪，以不同年龄和性别的用户作为实验对象，建立了预测HUD产品风格的模型，帮助用户在购车时进行喜好识别[11]。Raíssa Carvalho和Marcelo Soares通过用户访谈、问卷调查、任务执行等方法研究出车载信息系统的可用性评价标准，进行汽车仪表盘的风格识别研究，提高驾驶的舒适性和安全性[12]。Dalton和Agarwal研究路口驾驶员的听觉信息对驾驶员的干扰，以用户的听觉偏好为评价指标，进而确定他们驾驶时的认知需求[13]。Anirban和Sougata将用户人格作为选择车辆产品的研究因素，建立了汽车风格和用户性格的直接关系，获得的知识将有助于工业设计师进行产品的个性化设计[14]。

Huhn Kim运用智能手机操作车载信息系统，研究操作智能手机时的触摸手势，例如平移、捏、滚动、轻敲等，对不同触摸手势对车载信息系统的使用效率情况做出了可用性评价[15]。Yiyun Peng和Linda以车载信息系统的文本阅读方式作为评价指标，研究结果显示了缩短文字命令和减少阅读任务可以提高驾驶员在驾驶中的注意力[16]。Johannes Weyer探讨了在面临车辆失控状态下，司机如何运用车载信息系统对车辆进行控制，通过问卷进行负面评价，作为车载信息系统和驾驶辅助系统的改进依据[17]。

基于客观可用性指标评价体系研究成果如下：Nana、Akiko和Mitsuyuki等人将新老驾驶员眼球运动时间和制动反应时间作为可用性评价参数，来测定汽车导航设计位置是否合理[18]。Pei-Chun Lina通过对不同性别的驾驶员进行驾驶任务分配，例如完成定位、规划路线和收集数据，依照工作效率和满意度作为可用性评价指标，解决了制造商基于不同性别的语音接口设计需求[19]。Yong Gu Ji在对车载信息系统可用性评价时，定义了可用性风险等关键水平值、函数水平值、摩擦水平值等参数，此评价框架可以在设计的早期阶段进行可用性的风险水平预测[20]。Garay-Vega通过语音控制车载信息系统完成相关任务，记录了眼动行为、车辆行驶状态、驾驶员心理负荷量等数据，讨论了语音任务界面设计对于行车安全性的影响[21]。Ching-Torng Lin对比了驾驶员对二维和三维导航地图的不同阅读模式，收集驾驶员的眼动数据和误差率，结果显示较为简单的二维地图的误差有效减少了50%，此研究对导航信息系统设计具有指导意义[22]。Mitsopoulos-Rubens对车载信息系统进行交互使用时，记录了车辆的车道偏差百分比、行程路线，研究了驾驶员在执行主观认知任务时的状态，发现驾驶安全的潜在影响因素[23]。Oliver Carsten基于真实驾驶环境对车载信息系统进行可用性评价，主要搜集了不同行车环境时噪声对驾驶员心理负荷的影响，对比了以往在模拟器上实验方法不足的问题[24]。Mioara Cristea研究了使用车载信息系统提供的道路环境信息时的驾驶安全性问题，收集驾驶员接收信息的反应时间，同时对比了不同车载信息系统平台的使用效率情况[25]。Min K.Chung研究了触摸键的尺寸对于车载信息系统可用性的影响，记录了尺寸效应（车道位置、车速变化率、扫视时间、注视时间、兴趣区域）和可用性指标（任务完成时间、错误率、主观偏好等），根据Fitts定律进行实验验证，得到触摸键尺寸对于驾驶安全的影响[26]。Frederik Platten检测了在不同状态下使用车载信息系统时驾驶员的瞳孔变化数据，判定驾驶人的心理负荷程度，并且提出了心理补偿方法，提高驾驶员的感知性能[27]。Norwich Union和IBM共同研发的按量收费系统（PAPD）搭建在车载信息系统上，记录了驾驶员的横向、纵向加速和超速行为，将数据反馈到一个基于Web的界面，限制驾驶员的不良驾驶行为，从而提供一种安全的驾驶风格[28]。Hansjörg Hofmann开发了车载语音对话系统（SDS）来检查用户首选的交互方式，统计驾驶员的注视时间和扫视路径，比较基于语音车载信息系统的可用性和驾驶员注意力之间的关系[29]。

综上，主观的可用性指标评价体系主要涵盖五个要素：维度层、准则层、指标层、设计层、知识层。客观的可用性指标评价体系大致包括测量指标、测量工具和数据整合三个成分。

存在的问题主要有：第一，针对实验对象选择，大多集中在信息系统中导航的可用性评价，忽略了其他模块任务的可用性测试。第二，针对实验方案，研究中实验方案设计过于简单，不符合实际驾驶任务的复杂性，忽略驾驶环境对可用性测试结果的影响。第三，针对评价指标选择，大部分研究中仅选择关注某一单项指标，没有综合考虑整体评价指标。第四，针对评价模型建立模型，之前研究建立的评价模型缺乏考虑驾驶的安全性。第五，对于研究中评价方法的验证研究不足，应将评价方法结合实际驾驶车辆进行测评，以更好地完善评价方法的可靠性。第六，国外驾驶人员的驾驶习惯、行为规范以及交通环境与我国存在诸多差异，因此国外研究成果也不一定适用于我国。

8.3 ／ IVIS研究方法

本研究在车载信息系统可用性评价研究现状基础上提出多种实验方法，如图8-11所示，具体如下。

（1）主观评价法：运用访谈、问卷等调研手段记录数据。建立驾驶员对车载信息系统的感性认知，在此基础上采用数字化分析手段综合测定设计师对产品的满意度。

（2）生理信号检测方法：对驾驶员进行可用性测试时，通过此方法检测其生理疲劳和心理负荷。目前常用的检测指标主要包括脑电、心电、肌电信号等。

（3）眼动行为检测方法：研究不同任务驾驶状态下眼动行为的变化规律，提出反映可用性驾驶特性的眼动特征参数。基于方差分析的方法，量化各特征参数在不同驾驶状态之间差异的显著性水平，最终筛选出眼动特征参数。

（4）驾驶行为检测方法：采用统计学方法研究不同驾驶状态下方向盘转角、方向盘转速和车速等驾驶行为特征变量，提取量化的特征参数对驾驶任务下车载信息系统可用性指标进行挖掘，选出驾驶行为特征参数。

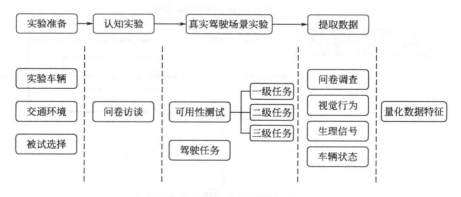

图8-11　本研究实验流程

8.4 ／ IVIS框架和脉络

根据研究现状实验流程安排，借助眼动技术、生理技术，结合问卷调查和车辆状态，对可用性评价展开研究，提出主客观测试车载信息系统的实验架构，提取符合评价模型的可用性评价指标，构建基于模糊网络分析法可用性评价模型，并应用于车载信息系统设计流程中。具体研究框架如图8-12所示。

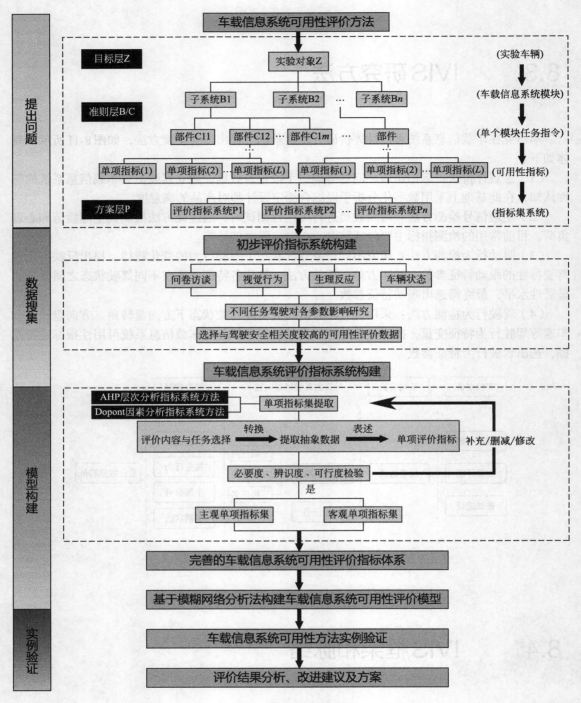

图8-12　本研究框架

本研究一共分为六章，具体章节安排如下。

（1）绪论和文献综述。简要分析了课题的研究背景与意义，采用文献计量分析方法，对近十年来国内外车载信息系统领域的研究成果进行了综述，分析了研究热点和发展趋势，介绍了学位论文的主要研究内容和章节安排。

（2）主要阐述可用性评价指标划分。对车载信息系统功能模块和可用性指标进行分类，分析了基于车载信息系统的可用性指标，同时对指标进行了初步构建，形成初步指标集，也为后续指标筛选研究奠定基础。

（3）主要对车载信息系统实验设计和数据采集。根据车载信息系统的操作任务，将其划分为蓝牙、车载广播、收听音乐、导航、设置等操作模块，以此作为任务选取主要区域。同时制定用户执行任务，进行任务分类，进而确立可用性评价的具体任务设定。实验中同步采集驾驶员眼动和生理数据以及车辆状态数据，作为后续研究中的指标参数。

（4）分析可用性指标的实验数据结果。分别从驾驶员的驾驶行为、眼动行为、生理行为、车辆状态四个方面进行细化分析，重点研究车载信息系统驾驶任务下的完成时间、错误数、SUS问卷、NASA-TLX、注视时间、扫视幅度、眨眼频率、R值、SMR值、心率功率、心率变异性、车辆纵向平均速度、纵向速度标准差、纵向加速度，并利用方差分析法对不同任务下可用性测试过程中各项参数的显著性差异进行检测，确定车载信息系统可用性评价指标。

（5）主要研究车载信息系统可用性模型的建立，选择车载信息系统可用性评价指标。运用AHP层次分析法，将评价指标划分为多层次结构，将评价问题分解成众多组成指标进行解决；然后依据指标影响、隶属关系，对指标进行随机的聚集组合；最终形成递阶层次结构的初步评价指标集，建立车载信息系统可用性评价模型。基于驾驶安全性评价目的及评价指标间的相互关系，确立可用性评价指标参数、评语集及可用性评价任务权重，提出采用模糊网络分析法建立模型，并深入分析模糊网络分析法的基本原理和步骤。

（6）在总结本研究的主要内容和创新点的基础上，对今后的研究工作进行了展望。

参考文献

[1] World Health Organization. Global status report on road safety 2018：Summary[R]. World Health Organization，2018.

[2] 中华人民共和国公安部. 2015—2016 年中华人民共和国道路交通事故统计年报[R]. 2016. 11.

[3] Strategy Analytics on the touch screen Market Forecast Report：http://www.199it.com/.

[4] American Automobile Association：http://www.aaa.com/.

[5] Norman D A. Four stages of user activities[M]. USA Human-Computer Interaction-INERACT'84，1985.

[6] Joonhwan Leea，Jodi Forlizzi，Scott E Hudson. Iterative design of MOVE：A situationally appropriate vehicle navigation system [J]. Int. J. Human-Computer Studies，2008，66：198-215.

[7] Jannette Maciej，Mark Vollrath. Comparison of manual vs. speech-based interaction with in-vehicle information systems [J]. Accident Analysis and Prevention，2009，40：924-930.

[8] Andreas Sonderegger，Juergen Sauer. The influence of design aesthetics in usability testing: Effects on user performance and perceived usability [J]. Applied Ergonomics，2010，41：403-410.

[9] Wen-Chen Lee，Bor-Wen Cheng. Comparison of portable and onboard navigation system for the effects in real driving [J]. Safety Science，2010，48：1421-1426.

[10] Talia Lavie, Tal Oron-Gilad, Joachim Meyer. Aesthetics and usability of in-vehicle navigation displays [J]. Int. J. Human-Computer Studies，2011，69：80-99.

[11] Shana Smith，Shih-Hang Fu. The relationships between automobile head-up display presentation images and drivers' Kansei [J]. Displays，2011，32：58-68.

[12] Raíssa Carvalho，Marcelo Soares. Ergonomic and usability analysis on a sample of automobile dashboards [J]. Work，2012，41：1507-1514.

[13] Dalton P，Agarwal P，Fraenkel N，et al. Driving with navigational instructions：Investigating user behaviour and performance [J]. Accident Analysis and Prevention，2013，50：298-303.

[14] Anirban C, Sougata K, Swathi M, et al. Usability is more valuable predictor than product personality for product choice in human-product physical interaction [J]. International Journal of Industrial Ergonomics, 2014, 44: 697-705.

[15] Huhn Kim, Haewon Song. Evaluation of the safety and usability of touch gestures in operating in-vehicle information systems with visual occlusion [J]. Applied Ergonomics, 2014, 45: 789-798.

[16] Peng Yiyun, Linda Ng Boyle, John D Lee. Reading, typing, and driving: How interactions with in-vehicle systems degrade driving performance [J]. Transportation Research Part F, 2014, 27: 182-191.

[17] Johannes Weyer, Robin D Fink, Fabian Adelt. Human-machine cooperation in smart cars. An empirical investigation of the loss-of-control thesis[J]. Safety Science, 2015, 72: 199-208.

[18] Nana Itoh, Akiko Yamashita, Mitsuyuki Kawakami. Effects of car-navigation display positioning on older drivers' visual search[C]. International Congress Series, 2005, 1280: 184-189.

[19] Pei-Chun Lina, Li-Wen Chien. The effects of gender differences on operational performance and satisfaction with car navigation systems[J]. Int. J. Human-Computer Studies, 2010, 68: 777-787.

[20] Beom Suk Jin, Yong Gu Ji. Usability risk level evaluation for physical user inter face of mobile phone[J]. Computers in Industry, 2010, 61: 350-363.

[21] Garay-Vega L, Pradhan A K, Weinberg G, et al. Evaluation of different speech and touch interfaces to in-vehicle music retrieval systems[J]. Accident Analysis and Prevention, 2010, 42: 913-920.

[22] Foley J, SAE Recommended Practice Navigation and Route Guidance Function Accessibility While Driving (SAE 2364) [S]. Warrendale, PA, USA: Society of Automotive Engineers, 2000.

[23] Eve Mitsopoulos-Rubens, Margaret J Trotter, et al. Effects on driving performance of interacting with an in-vehicle music player: A comparison of three interface layout concepts for information presentation[J]. Applied Ergonomics, 2011, 42: 583-591.

[24] Oliver Carsten, Katja Kircherb, Samantha Jamson. Vehicle-based studies of driving in the real world: The hard truth? [J]. Accident Analysis and Prevention, 2013, 58: 162-174.

[25] Mioara Cristea, Patricia Delhomme. Comprehension and acceptability of on-board traffic information: Beliefs and driving behaviour[J]. Accident Analysis and Prevention, 2014, 65: 123-130.

[26] Heejin Kim, Sunghyuk Kwon, et al. The effect of touch-key size on the usability of In-Vehicle Information Systems and driving safety during simulated driving[J]. Applied Ergonomics, 2014, 45: 379-388.

[27] Frederik Platten, Maximilian Schwalm, Julia Hülsmann, et al. Analysis of compensative behavior in demanding driving situations [J]. Transportation Research: F, 2014, 26: 38-48.

[28] Brahm Norwich. Dilemmas of difference, inclusion and disability: international perspectives on placement[J]. European Journal of Special Needs Education, 2008, 23 (4): 287-304.

[29] Hansjörg Hofmann, Vanessa Tobisch, Ute Ehrlich, et al. Evaluation of speech-based HMI concepts for information exchange tasks: A driving simulator study[J]. Computer Speech and Language, 2015.

第9章

如何划分IVIS可用性指标

在人、车、环境三因素所构成的系统中，人机交互以驾驶员为核心对象。车辆技术在应对交通问题方面有待进一步提高，因此车载信息系统可用性问题显得尤为突出。按交互性质，车载信息系统分为硬件界面和软件界面，随着现代汽车设计中的交互技术日益提高，车载信息系统的可用性评价问题也愈发重要，其中对可用性指标进行有效的划分摆在第一位。

9.1 / 子集与全集的功能统一

常见的车载信息系统集成了导航、影音、车辆信息等系统。可用性是评估人机交互系统的一个重要指标，由于车载信息系统的特殊性，其指标划分综合了效率、效用、满意度、安全性四个要素进行研究。

9.1.1 可用性测试方法

设计师设计车载信息系统时，在不同的阶段反复地修改完善直至形成一个完整的系统。可用性评价是一个迭代的过程，在任务周期内反复进行设计、评价，直至满足产品的可用性标准，为了避免多次的修改设计所带来的额外成本，可用性的评价已经在产品开发的不同阶段进行，以完善每一步的系统设计[1]。

（1）模拟测试法

通过纸质讨论和计算机模拟来预测系统的可用性，此方法适用于任何阶段的设计，为设计师提供了详细的可用性规范，以及在测试中所需要的任务结构[31]。主要通过对被试者使用产品时的直接或者间接观察，确定产品是容易还是难使用，从而收集产品的可用性信息。模拟测试中，一个观察者可以直接观察或者用摄像机记录被试者的行为、事件、问题或者错误，如图9-1所示。观察中可以记录不同类型事件的持续时间，尝试执行一项操作的次数，使用的控制数量与顺序和扫视次数等。将其介入设计流程，可以在车载信息系统原型中节省更多的时间和费用。但是，模拟测试法中，收集的信息出于多种原因（如关联事件被替换，心理负荷不准确）可能不是很可靠[2]。

模拟测试之前，大多数被试者会被要求进行访谈，要求被试者提供对于产品的印象和使用

图9-1　模拟实验驾驶场景

图9-2　真实路况实验驾驶场景

如图9-2所示。

（3）人工神经网络分析法

人工神经网络（Artificial Neural Network，ANN）是一种分布式并行信息处理的数学模型[4]。它模仿生物神经处理系统及人类特有的学习、认知行为，通过网络中神经元的相互作用处理信息，具有很强的非线性建模能力，常应用于模式识别、图像处理、产品设计等领域，来建立输入变量与输出变量之间复杂的关系。

图9-3　三层反向神经网络结构图

产品的经历以及经验等信息。被试者可能被问到以下问题：

① 描述产品或对产品及其属性的印象；

② 描述使用该产品时出现的问题；

③ 以用户的名义尺度对产品进行分类（如可接受或不可接受、方便或不方便、易用或不易用）；

④ 用一个或多个描述产品的特点或对产品总体印象的尺度进行评价；

⑤ 基于给定属性（如易用性、舒适度、操作控制的感觉）对不同产品进行比较研究。

（2）实验测试法

实验研究的目的就是允许研究者控制研究场景，找到评估响应变量和独立变量之间的因果关系[3]。一个实验是指在人工测试的情况下，利用独立变量组合的有意操纵，完成一系列的控制观察或响应变量的测量。因此，在一个实验中，操纵一个或多个变量（称为独立变量），以及测量它们对另一个变量（称为依赖变量或响应变量）的影响，同时消除或控制所有其他的可能会混淆关系的变量。用于收集设备的性能和工作量数据，相比于模拟测试法，实验测试法要比模拟测试法更加复杂，此方法通常不介入整个设计流程中，当设备或者产品原型已开发完整后再进行测试。

实验测试法的重要性在于帮助建立独立变量的最佳组合，以及用于设计产品的参数，从而为用户提供最想要的效果，并且当竞争对手的产品与制造商的产品一起包含在实验中时，可以确定出较为合适的产品。为了确保这种方法有效，研究者设计的实验需要确保实验环境没有遗漏产品性能或与正在研究的任务相关的关键因素。

其中，反向传播神经网络（Back-Propagation Neural Network，BPNN）是车载信息系统可用性研究中的常用方法。它是一种按误差逆传播算法训练的多层前馈网络，其拓扑结构包括输入层、隐藏层和输出层。隐藏层不止一层，一般采用三层反向神经网络建立造型设计要素与可用性指标之间的关系。如图9-3所示，将设计要素作为输入变量，可用性指标作为输出变量，逆向系统则相反，这样就可以利用神经网络建立"设计要素-可用性指标"和"可用性指标-设计要素"的双向系统，辅助设计师进行车载信息系统设计。实际应用中，常以均方根误差（RMSE）来衡量网络的收敛程度。

（4）模糊网络分析法

模糊网络分析法是基于网络分析法和模糊综合判断决策原理，将模型综合判断和网络分析法相结合而得到的一种新理论分析方法[5]。其原理是根据三角模糊数进行运算和权重分配，再基于网络分析矩阵进行运算，得出模糊判断矩阵权重向量，再根据模糊综合判断决策对模糊权重向量进行处理，形成相互交替的权重向量决策分析过程；同时将各数据的两两判断矩阵用三级模糊数的形式叠加，形成一个模糊两两判断矩阵。

车载信息系统可用性的评价指标和任务之间的关系包含正比例和反比例两种关系。正比例关系是指标评价增大时可用性绩效随之增大；反比例关系则是指标评价减小时可用性绩效随之减小。此外，评价指标单位和数量级也有所不同。因此，在构建单因素模糊矩阵前，首先需要对评价指标进行归一化处理，构建指标函数的隶属度，最后确定单因素模糊判断矩阵。

9.1.2　测试的主要任务层级

驾驶认知可分为高层次的和低层次的。驾驶中许多的决策过程都属于高层次的认知，如跟车、转向、刹车；也有低层次的认知，包括车辆状态控制以及状态感知和预测。驾驶员的认知与车辆之间的信息交换通过驾驶行为来具体实现，这就是具体化的感知过程，如听觉、视觉、触觉对信息的感知和接收等，以及操作过程，如手、脚对汽车操作件的控制或状态的改变。以上过程承担着驾驶行为外部信息的输入及内部信息输出的工作，并实现车辆驾驶。

驾驶执行的任务是驾驶员对若干基本任务以及由这些基本任务组合的多任务持续完成的过程。驾驶操作任务中，任务的执行通常是交错并行的。显然，并行任务的执行负载高于单个任务的执行负载，这种并行不可避免地降低实际操作能力或存在操作阻力。J. A. Michon在1985年提出把驾驶任务分为主要任务和次要任务[6]。驾驶的主要任务有三种类型：一是控制，即保持车辆状态稳定、正常并继续运行的操作处理；二是监测，即实现与周围其他车辆或者外部驾驶环境安全互动的操作技能；三是决策，即驾驶员高层次的推理和驾驶策略思维过程。驾驶中交替出现这三种任务，它们之间相互作用并使驾驶能够处于稳定安全的状态。此外，驾驶行为中也常包括一些辅助任务，这些辅助任务有的是为了更好地执行驾驶主要任务（使用车载导航装置），有的也可能和驾驶主要任务无关（如使用收音机或移动电话等），但它们可能影响到正常驾驶。

一般认为，这些交互操作部件包括加速器、刹车板、离合器踏板、方向盘，以及相关功能的车辆控制部件，如车喇叭、照明灯、转向灯、雨刮器等。这些都是汽车的通用部件，所有的车辆已经实现了标准化配置。驾驶车载信息系统任务中，使用到的操作装置包括所有完成辅助任务的相关部件，如音频、视频等控件。

根据驾驶行为，可以将驾驶任务定义为三类，即主驾驶任务、次驾驶任务、辅助驾驶任务。其中车载信息系统任务主要集中于次驾驶任务上，在执行次驾驶任务时，常会导致驾驶员注意力分散，因此降低驾驶的安全水平。通过对辅助驾驶任务的有效评价和改进均能提高交通安全水平。

本研究将车载信息系统分为三个层级，第一层级包括输入、输出硬件和软件界面，实现外界信息拾取的功能；第二层级包括主要功能的实现方式与逻辑，如知觉控制、选取、调节

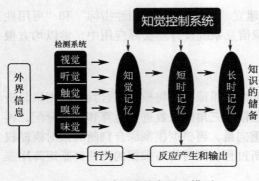

图9-4 驾驶行为信息处理模型

等功能性命令；第三层级为系统最后可以实现的功能以及对知觉的反馈，将输入系统再次输出到第一层级。用户通过对第一和第二层级的识别和使用，再进行循环生产和输出，最终实现第三层级，这是一个渐进认知的过程。驾驶行为信息处理模型如图9-4所示，第一层级对应输入信息和检测系统，第二层级对应知觉控制系统，第三层级对应输出系统，最后同时作用于驾驶行为，清楚地表达了三个层级在驾驶行为中的逻辑关系。

9.1.3 操作模块的三种类型

驾驶任务一般是连续的、不断变化的基本任务相互交替或相互并行形成的任务。这些基本任务按照行为目的与方式可分为监测、决策、控制，驾驶行为的建模主要从这三种方式展开。驾驶认知行为模型主要由三种部件构成：模块（Modules）、缓冲（Buffers）和模式匹配（Pattern Matcher）[7]。

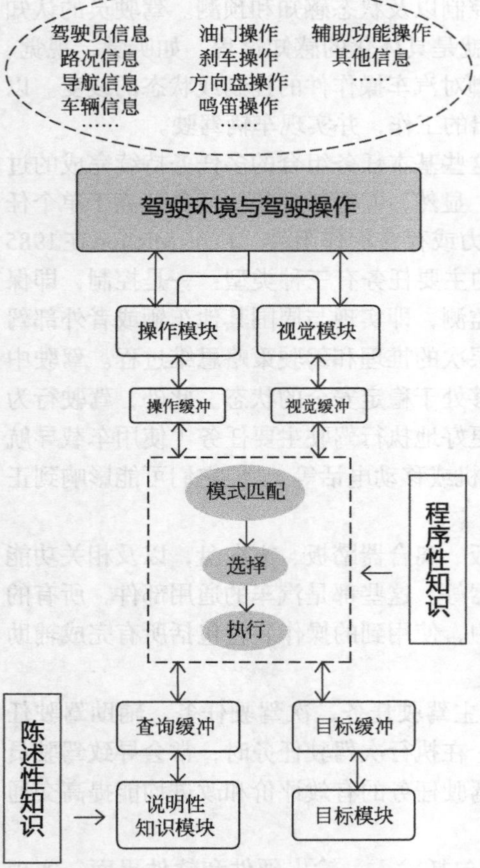

模块有三种类型：记忆模块（Memory Modules）、目标模块（Goal Modules）、感知运动模块（Perceptual-motor Modules）。其中，记忆模块包括陈述性知识和程序性知识，陈述性知识是基于事实的知识模块，在认识记忆中以小的逻辑单元或者知识组块（Chunk）的方式存在，如汽车油门控制模块、刹车踏板的位置；程序性知识是关于如何达到目标、任务如何执行的知识模块，是基于事实与经验生成的应对性知识，如驾驶中如何避让、准确转弯。目标模块是驾驶行为模型体系中关于目标及任务的知识模块，根据具体任务和目标对象的不同发生变化。感知运动模块是模型体系中承担系统与外界进行交互的部分，包括视觉、听觉、触觉感知等[8]。

缓冲是模型内中心分析系统与其他模块交互的连接端口。记忆模块的知识通过缓冲进入中心分析系统，中心分析系统也可以通过缓冲随时提取记忆知识或执行操作模块，形成行为和动作。每个基本模块都有对应的缓冲与之匹配并形成交互。

模式匹配是把记忆、目标、感知运动模块中的知识经过缓冲在操作者固有的知识库中进行搜索，并进一步匹配分析的过程。一旦实现了匹配，就会选择相应的生成规则并执行，进而修改缓冲而改变整个系统的状态。认知行为模型的工作过程就是不断有匹配形成，触发生成规则，导致具体行为的

图9-5 驾驶认知行为模型

过程[9]。

驾驶任务由许多小的、不同目的的基本任务，即各种控制、监测和决策任务构成[10]。首先，由一条生成规则引起一项控制任务；然后，操作命令被传送到行动缓冲模块，通过操作模块（如油门操作、刹车操作、转向操作等）实现对任务的控制。监测任务是通过视觉模块、听觉模块及其他感觉模块持续获取外部环境信息，如天气信息、道路信息以及车辆信息等，并把所收集的信息通过视觉缓冲送入认知系统与陈述性知识进行查询比较，如果实现匹配，则信息会引起一条生成规则，执行命令就会被送入运动缓冲，通过具体行为实现操作任务；如果未能完成匹配，则信息会被剔除。决策任务是通过前面的监测任务所收集得到的信息，参照监测任务得到的匹配信息和通过目标模块进入缓冲的目标任务，一条或几条生成规则被激发后，执行命令被传至操作缓冲，再通过操作模块执行并决策所下达的行动任务。

由于任务的复杂性，实际情况中的驾驶行为模型内部的触发规则要远比我们这里描述的复杂，通常情况是多个任务同时并行发生并互相影响[11]。基于认知的驾驶行为模型各构件间的关系如图9-5所示。

9.2 / 感性和理性的度量指标

（1）效用指标

效用（Effectiveness）是指产品功能是否完备，用户是否可以试验该产品完成预期的任务[12]。用户对产品的预期可转变为用户完成操作任务所付出的心理资源的大小。由于心理负荷常伴有一定的生理变化，因此可以通过生理变量的测定来评价心理负荷水平。本研究采用了心率、心率变异性等负荷生理和生化测量指标。

（2）效率指标

效率（Efficiency）是指用户是否可以高效快捷地完成任务。通常采用正确率、任务完成率、任务完成时间等指标分析产品界面设计或流程设计等方面的可用性水平[13]。效率分析往往用于产品可用性水平的确定或竞品分析及备选方案评价的比较。但需要注意的是，由于绩效比较分析一般取用户最佳水平状态下获取的数据资料进行数据分析，因此单纯以客观的绩效分析数据作为产品可用性的比较指标有时会过于片面，从而误导研究者的最终评价。针对本研究中可用性任务测试所收集到的相关数据，以任务完成时间、错误数作为效率方面的主要指标。

（3）满意度指标

满意度（Satisfaction）主要是指用户在使用该产品完成某项工作的过程中是否处于愉悦的状态[14]。在用户需求研究和可用性测试中，满意度多以用户主观评估形式出现，是常见和重要的指标之一。在用户需求研究中，用户主观评价主要是对产品或界面的主观态度和偏好反应。该主观态度和反应既可以通过用户的问卷回答和访谈等方式获得，也可以通过用户的言语观察记录得到。测试可以采用标准的问卷形式，从可用性的不同维度上评估用户的主观感受，得出有关用户主观评价的定量指标。针对本研究车载信息系统的标准问卷为SUS问卷和NASA-XL问卷。

（4）安全性指标

安全性（Safety）是指用户在使用车载信息系统时是否与驾驶任务产生冲突，从而影响驾驶安全[15]。通过行车记录仪对车辆运行状态进行监测，包括纵向速度均值、横向速度均值及路线偏移距离等。

9.2.1　客观指标

根据用于评估产品的任务，客观性测量可以基于物理度量，例如时间（花费的或经过的）、距离（垂直、横向或纵向的位置或运动）、速度、加速度、事件（预定义事件的出现次数）及用户生理状态（如心率）的度量。压缩记录的数据来获取相关测量的数值和它们的统计参数，例如均值、标准差、最小值、最大值及高于和（或）低于某些预选水平的百分比。本研究主要以视觉行为、生理行为、车辆状态作为可用性的客观评价指标。

（1）眼动指标

通常眼动指标是指从注视、扫视、眨眼（眼跳）等方面统计眼动行为的变化规律，从中提取出与用户反应联系的眼动参数，再基于方差分析，对这些眼动行为进行显著性的分析和研究，最终筛选出眼动特质参数，如图9-6所示。

注视行为是指瞳孔持续关注某一物体的过程[16]。注视时间是指超过100 ms持续关注某一物体的时间。注视行为的主要作用是可以从当前注视的边缘视野确定下一个感兴趣的区域，以及切换到下一次注视位置，同时当眼睛注视物体时会对当前注视位置进行编码、加工并计算注视时间。

扫视行为是指眼球连续追踪某一视点[17]，在追踪目标的过程中所发生的行为。扫视行为在扫视过程中，最大运动速度为30°/s。在扫视过程中，大脑需要同时对空间和时间的信息进行加工，运用眼动仪可以提取头部转动已知物体在三维空间的坐标参数，以准确地定位眼球的扫视轨迹。

眼跳行为是指眼睛在两个注视点之间快速切换的过程[18]，其持续时间为30～120 ms。每次眼跳幅度为1°～40°，而大部分均在15°～30°。一般情况下，眼跳路径呈现曲线的轨迹，同时在眼跳行为开始时，其起点和终点已经确定，因此眼跳行为的选择必须由边缘视觉决定。眼跳的功能主要是改变注视点，切换注视位置。

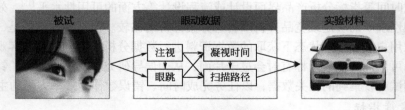

图9-6　产品的眼动认知过程[19]

（2）生理指标

对驾驶员进行可用性测试时，需要检测其生理疲劳和心理负荷。目前常用的检测目标主要包括脑电信号（EEG）、心电信号（ECG）、肌电信号（EMG）等，如图9-7所示。其中，脑电信号（EEG）被认为是检测生理数据的"金标准"[20]。

脑电指标是测量并记录不同部位的脑电活动（振幅和频率），给出一个或多个反馈信号[21]。脑电活动的节律、振幅与情绪、注意力等有密切的联系，因此可对特定脑电活动进行训练，学会主动控制脑电活动，可用于治疗失眠、疼痛、儿童注意力障碍等问题。脑电信号可以分解为

4个基本波带[22]，即δ波（1～4Hz）、θ波（4～8Hz）、α波（8～14Hz）、β波（14～36Hz）。

心电信号测量依靠心房和心室的不断运动，且伴随着生物电信号的变化，运用心电记录仪对电位变化进行图形显示[23]。其中，心率（Heart Rate，HR）和心率变异性（Heart Rate Variability，HRV）是心电信号中重要的两个指标，易于提取检测，对用户的疲劳状态可以进行准确的判断[24]。

肌电信号测量身体表层肌电电压，通过放大肌电信号，以声或光的形式再次给予被试者刺激[25]，被试者根据反馈信号对肌肉进行操纵，肌肉产生放松或者紧张的反应。肌电的主要作用为调节肌肉的状态，如紧张、焦虑、松弛等以恢复肌肉的活性。

一系列生理测量包括心率、呼吸率、脑电、眼电、皮肤电、出汗率、瞳孔大小等。Brookhuis和Waard研究表明[27]，驾驶人的心率在高压力和高工作负荷下有所增加。例如，开车绕环岛时的心率比驾驶在直线道路时的心率大，等待交通灯变化时也会增加心率的可变性。Verwey和Zaidel发现眨眼率与困倦程度有关[28]，闭眼1s就代表产生了困倦。

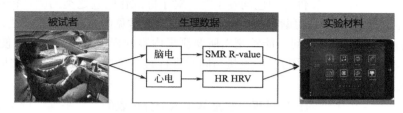

图9-7   产品的生理行为认知过程[28]

（3）车辆指标

驾驶行为主要采用统计学方法研究不同驾驶任务下方向盘转角、方向盘转动速率和车速等驾驶行为特征变量的波动幅度、速度、频度等特征，提取量化的特征参数对驾驶任务下车载信息系统的可用性指标进行挖掘，基于方差分析的方法量化各特征参数在不同驾驶状态之间差异的显著性水平，优化各特征参数的最优时间窗，最终筛选出驾驶行为特征参数[59]。

① 车辆横向位置标准差。横向位置的标准差提供了开车时保持车道位置变化的定量信息[29]。标准偏差是对一系列横向位置测量数据（样本）计算得到的，这个数据通常是当驾驶员驾驶汽车在试验路段上、在一定的时间内或一段距离间隔内采样得到的。标准差的较大值表示驾驶员遇到定义驾驶车道的左右标志时有驾驶困难，并且任何超越相邻车道的行为可能会导致与相邻车道的车辆发生事故或者冲出路面。

Green等人发现，常见报告的驾驶性能的测量是车道位置的标准差[31]。他们检查了36个研究报告中车道位置的标准差数据，并且发现标准差值介于0.05～0.60 m，在道路上实施的研究产生的标准差平均值为0.24 m。在模拟器和试车跑道上完成研究中的车道位置标准差的平均值分别是0.3 m和0.22 m。他们还发现，车道位置的标准差随着驾驶员年龄的增长有着细微的增长（每年0.002 m）。Stanton等使用基础固定的驾驶模拟器进行了一项测量驾驶性能的研究[32]，并且发现，在驾驶人从事常见的车载信息系统任务时的车道位置标准差与驾驶人在同一条道路上行驶时进行任何其他活动的平均标准差0.3 m相比较，增加了40%～100%。

② 车辆速度。为了维持车辆的横向控制，驾驶人需要处理的信息量随着车速的增加而增加[32]。Nathens等研究表明驾驶速度会受车道宽度的影响，发现速度随车道宽度的增大而增大[34]。

③ 速度标准差。前进速度的标准差是衡量驾驶人以一个固定速度驾驶车辆的能力[34]。速度变化的出现是由于与驾驶员有关的变量（例如注意力集中和分散），以及道路特征的变化、

交通状态、天气等。

④ 方向盘转角标准差。许多研究人员测量转角，并且使用转向盘转角的标准差作为研究驾驶人在测量条件下活动的变化。Green等发现转向盘转角的标准差是报告中普遍的测量驾驶性能的方法之一。他们检查了所报道的7项研究中的转向角的标准差数据，并且发现标准差的均值是1.59°，转向盘角可直接反映出驾驶员投入操纵转向盘任务所做的努力[35]。

9.2.2　主观指标

由于执行不同的任务时被试者会对困难、压力、舒适度、心理负荷、生理负荷等级做出主观评价，而此类比较成熟的主观工作负荷测量技术为NASA-TLX（任务负荷指数）[36]、SWAT（主观工作负荷评价技术）[37]、WP（工作负荷档案）[38]等。对于计算机界面满意度的测量问卷主要有QUIS（用户交互满意度问卷）[39]、SUMI（软件可用性测量问卷）[40]、PSSUQ（整体评估可用性问卷）[41]、SUS（软件可用性问卷）[42]。对于标准化问卷之类的测试指标主要是信度（测量的一致性）和效度（目标属性的测量）。评估信度最常见的方法是α系数法，这是一种内部的一致性测量。问卷效度是问卷能够测出所要测量内容的程度，研究者通常使用Pearson相关系数来评估效标效度（感兴趣行为的测量与同时进行的不同测量或预测测量之间的关系）[42]。

（1）驾驶负荷量表

NASA-TLX是一个多维的评价过程，它是基于六个分量表的加权平均评价得出的整体的工作负荷分数，这些分量包括心理需求、身体需求、时间需求、自我表现、努力、挫折等。该量表已经用于评估各种人机环境，如飞机、轮船驾驶舱，以及各种实际驾驶和模拟驾驶的工作负荷[43]。

SWAT涉及要求操作人用三种尺度（时间负载、脑力负荷、心理压力负荷）评价工作量[44]。每个尺度都有三个等级：低、中和高。该方法使用联合测量方法和尺度技术来开发一种单间隔评价尺度。

WP方法基于多种资源模型[45]。它将以下八种工作负荷尺度当作注意资源：感知/中央处理、响应选择和执行、空间处理、口头处理、视觉处理、听觉处理、手动输出、语音输出。受试者被要求在执行所有任务后，提供这八种任务的每项任务（随机排列）的工作负荷尺度的比例。因此，每个任务被八种评分评价的值都在0和1之间，表示用在任务中的每一个注意资源的比例。因此，0分表示这个任务不要求关注，而1分表示任务要求最大关注度。每个任务的八个尺度的评价将被总计，并获得这个任务的总工资负荷评分。

（2）可用性度量表

SUS问卷于20世纪80年代中期编制形成，尽管编制者将其描述为"快速而粗糙"的可用性问卷，但是这丝毫不影响它的受欢迎程度[46]。SUS作为可用性测试结束时的主观性评价问卷，得到了越来越广泛的使用[47]。在最近一个研究中发现，目前尚未出版的可用性研究中，将SUS作为测试后问卷的题占了43%[48]。

（3）任务完成时间

驾驶人完成一个指定任务所花的总时间、视线偏离轨道的总时间、扫视次数以及各次扫视时间，提供了驾驶人如何完成任务的信息。长时间的视线偏离道路说明完成任务中的复杂程度更高[49]。

（4）驾驶人错误数

错误数（ISO/TR 16982，2002）是指任务完成过程中被测出现错误操作的总次数[50]，在进行驾驶测试的时候，驾驶人会被要求执行车载信息系统操作任务，当被测出现某个操作错误后，在此操作错误下出现的其他错误只计一次，不重复累计，而错误数的收集和任务完成时间的收集需要同步进行[51]。

9.3 / 发散与收敛的思维模型

9.3.1 单项指标因子

道路交通系统中驾驶行为表现方式的不同以及行为特征的多样性会导致驾驶行为形式的多方位和多层次[52]。正因如此，影响驾驶行为的因素既有生理上的又有心理上的，既有自然属性又有社会属性，既涉及车辆运行状况也涉及道路环境。这些影响驾驶行为的关键因素就是驾驶行为形成的主因子，不同的主因子则会对驾驶行为造成不同程度的影响。

在对驾驶行为形成的主因子进行分析前，首先需要对交通事故数据进行规范化。从各类交通事故中随机抽取2016起事故作为样本案例，以分解样本中各种导致交通事故发生的因素。删除交通事故记录的缺失变量，总共用30个变量来记录每一起交通事故。按下式进行数据的规范化计算：

$$V_{ij} = \frac{X_{ij} - Y_{ij}}{Y_{\max j} - Y_{\min j}} \tag{9.1}$$

式中，$Y_{\max j}$和$Y_{\min j}$分别是指第j个变量的最大值和最小值。

结合道路交通系统的特性和各因子的辨识结果，四个驾驶行为形成主因子的含义可以进一步解释如下：

（1）人机界面设计

车辆驾驶过程中，行驶速度和车辆间距等会影响驾驶人的感知、判断决策和操作的适宜时间，从而增加驾驶人的复杂反应，出现对车速和距离的判断失误，导致驾驶反应时间不足，降低了车辆操作的稳定性和安全性。所以，人机界面设计的水平会制约驾驶人的安全驾驶能力[53]。

（2）操作频率

在道路环境恶劣或者紧急情况下，操作频率增高会使驾驶人处于高度紧张的状态，此时驾驶人的安全驾驶能力受到影响[54]。

（3）生理、心理机能

驾驶车辆是脑力和体力的综合作业，所以较长时间的驾驶容易引起驾驶人心理和生理机能恶化，导致驾驶人的视力、自感应激和活动能力下降，从而出现对信息感知和处理的失误[55]。

（4）道路环境状况

如果道路环境缺乏良好的辨识性和诱导性，很容易引起驾驶人的错觉，而交通信号、标志、弯道、树木等也会制约驾驶人的安全驾驶能力[56]。

正如前文提到，影响驾驶行为的因素既有主观因素也有客观因素，同时各因素均具有不确定性、模糊性、随机性的特点[57]。因此，驾驶失误率不仅在每个驾驶行为阶段不同，而且驾驶行为形成主因子对各阶段失误率的制约也不同，甚至在不同的时间、路段均有较大的变化，从而导致各个阶段事故百分率的不同。当包含驾驶差错的道路交通事故样本足够大时，可以假设感知失误、判断决策失误和操作失误诱发的交通事故发生概率与感知差错（A_S）、判断决策差错（A_O）和操作差错（A_R）的概率相接近。因此，三个阶段的驾驶行为形成主因子的量化公式如下：

$$\begin{cases} 1-E_S = k(1-A_S) \\ 1-E_O = k(1-A_O) \\ 1-E_R = k(1-A_R) \end{cases}$$ （9.2）

式中，E_S、E_O、E_R分别为感知差错、判断决策差错和操作差错的基本概率。

由于感知差错的基本概率的范围从0.0001到0.01，而交通事故中感知失误所占百分比为54.65%，故

$$1-0.0001=k_{Sj}(1-54.65\%)$$ （9.3）

由式（9.3）可以求解到感知阶段中驾驶中驾驶行为形成主因子的量化值k_{Sj}=2.205，但是考虑到实际的人-车-环境系统的状况，k_{Sj}值适当增大到2.5。同理可以求得在判断决策和操作阶段中驾驶行为形成主因子的量化值。

基于模糊集的专家判断可以确定交通事故状态下的驾驶行为变化情况。假设X为一个典型的集合，其中x为租车元素，K为其子集，那么隶属函数μ_K可以描述为

$$\mu_K = \begin{cases} 1, & \text{当 } x \in K \text{ 时} \\ 0, & \text{其他} \end{cases}$$ （9.4）

当上述函数的值在区间[0，1]时，集合K就是确定了x对K的隶属度的模糊集。

为了处理在选择驾驶行为形成的主因子量化值时的不确定性问题，可以根据实际驾驶行为的变化，给出驾驶行为形成的主因子k值的可能分布。

由于三角函数分布既有效又简单，可以很好地描述三个估计值，即不可能、可能和非常可能[58]。因此，运用1到k值的实际范围内的三角函数分布，可以具体地描述出驾驶行为分析的可变性和复杂性。按照三角函数分布确定的每个阶段的k值的无条件概率分布如图9-8所示。

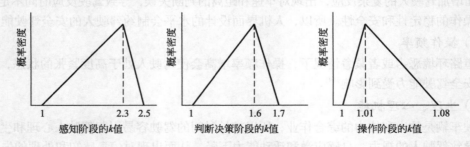

图9-8 每个阶段k值的无条件概率分布

根据Dopont模型特点，将指标进行因素分析抽象出来，其中⊗为子因素之间的逻辑关系[59]。车载信息系统评价要素以驾驶行为为主要因素，包括视觉、听觉、心理及综合感受之间的逻辑关系方面。为了保证评价要素的规范性，因素分析指标系统方法主要分析对象核心逻辑组成因素，以及因素之间的逻辑关系，如图9-9所示。

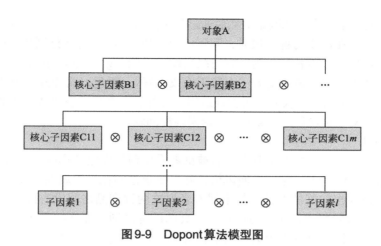

图9-9　Dopont算法模型图

9.3.2　综合指标集合

（1）主观指标确定方法

此方法适用于车载信息系统，有以下原因：首先，被试者能更好地感知产品的特点和问题，因此他们可以被当成测量仪器使用。其次，绝对准确的客观测量并不存在。最后，主观测量手段更容易获得。主观数据必须来自实际的用户而不是设计师，用户必须有机会体验在提供意见之前的评价条件，同时必须注意独立地收集每一个被试者的主观数据，且最后的系统测试和评估不仅仅基于主观数据[60]。

车载信息系统开发过程中，最常用的主观测量确定指标的方法是尺度评价和对比分析。

① 尺度评价法

图9-10给出了八种区间尺度的例子。前四个尺度［从图（a）到图（d）］是带端点的数字尺度，端点由描述语定义。前两个尺度是10分制，它们的数值范围从0到10。其余尺度［从图（d）到图（h）］有清晰定义的中间点，以及用于定义每一个尺度标准的数字和形容词。使用形容词或描述语可以帮助被试者理解与尺度相关的属性等级。利用中点［见图（e）、（f）］允许被试者在无法决定产品属性落在尺度的哪一端的情况下选择中间类别。使用尺度［见图（e）］也允许被试者

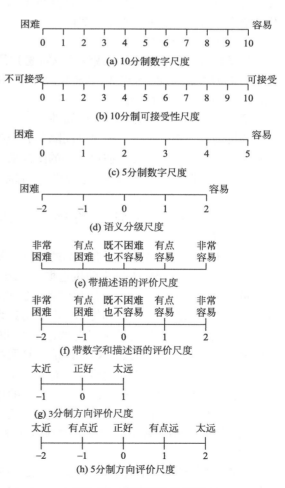

图9-10　尺度评价的例子

首先确定产品的使用是否容易或困难，然后通过使用形容词"有点"或"非常"来选择水平等级。被试者被迫确定在尺度的哪一边时，间隔的数字也可以使用。5分制或5分制以下的尺度与较大数量的间隔相比，更容易使用。方向级尺度［见图（g）、（h）］在评估车辆尺寸时特别有用。在这些尺度中，中点被定义为"大致正确或正好"，因此，这种分类中的一大部分评价答复能够帮助确认评估的产品尺寸是否设计适当。另外，一个尺寸左边或右边的偏态分布的评价答复将会反映出尺寸的方向，以及大小的错误匹配问题。

② 成对比较法

在这种评价方法中，本质上是要求每名被试者采用预先设定的程序对一对产品进行比较，比如车载信息系统的两种不一样的界面风格，并且要求他们在给定属性（如舒适度、可用性）的基础上简单地识别出较好的产品。如果回答者说这两种产品之间没有区别，则指令将随机选择其中的一个。如果被试者评价的这对产品真的没有区别，那么结果将平均分配50：50。被试者的评价任务比评价打分更容易。然而，如果 n 个产品需要被评价，那么被试者必须对 $n(n-1)/2$ 种可能的组合进行比较并选出每一对中更好的产品。因此，如果5个产品需要评估，那么可能的组合有 $5 \times (5-1)/2=10$ 种。成对比较方法的主要优点是它使被试者的任务更简单和更准确，因为被试者只需要比较每个试验中的两个产品，并识别出其中较好的产品。成对比较法的缺点体现在：当进行比较的产品数（n）增多时，被试者进行比较的产品对数也会增长，并且整个评价过程变得非常浪费时间。

③ Thurstone 成对比较法

让我们假设有5个产品（或设计或问题）需要被评估。这5个产品为S、W、N、P、K。有10个可能的产品搭配：S和W、S和N、S和P、S和K、W和N、W和P、W和K、N和P、N和K、P和K。下面介绍评价步骤。

第一步：选择一个评价产品的属性。

评价的目的是基于选定的尺度间隔对五个产品进行排序。让我们假设五个产品是用来选择车载信息系统功能的图标。假设不同的图标来自不同的车载信息系统，图标的形态、颜色、大小也不一样。选择"使用车载信息系统时图标选择是否方便"作为评价属性。

第二步：为评价准备产品。

为了评估进行进一步假设：将5组相同的图标，设定在5个相同的车载信息系统中，同时测试的区域保持一致。

第三步：获取被试者对所有产品的评价答复。

假设从合适的司机人群中随机选取80名被试者进行评价研究。每个被试者将单独被实验人员带入测试区域。实验人员给被试者提供说明，并要求被试者对每个图标进行选择和点击，测试哪一个图标更容易识别和使用。车载信息系统以随机的方式出现在每个被试者面前，且车载信息系统对每个被试者的随机排列也是不同的。每个被试者的评价答复列在了表9-1中。该表中显示的每格"Yes"或"No"评价答复取决于所在列是不是比所在行的图标更容易使用。应该指出的是，只有位于对角线（×标记）上方的10个格需要评估。

第四步：总结对所有列产品优于行产品的比率而言的评价答复。

在所有的被试者都提交评价答复之后，总结的评价答复如表9-2所示。用1代表"Yes"答复，用0代表"No"答复。因此，对应W列和S行的格表明80个被试者中只有1个人判断W比S更好。

对表9-2总结评价的补充内容列在了表9-3对角线下方区域的格子中。例如，补充"1/80评价的产品W比产品S好"就是"79/80评价的产品S比产品W好"。表9-3中的比率用表9-4中的小数表示。因此，表9-4表示的矩阵每个元素代表了比率P_{ij}，P_{ij}又代表了i列产品优于j行产品的评价比率。

第五步：调整P_{ij}值。

为了避免扭曲产品的（当P_{ij}的值很小，接近0.0或接近1.00时）尺度值（在下一步计算）这个问题发生，在表9-4中的比率值高于0.977的按0.977算，低于0.023的按0.023算，如表9-5所示。

第六步：计算产品的Z值和尺度值。

在这一步中，每一格中的产品比率值（P_{ij}）通过标准正态分布表转换成Z值。例如，通过积分从$-\infty$到-1.995的标准正态分布曲线（均值为0，标准差为1.0）下的面积，得到$P_{21}=0.023$。因此，由$Z=-1.995$计算到$P_{21}=0.023$。Z的数值也可以通过Excel中的NORMINV函数并设定它的参数为（P_{ij}，0，1）来获得。通过采用表9-6顶部矩阵中所列出的上述转化步骤，通过转化表9-6中所有的比率值P_{ij}，获得Z的数值（Z_{ij}）。

对每一列获得的Z值都增加，每个产品的尺度值（S_i）使用下面的公式（见表9-6）获得：

$$S_i = (\sqrt{2}/n)\sum Z_{ij} \tag{9.5}$$

式中，n用于成对比较的产品数量。

注意：在上面的公式中，使用$n=5$的尺度值（S_i）。应该指出的是，用上面的公式计算得到的尺度总和为1.0（$\sum S_i=1.0$）。

图9-11给出了表9-1中列出的5种产品尺度值（S_i）的棒条图。因此，上述程序表明：通过使用成对比较的Thurstone的方法获得了产品的尺度值[61]。这个尺度值表示n个产品组中每种产品的相对喜欢程度。尺度值的刻度就是标准差的数字，且尺度上的0值对应中点，即拥有0尺度的产品既不被喜欢（不偏好）也不被不喜欢（偏好）。因此，在本案例中产品S在5个产品中是最好的，而产品N是最不喜欢的。

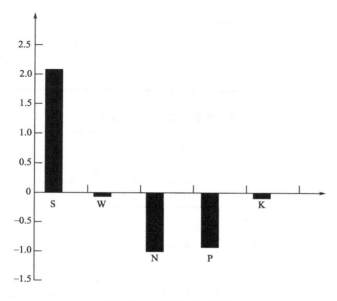

图9-11　5种产品尺度数值

表9-1   单个评估者对10对可能产品的对比响应

项目	S	N	N	P	K
S	×	No	No	No	No
W		×	No	No	Yes
N			×	No	Yes
P				×	Yes
K					×

注："Yes"结果表明列中产品要比行中产品好。"No"结果表明行中产品要比列中产品好。

表9-2   单个评估者对10对可能产品的响应偏好

项目	S	N	N	P	K
S	×	1/80	3/80	2/80	4/80
W		×	3/80	30/80	50/80
N			×	30/80	50/80
P				×	50/80
K					×

表9-3   包含了填充对比值的下半部矩阵的对比矩阵

项目	S	N	N	P	K
S	×	1/80	3/80	2/80	4/80
W	79/80	×	3/80	30/80	50/80
N	77/80	77/80	×	30/80	50/80
P	78/80	50/80	50/80	×	60/80
K	76/80	30/80	30/80	20/80	×

表9-4   喜欢的响应评价比率（P_{ij}）

项目		$i=1$	$i=2$	$i=3$	$i=4$	$i=5$
		S	N	N	P	K
$j=1$	S	×	0.013	0.025	0.025	0.050
$j=2$	W	0.988	×	0.375	0.375	0.625
$j=3$	N	0.963	0.963	×	0.375	0.625
$j=4$	P	0.975	0.625	0.625	×	0.750
$j=5$	K	0.950	0.375	0.375	0.250	×

表9-5　P_{ij}的调整表格（如果$P_{ij}>0.977$，则设$P_{ij}=0.977$；如果$P_{ij}<0.023$，则设$P_{ij}=0.023$）

项目		$i=1$	$i=2$	$i=3$	$i=4$	$i=5$
		S	N	N	P	K
$j=1$	S	×	0.023	0.038	0.025	0.050
$j=2$	W	0.977	×	0.038	0.375	0.625
$j=3$	N	0.963	0.963	×	0.375	0.625
$j=4$	P	0.975	0.625	0.625	×	0.750
$j=5$	K	0.950	0.375	0.375	0.250	×

表9-6　对应每个P_{ij}的Z_{ij}值以及尺度值（S_i）的计算

项目		$i=1$	$i=2$	$i=3$	$i=4$	$i=5$
		S	N	N	P	K
$j=1$	S	×	−1.995	−1.780	−1.960	−1.645
$j=2$	W	1.955	×	−1.780	−0.319	0.319
$j=3$	N	1.780	1.780	×	−0.319	0.319
$j=4$	P	1.960	0.319	0.319	×	0.674
$j=5$	K	1.645	−0.319	−0.319	−0.674	×
	$\sum Z_{ij}$	7.381	−0.215	−3.561	−3.272	−0.333
	S_i	2.088	−0.061	−1.007	−0.925	−0.094

注：Z_{ij}为微软Excel中的NORMINV（P_{ij}，0，1）函数值。

④ 层次分析法

在层次分析法中，产品也是成对比较的。然而，在每一对中较好的产品和其属性强度有关，属性的强度用比例尺度来表示。尺度（或权重）的值是用来表示在这两个产品有相等的属性强度。尺度值9是用来表示较好产品中的极端或绝对的强度属性的比重。具有较弱强度的产品和较好产品的权重值互为倒数。下面举例说明此过程。

假设有两个车载信息系统产品U和R作为一对比较产品，要比较的属性是"易于使用"。对产品的使用属性进行度量的比例尺度介绍如下：如果产品U相比于产品R而言是"极其或绝对容易"，那么U比R的权重就是9，R比U的权重就将是1/9；如果产品U相比于产品R而言是"非常容易"，那么U比R的权重就是7，R比U的权重就将是1/7；如果产品U相比于产品R而言是"容易"，那么U比R的权重就是5，R比U的权重就将是1/5；如果产品U相比于产品R而言是"适度容易"，那么U比R的权重就是3，R比U的权重就将是1/3；如果产品U相比于产品R而言是"简单"，那么U比R的权重就是1，R比U的权重就将是1。当决策者出于权重的重要性来比较成对产品时，Satty通过使用下面的形容词来描述9分尺度：

1=同样重要　2=弱重要　3=中等重要　4=适度重要　5=强度重要

6=更强度重要　7=很重要　8=非常重要　9=极度重要

从使尺度更容易理解的角度来考虑，仅描述奇数编号的尺度，并呈现给被试者。如果产品U优于产品R，那么被试者将被要求在尺度左侧标记一个×记号。尺度上更大的数字表明更高的优先级。如果对这两种产品都同样喜欢，那么被试者将被要求将×标记于尺度的中点（尺度值为1）。如果认为R比U好，则被试者将使用尺度的右侧。假设我们需要通过层次分析法来比较6种产品，即U、R、T、M、L和P。被试者将被要求去比较成对产品，6种产品中15对可能的组合将以随机的方式展示给被试者。被试一个预选属性，被试者需要采用图9-12所示的尺度，对每一对产品进行偏好程度的评价，15对产品获得的数据将被转化为表9-7所示的成对比较的矩阵。矩阵中的每一个单元格表示对这个产品偏好的权重比。因此，第一行第二列的5/1表示U行中的产品比R列中的产品要优先。

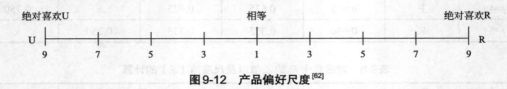

图9-12　产品偏好尺度[62]

要计算产品重要性的相对权重，表9-7的分数值先要被转化为十进制数，如表9-8左侧的矩阵。每行的6个值连乘后，放到表9-8中称为"行积"的列中。计算每一个行产品的几何平均数。应当指出，*n*个数乘积的几何平均数是积的1/*n*次根。然后把列中被标记为"几何平均数"的6个几何平均数相加。如表9-5所示，其总和为7.0099。然后每一个几何平均数除以它们的总和，得到产品的归一化权重。应该指出的是，所有产品归一化权重总和为1.0。归一化权重如图9-13所示。因此该图表明最喜欢的产品为T，最不喜欢的产品为M。如果更多的被试数据是有效的，那么每个被试代表的权重都可以通过上述步骤得到，每个产品的平均权重可以通过计算所有被试者对这一产品权重的平均值来得出。

表9-7　每个评估者对产品成对比较结果矩阵

项目	U	R	T	M	L	P
U	1	5/1	1	7/1	1/1	1/1
R	1/5	1	1/2	5/1	1/1	3/1
T	1/1	2/1	1	3/1	5/1	3/1
M	1/7	1/5	1/3	1	1/1	1/3
L	1/1	1/1	1/5	1/1	1	1/3
P	1/1	1/3	1/3	3/1	3/1	1

注：表格中的数值表明行产品与列产品对比的偏好比。

表9-8　产品属性归一化权重计算

项目	U	R	T	M	L	P	行积	几何平均数	归一化
U	1.00	5.00	1.00	7.00	1.00	1.00	35.000	1.8086	0.2580
R	0.20	1.00	0.50	5.00	1.00	3.00	1.5000	1.0699	0.1526
T	1.00	2.00	1.00	3.00	5.00	3.00	90.000	2.1169	0.3020
M	0.14	0.20	0.33	1.00	1.00	0.33	0.0031	0.3821	0.0545
L	1.00	1.00	0.20	1.00	1.00	0.33	0.0660	0.6357	0.0907
P	1.00	0.33	0.33	3.00	3.00	1.00	0.9801	0.9967	0.1422
	1.00	5.00	1.00	7.00	1.00	1.00	求和→	7.0099	1.000

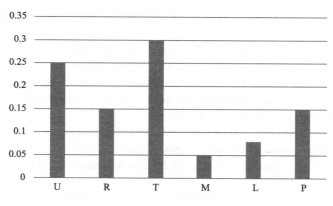

图9-13 6种产品的归一化权重

（2）客观指标集确立方法

根据用于评估产品的任务、任务行为测量功能和可用仪器，功效学工程师将设计一个实验和程序测量相关的度量。客观性测量可以基于物理量度，例如时间、距离、速度、加速度、事件和用户生理状态的度量。压缩记录的数据来获取相关测量的数值和它们的参数，例如均值、标准差、最小值、最大值和高于、低于某些预选水平的百分比。然后，相关变量的测量值可作为研究实验设计的统计分析。

参考文献

[1] Farah M J，Mcclelland J L. A computational model of semantic memory impairment：modality specificity and emergent category specificity[J]. Journal of Experimental Psychology General，1991，120（4）：339-357.

[2] 李广建. 用户模型及其学习方法 [J]. 现代图书情报技术，2002，21（6）.

[3] Korner-Bitensky N，Coopersmith H，Mayo N，et al. Perceptual and cognitive impairments and driving. Canadian Family Physician[J]. 1990，36：323.

[4] Michon J A. A Critical View of Driver Behavior Models：What Do We Know？ What Should We Do?[M]// Human Behavior and Traffic Safety. Springer US，1985：485-524.

[5] HAYKIN S. 神经网络原理 [M]. 叶世伟，史忠植，译. 北京：机械工业出版社，2004.

[6] 刘普寅，张汉江. 模糊神经网络理论研究综述 [J]. 模糊系统与数学，1998，12（1）：77-87.

[7] Michon J A. The Compleat Time Experiencer[M]//Time，Mind，and Behavior. Springer Berlin Heidelberg，1985：20-52.

[8] Sweller J. Evolutionary bases of human cognitive architecture：implications for computing education[C]// Proceedings of the fourth international workshop on computing education research，2008：1-2.

[9] Salvucci D D. A multitasking general executive for compound continuous tasks[J]. Cognitive Science，2005，29（3）：92-457.

[10] Liu Y，Wu Z. Comfortable driver behavior modeling for car following of pervasive computing environment[J]. Computational Science-ICCS，2005：22-217.

[11] 张志刚. 道路因素，交通环境与交通事故分析 [J]. 公路交通科技，2000（6）：9-56.

[12] 雁飞. 驾驶行为建模研究 [D]. 杭州：浙江大学，2007.

[13] 徐凌中，柳丽华，王永杰. 效用指标的测量方法及其研究进展 [J]. 国外医学·卫生经济分册，2001，18（2）：88-92.

[14] 王建冬. 国外可用性研究进展述评 [J]. 现代图书情报技术，2009（9）：7-16.

[15] 柴雅凌，李学堃. 信息用户满意研究：信息用户满意度指标与测评 [J]. 情报科学，2004，22（1）：22-24.

[16] 宋健，王伟玮，李亮，等. 汽车安全技术的研究现状和展望[J]. 汽车安全与节能学报，2010，01（2）：98-106.

[17] Horrey W J，Wickens C D. Multiple resource modeling of task interference in vehicle control，hazard awareness and in-vehicle task performance[J]. Driving Assessment the Second International Driving Symposium on Human Factors in Driver Assessment Training & Vehicle Design，2003.

[18] Tsimhoni O，Smith D，Green P. Address entry while driving：speech recognition versus a touch-screen keyboard[J]. Human Factors，2004，46（4）：10-600.

[19] Sodnik J，Dicke C，Tomazi，et al. A user study of auditory versus visual interfaces for use while driving[J]. International Journal of Human-Computer Studies，2008，66（5）：318-332.

[20] Green P. Visual and task demands of driver information systems[J]. Urology，1999，79（5）：1015-1019.

[21] Cheng M Y，Huang C J，Chang Y K，et al. SMR neurofeedback training on golf putting performance[J]. Biological Psychology，2013.

[22] Schier M A. Changes in EEG alpha power during simulated driving：a demonstration[J]. International Journal of Psychophysiology，2000，37（2）：155-162.

[23] Papadelis C，Kourtidou-Papadeli C，Bamidis P D，et al. Indicators of sleepiness in an ambulatory EEG study of night driving[C]//2006 International Conference of the IEEE Engineering in Medicine and Biology Society. IEEE，2006：6201-6204.

[24] 杨渝书，姚振强，李增勇，等. 心电图时频域指标在疲劳驾驶评价中的有效性研究[J]. 机械设计与制造，2002（5）：94-95.

[25] 郭玮珍，郭兴明，万小萍. 以心率和心率变异性为指标的疲劳分析系统[J]. 医疗卫生装备，2005，8：1-2.

[26] Lin C T，Wu H C，Tingyen C. Effects of e-map format and sub-windows on driving performance and glance behavior when using an in-vehicle navigation system[J]. International Journal of Industrial Ergonomics，2010，40（3）：330-336.

[27] Brookhuis K A，Waard D D，Janssen W H. Behavioural impacts of Advanced Driver Assistance Systems-an overview[J]. European Journal of Transport & Infrastructure Research，2001，1（3）.

[28] Verwey W B，Zaidel D M. Predicting drowsiness accidents from personal attributes，eye blinks and ongoing driving behaviour[J]. Personality & Individual Differences，2000，28（1）：123-142.

[29] 于晓东. 基于驾驶人生理指标的驾驶疲劳量化方法研究[D]. 长春：吉林大学，2015.

[30] Kim H，Kwon S，Heo J，et al. The effect of touch-key size on the usability of In-Vehicle Information Systems and driving safety during simulated driving[J]. Applied Ergonomics，2014，45（3）：379-388.

[31] Tsimhoni O，Smith D，Green P. Address entry while driving：speech recognition versus a touch-screen keyboard[J]. Human Factors，2004，46（4）：10-600.

[32] Stanton N A. Advances in Human Aspects of Road and Rail Transportation[M]. CRC Press，2012.

[33] Cockburn A，Mckenzie B. 3D or not 3D?：evaluating the effect of the third dimension in a document management system[C]// Sigchi Conference on Human Factors in Computing Systems. ACM，2001：434-441.

[34] Nathens A B，Jurkovich G J，Cummings P，et al. The effect of organized systems of trauma care on motor vehicle crash mortality[J]. Jama the Journal of the American Medical Association，2000，283（15）：1990.

[35] Matthew P R，Paul A G. Comparison of driving performance on-road and in a low-cost simulator using a concurrent telephone dialling task[J]. Ergonomics，1999，42（8）：1015-1037.

[36] Hart S G，Staveland L E. Development of NASA-TLX（Task Load Index）：Results of empirical and theoretical research[J]. Advances in Psychology，1988，52（6）：139-183.

[37] Santhi C，Arnold J G，Williams J R，et al. Validation of the swat model on a large rwer basin with point and nonpoint sources[J]. Jawra Journal of the American Water Resources Association，2001，37（5）：1169-1188.

[38] Henttonen K，Kianto A，Ritala P. Knowledge sharing and individual work performance：An empirical study of a public sector organisation[J]. Journal of Knowledge Management，2016，20（4）：749-768.

[39] Ballantyne D，Christopher M，Payne A. Improving the quality of services marketing：service（re）design is the critical link[J]. Journal of Marketing Management，1995，11（1-3）：7-24.

[40] Peck M，Falk H，Meddings D，et al. The design and evaluation of a system for improved surveillance and prevention programmes in resource-limited settings using a hospital-based burn injury questionnaire[J]. Inj Prev，2016，22（Suppl 1）：i56-i62.

[41] Sousa V E C，Matson J，Lopez K D. Questionnaire adapting：Little changes mean a lot[J]. Western Journal of Nursing Research，2016.

[42] Brooke J. SUS-A quick and dirty usability scale[J]. Usability Evaluation in Industry，1996，189.

[43] Akyeampong J，Udoka S，Caruso G，et al. Evaluation of hydraulic excavator human-machine interface concepts using NASA-TLX[J]. International Journal of Industrial Ergonomics，2014，44（3）：374-382.

[44] Racine E，Hurley C，Cheung A，et al. 187 participants' perspectives and preferences on clinical trial result dissemination：The trust thyroid trial experience[J]. Age & Ageing，2017，46（Suppl_3）：iii13-iii59.

[45] Maula H，Hongisto V，Östman L，et al. The effect of slightly warm temperature on work performance and comfort in open-plan offices—a laboratory study[J]. Indoor Air，2016，26（2）：286.

[46] Sodnik J，Dicke C，Tomazi，et al. A user study of auditory versus visual interfaces for use while driving[J]. International Journal of Human-Computer Studies，2008，66（5）：318-332.

[47] Sauro J. Measuring usability with the system usability scale（SUS）[J]. 2011.

[48] Lewis J R，Sauro J. The factor structure of the system usability scale[C]// Human Centered Design，First International Conference，Hcd 2009，Held As. DBLP，2009：94-103.

[49] Wickens C D. An Introduction to Human Factors Engineering[M]// An introduction to human factors engineering. Longman，1998：393.

[50] Hamada H，Ogawa K. Ergonomics of human-system interaction and its standardization[J]. Japanese Journal of Ergonomics，2010.

[51] Soukoreff R W，Mackenzie I S. Metrics for text entry research：an evaluation of MSD and KSPC，and a new unified error metric[C]// Sigchi Conference on Human Factors in Computing Systems. ACM，2003：113-120.

[52] 赵晓华，荣建，张兴捡. 危险驾驶行为特征提取及识别[M]. 北京：人民交通出版社，2015：20-80.

[53] Desai A V，Haque M A. Vigilance monitoring for operator safety：A simulation study on highway driving[J]. Journal of Safety Research，2006，37（2）：139-147.

[54] Takei Y，Furukawa Y. Estimate of driver's fatigue through steering motion[C]//IEEE International Conference on Systems. Man and Cybernetics，2005：1765-1770.

[55] Rydström A，Broström R，Bengtsson P. A comparison of two contemporary types of in-car multifunctional interfaces[J]. Applied Ergonomics，2012，43（3）：14-507.

[56] 李志春. 驾驶员疲劳状态检测技术研究与工程实现[D]. 镇江：江苏大学，2009.

[57] 张翠. 驾驶员自身因素引起的驾驶疲劳对交通安全的影响[J]. 道路交通与安全，2010，10（3）：30-33.

[58] 陈安乐，李德圃. 条件概率度量空间及其应用[J]. 东北石油大学学报，1988（3）：116-120.

[59] Liu Y L，Gao J. The influence of depreciative methods upon dopont's analytical system[J]. Journal of Yunyang Teachers College，2004.

[60] Liang Y，Reyes M L，Lee J D. Real-time detection of driver cognitive distraction using support vector machines[J]. IEEE Transactions on Intelligent Transportation Systems，2007，8（2）：340-350.

[61] Krabbe P F. Thurstone scaling as a measurement method to quantify subjective health outcomes. [J]. Medical Care，2008，46（4）：357-365.

[62] Huang J，Qi E S，Liu L. Product scale and scheduling optimization based on customer preference and manufacturing complexity evaluation[J]. Medical Care，2015，21（4）：992-1001.

第10章

从设计出发的IVIS可用性量化

影响汽车安全驾驶的因素很多，包括道路因素、交通环境、驾驶员因素、车辆因素、天气状况等[1]。当遇到突发的紧急情况时，驾驶员如果能够做出正确的判断和操作车载信息系统，就能够有效地降低和避免危险。本章将对驾驶行为中实验方案、实验对象、实验过程以及数据处理分析进行详细的阐述。驾驶行为信息结构如图10-1所示。

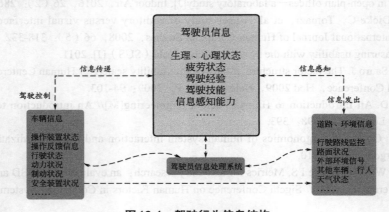

图10-1 驾驶行为信息结构

10.1 / 如何设计实验架构

目前，许多车辆评价研究多使用驾驶模拟器来评估驾驶人在操作车载信息系统时的工作负荷[2]，以及结合汽车用户访谈的方法，例如对驾驶人或者其他车辆用户进行个别访谈和小组讨论（例如焦点小组讨论）。

本研究测量类型分为客观测量和主观测量。客观测量定义为：不受某一执行任务的被试者或观察、记录被试者行为的实验员影响的测试。客观测量通常是使用物理仪器，由经过培训的实验员进行。主观测量通常是基于被试者的感知或在执行一个或多个任务之后的经验。为此提出车载信息系统任务的实验架构，本研究筛选了被试者、车辆以及交通环境，为实验做准备。实验部分包括主观认知实验、基于真实场景的驾驶任务实验。实验中需要对整体驾驶环境进行分析，驾驶行为形成及其体系结构如图10-2所示。

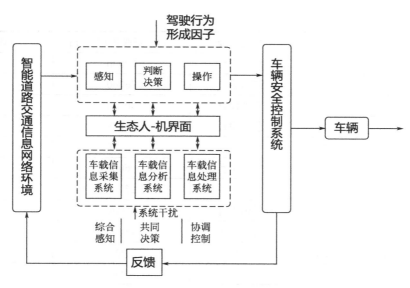

图10-2　驾驶行为形成及其体系结构

10.2 / 招募合适的参与者

参与驾驶人群特征相关研究表明，在驾驶员性别方面，男性驾驶员所占比例约为女性驾驶员的2倍[3]。实验要求所有被试者身体健康，无睡眠不良、失眠等疾病，平均睡眠时间多于6小时，且提供年龄、驾龄、睡眠、视力等相关信息，要求驾驶员在实验前24小时内禁止饮酒、咖啡等其他刺激性饮料[4]。车载信息系统界面在市场上呈现多样化分布，对其可用性评价有着不同的影响作用，本研究在现有的车载信息系统界面布局基础上进行了改进设计，分别为棋盘式布局和层级式布局，综合考虑了布局对车载信息系统可用性的影响。

参加本研究的样本共40人，考虑到驾驶员性别和驾驶经验，作为潜在因素（20男，20女）均持有机动车驾驶驾照C1，同时以5000公里里程作为驾驶经验的区分，分别招募了有经验和无经验的驾驶员，不考虑老年驾驶人群，目标群体为年龄在20～39岁（平均年龄为26岁，标准差为3.2年）的驾驶人，所有参与实验人员均没有使用过车载触屏交互系统，不具备触摸屏操作经验，且在视力方面均正常而不影响正常驾驶[4]，如表10-1所示。

表10-1　实验对象信息

编号	性别	年龄	相关专业	平均年行驶里程（km）	平均睡眠时间（h）
1	男	25	艺术设计	5000	7.5
2	男	24	机械设计	12000	6.5
3	男	25	机械设计	22000	8.0
4	男	28	机械设计	30000	9.0
5	男	32	机械设计	2000	6.5

编号	性别	年龄	相关专业	平均年行驶里程（km）	平均睡眠时间（h）
6	男	22	机械设计	20000	7.0
7	男	26	艺术设计	26000	8.0
8	男	23	艺术设计	30000	7.5
9	男	29	艺术设计	2000	7.5
10	男	26	化学化工	1000	7.0
11	男	31	食品工程	66000	6.5
12	男	24	食品工程	27000	7.0
13	男	38	机械设计	80000	6.0
14	男	39	能源动力	93000	6.5
15	男	26	材料科学	9000	7.5
16	男	30	材料科学	4000	7.0
17	男	34	材料科学	3000	7.0
18	男	36	材料科学	1000	6.5
19	男	32	电气工程	58000	7.0
20	男	37	电气工程	97000	7.5
21	女	36	机械设计	13000	8.0
22	女	30	机械设计	52000	7.0
23	女	29	临床医学	41000	7.5
24	女	26	临床医学	16000	9.0
25	女	25	临床医学	8000	7.0
26	女	28	临床医学	10000	8.0
27	女	33	电气工程	49000	7.0
28	女	31	电气工程	20000	6.5
29	女	26	工商管理	8000	8.0
30	女	27	工商管理	7500	8.0
31	女	36	工商管理	6200	6.5
32	女	30	工商管理	9500	7.0
33	女	29	工商管理	10500	7.0
34	女	26	工商管理	32000	8.5
35	女	25	食品工程	17500	7.0
36	女	28	食品工程	62000	6.5
37	女	33	食品工程	37500	9.0
38	女	31	食品工程	14000	8.0
39	女	26	艺术设计	72000	6.0
40	女	27	艺术设计	8000	7.5

10.3 / 产品原型设计

本章通过驾驶人眼动数据、生理数据和车辆运行状态信息对车载信息系统进行可用性研究。因此，所需要的信息采集设备包括视觉行为、生理行为信息采集设备和车辆运行状态信息采集设备等。

10.3.1 IVIS交互原型设计

从信息交互角度对车载信息系统进行研究，汽车人机交互界面的信息显示核心在于路况的自然显示和辅助驾驶的人工显示[5]。随着大量信息系统进入汽车驾驶室内部，车内外信息交互、显示以及娱乐设备与汽车的整合显示，都已经逐步成为汽车显示的重要内容。车载信息系统在信息架构中，一方面为了尽量展示人机交互中所面临的复杂情境，为驾驶员提供了大量的信息，另一方面为了确保驾驶安全，在使用车载信息系统时要提高驾驶员的注意力和使用绩效。这样设计车载信息系统时的信息组织从总体上来看，即呈现出显示数量紧凑但层次较深的组织结构，称为"窄而深"结构[6]，如图10-3所示。

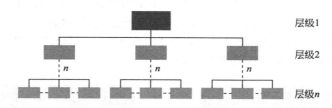

图10-3 车载信息系统的信息组织

车载信息显示设计除了考虑交互设计的基本原则，更重要的是考虑驾驶情境下驾驶员使用车载信息系统的认知负荷和绩效问题。将信息显示设计分为三个层面，即信息读取、认知理解和操作体验，如图10-4所示。

（1）信息读取

研究表明，驾驶人在行车过程中用于控制车辆的眼动行为为60%～70%，主要用于保持安全行驶状态、查看道路环境[7]。所以，在同一层级界面所显示的内容和信息数量需要在眼动行为的负荷之内。在界面具体设计上，多采用易识别的图形或者图案，减少文字显示。如：来电显示不需要像手机一样显示来电信息、号码等烦琐信息，只需要显示姓名这种单维度信息即可。

（2）认知理解

车载信息系统的显示环境相比于桌面设备和移动端设备更为复杂，同时考虑到安全性的问题，加入了驾驶人性别、驾驶经验、界面布局设计等因素[8]。车载信息系统显示信息的主要作用为传达车辆信息以及辅助控制驾驶，由于汽车交互信息内容的增加和驾驶情境的愈发复杂，界面显示已经不仅仅从图表、刻度、数字等基本信息展开，需要更加深入地对车载信息系统进行优化设计，保证认知理解的准确性。

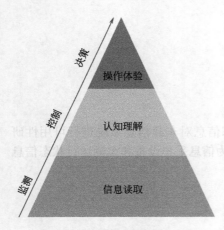

图10-4　车载信息系统层次图

（3）操作体验

体验是车载信息系统的最高层次，是在读取、认知层面之上的更高层面的设计和操作[9]。因此，在进行系统设计时，需要考虑不同用户人群和不同使用环境的信息，比如车载信息系统的界面尺寸必须大，且信息呈现相对简洁，以便驾驶员在快速扫视时能识别所需要的信息。视觉显示信息的艺术体验是信息所表现出来的风格、品牌等情境要素的综合。

本实验以iPad作为载体模拟车内信息系统界面运行，屏幕尺寸为9.7英寸；分辨率为2048×1536。界面设计了不同的三个层级，分别为主菜单（短列表）、二次菜单（短列表）、三级菜单。主菜单包含收音机、媒体、导航、电话、信息、空调、智能驾驶、设置，一共8个功能命令，均显示在界面的第一层级中。为保证界面设计的真实性，界面设计参照了凯迪拉克车载信息系统的界面布局[10]。

PreBner认为，车载信息系统设计应符合以下原则：车内与车外咨询应呈现个别显示，且遵守一致性的设计原则；用层级式操作界面清楚地显示多项功能；个别功能需具备一致性及组织性；多利用简单的图形来减少操作界面架构；显示及框架格式需要适应眼睛的视觉习惯。目前，车载信息系统的主要输入方式为物理按键或者触屏按钮，两者的输入方式皆为屏幕显示功能菜单，利用上、下、左、右按键来选择驾驶者需要的功能，按钮设计不合理往往会导致按键动作不方便，如输入信息错误、选择内容错误及需要重复选择等情况下容易增加驾驶员的驾驶危险。所以，选择9.7英寸的iPad作为实验的客户端，设计时尽量将按钮尺寸放大[11]。图10-5和图10-6所示分别为棋盘式和层级式界面布局。

图10-5　棋盘式界面布局

图10-6　层级式界面布局

10.3.2　信息采集设备

采用的实验仪器主要有眼动仪和生物反馈仪。其中眼动仪为EyeGuide® Mobile Tracker头戴便携式，采样频率为60Hz，注视位置精确度为0.5°，捕捉右眼眼球运动，适用于佩戴眼镜的测试者。头戴模块可捕捉受试者看到的场景和眼动追踪数据。头戴模块仅重45 g，设计严谨，可为受试者提供最大限度的自由度，获得最真实的人类行为。记录模块可记录眼动追踪数据并将其保存在SD存储卡上。记录模块体型小巧，让受试者能够无负担、无限制地自由行动。它可以通过热镜来跟踪用户的眼球运动，不会阻碍用户的正常视觉行为。将眼动仪佩戴在被试者头部，进行实车实验时，Realtime API（Application Programming Interface）可以实时地记录数据。数据分析包括可视化分析和统计分析两种，可视化分析以轨迹图、热点图、集簇图等方式呈现；统计分析的常用指标有首次进入时间、注视点持续时间、注视点个数、访问次数等[12]。

生理反馈仪为Spirit-10mark Ⅱ 10-16通道生理反馈仪，精度（A/D）≥24bit，采样率为1000Hz，用于记录测试者的生理状态，包括心电、脑电、肌电、眼动电波、血压脉搏、呼吸频率等，如图10-7所示。针对本实验主要记录被测者的脑电波，测量并记录不同部位的脑电活动（振幅和频率），给出一个或多个反馈信号，通过Theta、Alpha、SMR、Beta四种不同的波段，反映被测者的注意力变化[13]。运用配套软件BioTrace集成ERP、HRV、SCP软件。

图10-7 Spirit-10mark Ⅱ 生理反馈仪

图10-8和图10-9所示分别为皮电测试场景图和皮电测试生理仪器。

图10-8 皮电测试场景图

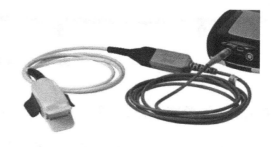

图10-9 皮电测试生理仪器

Spirit生理反馈仪由硬件主机和软件Biotrace组成，实验过程中可以在计算机上实时显示脑电波的变化，并得到基于时间轴的可视化生理数据。导出MATLAB、Excel等软件支持的数据格式，便于利用其他专业数据分析软件进行分析与处理。图10-10所示为Biotrace软件界面。

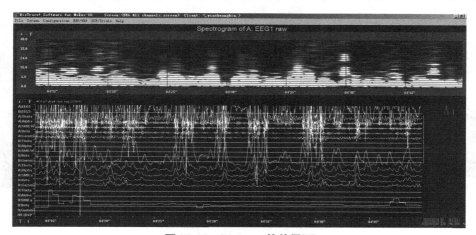

图10-10 Biotrace软件界面

10.3.3　车辆状态信息

在车辆内后视镜位置安装凯立德行车记录仪，影像分辨率为1080p，拍照像素为1200万，可实时记录驾驶人在车内使用车载信息系统的场景，并且记录相关车辆信息、行驶时速、加速度、车辆偏移距离及行车轨迹等。图10-11所示为车载GPRS设备。

图10-11　车载GPRS设备

10.3.4　多通道测试场景

选择道路为省道，双向四车道全封闭场景，无交通信号灯，双向单车道宽10m，中间隔离带宽3 m，路面平整度良好，天气为晴天[14]。为了提升驾驶环境的安全性，道路的车流量控制在50vehicle/h/lane，同时车流峰值（PHF）为0.95，驾驶过程中车速限制在60 km/h以下（中国城市道路中小型车辆限速规定）。

图10-12所示为驾驶可用性任务实验场景。

图10-12　驾驶可用性任务实验场景

10.4 ／ 制定交互测试方法

10.4.1 根据用户交互任务分类

目前驾驶中的驾驶员和车载信息系统的交互方式主要包括按键、触控、语音三种形式[15]。按键即驾驶人需要通过点按中控面板的物理按钮来完成操作；屏幕触控是指驾驶人可以利用手指在屏幕点击的方式完成操作，但是由于对车载信息系统的识别需要时间，会对驾驶安全产生影响；语音输入是指利用语音识别命令对车载信息系统进行操作，但是由于语音识别准确率低，同时考虑到车内杂音和行车时产生的噪声干扰，都容易导致输入错误[16]。在进行人机交互时，存在很多的非理性因素，决定了不可能存在唯一的标准适用于各种情况的用户模型。这种用户模型不仅要考虑正常环境下的符合用户心理的操作和思维，还需要考虑非正常环境下的驾驶状态。这种模型称为非理性用户模型[17]。车载信息系统任务也称为非理性行为任务，驾驶人接受一项车载信息系统任务时，要对其进行过程判定和分析。这些车载信息系统任务可能是完成一项命令或者多项命令。

图10-13所示为驾驶辅助系统分布图。

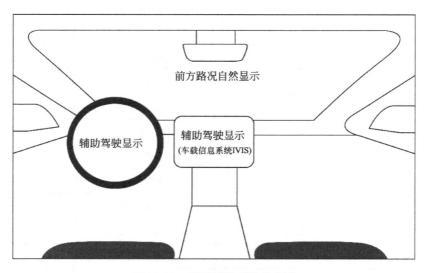

图10-13　驾驶辅助系统分布图

根据车载终端的操作，将其划分为车载广播、媒体、导航、通话、信息、空调、智能驾驶、车载设置8个模块，包括若干个三级子任务[18]，主要任务如表10-2所示。人机交互中的车载信息系统任务通常都比较复杂，即便是简单的任务也可能包括很多操作步骤或者操作顺序，各操作间的关系比较复杂。将驾驶人的操作步骤看成一个系统，系统中的各个操作是构成要素，将系统不断进行细分，我们可以得到一个从上层到底层的网络图。

表10-2　车载信息系统任务列表

一级任务	二级任务	三级任务	任务序号
车载广播	FM	FM频道选择	1.1.1
	AM	AM频道选择	1.1.2
	FM收藏	FM频道收藏/删除	1.1.3
	AM收藏	AM频道收藏/删除	1.1.4
媒体	CD/VCD	CD/VCD选择	2.1.1
	音乐收藏	播放	2.2.1
		搜索	2.2.2
		下一首	2.2.3
		上一首	2.2.4
	外部设备	添加外部设备	2.3.1
	音色	高音调整	2.4.1
		低音调整	2.4.2
		复位	2.4.3
导航	目的地搜索	快速目的地选单	3.1.1
		按电话号码搜索	3.1.2
		地址查询	3.1.3
		兴趣点	3.1.4
	地图	目的地引导	3.2.1
		语音提示	3.2.2
		互动地图	3.2.3
	旅程规划	路线信息	3.3.1
		旅途规划服务	3.3.2
	路况信息	目的地历史记录	3.4.1
		起点历史记录	3.4.2
通话	电话簿	我的联系人	4.1.1
		添加联系人	4.1.2
		信息	4.1.3
	重拨	重拨	4.2.1
	已接来电	显示已接来电	4.3.1
	拨号	拨号	4.4.1

续表

一级任务	二级任务	三级任务	任务序号
信息	用户手册	用户手册指引	5.1.1
	车载电脑	行程记录检查	5.2.1
		自动匹配	5.2.2
	旅程电脑	旅程规划	5.3.1
		旅程服务	5.3.2
	车辆状态	胎压报警器	5.4.1
		机油检测	5.4.2
		复位	5.4.3
	简要说明	车辆系统介绍	5.5.1
		车辆系统升级	5.5.2
空调	模式	制冷	5.6.1
		制热	5.6.2
		通风	5.6.3
	温度	升高	5.7.1
		降低	5.7.2
	自动	自动	5.8.1
智能驾驶	旅程咨询服务	旅程咨询服务	6.1.1
	道路救援	道路救援	6.1.2
	客户服务中心	客户服务中心	6.1.3
车载设置	信息设置	信息列表	7.1.1
	时间/日期	调整时间/日期	7.1.2
	语言/单位	选择语言/单位	7.1.3
	灯光	氛围灯	7.1.4
	ECO Pro模式	ECO Pro模式	7.1.5
	泊车	自动泊车	7.1.6
	尾门	尾门	7.1.7
	软件更新	软件更新	7.1.8

车载信息系统任务作为汽车用户行为中较为复杂的行为，主要是用户与软件界面进行交互，其中涉及驾驶人操作行为、任务操作顺序以及任务操作协作关系[19]。

车载信息系统任务中的操作行为用于描述系统用户需要完成的任务。对车载信息系统的宏观描述就是系统中用户需完成的总任务[20]。简而言之，系统成员包括驾驶人和乘客。如图

10-14所示，我们将车载信息系统任务的驾驶行为中用户成员、系统功能、操作的关系描述出来，图中椭圆表示车载信息系统的任务功能，以车载信息系统中的导航仪为例，行为与一个或者多个系统成员相互联系[21]。

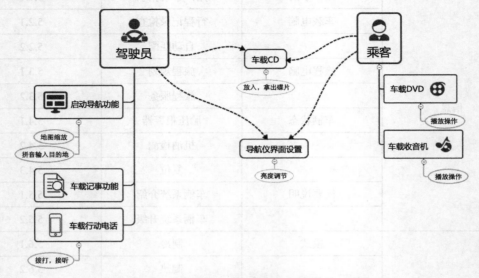

图 10-14　用户成员、系统功能、操作的关系描述

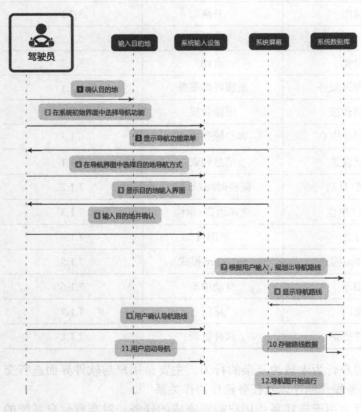

图 10-15　驾驶人使用导航行为顺序分析

车载信息系统任务的行为顺序用于描述完成任务行为的系统因素和相关操作步骤。图10-15对车载信息系统中导航任务的行为顺序进行了分析。其中，水平方向列出了与"使用导航命令进行目的地导航"相关的系统元素，包括行为的执行者（驾驶人）和操作对象（系统输入设备）。图10-15中竖直方向表示时间顺序。经过测试，"使用导航命令进行目的地搜索"是指系统中每个行为都以用户所认为的理想方式按照时间顺序实施，箭头代表信息和操作的流向。行为分析中对任务进行的某个步骤都是下一个步骤的总和，如第6步中"输入目的地并确认"，可能包括选择输入法或者选择语音识别，在输入目的地名称的时候进行详细的操作。因此，当描述系统各个要素之间的关系时，顺序分析并不是唯一路径，完全取决于实际操作情境，当行为模型研究中分析系统要素时，我们需要对车载信息系统任务执行时的协作关系进行分析。

对车载信息系统任务中协作关系进行分析，其信息和对象的顺序相同。协作关系的分析重点是系统行为中要素之间的关系，以更加全面地认识车载信息系统中行为系统内部的机制[22]。如"使用导航命令进行目的地搜索"任务中，驾驶人和系统输入设备是进行交互次数最多的要素。

10.4.2　根据用户交互任务选取

车载信息系统任务中，每个任务列表中的三级子任务按照行动模型、认知模型及非正常模型进行描述，完整地记录用户操作车载信息系统的过程。将车载信息系统任务按难度进行分级，分别为任务一（基本）、任务二（简单）、任务三（中等）、任务四（复杂）。每个层级的任务如表10-3～表10-6所示，被试驾驶员随机挑选，进行操作。

表10-3　车载信息系统任务一

序号	任务内容
1-1	检测车胎气压
1-2	打开空调，选择AC
1-3	打开FM

表10-4　车载信息系统任务二

序号	任务内容
2-1	打开FM，删除FM/收藏中的92.5 MHz
2-2	打开媒体中的歌曲 *Loving You*，将音量调至20
2-3	打开导航，查到目的地"江苏大学"

表10-5　车载信息系统任务三

序号	任务内容
10-1	打开FM，打开AM，删除/收藏AM 92.5，播放AM 90
10-2	打开空调，将空调温度调至20 ℃，内循环
10-3	查看收件箱信息，清理收件箱，打开导航，查到目的地"江苏大学"

表10-6　车载信息系统任务四

序号	任务内容
11-1	打开导航，查到目的地"江苏大学"，打开FM，将音量调至25，返回主菜单
11-2	打开导航，查到目的地"江苏大学"，打开空调，选择AC，温度调至20 ℃，返回主菜单
11-3	打开导航，查到目的地"江苏大学"，打开FM，打开AM，播放AM 90，返回主菜单

　　根据上文提及的设计原则，以及14种显示界面设计的评价指标（平衡、相称、对称、次序、附注、调和、简明、密度、规则、整体化、经济性、同质性、节奏性、复杂程度等）[23]，将整个车载信息系统设计成三个层次，如图10-16和图10-17所示，其中① 为总界面的第一层级，② 为收音机和媒体的第二层级，③ 为收音机和媒体的第三层级，每个层级中都有时间、返回上一级、回到首页的控制命令。图标的大小遵从人体工程学，在手指可触屏的范围内，更加易于识别和使用。考虑到不同风格的车载信息系统，我们开发了两种车载信息系统产品用于实验。

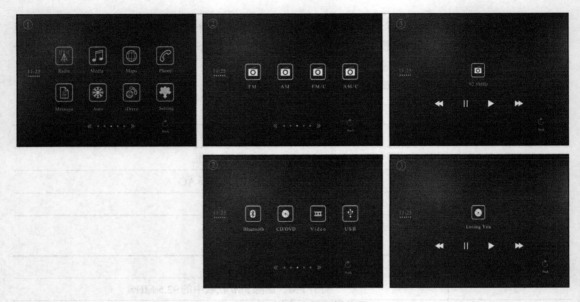

图10-16　棋盘式界面操作图

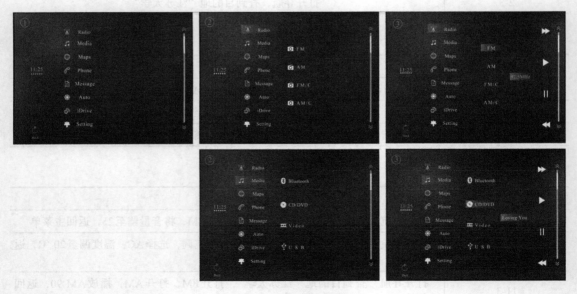

图10-17　层级式界面操作图

10.5 / 用户测试流程

本实验一共包含六个步骤：

（1）收集被试者的基本信息，如年龄、视力、身体健康状况、驾驶习惯、驾驶经验等。

（2）对被试者进行简短的培训，对驾驶任务、车载信息系统任务有初步了解，以减少被试者的心理负荷。

（3）被试者进入驾驶室中，调整驾驶座椅位置，保证被试者与车载信息系统能更好地交互，熟悉车载信息系统的基本操作流程，同时校准眼动仪和生理反馈仪。

（4）选取任务卡片，进行驾驶任务和车载信息系统任务。在驾驶任务进行至5 min后，开始车载信息系统任务，至车载信息系统任务结束。

（5）完成车载信息系统任务后，被试者被要求将车停靠路边，填写SUS问卷和NASA-TLX量表。

（6）将实验车辆驾驶到出发点，换下一个被试者，进行下一轮实验。

在整个实验过程中，将对被试者做出以下指导。

① 需要休息时即可停车；

② 尽可能地行驶在中间车道上；

③ 尽可能地全身心投入车载信息系统任务中。

图10-18和图10-19所示为驾驶测试场景。

图10-18　驾驶测试场景1　　　　　　图10-19　驾驶测试场景2

10.6 / 数据收集清单

10.6.1　驾驶行为数据

实验过程中，通过iPad的后台程序对车载信息系统实时记录，频率为60 Hz，原始数据包括任务完成时间、错误数。同时被试者完成两份主观问卷调查，对车载信息系统界面和使用绩效做出评价。

任务完成时间（Time）即用户在一个任务上花费的时间[24]，通常指用户完成一个预先设置的任务场景的时间总和，但它也可以指代在车载信息系统界面上的持续时间。任务时间的测量单位可以是毫秒、秒、分钟、小时、天或年，而且通常以均值形成记录。

错误数（Error）的统计对象为用户在尝试任务时产生的任何无意识的行为、过失、出错或疏忽[25]。错误计数可以从0（无错误）到技术上的无穷大。错误数对用户失败的原因提供了非常好的诊断信息，可以映射到用户研究的问题上。错误数也可以作为二进制测量值来分析：1表示出错，0表示未出错。

主观问卷（Questionnaire）即测量用户使用系统时感知到的可用性评分问卷，可以在完成一项任务之后立即完成，也可以在一系列可用性环节结束后完成，还可以独立于可用性测试使用。本研究用于可用性测试的问卷分别为SUS和NASA-TLX问卷。

SUS（System Usability Scale）作为可用性测试结束时的主观性评估问卷得到越来越广泛的使用。SUS问卷包含10个题目，采用5分制，奇数项是正面描述，偶数项是反面描述。一般情况下，需要驾驶人在完成车载信息系统任务后进行SUS测试，在问卷前一般不进行讨论，在填写问卷时应当要求驾驶人尽快完成每个题目，不需要过多的思考[26]。

NASA-TLX（National Aeronautics and Space Administration-Task Load Index）为NASA（美国国家航空航天局）任务负荷指数量表，由Hart和Staveland提出，它根据双极方向的六个指标的加权平均来评估用户的心理负荷。这六个指标分别为心理需求（Mental Demand）、生理需求（Physical Demand）、时间需求（Temporal Demand）、自我绩效（Performance）、努力程度（Effort）和挫折程度（Frustration）等，从这六个维度对用户总体的心理负荷程度进行评定，因此NASA-TLX量表是一个多维度量表，被广泛应用于人因工程的绩效研究中[27]。

$$W= W_1 \cdot V(MD1)+ W_2 \cdot V(PD2)+ W_3 \cdot V(TD3)+ W_4 \cdot V(P4)+ W_5 \cdot V(E5)+ W_6 \cdot V(F6)$$

式中，W代表用户个体的心理负荷量；W_1、W_2、W_3、W_4、W_5、W_6代表六个指标的个别加权系数；MD、PD、TD、P、E、F分别代表这六个指标。

10.6.2　驾驶眼动数据

本研究运用EyeGuide® Analyze软件分析眼动数据，截取目标时间段划分兴趣区域，根据眼动仪记录驾驶人在车载信息系统任务中的基本眼动形式。我们提取了以下数据：

（1）可视化分析指标

轨迹图（Gaze Plot）可在静态刺激材料上呈现注视点的顺序和位置[28]。注视点用圆点表示，圆点的大小代表注视时间的长短，圆点中的数字代表注视点的顺序，不同被试者采用不同的颜色显示。轨迹图一般适合对单个或少数被试者进行分析。

热点图（Heat Map）使用不同的颜色划分注视时间长短的关注区域，或用来呈现不同类型刺激的被关注区域[29]。红色表示注视点最多或注视时间最长的区域，按红、橙、黄、绿依次递减，其间有很多过渡层次。与轨迹图相比，热点图更适合对多名被试者进行分析。

集簇图（Cluster）以不同的色块将刺激材料上注视点较为集中的区域划分出来[30]。含有注视点数据的每一簇可用于探讨该区域的注视集中度，也可作为兴趣区划分的参考或用于自动创建兴趣区。集簇图与热点图类似，也适合用来分析多名被试者的眼动数据。

（2）统计分析指标

统计分析的数据是基于兴趣区的划分确定的。兴趣区（Area of Interest，AOI）是一种眼动数据的高级量化工具，可以使用相关创建工具在刺激材料上手动定义，也可以使用集簇图直接生成。常用的统计分析指标如下：

首次进入时间（Time to First Fixation）表示从包含某个兴趣区（组）的刺激材料首次呈现到被试者的注视点第一次进入该兴趣区（组）所用的时间。

注视点持续时间（Fixation Duration）表示某个兴趣区（组）中的单个注视点的平均持续时间。

注视点个数（Fixation Count）表示某个兴趣区（组）内注视点的个数。

注视点持续时间总和（Total Fixation Duration）表示某个兴趣区（组）中所有注视点的持续时间。

访问次数（Visit Count）表示对某个兴趣区（组）的访问次数，从首个注视点出现在该兴趣区（组）到注视点移出兴趣区（组）记为 1 次。

总访问时间（Total Visit Duration）表示某个兴趣区（组）中所有注视点的持续时间之和，包含两个注视点间的眼跳时间。

10.6.3　驾驶生理数据

（1）脑电信号

脑电信号作为反映大脑的生理信号，其具体表现为非线性的复杂随机信号。被试者在不同的精神状态下，或由于接受不同状态下的刺激，大脑信号就会表现出不一样的信号特点，根据脑电的信号特点来判断被试者的生理行为。脑电信号按照频率不同一般可分为四种基本的波段[31]，分别为δ波、θ波、α波、β波，如图 10-20 所示。

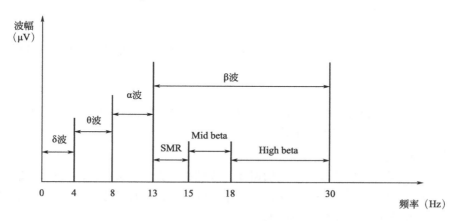

图 10-20　脑电相关状态分布[33]

δ波的频率为 0 ～ 4 Hz。一般只有在睡眠时δ波才会出现，而在清醒状态下δ波就会消失。

θ波的频率为 4 ～ 8 Hz。当成年人在睡眠或者精神状态萎靡的状态下θ波的成分会相应地增多，而精神状态振奋时θ波则会相应地减少。

α波的频率为 8 ～ 13 Hz。当大脑处于清醒放松的状态时，脑电信号的主要成分就是α波。通常状况下，α波出现在闭目、无外界刺激的时候，当睁眼或受到外界刺激时，α波的成分会相应地减少。

β波的频率为13～30 Hz。当人处于精神紧张、激动或警觉状态时，β波的成分会相应地增多；当人处于安静或者平稳的状态时，β波的成分会相应地减少。

这些波段与注意力和疲劳之间具有一定的相关性，研究人员可以根据这些波段的各方面变化特征开展对驾驶绩效和可用性的研究，且识别率非常高，因而本研究将从脑电信号中提取有效的特征参数来量化车载信息系统的可用性[32]。

（2）心电信号

心脏依靠心房和心室不断运动，伴随着生物电信号的变化，通过心电记录仪可描绘出多种形式的电位变化图形[34]。心房和心室的除极和复极由心电图上的一系列波段代表，依次为P波、QRS波群、T波及U波，详情如图10-21所示。心率（Heart Rate, HR）和心率变异性（Heart Rate Variability, HRV）是心电信号中重要的两个指标，易于提取检测，且能直观描述疲劳状态的变化[35]。

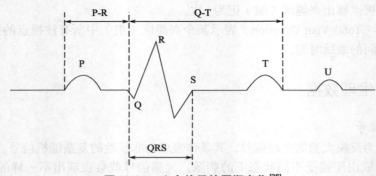

图10-21　心电信号的周期变化[36]

10.6.4　车辆状态数据

实验过程中，车辆状态数据主要分为以下几类：速度变量、加速度变量、车道偏移量、标准差变量。

（1）速度变量

速度变量包括瞬时速度和平均速度。瞬时速度为在某一时间点的速度，平均速度为在某一段时间或某一段距离内行驶速度的平均值[37]。

（2）加速度变量

加速度变量包括平均加速度与最大加速度，分别指驾驶人在某一时间段或距离段内行驶的平均加速度与最大加速度[38]。平均加速度为多个时间点的瞬时加速度的平均值，最大加速度是指在多个时间点的瞬时加速度中选择最大值。

（3）车道偏移量

车道偏移量是指车辆行驶过程中的行驶轨迹偏离车道中心线的距离，该变量可反映驾驶人的横向车道控制行为，一般提取最大车道偏移量判断驾驶人是否驶出车道[39]。在本实验中车道双向宽度为10 m，车辆宽度为2 m，车道偏移量超过0.6 m表明车辆已驶出车道。

（4）标准差变量

标准差变量包括速度标准差与车道偏移标准差。平均速度标准差指驾驶人在某一时间段内行驶平均速度值的标准偏差，是反映车辆速度稳定性的重要指标之一[40]。车道偏移标准差指驾驶人在某一时间段内产生的车道偏移量的标准偏差，是评价在某一路段内驾驶平稳性和追踪路线的重要指标之一。

10.7 / 数据编辑与处理

10.7.1　眼动数据预处理

本实验中，由于驾驶人的操作异常或者眼动仪等不稳定因素，可能会出现异常值，故在收集眼动数据前，需要对异常数据进行筛选。研究表明，对异常数据筛选的方法有罗马诺夫斯基（t检验）准则法、狄克逊准则法、格肖维勒准则法、拉依达准则法等。拉依达准则法简单方便，适用于大样本数据且无须查表，因此得到了广泛应用。本研究中平均样本数据大于5000，属于大样本，因此采用拉依达准则对驾驶人眼动行为数据异常值进行剔除。

若测量数据 x_i 与测量结果的算术平均值 $\bar{x}$ 之差大于3倍标准偏差 σ，则需要对获取的数据进行剔除，公式为

$$|x_i - \bar{x}| > 3\sigma \tag{10.1}$$

本实验中，根据随机变量的正态分布规律，测量值落在（ $x_i - 3\sigma$ ， $x_i + 3\sigma$ ）中的概率为99.28%，在此范围之外的概率为0.72%，所以认定该数据为不可靠，故将其剔除。

以被试者在行车过程中对感兴趣区域的注视行为为例，对比异常数据剔除前后注视点分布情况，如图10-22和图10-23所示。

图10-22　眼动数据处理前

图10-23　眼动数据处理后

10.7.2　脑电数据预处理

（1）去伪迹

伪迹是脑电图中非正常的脑源性电信号活动，但是它并不反映人脑的生理特性[41]。在进行脑电信号记录过程中，在实际道路即时实验的环境中各种难以预测的环境变化均会使得脑电

信号与相似的伪迹信号混淆，从而对脑电信号的正常辨识、分析产生干扰，进而造成数据的不准确。因此，采集脑电数据的过程应尽量避免伪迹的产生，并且在对脑电信号进行分析研究之前，对脑电数据进行伪迹处理来提高信噪比也是十分必要的。

与实验室模拟驾驶实验相比，实际道路驾驶实验中，驾驶员在驾驶过程中需要对交通环境和驾驶任务承受更多的认知负荷，因此存在较多的眼睛活动、肌肉运动（肢体动作和头部转动），从而产生大量的眼电数据和肌电数据。为了提取有效的脑电信号，需要从脑电信号中去除眼电和肌电的杂乱数据成分。

通常采用的手段有以下五种[42]：第一，直接删除含有伪迹的信号段；第二，人工删除含有伪迹的信号段；第三，编写程序自动检查信号的能量是否达到规定的阈值，并将超过阈值的部分自动删除；第四，通过线性滤波器滤去除伪迹信号，此方法可有效地过滤高频率设备的噪声，部分高频率的肌电信号和低频率的眼电信号可通过高通、低通滤波器过滤；第五，通过信号分解去除伪迹，方法是将信号分解为多个成分后识别并剔除其中的伪迹成分，将剩下有用的成分重新还原成无伪迹的信号。

本研究中采用的生理反馈仪具有良好的抗电磁干扰效果，能够有效地排除电磁干扰所引起的伪差。针对眼电信号和肌电信号，BioTrace软件具有自带的去干扰功能，可通过信号分解去除伪迹。这是盲信号分离技术中最常用的一种方法，称为独立成分分析（Independent Component Analysis，ICA）法，基于信号源的独立性，根据源信号的统计特性，将混合的信号分离成若干个具有独立性的非高斯信号源，再将其进行线性组合，从而求解原始源信号。因此，此方法可以有效分离并去除脑电信号中掺杂进入的各种独立信号[43]，如眼电信号、肌电信号。本研究只简要介绍ICA方法的概念和原理，不做详细的说明。

ICA方法的基本原理可描述为：用$S(t)=[S_1(t)，S_2(t)，S_3(t)，\cdots，S_N(t)]^T$表示$N$个具有独立性的源信号，$X(t)=[X_1(t)，X_2(t)，X_3(t)，\cdots，X_M(t)]^T$表示$M$维的混合信号，每一维都是一个信号源，观测信号是源信号经过未知的混合矩阵A线性混合而得到的，可用公式$X(t)=AS(t)$表示。而ICA方法是求解一个变换矩阵B（解混矩阵）使得求解的输出信号$U(t)=BX(t)=BAS(t)$尽可能逼近源信号$S(t)$。假设$M=N$，那么混合矩阵$A=B^{-1}$，图10-24为ICA方法的简单原理示意图。

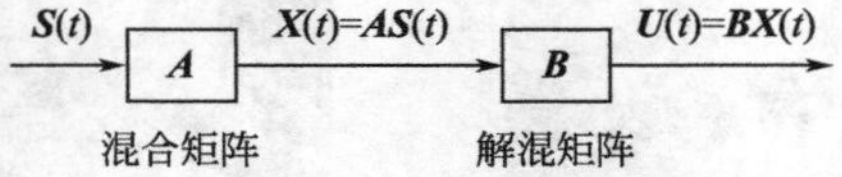

图10-24　ICA方法的原理图

假设随机给定一组观测值$x_1(t)$，$x_2(t)$，$x_3(t)$，其中t表示时间，需要计算系数矩阵B：

$$B = \begin{bmatrix} b_{11} & b_{12} & b_{13} \\ b_{21} & b_{22} & b_{23} \\ b_{31} & b_{32} & b_{33} \end{bmatrix}$$

即解混矩阵，使得

$$\begin{cases} x_1(t) = b_{11}S_1(t) + b_{12}S_2(t) + b_{13}S_3(t) \\ x_2(t) = b_{21}S_1(t) + b_{22}S_2(t) + b_{23}S_3(t) \\ x_3(t) = b_{31}S_1(t) + b_{32}S_2(t) + b_{33}S_3(t) \end{cases} \quad (10.2)$$

因为眼电信号、肌电信号和脑电信号都是具有统计独立性的信号，所以我们可以利用ICA

方法来计算解混矩阵**B**。如果某个源信号为伪迹信号，则将解混矩阵的对应行置为0，就能得到不含伪迹的源信号。

（2）带通滤波

对采集的脑电信号进行数字滤波是为了过滤掉51.2 Hz以上的高频干扰信息，以提高信噪比。按照单位冲激响应的特性可以将数字滤波器分为有限冲激响应（Finite Impulse Response，FIR）数字滤波器和无限冲激响应（Infinite Impulse Response，IIR）数字滤波器。数字滤波器的系统函数$H(z)$可以表示为

$$H(z) = \frac{Y(z)}{X(z)} = \frac{\sum_{k=0}^{M} b_k z^{-k}}{1 - \sum_{k=1}^{N} a_k z^{-k}} \tag{10.3}$$

式中，$X(z)$和$Y(z)$分别表示输入信号$x(n)$与输出信号$y(n)$的z变换；M和N分别代表输入项和输出项的阶数；a_k和b_k分别代表输入项和输出项的加权系数。根据公式（10.2），得到滤波器的时域差分公式：

$$y(n) = \sum_{k=1}^{N} a_k y(n-k) + \sum_{k=0}^{M} b_k x(n-k) \tag{10.4}$$

其中，当满足$a_k=0$时为FIR滤波器，当存在任意的$a_k \neq 0$时为IIR滤波器。IIR滤波器的幅频特性比FIR滤波器精度高，适用于相位信息不敏感的脑电信号，因此本研究采用IIR数字滤波器对脑电原始信号进行带通滤波。BioTrace软件有内置的数字滤波（IIR）算法，选择常用的Butterworth滤波器函数进行带通IIR滤波。高通滤波器的频率设置为0.5 Hz，低通滤波器的频率设置为36 Hz。带通滤波器对指定频段范围内的频率成分衰减很小，对指定频段范围外的频率成分则衰减很大，从而能够有效保留0.5 ～ 36 Hz频率范围内的频带数据。图10-25为脑电信号去除眼电、肌电干扰和滤波前后的对比图。

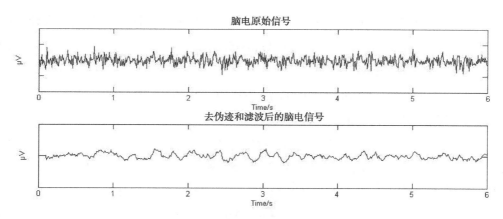

图10-25　去伪迹和滤波前后的脑电信号对比

10.7.3　心电数据预处理

心电信号主要由P波、QRS波群、T波及U波组成，最重要的当属QRS波群中的R波[44]。

R波的检测与识别对于心电信号分析是关键。

现有的R波检测方法有很多，主要包括差分阈值法、模板匹配法、小波变换法、神经网络法及专家系统法等，如图10-26所示。综合比较上述方法的优缺点，本研究最终选择差分阈值法（Defference Threshold Arithmetic）进行R波检测。

差分阈值法是指通过对心电信号进行一阶或二阶差分运算，比较差分数值与设定阈值的大小，如果差分数值大于阈值，即可判定此处存在QRS波。相比于其他波形，R波波形的上升斜率或下降斜率差异较大，通常为脑电信号中斜率变化最剧烈的区域，中间出现的一阶导数过零点即为R波的位置。差分阈值法通过监测心电信号组成的波形上升斜率或下降斜率的变化，确定QRS波群的位置。具体检测流程如图10-27所示。

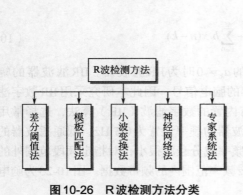

图10-26　R波检测方法分类　　　　　图10-27　R波检测流程

假设心电信号为$f(n)$($n=1，2，…，k$)，其一阶差分的绝对值可通过下述公式来计算：

$$f'(n)=|f(n)-f(n-1)| \tag{10.5}$$

二阶差分的绝对值可表示为

$$f''(n)=|2f(n+1)+f(n+2)-f(n-2)-2f(n-1)| \tag{10.6}$$

结合式（10.5）和式（10.6）可得到

$$F(n)=f'(n)\times f'_{\max}+f''(n)\times f''_{\max} \tag{10.7}$$

式（10.7）中，$f'_{\max}$、$f''_{\max}$分别对应为式（10.5）和式（10.6）的最大值。

设定R波检测阈值点R_{thr}，如果$F(n)$满足

$$F(n)>R_{\text{thr}} \tag{10.8}$$

则可认为在该点周围存在一个QRS波群，进而发现R波峰值序列，得到RR间期分布。

参考文献

[1] 张翠. 驾驶员自身因素引起的驾驶疲劳对交通安全的影响[J]. 道路交通与安全，2010，10（3）：30-33.

[2] Bhise V D，Bhardwaj S. Comparison of Driver Behavior and Performance in Two Driving Simulators[C]// SAE World Congress & Exhibition，2008.

[3] 任鑫峰，金治富，康慧. 疲劳驾驶与年龄、驾龄的关系[J]. 道路交通与安全，2007，7（5）：20-22.

[4] Patten C J，Kircher A，Ostlund J，et al. Using mobile telephones：cognitive workload and attention resource allocation[J]. Accident Analysis & Prevention，2004，36（3）：50-341.

[5] Lewis，James. Usability Testing[J]. Handbook of Human Factors and Ergonomics，2006（3）：1275-1316.

[6] Salmon P M，Young K L，Regan M A. Distraction "on the buses"：A novel framework of ergonomics methods for identifying sources and effects of bus driver distraction[J]. Applied Ergonomics，2011，42（4）：602-610.

[7] Reyes M L，Lee J D. Effects of cognitive load presence and duration on driver eye movements and event detection performance[J]. Transportation Research Part F：Traffic Psychology & Behaviour，2008，11（6）：391-402.

[8] Xian H C，Jin L S，Hou H J. Analyzing effects of pressing radio button on driver's visual cognition[J]. 2014，215：69-78.

[9] Recarte M A，Nunes L M. Mental workload while driving：effects on visual search，discrimination，and decision making[J]. Journal of Experimental Psychology Applied，2003，9（2）：119.

[10] Li R，Chen Y V，Sha C，et al. Effects of interface layout on the usability of In-Vehicle Information Systems and driving safety[J]. Displays，2017：49.

[11] Liu N H. Music selection interface for car audio system using SOM with personal distance function[J]. Eurasip Journal on Audio Speech & Music Processing，2013（1）：20.

[12] Cazzoli D，Antoniades C A，Kennard C，et al. Eye Movements Discriminate Fatigue Due to Chronotypical Factors and Time Spent on Task – A Double Dissociation[J]. Plos One，2014，9（1）：e87146.

[13] Jap B T，Fischer P，Fischer P，et al. Using EEG spectral components to assess algorithms for detecting fatigue[J]. Expert Systems with Applications An International Journal，2009，36（2）：2352-2359.

[14] Nathens A B，Jurkovich G J，Cummings P，et al. The effect of organized systems of trauma care on motor vehicle crash mortality[J]. Jama the Journal of the American Medical Association，2000，283（15）：1990.

[15] Metz B，Landau A，Just M. Frequency of secondary tasks in driving – Results from naturalistic driving data[J]. Safety Science，2014，68（10）：195-203.

[16] Mendoza P A，Angelelli A，Lindgren A. Ecological interface design inspired human machine interface for advanced driver assistance systems[J]. IET Intelligent Transport Systems，2011，5（1）：53-59.

[17] Causse M，Alonso R，Vachon F，et al. Testing usability and trainability of indirect touch interaction：perspective for the next generation of air traffic control systems[J]. Ergonomics，2014，57（11）：27-1616.

[18] Salmon P M，Lenné M G，Triggs T，et al. The effects of motion on in-vehicle touch screen system operation：A battle management system case study[J]. Transportation Research Part F：Traffic Psychology & Behaviour，2011，14（6）：494-503.

[19] Alonso J J，Bruno M，Mañanes R. The impact of secondary task cognitive processing demand on driving performance[J]. Accident Analysis & Prevention，2006，38（5）：895.

[20] Reimer B，Mehler B，Coughlin J F，et al. The impact of a naturalistic hands-free cellular phone task on heart rate and simulated driving performance in two age groups[J]. Transportation Research Part F：Traffic Psychology & Behaviour，2011，14（1）：13-25.

[21] THOMAS A. DINGUS，SHANNON HETRICK，MICHAEL MOLLENHAUER. Empirical Methods in Support of Crash Avoidance Model Building and Benefits Estimation[J]. ITS Journal-Intelligent Transportation Systems Journal，1999，5（2）：93-125.

[22] Tijerina L. Issues in the Evaluation of Driver Distraction Associated with In-Vehicle Information and Telecommunications Systems[J]. Transportation Research Inc，2000.

[23] Zviran M，Glezer C，Avni I. User satisfaction from commercial web sites：The effect of design and use[J]. Information & Management，2006，43（2）：157-178.

[24] Broy V，Althoff F，Klinker G. iFlip：a metaphor for in-vehicle information systems[C]// Working Conference on Advanced Visual Interfaces. ACM，2006：155-158.

[25] Jacko J A，Salvendy G，Koubek R J. Modelling of menu design in computerized work[J]. Interacting with Computers，1995，7（3）：304-330.

[26] Borkowska A，Jach K. Pre-testing of Polish Translation of System Usability Scale（SUS）[M]// Information Systems Architecture and Technology：Proceedings of 37th International Conference on Information Systems Architecture and Technology – ISAT 2016 – Part I. Springer International Publishing，2017.

[27] Hart S G，Staveland L E. Development of NASA-TLX（Task Load Index）：Results of empirical and theoretical research. [J]. Advances in Psychology，1988，52（6）：139-183.

[28] Ziefle M. Information presentation in small screen devices：The trade-off between visual density and menu foresight[J]. Applied Ergonomics，2010，41（6）：719.

[29] Moon J Y，Jung H J，Moon M H，et al. Heat-map visualization of gas chromatography-mass spectrometry based quantitative signatures on steroid metabolism[J]. Journal of the American Society for Mass Spectrometry，2009，20（9）：1626-1637.

[30] Davies D L，Bouldin D W. A cluster separation measure[J]. IEEE Transactions on Pattern Analysis & Machine Intelligence，2009，PAMI-1（2）：224-227.

[31] 吴绍斌，高利，王刘安. 基于脑电信号的疲劳驾驶检测研究[J]. 北京理工大学学报，2009（12）：1072-1075.

[32] 房瑞雪，赵晓华，荣建，等. 基于脑电信号的疲劳驾驶研究[J]. 公路交通科技，2009：1.

[33] 于晓东. 基于驾驶人生理指标的驾驶疲劳量化方法研究[D]. 长春：吉林大学，2015.

[34] 杨渝书，姚振强，李增勇，等. 心电图时频域指标在疲劳驾驶评价中的有效性研究[J]. 机械设计与制造，2002（5）：9-94.

[35] 郭玮珍，郭兴明，万小萍. 以心率和心率变异性为指标的疲劳分析系统[J]. 医疗卫生装备，2005，8：1-2.

[36] 毛科俊，赵晓华，刘小明，等. 基于脑电分析的疲劳驾驶预报研究[J]. 人类工效学，2009，15（4）：25-29.

[37] 陈刚，张为公. 汽车驾驶机器人车速跟踪神经网络控制方法[J]. 中国机械工程，2012，23（2）：240-243.

[38] 金立生，咸化彩，杨冬梅，等. 基于车辆运行状态的次任务驾驶安全性评价[J]. 北京理工大学学报，2013.

[39] 王雪松，王婷，陈亦新. 基于驾驶模拟技术的公路隧道车道宽度运行影响分析[J]. 中国安全科学学报，2016，26（6）：36-41.

[40] 赖武宁. 车载音乐对汽车驾驶员心理负荷及驾驶行为的影响研究[D]. 广州：华南理工大学，2016.

[41] 任亚莉. 基于脉搏传感测值和主成分分析对精神疲劳状态的识别[J]. 中国组织工程研究，2012，16（44）：8251-8255.

[42] 牛清宁. 基于信息融合的疲劳驾驶检测方法研究[D]. 长春：吉林大学，2014.

[43] Hyvärinen A. Fast and robust fixed-point algorithms for independent component analysis[J]. IEEE Transactions on Neural Networks，1999，10（3）：34-626.

[44] Yeo M V M，Li X，Shen K，et al. Can SVM be used for automatic EEG detection of drowsiness during car driving [J]. Safety Science，2009，47（1）：115-124.

第11章

不同IVIS设计之间的差异

11.1 / 用户驾驶行为中的差异

本章中数据统计结果采用折线图，运用数据的均值统计量，在不同驾驶员性别、驾驶经验、界面设计的情况下进行四种不同复杂程度任务时比较与分析各个指标的差异程度。

11.1.1 任务完成时间

在可用性测试中，任务完成时间越少，说明车载信息系统的可用性越高。表11-1所示为四种不同的任务下不同驾驶员性别、驾驶经验、界面设计的任务完成时间的均值、标准差、极大值和极小值的数据统计，以及驾驶过程中注视时间的显著性差异。图11-1所示为在驾驶员性别、驾驶经验、界面设计不同的情况下执行四种可用性驾驶任务的均值比较，直观地反映出其变化状态。

表 11-1　不同驾驶任务完成时间统计（单位：s）

驾驶任务		均值	标准差	极大值	极小值	t	p
任务一（基本）	男驾驶员	12.33	1.070	14	11	0.000	1.000
	女驾驶员	12.42	0.670	13	10		
	有经验	12.45	0.846	14	12	0.000	1.000
	无经验	13.42	0.849	14	11		
	棋盘式布局	12.05	0.967	14	10	-0.804	0.438*
	层级式布局	12.39	0.824	14	9		
任务二（简单）	男驾驶员	33.05	4.46	43	25	2.846	0.016*
	女驾驶员	34.84	3.41	46	21		
	有经验	32.1	2.71	42	18	0.000	0.014*
	无经验	34.9	3.15	44	19		
	棋盘式布局	32.5	2.41	43	18	0.704	0.496*
	层级式布局	33.7	2.73	44	20		

续表

驾驶任务		均值	标准差	极大值	极小值	t	p
任务三（中等）	男驾驶员	39.8	4.937	50	34	0.395	0.701
	女驾驶员	42.7	5.142	56	31		
	有经验	36.7	3.81	51	27	0.000	0.040*
	无经验	39.4	4.09	54	29		
	棋盘式布局	38.7	3.64	49	24	1.478	0.167*
	层级式布局	40.3	4.16	55	27		
任务四（复杂）	男驾驶员	63.1	5.06	76	54	-1.085	0.301*
	女驾驶员	67.1	6.13	80	63		
	有经验	62.6	4.85	82	62	-1.000	0.000***
	无经验	65.3	5.19	85	65		
	棋盘式布局	66.2	5.04	82	61	-1.575	0.144*
	层级式布局	62.2	5.72	86	67		

注：*$p<0.05$；***$p<0.001$。

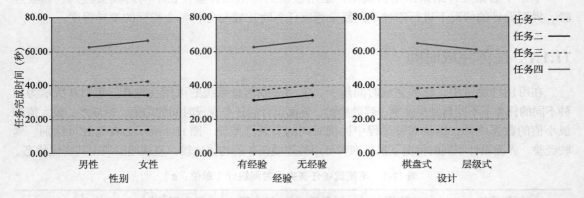

图 11-1　任务完成时间在不同因素影响下的均值比较

由以上分析结果可得，当显著水平为 0.05 时，界面设计在任务一、任务二、任务三和任务四中引起显著性差异，驾驶员性别只在任务二和任务四中引起显著性差异，驾驶经验在复杂程度大的任务中引起显著性差异非常明显。此外，由图表可以看出，任务完成时间随着任务一至任务四的复杂程度不断增加，在三个不同因素影响下均有显著性差异。

综合以上分析，任务完成时间作为可用性测试常用指标，在驾驶员性别、驾驶经验和界面设计不同时均有显著性变化。

11.1.2　任务错误次数

在可用性测试中，任务错误数越少，说明车载信息系统的可用性越高。表 11-2 所示为四种不同任务下不同驾驶员性别、驾驶经验、界面设计的错误数的均值、标准差、极大值和极小值的数据统计，以及驾驶过程中驾驶任务错误数的显著性差异。图 11-2 所示为在驾驶员性别、驾驶经验、界面布局不同的情况下执行四种驾驶任务的均值比较，直观地反映出其变化状态。

表11-2 不同驾驶任务错误数统计

驾驶任务		均值	标准差	极大值	极小值	t	p
任务一（基本）	男驾驶员	1.01	0.89	3	0	1.017	0.331*
	女驾驶员	1.21	0.97	4	0		
	有经验	1.27	0.87	4	0	1.332	0.210*
	无经验	1.48	0.99	5	0		
	棋盘式布局	1.10	0.85	3	0	0.376	0.714
	层级式布局	1.13	0.71	3	0		
任务二（简单）	男驾驶员	2.1	1.11	5	0	0.209	0.838
	女驾驶员	2.4	1.27	5	0		
	有经验	2.1	1.01	3	0	0.209	0.438*
	无经验	2.3	1.12	5	0		
	棋盘式布局	2.0	1.07	4	0	-0.112	0.913
	层级式布局	2.3	1.05	5	0		
任务三（中等）	男驾驶员	2.7	1.13	5	0	1.164	0.269*
	女驾驶员	3.0	1.42	6	0		
	有经验	2.8	1.03	4	0	0.002	0.030*
	无经验	2.9	1.07	5	0		
	棋盘式布局	2.7	1.13	4	0	0.162	0.874
	层级式布局	2.8	1.11	4	0		
任务四（复杂）	男驾驶员	3.3	1.72	6	0	0.824	0.428*
	女驾驶员	3.5	1.93	9	0		
	有经验	3.0	1.67	5	0	1.000	0.339*
	无经验	3.4	2.04	8	0		
	棋盘式布局	3.5	1.88	6	0	-0.948	0.363*
	层级式布局	3.8	2.06	7	0		

注：*$p<0.05$。

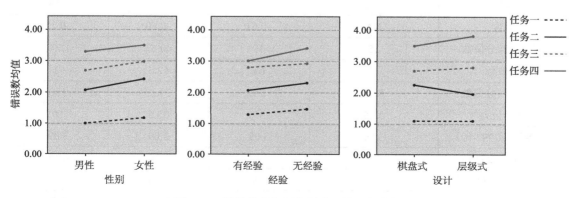

图11-2 错误数在各因素影响下的均值比较

由以上分析结果可得，当显著水平为0.05时，界面设计只在任务四中引起显著性差异，驾驶员性别在任务一、任务三和任务四中引起显著性差异，驾驶经验在四个任务中都引起显著性差异。此外，由图11-2可以看出，任务错误数随着任务一至任务四的复杂程度不断增加，错误数在三个不同因素影响下均有显著性差异。

综合以上分析，任务错误数作为可用性测试常用指标，在驾驶员性别、驾驶经验和界面布局不同的情况下均有显著性变化。

11.1.3　可用性量表调查

根据Brooke的建议，用户应当在使用被评估系统后填写SUS，填写之前不要进行总结或者讨论。实验指导者在向用户解释填写方法时，应当要求用户快速地完成各个题目，不要过多地思考。SUS的计分方法要求用户回答10个题目。如果用户无法完成其中某个题目，则认为用户在该题上选择了中间值。SUS问卷（附录A）包含10个题目，采用5分制。奇数题是正面题，偶数题是反面题。

计算SUS得分的第一步是确定每道题的转化分值，范围在0～4分。对于正面题（奇数题），转化分值是量表原始分减去1（X_i-1）；对于反面题（偶数题），转化分值是5减去原始分（$5-X_i$）。所有题项的转化分值相加后乘2.5得到SUS量表的总分。所有SUS分值范围在0～100，以2.5分为增量。使用SUS量表时不需要任何许可费。见表11-3、表11-4。

表 11-3　系统可用性量表的标准版

统计值	Bangor等（2008）	Lewis and Sauro（2009）		
	完整版	完整版	可用性子量表	易学性子量表
N	2324	324	324	324
最小值	0.00	7.5	0.00	0.00
最大值	100	100	100	100
平均值	70.14	62.1	59.44	72.72
方差	471.32	494.38	531.54	674.47
标准差	21.71	22.24	23.06	25.97
平均数的标准误差	0.45	1.24	1.28	1.44
偏度	NA	−0.43	−0.38	−0.8
峰度	NA	−0.61	−0.60	−0.17
第一个四分位数	55	45	40.63	50
中位数	75	65	62.5	75
第三个四分位数	87.5	75	78.13	100
四分位差	32.5	30	37.5	50
临界值 z（99.9%）	3.09	3.09	3.09	3.09
临界值 d（99.9%）	1.39	3.82	3.96	4.46
99.9%置信区间上限	71.53	65.92	63.4	77.18
99.9%置信区间下限	68.75	58.28	55.46	68.27

表11-4 车载信息系统SUS评分

主观评分（SUS）	均值	标准差	极大值	极小值	t	p
	1.275	0.877	4	0	−1.478	0.022

由以上分析结果可得，当显著水平为0.05时，对界面布局进行SUS评分，说明两种界面设计有显著性差异。综合以上分析，主观评分（SUS）作为可用性测试常用指标有显著性变化。

11.1.4 驾驶负荷量表调查

NASA-TLX量表从认知负荷、体力负荷、时间要求、绩效水平、努力程度和挫折程度等六个维度对总体的心理负荷程度进行评定，是一个多维度量表，被广泛用于人因工程的绩效研究中。

表11-5所示为四个不同任务下不同驾驶员性别、驾驶经验、界面设计的NASA-TLX评分均值、标准差、极大值和极小值的数据统计，以及驾驶过程中注视时间的显著性差异。图11-3所示为在驾驶员性别、驾驶经验、界面设计不同的情况下执行四种驾驶任务的均值比较，直观地反映出其变化状态。

表11-5 车载信息系统NASA-TLX评分

驾驶任务		均值	标准差	极大值	极小值	t	p
任务一（基本）	男驾驶员	1.82	0.61	3.9	1.4	−0.346	0.736
	女驾驶员	2.04	082	3.4	1.2		
	有经验	1.80	0.31	3.1	1.8	−1.755	0.107*
	无经验	1.97	0.58	4.1	1.5		
	棋盘式布局	2.04	0.42	4.2	1.7	−1.278	0.228*
	层级式布局	2.11	0.46	4.6	1.5		
任务二（简单）	男驾驶员	3.97	0.47	5.0	2.7	−1.115	0.288*
	女驾驶员	4.05	0.61	6.5	2.1		
	有经验	3.81	0.51	7.2	2.4	−0.060	0.953
	无经验	4.16	0.57	7.0	2.2		
	棋盘式布局	4.02	0.61	6.4	3.0	−2.339	0.039*
	层级式布局	4.08	0.66	6.7	2.8		
任务三（中等）	男驾驶员	5.52	0.88	7.3	5.3	0.808	0.436*
	女驾驶员	5.74	0.98	7.5	5.1		
	有经验	5.50	0.74	7.1	4.6	0.004	0.002*
	无经验	5.55	0.85	7.6	4.3		
	棋盘式布局	5.41	0.99	7.1	4.7	0.516	0.616
	层级式布局	5.54	1.02	7.6	4.5		

续表

驾驶任务		均值	标准差	极大值	极小值	t	p
任务四（复杂）	男驾驶员	6.94	1.66	11.0	4.4	−0.600	0.561
	女驾驶员	7.50	1.70	12.9	4.1		
	有经验	6.81	1.61	10.5	5.6	0.006	0.100*
	无经验	7.23	1.67	11.7	5.1		
	棋盘式布局	6.94	1.68	10.6	6.3	0.634	0.439*
	层级式布局	7.24	1.60	12.1	6.1		

注：*$p<0.05$。

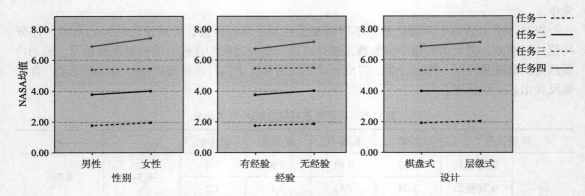

图 11-3　NASA-TLX 在各因素影响下的均值变化

由以上分析结果可得，当显著水平为 0.05 时，驾驶员性别在任务一和任务三中引起显著性差异，驾驶经验和界面设计在任务一、任务二和任务四中引起显著性差异。综合以上分析，NASA-TLX 作为可用性测试常用指标，在驾驶员性别、驾驶经验和界面设计不同的情况下均有显著性变化。

11.2 / 用户眼动行为中的差异

11.2.1　眼动度量指标分类

对驾驶人视觉行为的研究主要通过眼动行为进行。研究表明，人类的眼动行为有注视、扫视、眨眼及平滑追随四种基本模式。

11.2.2　眼动指标选择分析

眼动信号的提取主要有两种方法，分别是求平均（或求和）法和差分法[1]。求平均法是指对采样数据随时间的变化求平均值。如果前后数据没有变异或者变异很小，则该数据属于同一个注视点，可将该信号继续累加求平均。一旦持续时间超过预定的阈值，就将采样数据作为一个注视点信号。差分法的基本思想是：假设眼动数据的采样频率恒定，通过连续的两个样本就可以计算出眨眼速度，如果眨眼速度超过某个阈值，将采样数据作为一个眨眼信号。由于眨眼和注视是交替进行的，因此，通常把两个眨眼信号之间的数据作为注视点信号或者把眨眼速度在某个阈值以下的数据作为注视点信号。差分法更适合实时检测眨眼信号。

目前，除上述眼动信号外，许多商用视线追踪系统还可以同时测得瞳孔直径、眨眼频率等眼动信号。

将眼动信号提取后，还需对其进行转换，即将视线追踪系统所获得的屏幕坐标映射为与应用程序相关的窗口坐标。如果用在虚拟现实中，则要将视线追踪系统的2D坐标映射到视平面2D截面中。假设 $X \in [a, b]$ 是通过视线追踪系统获得的 x 坐标值，其范围为 $[a, b]$，利用公式可将其映射到 $[c, d]$ 区间内：

$$x' = c + \frac{(x-a)(d-c)}{(b-a)} \tag{11.1}$$

透视几何中采用的3D视平截体是由图11-4所示的left、right、bottom、top、near、far等参数定义的，其中图11-4（a）给出的视线追踪系统是屏幕空间。需要注意的是，视线追踪系统的原点位于左上角，而视平截体的原点在左下角。利用公式把视线追踪系统的坐标（x, y）映射为图形坐标（x', y'），即

$$x' = \text{left} + \frac{x(\text{right} - \text{left})}{512} \tag{11.2}$$

$$y' = \text{bottom} + \frac{(512 - y)(\text{top} - \text{left})}{512} \tag{11.3}$$

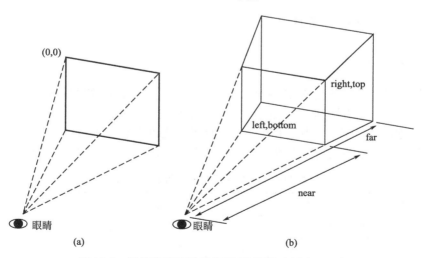

图11-4　视线追踪系统坐标到3D场景映射（a, b）

若需获得三维空间的注视点，就必须同时测量双眼的注视点，如图11-5所示。假设所测得双眼的视线追踪系统的坐标经上述公式（11.2）和公式（11.3）映射所得到的左、右视平截体的近截面的坐标值为（x_1, y_1）、（x_r, y_r），双眼中心间距为 b，双眼中心点在空间的坐标为（x_h, y_h, z_h），眼睛距离视平截体近截面的距离为 f，即可得出

$$x_g=(l-s)x_h+s[(x_l+x_r)/2] \tag{11.4}$$

$$y_g=(l-s)y_h+s[(y_l+y_r)/2] \tag{11.5}$$

$$z_g=(l-s)z_h+sf \tag{11.6}$$

其中

$$s=\frac{b}{x_l-x_r+b} \tag{11.7}$$

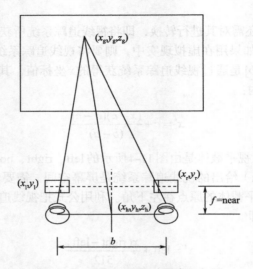

图 11-5　双眼 3D 空间注视点几何图

11.2.3　眼动行为数据分析

11.2.3.1　注视行为

在可用性测试中，任务注视时间越少，说明车载信息系统的可用性越高。表 11-6 所示为四种不同任务下不同被试者性别、驾驶经验、界面设计的任务注视时间的均值、标准差、极大值和极小值的数据统计，以及驾驶过程中注视时间的显著性差异。图 11-6 所示为在被试者性别、驾驶经验、界面设计不同的情况下执行四种驾驶任务的均值比较，直观地反映出其变化状态。

表 11-6　车载信息系统任务注视时间　　　　　　　　　　（单位：s）

驾驶任务		均值	标准差	极大值	极小值	t	p
任务一（基本）	男驾驶员	1.47	0.51	2.8	0.88	−0.493	0.632
	女驾驶员	1.51	0.57	3.6	1.04		
	有经验	1.34	0.30	2.0	0.72	−0.580	0.573
	无经验	1.43	0.37	3.4	1.05		
	棋盘式布局	1.46	0.31	3.0	0.89	0.000	1.000
	层级式布局	1.38	0.35	2.6	1.04		

续表

驾驶任务		均值	标准差	极大值	极小值	t	p
任务二（简单）	男驾驶员	2.22	0.25	2.6	1.7	2.898	0.015*
	女驾驶员	2.39	0.28	2.9	1.7		
	有经验	2.01	0.22	2.6	1.4	0.000	1.000
	无经验	2.18	0.34	3.6	1.9		
	棋盘式布局	2.06	0.29	2.4	1.6	−0.477	0.643
	层级式布局	2.16	0.21	2.4	1.5		
任务三（中等）	男驾驶员	2.35	0.96	4.1	1.6	−0.198	0.847
	女驾驶员	2.43	1.01	4.3	1.8		
	有经验	2.21	0.86	3.9	1.9	−1.145	0.276*
	无经验	2.37	1.07	4.1	1.7		
	棋盘式布局	2.36	0.88	3.8	1.8	0.920	0.377*
	层级式布局	2.49	0.93	4.6	2.0		
任务四（复杂）	男驾驶员	3.07	0.58	3.8	2.0	−0.033	0.974
	女驾驶员	3.27	0.77	4.1	2.0		
	有经验	3.01	0.42	2.9	2.1	1.000	0.339*
	无经验	3.21	0.58	3.6	1.8		
	棋盘式布局	3.14	0.44	3.1	2.1	0.808	0.436*
	层级式布局	3.27	0.59	3.7	2.2		

注：*$p<0.05$。

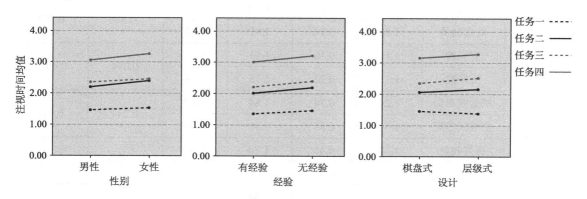

图11-6　注视时间在各因素影响下的均值变化

由以上分析结果可得，当显著水平为0.05时，驾驶员性别只在任务一中引起显著性差异，界面设计和驾驶经验在任务三和任务四中引起显著性差异。此外，由图表可以看出，注视时间随着任务一至任务四的复杂程度不断增加，对车载信息系统的可用性有明显影响，同时注视时间在三个不同因素影响下均有显著性差异。

综合以上分析，驾驶任务注视时间作为可用性测试常用指标，在驾驶员性别、驾驶经验和界面设计不同时均有显著性变化。

11.2.3.2 扫视行为

表11-7所示为四个不同任务下不同被试者性别、驾驶经验、界面设计的任务水平扫视幅度的均值、标准差、极大值和极小值的数据统计，以及驾驶过程中水平扫视幅度的显著性差异。图11-7为在被试者性别、驾驶经验、界面设计不同的情况下执行四种驾驶任务的水平扫视幅度均值比较，直观地反映出其变化状态。

表 11-7　车载信息系统任务眨眼频率　　　　　（单位：次/秒）

驾驶任务		均值	标准差	极大值	极小值	t	p
任务一（基本）	男驾驶员	0.99	1.06	1.24	0.84	-1.216	0.219*
	女驾驶员	1.02	1.09	1.27	0.76		
	有经验	0.84	0.09	1.00	0.64	-0.233	0.820
	无经验	0.97	1.11	1.14	0.66		
	棋盘式布局	1.02	1.09	1.18	0.88	-3.026	0.012*
	层级式布局	1.01	1.04	1.11	0.79		
任务二（简单）	男驾驶员	0.86	0.12	1.90	0.60	-1.781	0.103*
	女驾驶员	0.99	0.15	2.12	0.82		
	有经验	0.78	0.10	1.14	0.67	-2.521	0.028*
	无经验	0.89	0.17	1.54	0.74		
	棋盘式布局	0.96	0.13	1.64	0.74	-2.047	0.065*
	层级式布局	1.04	0.15	1.78	0.87		
任务三（中等）	男驾驶员	1.23	0.22	1.70	0.61	-0.310	0.762
	女驾驶员	1.27	0.27	1.91	0.62		
	有经验	1.11	0.16	1.51	0.84	0.094	0.401*
	无经验	1.18	0.22	1.75	0.74		
	棋盘式布局	1.24	0.34	1.84	0.82	0.234	0.819
	层级式布局	1.34	0.38	1.96	0.79		
任务四（复杂）	男驾驶员	1.30	0.45	1.70	0.91	-1.579	0.143*
	女驾驶员	1.45	0.75	2.01	0.94		
	有经验	1.14	0.36	1.84	0.78	-1.000	0.339*
	无经验	1.20	0.43	2.14	0.71		
	棋盘式布局	1.37	0.73	2.44	1.02	-1.075	0.305*
	层级式布局	1.43	0.82	1.97	1.03		

注：*$p<0.05$。

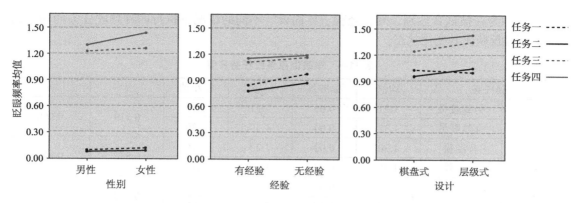

图 11-7 眨眼频率在各因素影响下的均值变化

由以上分析结果可得，当显著水平为0.05时，任务一、任务三和任务四中不同性别的驾驶员眨眼频率存在显著性差异，任务一、任务二和任务四中不同界面设计的眨眼频率存在显著性差异，任务二、任务三和任务四中不同驾驶经验的眨眼频率存在显著性差异。由图表可以看出，眨眼频率随着任务一至任务四的复杂程度不断增加，对车载信息系统的可用性有明显影响。

综合以上分析，驾驶任务中驾驶员眨眼频率作为可用性测试常用指标，在驾驶员性别、驾驶经验和界面设计不同时均有显著性变化。

11.3 / 用户生理行为的差异

11.3.1 生理指标选择分析

经过对原始脑电信号进行眼电伪迹去除以及数字滤波等预处理，保留了脑电信号和心电信号中的有效成分，作为后续分析的有效数据。利用小波包分解方法对脑电信号和心电信号进行5层分解重构，得到表征脑电信号的SMR值和R值以及心电信号心率（HR）和心率变异性（HRV）。

为了更好地反映驾驶员的生理信号变化，首先借助MATLAB和BioTrace软件对原始脑电数据进行眼电伪迹去除以及数字滤波降噪，然后编写FFT程序求得SMR值、R值、心率指数、心率变异性的平均功率，将其作为表征车载信息系统可用性的指标。

11.3.2 生理行为数据分析

11.3.2.1 脑电数据

（1）R值

表11-8所示为在被试者性别、驾驶经验、界面设计不同的情况下，被试者完成四种不同任务时R值的均值、标准差、极大值和极小值的数据统计，以及驾驶过程中R值的显著性差异。

图 11-8 所示为在被试者性别、驾驶经验、界面设计不同的情况下执行四种驾驶任务的均值比较，直观地反映出其变化状态。

表 11-8　车载信息系统任务 R 值

驾驶任务		均值	标准差	极大值	极小值	t	p
任务一（基本）	男驾驶员	1.21	0.05	1.31	1.11	0.119	0.908
	女驾驶员	1.32	0.04	1.40	1.20		
	有经验	1.20	0.02	1.23	1.16	0.838	0.820
	无经验	1.25	0.03	1.29	1.17		
	棋盘式布局	1.19	0.03	1.26	1.10	0.688	0.506
	层级式布局	1.14	0.04	1.27	1.07		
任务二（简单）	男驾驶员	1.22	0.05	1.32	1.13	−0.914	0.380*
	女驾驶员	1.21	0.04	1.28	1.15		
	有经验	1.20	0.03	1.30	1.14	−0.453	0.760
	无经验	1.23	0.04	1.36	1.12		
	棋盘式布局	1.24	0.05	1.34	1.18	−1.546	0.550
	层级式布局	1.23	0.04	1.31	1.13		
任务三（中等）	男驾驶员	1.34	0.05	1.43	1.28	−0.245	0.811
	女驾驶员	1.39	0.03	1.51	1.31		
	有经验	1.24	0.04	1.40	1.18	0.011	0.558
	无经验	1.29	0.06	1.48	1.20		
	棋盘式布局	1.26	0.04	1.52	1.17	−0.686	0.507
	层级式布局	1.30	0.05	1.57	1.23		
任务四（复杂）	男驾驶员	1.37	0.03	1.45	1.25	1.326	0.612
	女驾驶员	1.42	0.05	1.61	1.27		
	有经验	1.26	0.03	1.40	1.19	1.000	0.739
	无经验	1.35	0.05	1.51	1.23		
	棋盘式布局	1.24	0.04	1.53	1.14	2.200	0.650
	层级式布局	1.33	0.07	1.59	1.27		

注：*$p<0.05$。

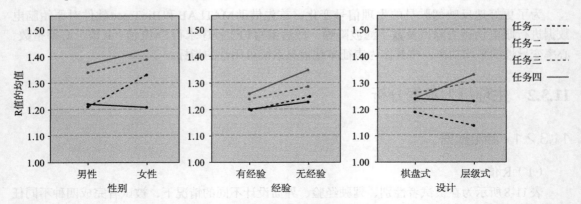

图 11-8　R 值在各因素影响下的均值变化

由以上分析结果可得，当显著水平为0.05时，只有驾驶员性别在任务二中引起显著性差异，对车载信息系统的可用性有明显影响，但驾驶经验及界面设计在任务一、任务二、任务三及任务四中均未引起较大差异，所以R值不具备作为车载信息系统可用性评价指标的条件。

（2）SMR值

表11-9所示为在被试者性别、驾驶经验、界面设计不同的情况下被试者完成四种不同任务时SMR值的均值、标准差、极大值和极小值的数据统计，以及驾驶过程中SMR值的显著性差异。图11-9所示为在被试者性别、驾驶经验、界面设计不同的情况下执行四种驾驶任务的均值比较，直观地反映出其变化状态。

表 11-9　车载信息系统任务 SMR 值

驾驶任务		均值	标准差	极大值	极小值	t	p
任务一（基本）	男驾驶员	13.88	1.24	16.1	11.2	−0.084	0.935
	女驾驶员	14.02	1.27	16.3	12.3		
	有经验	13.49	1.11	15.8	11.4	0.216	0.833
	无经验	13.74	1.15	16.1	11.6		
	棋盘式布局	13.56	1.18	15.3	11.4	−0.574	0.478*
	层级式布局	13.76	1.20	15.4	12.1		
任务二（简单）	男驾驶员	15.91	1.58	18.4	12.6	−0.875	0.410*
	女驾驶员	16.21	1.41	18.8	14.0		
	有经验	15.84	1.21	17.5	13.6	−0.371	0.718
	无经验	16.12	1.27	18.6	14.3		
	棋盘式布局	15.97	1.30	17.3	13.1	−0.421	0.682
	层级式布局	15.86	1.32	18.1	12.3		
任务三（中等）	男驾驶员	16.42	1.20	19.8	14.0	−0.355	0.729
	女驾驶员	16.86	1.26	19.5	13.6		
	有经验	15.24	1.14	18.3	14.5	0.064	0.270*
	无经验	16.76	1.21	19.3	14.1		
	棋盘式布局	16.12	1.30	19.7	14.3	−1.062	0.311*
	层级式布局	17.03	1.35	20.1	15.3		
任务四（复杂）	男驾驶员	15.46	1.57	18.7	12.6	−0.715	0.490*
	女驾驶员	16.34	1.66	19.2	13.4		
	有经验	15.02	1.47	17.6	13.9	1.000	0.339*
	无经验	15.86	1.61	18.2	12.4		
	棋盘式布局	16.04	1.57	17.8	13.1	0.622	0.447*
	层级式布局	16.59	1.79	18.8	13.0		

注：*$p<0.05$。

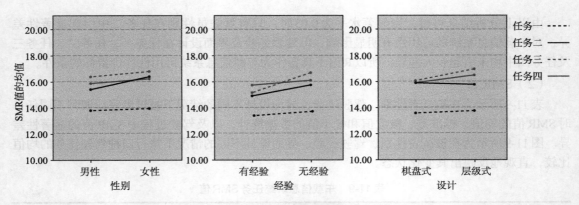

图 11-9　SMR 值在各因素影响下的均值变化

由以上分析结果可得，当显著水平为 0.05 时，驾驶员性别在任务二和任务四中引起显著性差异，驾驶经验在任务四中引起显著性差异，界面设计在任务一和任务四中引起显著性差异。此外，由图表可以看出，SMR 值对车载信息系统的可用性有明显影响，同时在三个不同因素影响下均有显著性差异。

综合以上分析，驾驶任务中 SMR 值作为可用性测试常用指标，在驾驶员性别、驾驶经验和界面设计不同时均有显著性变化。

11.3.2.2　心电数据

（1）心率指数

表 11-10 所示为在被试者性别、驾驶经验、界面设计不同的情况下，被试者完成四种不同任务时心率值的均值、标准差、极大值和极小值的数据统计，以及驾驶过程中心率指数的显著性差异。图 11-10 所示为在被试者性别、驾驶经验、界面设计不同的情况下执行四种驾驶任务的心率均值比较，直观地反映出其变化状态。

表 11-10　车载信息系统任务心率

驾驶任务		均值	标准差	极大值	极小值	t	p
任务一（基本）	男驾驶员	63.7	4.86	84	57	0.454	0.659
	女驾驶员	64.2	5.07	81	53		
	有经验	62.6	4.32	82	56	−1.143	0.277*
	无经验	63.1	4.49	83	55		
	棋盘式布局	63.4	4.51	86	57	0.694	0.502
	层级式布局	62.2	4.45	85	56		
任务二（简单）	男驾驶员	72.2	4.92	81	63	1.761	0.106*
	女驾驶员	73.1	4.99	84	62		
	有经验	70.3	4.68	79	63	0.300	0.770
	无经验	71.9	4.93	88	63		
	棋盘式布局	72.3	5.02	84	60	1.645	0.128*
	层级式布局	71.5	5.09	83	61		

续表

驾驶任务		均值	标准差	极大值	极小值	t	p
任务三（中等）	男驾驶员	74.2	5.67	83	66	−0.670	0.517
	女驾驶员	76.2	5.13	85	63		
	有经验	73.6	4.97	80	62	0.054	0.117*
	无经验	76.8	5.24	86	64		
	棋盘式布局	72.0	4.97	83	63	−1.721	0.113*
	层级式布局	70.6	5.34	87	65		
任务四（复杂）	男驾驶员	72.5	3.32	78	64	−0.236	0.818
	女驾驶员	73.6	4.67	84	65		
	有经验	72.1	4.21	80	63	1.000	0.339*
	无经验	75.3	4.07	86	64		
	棋盘式布局	78.1	4.26	88	66	−0.474	0.344*
	层级式布局	75.3	4.11	90	68		

注：*$p<0.05$。

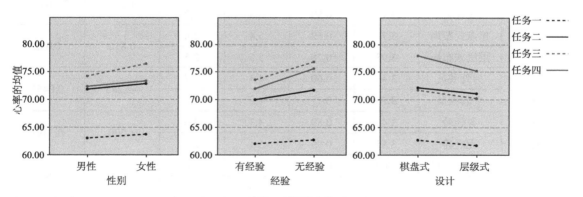

图 11-10　心率在各因素影响下的均值变化

由以上分析结果可得，当显著水平为 0.05 时，驾驶员性别和界面设计在任务一、任务二和任务四中引起显著性差异，驾驶经验在任务二、任务三和任务四中引起显著性差异。此外，由图表可以看出，在不同驾驶任务下心率指数均值变化幅度较大，同时对车载信息系统的可用性有明显影响，心率指数在三个不同因素影响下均有显著性差异，故心率指数可作为车载信息系统可用性评价的有效指标。

（2）心率变异性

表11-11所示为在被试者性别、驾驶经验、界面设计不同的情况下被试者完成四种不同任务时心率变异性指标的均值、标准差、极大值和极小值的数据统计，以及驾驶过程中心率变异性的显著性差异。图11-11所示为在被试者性别、驾驶经验、界面设计不同的情况下执行四种驾驶任务的均值比较，直观地反映出其变化状态。

表 11-11   车载信息系统任务心率变异性

驾驶任务		均值	标准差	极大值	极小值	t	p
任务一（基本）	男驾驶员	2.69	0.48	3.9	1.4	−0.0395	0.701
	女驾驶员	2.76	0.53	3.7	1.6		
	有经验	2.55	0.37	3.4	1.8	−0.693	0.502
	无经验	2.64	0.46	3.5	1.7		
	棋盘式布局	2.66	0.59	4.1	1.6	0.143	0.889
	层级式布局	2.49	0.55	4.0	1.6		
任务二（简单）	男驾驶员	3.57	0.46	4.4	2.7	0.859	0.409
	女驾驶员	3.61	0.53	4.6	2.6		
	有经验	3.51	0.41	3.9	2.5	0.548	0.027*
	无经验	3.55	0.48	4.2	2.6		
	棋盘式布局	3.60	0.53	4.1	2.9	0.000	1.000
	层级式布局	3.62	0.46	4.3	2.7		
任务三（中等）	男驾驶员	3.49	0.51	4.9	2.5	0.540	0.600
	女驾驶员	3.56	0.67	5.1	2.3		
	有经验	3.46	0.47	4.7	2.6	1.274	0.657
	无经验	3.79	0.59	5.3	2.7		
	棋盘式布局	3.78	0.62	5.4	2.6	0.816	0.632
	层级式布局	3.98	0.78	5.5	2.5		
任务四（复杂）	男驾驶员	3.43	0.60	4.4	1.7	−2.245	0.046*
	女驾驶员	3.76	0.71	4.9	1.9		
	有经验	3.40	0.89	4.3	2.0	1.000	0.339*
	无经验	3.55	0.99	5.1	2.3		
	棋盘式布局	3.67	0.64	5.2	2.4	−1.239	0.241*
	层级式布局	3.93	0.83	5.5	2.6		

注：*$p<0.05$。

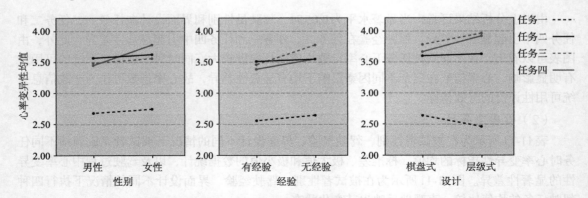

图 11-11   心率变异性在驾驶中受各因素影响下的均值变化

由以上分析结果可得，当显著水平为0.05时，在任务一和任务三中心率变异性均没有显著性差异，故不具备作为车载信息系统可用性评价指标的普及性。

11.4 / 驾驶车辆状态中的差异

11.4.1 车辆运行指标选择分析

车载信息系统通过菜单的形式将车辆主要的功能集成到一个系统中，并通过基于屏幕的界面实现访问。次要功能涉及通信、控制舒适性、信息娱乐和导航；另外，主要功能也是保证车辆安全控制的指标。

11.4.2 车辆运行数据比较

（1）纵向平均速度

表11-12所示为在被试者性别、驾驶经验、界面设计不同的情况下被试者完成四种不同任务时纵向平均速度的均值、标准差、极大值和极小值的数据统计，以及驾驶过程中纵向平均速度的显著性差异。图11-12所示为在被试者性别、驾驶经验、界面设计不同的情况下执行四种驾驶任务的均值比较，直观地反映出其变化状态。

表 11-12　车载信息系统任务纵向平均速度　　（单位：km/h）

驾驶任务		均值	标准差	极大值	极小值	t	p
任务一（基本）	男驾驶员	63.2	7.6	79	50	−0.777	0.453*
	女驾驶员	61.0.	6.0	72	53		
	有经验	60.6	7.1	70	51	−1.086	0.301*
	无经验	56.8	6.3	67	52		
	棋盘式布局	56.9	6.2	69	49	−1.580	0.142*
	层级式布局	55.1	5.7	65	48		
任务二（简单）	男驾驶员	54.0	4.2	62	42	−0.771	0.457*
	女驾驶员	52.3	4.1	60	49		
	有经验	55.5	3.9	61	47	−0.435	0.172*
	无经验	50.6	4.3	63	46		
	棋盘式布局	53.4	4.0	61	42	−0.239	0.815
	层级式布局	51.9	3.6	59	45		

续表

驾驶任务		均值	标准差	极大值	极小值	t	p
任务三（中等）	男驾驶员	52.1	5.1	63	38	−0.780	0.452*
	女驾驶员	50.3	5.3	64	42		
	有经验	53.7	4.6	61	45	0.241	0.460*
	无经验	49.1	4.9	63	43		
	棋盘式布局	48.3	5.6	57	41	−0.884	0.396*
	层级式布局	46.7	5.9	55	39		
任务四（复杂）	男驾驶员	43.6	5.3	52	36	0.407	0.692
	女驾驶员	42.3	5.6	55	33		
	有经验	44.6	4.3	53	34	0.094	0.420*
	无经验	40.2	5.2	57	32		
	棋盘式布局	43.7	4.7	52	30	0.519	0.614
	层级式布局	46.3	5.1	56	36		

注：*p<0.05。

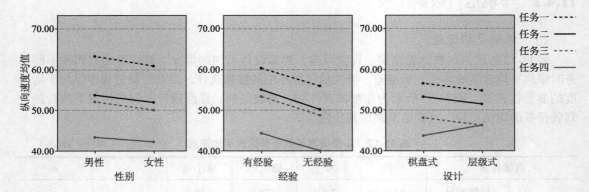

图11-12　纵向平均速度在各因素影响下的均值变化

由以上分析结果可得，当显著水平为0.05时，在任务一、任务二和任务三中驾驶员性别和界面设计不同时纵向平均速度存在显著差异性；在四种驾驶任务中驾驶经验不同时纵向平均速度存在显著性差异。此外，由图表可以看出，平均速度随着任务一至任务四的复杂程度不断减少，对车载信息系统的可用性有明显影响，同时平均速度在三个不同因素影响下均有显著性差异。

综合以上分析，纵向驾驶速度作为可用性测试常用指标，在驾驶员性别、驾驶经验和界面设计不同时均有显著性变化。

（2）纵向速度标准差

纵向速度标准差是反映车辆速度稳定性的重要指标之一。测量驾驶任务时间内所有速度的标准差，以测量纵向速度的变化量，具体由以下公式计算：

$$v_{sd} = \sqrt{\frac{1}{N-1}\sum_{i=1}^{N}(V_i - \bar{V})^2} \tag{11.8}$$

式中，v_{sd} 为纵向速度标准差；N 为测得速度的样本数量；V_i 为瞬时速度值；$\bar{V}$ 为平均速度值。

表11-13所示为在被试者性别、驾驶经验、界面设计不同的情况下被试者完成四种不同任务时纵向速度标准差的均值、标准差、极大值和极小值的数据统计，以及驾驶过程中纵向速度

标准差的显著性差异。图11-13所示为在被试者性别、驾驶经验、界面设计不同的情况下执行四种驾驶任务的均值比较，直观地反映出其变化状态。

表11-13　车载信息系统任务纵向速度标准差　　　　　（单位：km/h）

驾驶任务		均值	标准差	极大值	极小值	t	p
任务一（基本）	男驾驶员	4.45	2.14	9.03	1.54	−0.118	0.908
	女驾驶员	4.49	2.26	8.84	1.63		
	有经验	4.22	2.06	8.41	1.23	−0.387	0.706
	无经验	4.35	2.09	8.23	1.29		
	棋盘式布局	4.23	2.04	8.01	1.21	−0.555	0.590
	层级式布局	4.19	1.95	7.94	1.69		
任务二（简单）	男驾驶员	5.20	1.47	8.8	2.08	0.296	0.772
	女驾驶员	5.36	1.57	8.61	2.16		
	有经验	5.13	1.39	8.33	2.17	0.209	0.043*
	无经验	5.34	1.43	8.97	2.26		
	棋盘式布局	5.54	1.36	8.05	2.37	0.000	1.000
	层级式布局	5.27	1.30	7.69	2.35		
任务三（中等）	男驾驶员	6.12	2.31	11.3	2.54	0.000	1.000
	女驾驶员	6.07	2.56	11.6	2.61		
	有经验	5.84	2.14	10.7	2.49	0.076	0.241*
	无经验	5.96	2.39	11.1	2.63		
	棋盘式布局	6.00	2.64	9.60	2.43	0.000	1.000
	层级式布局	6.19	2.34	10.3	2.72		
任务四（复杂）	男驾驶员	6.46	2.78	10.8	1.67	−0.441	0.167*
	女驾驶员	6.98	2.54	11.6	2.69		
	有经验	6.13	2.31	9.10	3.07	−0.441	0.667
	无经验	6.56	2.67	11.1	2.92		
	棋盘式布局	6.81	2.31	10.5	3.01	−1.498	0.162*
	层级式布局	7.01	2.64	11.3	2.66		

注：*$p<0.05$。

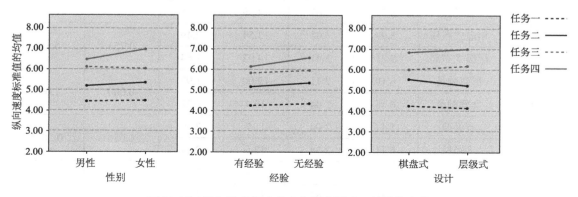

图11-13　纵向速度标准差在各因素影响下的均值变化

由以上分析结果可得，当显著水平为0.05时，只在任务四中驾驶员性别不同时纵向平均速度标准差存在显著异性差；在任务三中驾驶经验不同时纵向平均速度标准差存在显著性差异；在任务二和任务四中界面设计不同时纵向平均速度标准差存在显著性差异。

综合以上分析，驾驶任务中纵向速度标准差作为可用性测试常用指标，在驾驶员性别、驾驶经验和界面设计不同时均有显著性变化。

（3）纵向加速度标准差

车辆纵向加速度标准差是在速度标准差的基础上测量车辆速度稳定性的另一个指标。如果加速度标准差相对稳定，说明车载信息系统可用性较好。可以通过以下公式计算出加速度标准差：

$$v_{asd} = \sqrt{\frac{1}{N-1}\sum_{i=1}^{N}(a_i - \overline{a})^2} \qquad (11.9)$$

式中，v_{asd}纵向加速度标准差；N为测得速度的样本数量；a_i为瞬时加速度值；$\overline{a}$为加速度平均值。

表11-14所示为在被试者性别、驾驶经验、界面设计不同的情况下被试者完成四种不同任务时纵向加速度标准差的均值、标准差、极大值和极小值的数据统计，以及驾驶过程中纵向加速度标准差的显著性差异。图11-14所示为在被试者性别、驾驶经验、界面设计不同的情况下执行四种驾驶任务的均值比较，直观地反映出其变化状态。

表11-14　车载信息系统任务纵向加速度标准差　　　　（单位：km/h）

驾驶任务		均值	标准差	极大值	极小值	t	p
任务一（基本）	男驾驶员	8.76	3.41	15.23	4.06	−1.455	0.174*
	女驾驶员	8.81	3.57	16.27	4.25		
	有经验	8.46	3.19	14.41	3.90	−0.513	0.618
	无经验	8.55	3.36	15.69	4.11		
	棋盘式布局	8.21	3.16	14.35	3.69	−1.518	0.157*
	层级式布局	8.13	3.04	14.66	3.78		
任务二（简单）	男驾驶员	8.68	2.74	11.00	4.85	0.065	0.949
	女驾驶员	8.89	2.97	12.64	4.21		
	有经验	8.51	3.14	13.27	3.65	0.000	1.000
	无经验	8.79	3.67	14.59	2.45		
	棋盘式布局	8.99	3.01	13.54	2.49	0.756	0.761
	层级式布局	9.21	3.41	14.97	2.64		
任务三（中等）	男驾驶员	6.19	2.11	12.00	1.92	0.000	1.000
	女驾驶员	6.66	2.04	10.4	2.22		
	有经验	5.47	2.00	11.7	2.19	0.686	0.207*
	无经验	6.11	2.38	12.5	2.04		
	棋盘式布局	5.97	2.35	10.9	1.94	0.456	0.668
	层级式布局	6.36	2.67	11.2	2.08		

续表

驾驶任务		均值	标准差	极大值	极小值	t	p
任务四（复杂）	男驾驶员	4.75	2.25	9.51	1.71	0.000	1.000
	女驾驶员	5.15	2.39	9.46	1.12		
	有经验	4.62	1.75	8.66	1.09	3.168	0.009*
	无经验	4.94	1.96	8.89	1.67		
	棋盘式布局	5.11	2.17	9.61	1.74	1.733	0.111*
	层级式布局	5.74	2.39	10.2	1.53		

注：*$p<0.05$。

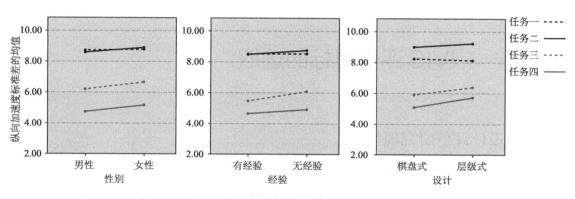

图11-14 纵向加速度标准差在各因素影响下的均值变化

由以上分析结果可得，当显著水平为0.05时，只在任务一中驾驶员性别不同时纵向加速度标准差存在显著性差异；在任务三和任务四中驾驶经验不同时纵向平均加速度标准差存在显著性差异；在任务一和任务四中界面设计不同时纵向加速度标准差存在显著性差异。纵向加速度标准差对车载信息系统的可用性有明显影响，同时在三个不同因素影响下均有显著性差异。

综合以上分析，纵向加速度标准差作为可用性测试常用指标，在驾驶员性别、驾驶经验和界面设计不同时均有显著性变化。

参考文献

[1] Victor T W, Harbluk J L, Engström J A. Sensitivity of eye-movement measures to in-vehicle task difficulty[J]. Transportation Research Part F: Traffic Psychology & Behaviour, 2005, 8 (2): 167-190.

第12章

可用性模型与IVIS迭代设计

12.1 / IVIS评价目标的选取

12.1.1 设计评价研究现状

定量的可用性评价是一种综合性、结构化的逻辑推理方法，能够深入识别和确定复杂系统中与安全相关的驾驶行为[1]。定量安全评价可以确定潜在的事故，并评估可能性和后果，从而改进车载信息系统可用性。目前有很多定量可用性评价方法，如层次分析法（Analytic Hierarchy Process）、模糊综合评价法（Fuzz Comprehensive Evaluation）、主成分分析法（Principal Components Analysis）、秩和比法（Rank Sum Ratio）、综合指数法（Comprehensive Index Method）、双基点法（Technique for Order Preference by Similarity to an Ideal Solution）。这些方法均属于定量评价方法，选取的指标值需要具有代表性、可比性等，这么多指标评价方法综合在一起则可以互补方法之间的缺陷。

在整个评价过程中，不同指标的贡献度有所不同，因此根据重要程度对不同的指标赋予不同的权重系数。赋予权重系数的方法可以归为三类：主观赋权法、客观赋权法、综合集成赋权法[2]。

主观赋权法包括层次分析法、专家调查法（Delphi法）、模糊分析法、二项数法等[3]。主观赋权法的优点是专家根据实际问题对每个指标进行有效的排序，根据各项指标的重要程度给定的权重系数进行顺序的编排。但是，该方法会因选取指标的专家不同而得出不同的权重系数，所以在一些评价过程中以一种主观赋权法得到的权重结果与实际情况存在较大的差异。

客观赋权法常用的方法为最小二乘法、最大熵技术法、熵权信息法、均方差法等[4]。与主观赋权法相比，客观赋权法起步较晚，其决策或评价结果具有较强的数学理论依据，但缺乏对决策人主观意向的考虑，同时此类方法的计算量都庞大且烦琐。

综合集成赋权法结合了主、客观影响因素的赋权法，其形式为以下三种：第一种，使各评价对象综合评价值最大化，此综合赋权法主要基于单项指标评价体系；第二种，寻求最小化权重之间的各自偏差，此类综合赋权法为基于博弈论的赋权法；第三种，使评价对象尽量差异化更明显，评价值区分度更为直观，这种赋权法是基于离差平方和的综合集成赋权法[5]。

12.1.2 设计评价方法选择

在车载信息系统可用性评价中，根据不同程度的四种任务难度，结合驾驶员性别、驾驶经验及界面设计三个因素，在包含了评价质变的多个子评价指标中，这些子评价指标之间存在相互联系，所以子评价指标对车载信息系统的整体评价都具有不同程度的贡献度。

因此，为了更全面、真实地对车载信息系统进行评价，同时考虑到"人-车-环境"各个环节的依存关系和相互联系，以及多个指标的阈值和标准有所不同，且驾驶人和车载信息系统的因素存在差异性，需要采用多个评价方法进行综合评价和讨论，从而得到更为客观的评价结果。

12.2 / IVIS评价模型的创建

本研究在可用性模型建立时采用网络层次分析法对可用性指标权重进行评价，提出组合赋权法对可用性指标进行提取，再根据层次分析法确定可用性目标评语集，进而对评价结果进行等级划分。本模型的构建可降低专家主观性判断的风险，又综合多个指标之间的相互关系和影响，同时提高各指标评价的准确性和有效性。

12.2.1 ANP设计评价指标选择

ANP将系统元素分为两部分：第一层为控制因素层，包括问题的评价目标以及评价指标系统；第二层为网络层，由不同指标因素以及驾驶员的主观因素等元素组成。图12-1所示为车载信息系统的ANP结构。

常用于评价系统的层次分析法与网络层次分析法在评价系统模型构建和判断矩阵构成的过程中有许多不同之处。层次分析法是有序的呈现递阶式结构，网络层次分析法则融合了递阶式和网络结构。在维数较少的情况下，层次分析法更容易进行矩阵构建，计算也较为方便，与此不同的是网络分析法下的超矩阵相对复杂，但网络层次分析法是在层次分析法的基础上改进而来的，所以两种算法存在许多相似之处。

本研究中，ANP法根据各准则之间的维数进行权重计算，对可用性等级指标进行评价，同时赋予评价指标的权重，建立可用性评价指标权重极限的超级矩阵。

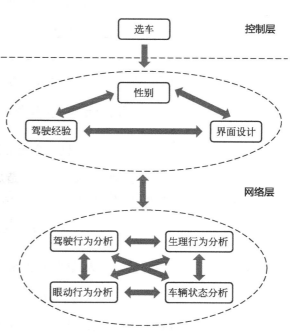

图12-1 网络层次分析架构图

（1）单项指标判断矩阵与排序权重

在网络层中各指标的子网络计算方法首先需要对每两个元素指标进行权重分配，得到每个指标的权重比例。假设 A 为判断矩阵，A 矩阵中的各个元素 $a_{ij}=\dfrac{w_i}{w_j}$，说明了第 i 个元素相对第 j 个元素的重要程度，而 w_i 和 w_j 则分别代表了两个指标属性的权重分配比例。

$$A_{n\times m}=\begin{bmatrix} a_{11} & a_{12} & \cdots & a_{1n} \\ a_{21} & a_{22} & \cdots & \vdots \\ \vdots & \vdots & & \vdots \\ a_{m1} & a_{m2} & \cdots & a_{mn} \end{bmatrix}=\begin{bmatrix} \dfrac{w_1}{w_1} & \dfrac{w_1}{w_2} & \cdots & \dfrac{w_1}{w_n} \\ \dfrac{w_2}{w_1} & \dfrac{w_2}{w_2} & \cdots & \dfrac{w_2}{w_n} \\ \vdots & \vdots & & \vdots \\ \dfrac{w_m}{w_1} & \dfrac{w_m}{w_2} & \cdots & \dfrac{w_m}{w_n} \end{bmatrix} \qquad (12.1)$$

根据建立的网络结构，基于某一准则对同一元素组中每一元素的影响和被影响关系进行比较。其评分标度为：若因素 i 与 j 比较为 a，则因素 j 与 i 比较为 $\dfrac{1}{a}$。表12-1所示为重要性标度语义内容。

表12-1　重要性标度语义内容[6]

评分标度	标度语义
1	表示两个元素相比，具有同样的重要性
3	表示两个元素相比，一个元素比另一个元素稍微重要
5	表示两个元素相比，一个元素比另一个元素明显重要
7	表示两个元素相比，一个元素比另一个元素强烈重要
9	表示两个元素相比，一个元素比另一个元素极端重要
2、4、6、8	为上述相邻判断的中值

根据此标度法判断矩阵 A 满足的约束条件为：

① $a_{ij}=\dfrac{1}{a_{ij}}$，$a_{ij}=\dfrac{w_i}{w_j}$，则两个元素互为反数性质；

② $a_{ij}=1$，$a_{ij}=\dfrac{a_{im}}{a_{jm}}$，$a_{im}=a_{ij}\times a_{im}$，则两个元素具有一致性。

因为超级矩阵复杂且计算量庞大，需要构造加权超矩阵，所以对超级矩阵的判断需要引入一致性标准。CI 用来检测超级矩阵的一致性，公式如下：

$$CI=\frac{\lambda_{\max}-n}{n-1} \qquad (12.2)$$

假设 A 为 n 阶非负矩阵，$\lambda_{\max}$ 为其模最大特征值，则有

$$\min_i \sum_{j=1}^{n} a_{ij} \leqslant \lambda_{\max} \leqslant \max_i \sum_{j=1}^{n} a_{ij} \qquad (12.3)$$

由此可见，$\lambda_{\max}$ 值越大，判断矩阵一致性越差，当判断矩阵是否为一致性矩阵时，列随机矩阵的最大特征值为1，从而求特征向量 W。特征向量 $W=[w_1\ w_2\ \cdots\ w_n]^k$ 计算如下：

$$A_{n \times m} = \begin{bmatrix} a_{11} & a_{12} & \cdots & a_{1n} \\ a_{21} & a_{22} & \cdots & \vdots \\ \vdots & \vdots & & \vdots \\ a_{m1} & a_{m2} & \cdots & a_{mn} \end{bmatrix} = \begin{bmatrix} \dfrac{w_1}{w_1} & \dfrac{w_1}{w_2} & \cdots & \dfrac{w_1}{w_n} \\ \dfrac{w_2}{w_1} & \dfrac{w_2}{w_2} & \cdots & \dfrac{w_2}{w_n} \\ \vdots & \vdots & & \vdots \\ \dfrac{w_m}{w_1} & \dfrac{w_m}{w_2} & \cdots & \dfrac{w_m}{w_n} \end{bmatrix} = \begin{bmatrix} w_1 \\ w_2 \\ \vdots \\ w_n \end{bmatrix} \times \begin{bmatrix} \dfrac{1}{w_1} & \dfrac{1}{w_2} & \cdots & \dfrac{1}{w_n} \end{bmatrix} \quad (12.4)$$

用特征向量 W 分别乘等式两边，可得

$$AW = nI \quad\quad\quad (12.5)$$

$$AW = \lambda_{max} I \quad\quad\quad (12.6)$$

式中，I 为单位矩阵，可运用向量法计算得到权重值向量，归一后得到权重分配值。再利用列向量评价法求解特征向量，计算如下：

$$W_i = \frac{1}{n} \sum_{j=1}^{n} \left(a_{ij} - \sum_{k=1}^{n} a_{kj} \right) \quad\quad (12.7)$$

属性权重值的求取方法是将一致性判断矩阵进行归一化处理后将每一列进行相加计算，并取每一列向量的算术平均值作为属性权重值。而在构造判断矩阵的过程中，通过引入 1～9 标度法，使定性问题定量化。从而就可构成判断矩阵。

（2）ANP 网络结构超矩阵与加权超矩阵

假设 ANP 的控制层中有元素 u_1，u_2，$\cdots$，u_n，控制层下网络层则有元素组 e_{i1}，e_{i2}，$\cdots$，e_{in}。控制层元素 u_1，u_2，$\cdots$，u_n 为准则，以 e_{i1}，e_{i2}，$\cdots$，e_{in} 为次准则，按影响力大小进行间接优势度比较，即构成判断矩阵，如表 12-2 所示。

表 12-2　归一化的向量[7]

e_{j1}	e_{i1}，e_{i2}，$\cdots$，e_{in}	归一化特征向量（排序向量）
e_{i1}		$w_{i1}^{(j1)}$
e_{i2}		$w_{i2}^{(j1)}$
$\vdots$		$\vdots$
e_{in_i}		$w_{ni}^{(j1)}$

根据特征向量根法排序向量（$w_{i1}^{(j1)}$, $\cdots$, $w_{in_i}^{(in_j)}$），计算 W_{ij} 为：

$$W_{ij} = \begin{bmatrix} w_{i1}^{(j1)} & w_{i1}^{(j2)} & \cdots & w_{i1}^{(jn_j)} \\ w_{i2}^{(j1)} & w_{i2}^{(j2)} & \cdots & w_{i2}^{(jn_j)} \\ w_{i3}^{(j1)} & w_{i3}^{(j2)} & \cdots & w_{i3}^{(jn_j)} \\ \vdots & \vdots & & \vdots \\ w_{in_i}^{(j1)} & w_{in_i}^{(j2)} & \cdots & w_{in_i}^{(jn_j)} \end{bmatrix} \quad\quad (12.8)$$

W_{ij} 的列向量为 e_{i1}，e_{i2}，$\cdots$，e_{in}，再对 e_{i1}，e_{i2}，$\cdots$，e_{in} 进行影响度排序向量，计算得到超级

矩阵 W，计算如下：

$$W = \begin{array}{c} \begin{array}{cccc} 1 \cdots n_1 & 1 \cdots n_2 & \cdots & 1 \cdots n_N \end{array} \\ \begin{array}{c} 1 \quad \cdots \quad n_1 \\ 1 \quad \cdots \quad n_2 \\ \vdots \quad \vdots \quad \vdots \\ 1 \quad \cdots \quad n_N \end{array} \begin{bmatrix} W_{11} & W_{12} & \cdots & W_{1N} \\ W_{21} & W_{22} & \cdots & W_{2N} \\ \vdots & \vdots & & \vdots \\ W_{m1} & W_{m2} & \cdots & W_{NN} \end{bmatrix} \end{array} \qquad (12.9)$$

这样的超级矩阵一共有 N 个，皆为非负矩阵，超矩阵中，W_{ij} 为 W 的子模块，W_{ij} 归一化，而 W 非归一化，利用判断性语言将元素组进行两两对比可构造判断矩阵，由此加权矩阵 A 计算为：

$$A = \begin{bmatrix} a_{11} & a_{12} & \cdots & a_{1N} \\ a_{21} & a_{22} & \cdots & a_{2N} \\ \vdots & \vdots & & \vdots \\ a_{N1} & a_{N2} & \cdots & a_{NN} \end{bmatrix} \qquad (12.10)$$

再将相对权重矩阵 A 与超级矩阵 W 相乘就可得出最终加权的超级矩阵 $\bar{W}$，计算为：

$$\bar{W} = \begin{bmatrix} a_{11}W_{11} & a_{12}W_{12} & \cdots & a_{1N}W_{1N} \\ a_{21}W_{11} & a_{22}W_{22} & \cdots & a_{2N}W_{2N} \\ \vdots & \vdots & & \vdots \\ a_{N1}W_{11} & a_{N2}W_{1N} & \cdots & a_{NN}W_{NN} \end{bmatrix} \qquad (12.11)$$

设 $k = k'N + r$，$1 \leqslant r \leqslant N$，则

$$\lim_{k \to \infty} W^{kN+rn} = (W^N)^{\infty} W^r \qquad (12.12)$$

极限值随 r（$r=1, 2, \cdots, N-1$）而改变，故 W^{∞} 不存在。为此取

$$\bar{W}^{\infty} = \frac{1}{N} \sum_{r=1}^{N-1} W^r - (W^N)^{\infty} \qquad (12.13)$$

作为平均极限矩阵，由

$$(I + W + \cdots + W^{N-1})(I - W^N) = I - W^N \qquad (12.14)$$

$I - W^N$ 为对角元均非零的准对角阵，故 $I - W^N$ 可逆，$I - W$ 也可逆，有

$$I + W + \cdots + W^{N-1} = (I - W^N)(I - W^N) \qquad (12.15)$$

即，

$$\bar{W}^{\infty} = \frac{1}{N}(I - W^N)(I - W)^{-1}(W^N)^{\infty} \qquad (12.16)$$

可以看出 $\bar{W}^{\infty}$ 为非负随机矩阵，且为不可约束矩阵。故最大特征值 1 为单一根，其他特征值均小于 1，$\bar{W}^{\infty}$ 的列向量就是 $\bar{W}^{\infty}$ 的归一化特征向量，也就是元素的平均极限相对排序向量。故当循环加权超级矩阵 $\bar{W}$ 极限存在时 $\bar{W}^{\infty}$ 存在，指标权重判断为 $\bar{W}$ 单根 1 的归一化特征向量。

12.2.2 确定可用性评语集

在对应的因素集中，所有对应的指标构成集合 $U=\{U_1, U_2, \cdots, U_n\}$，再将集合 U 按属性分成 n 个子集，在车载信息系统可用性评价系统中分为三个层级的因素集，如图12-2所示。

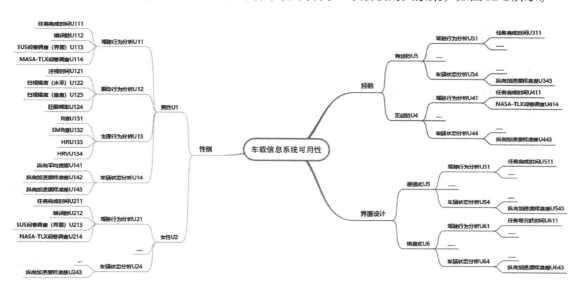

图12-2 指标层级分布结构图

在一级指标中，因素集合为：

$U=\{U_1, U_2, U_3, U_4, U_5, U_6\}=\{$男驾驶员，女驾驶员，有经验驾驶员，无经验驾驶员，层级式界面，棋盘式界面 $\}$

在二级指标中，因素集合为：

$U_1=\{U_{11}, U_{12}, U_{13}, U_{14}\}=\{$男性驾驶行为，男性眼动行为，男性生理行为，男性车辆状态 $\}$

以此类推，$U=\{U_{11}, U_{12}, U_{13}, \cdots, U_{61}, U_{62}, U_{63}, U_{64}\}$ 构成了二级指标因素集合。

在三级指标中，因素集合为：

$U_{11}=\{U_{111}, U_{112}, U_{113}, U_{114}\}=\{$男性驾驶任务完成时间，男性驾驶任务错误数，男性驾驶任务 SUS 评分，男性驾驶任务 NASA-TLX 评分 $\}$

$U_{12}=\{U_{121}, U_{122}, U_{123}, U_{124}\}=\{$男性眼动注视时间，男性眼动水平扫视幅度，男性眼动垂直扫视幅度，男性眼动眨眼频率 $\}$

$U_{13}=\{U_{131}, U_{132}, U_{133}, U_{134}\}=\{$男性生理行为 R 值，男性生理行为 SMR 值，男性生理行为 HR 值，男性生理行为 HRV 值 $\}$

$U_{14}=\{U_{141}, U_{142}, U_{143}\}=\{$男性驾驶车辆纵向平均速度，男性驾驶车辆纵向速度标准差，纵向加速度标准差 $\}$

以此类推，$U=\{U_{111}, U_{112}, U_{113}, \cdots, U_{611}, U_{631}, U_{632}, U_{633}\}$ 构成了三级指标因素集合。

为了便于二维矩阵计算，将二级指标和三级指标结合在一起，对三维矩阵进行降维，计算为：

$$U=\{U_{11}, U_{12}, U_{13}, U_{14}, \cdots, U_{613}, U_{614}, U_{615}\}$$

根据评价目标建立评价等级，根据专家经验对评价结果提取集合，表示为 $V=\{V_1, V_2, \cdots,$

V_m}，其中 V_k（$k=1$，2，…，m）为多个评价结果，m 为评价结果的数量。本研究中对车载信息系统可用性评价分为7个等级，其评语集为：

$$V=\{V_1,\ V_2,\ V_3,\ V_4,\ V_5,\ V_6,\ V_7\}=\{极好，很好，好，一般，差，很差，极差\}$$

12.2.3　模糊网络评价等级

（1）构建隶属度函数

根据评语集 $V=\{V_1,\ V_2,\ V_3,\ V_4,\ V_5,\ V_6,\ V_7\}=\{极好，很好，好，一般，差，很差，极差\}$，运用指派方法构建隶属度函数。采用中间型隶属函数，可以运用正弦函数表示相邻分数之间的隶属差别，其模式公式如下：

$$r_1(u)=\begin{cases}1 & 0\leqslant u\leqslant 0.125\\ \frac{1}{2}[\sin(\frac{u-0.125}{0.20}+\frac{1}{2})\pi+1] & 0.125<u<0.25\\ 0 & u\geqslant 0.25\end{cases} \tag{12.17}$$

$$r_2(u)=\begin{cases}1 & u\leqslant 0.125\\ \frac{1}{2}[\sin(\frac{u-0.25}{0.20}+\frac{1}{2})\pi+1] & 0.125<u<0.375\\ 0 & u\geqslant 0.375\end{cases} \tag{12.18}$$

$$r_3(u)=\begin{cases}1 & u\leqslant 0.25\\ \frac{1}{2}[\sin(\frac{u-0.375}{0.20}+\frac{1}{2})\pi+1] & 0.25<u<0.5\\ 0 & u\geqslant 0.5\end{cases} \tag{12.19}$$

$$r_4(u)=\begin{cases}1 & u\leqslant 0.375\\ \frac{1}{2}[\sin(\frac{u-0.5}{0.20}+\frac{1}{2})\pi+1] & 0.375<u<0.625\\ 0 & u\geqslant 0.625\end{cases} \tag{12.20}$$

$$r_5(u)=\begin{cases}1 & u\leqslant 0.5\\ \frac{1}{2}[\sin(\frac{u-0.625}{0.20}+\frac{1}{2})\pi+1] & 0.5<u<0.75\\ 0 & u\geqslant 0.75\end{cases} \tag{12.21}$$

$$r_6(u)=\begin{cases}1 & u\leqslant 0.625\\ \frac{1}{2}[\sin(\frac{u-0.75}{0.20}+\frac{1}{2})\pi+1] & 0.625<u<0.875\\ 0 & u\geqslant 0.875\end{cases} \tag{12.22}$$

$$r_7(u)=\begin{cases}1 & u\leqslant 0.75\\ \frac{1}{2}[\sin(\frac{u-0.875}{0.20}+\frac{1}{2})\pi+1] & 0.75<u<0.875\\ 0 & 1\geqslant u\geqslant 0.875\end{cases} \tag{12.23}$$

式中，r_1 对应"极差"隶属度；r_2 对应"很差"隶属度；r_3 对应"差"隶属度；r_4 对应"一般"隶属度；r_5 对应"好"隶属度；r_6 对应"很好"隶属度；r_7 对应"极好"隶属度；u 为指标值。

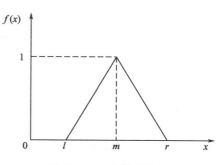

图 12-3　三角模糊数图

（2）三角模糊数（TFN）

本研究中需要对评价指标进行定量离散描述，同时保证判断模糊性，故运用三角模糊数方法进行指标之间的比较。定义 $p=(l, m, r)$ 且满足 $0<l<m<r$，如果 p 用以下隶属函数表示，则为三角模糊数：

$$f(x) = \begin{cases} 0 & x \leqslant l \\ \dfrac{x-l}{m-l} & l \leqslant x \leqslant m \\ \dfrac{r-x}{r-m} & m \leqslant x \leqslant r \\ 0 & x > r \end{cases} \quad (12.24)$$

图 12-3 所示为三角模糊数图。

任意两个三角模糊数 $p_1=(l_1, m_1, r_1)$ 和 $p_2=(l_2, m_2, r_2)$ 有如下运算法则：

$$p_1+p_2=(l_1+l_2, m_1+m_2, r_1+r_2)$$

$$p_1 \cdot p_2=(l_1 \cdot l_2, m_1 \cdot m_2, r_1 \cdot r_2)$$

$$p_1^{-1}=(l_1^{-1}, m_1^{-1}, r_1^{-1})$$

$$\lambda p_1^{-1}=(\lambda l_1^{-1}, \lambda m_1^{-1}, \lambda r_1^{-1})$$

标准化的三角模糊数为

$$p_1 = \left(\frac{l_1}{l_1+m_1+r_1}, \frac{m_1}{l_1+m_1+r_1}, \frac{r_1}{l_1+m_1+r_1} \right)$$

（3）模糊评价指标矩阵构建

首先建立模糊评价指标的重要语言标度，用于描述隶属度之间的关系，如表12-3所示。

表 12-3　模糊性重要标度语义内容[8]

标度值	重要语言标度	标度值	重要语言标度
0.9	i 比 j 极端重要	0.4	i 比 j 稍微不重要
0.8	i 比 j 强烈重要	0.3	i 比 j 明显不重要
0.7	i 比 j 明显重要	0.2	i 比 j 强烈不重要
0.6	i 比 j 稍微重要	0.1	i 比 j 极端不重要
0.5	i 比 j 同样重要		

以元素组 U_1 为例，从 U_1 集合中选一元素 u_{1i}（$i=1, 2, 3, \cdots, n_1$）判断矩阵为 $p_{ij}=(p_{ij}^l, p_{ij}^m, p_{ij}^r)$。判断元素组 U_1 内的 u_{1i}（$i=1, 2, 3, \cdots, n_1$）的贡献程度，首先计算综合贡献值程度 C_{1i}：

$$C_{1i} = \sum_{j=1}^{n_1} p_{ij} \otimes \left[\sum_{j=1}^{n_1} \sum_{j=1}^{n_1} p_{ij} \right]^{-1} (i=1,\ 2,\ 3,\ \cdots,\ n_1;\ j=1,\ 2,\ 3,\ \cdots,\ n_1)$$

其中

$$\sum_{j=1}^{n_1} p_{ij} = \left(\sum_{j=1}^{n_1} p_{ij}^l,\ \sum_{j=1}^{n_1} p_{ij}^m,\ \sum_{j=1}^{n_1} p_{ij}^r \right) (i=1,\ 2,\ 3,\ \cdots,\ n_1;\ j=1,\ 2,\ 3,\ \cdots,\ n_1)$$

$$\sum_{j=1}^{n_1} \sum_{j=1}^{n_1} p_{ij} = \left(\sum_{j=1}^{n_1} \sum_{j=1}^{n_1} p_{ij}^l,\ \sum_{j=1}^{n_1} \sum_{j=1}^{n_1} p_{ij}^m,\ \sum_{j=1}^{n_1} \sum_{j=1}^{n_1} p_{ij}^r \right) (i=1,\ 2,\ 3,\ \cdots,\ n_1;\ j=1,\ 2,\ 3,\ \cdots,\ n_1)$$

$$\left[\sum_{j=1}^{n_1} \sum_{j=1}^{n_1} p_{ij} \right]^{-1} = \left(\sum_{j=1}^{n_1} \sum_{j=1}^{n_1} p_{ij}^l,\ \sum_{j=1}^{n_1} \sum_{j=1}^{n_1} p_{ij}^m,\ \sum_{j=1}^{n_1} \sum_{j=1}^{n_1} p_{ij}^r \right)^{-1}$$

$$= \left(\frac{1}{\sum_{j=1}^{n_1} \sum_{j=1}^{n_1} p_{ij}^l},\ \frac{1}{\sum_{j=1}^{n_1} \sum_{j=1}^{n_1} p_{ij}^m},\ \frac{1}{\sum_{j=1}^{n_1} \sum_{j=1}^{n_1} p_{ij}^r} \right)$$

C_{1i} 为三角模糊数，计算得到

$$C_{1i} = \left(l_{ij}^{li},\ m_{ij}^{li}\ r_{ij}^{li} \right),\ (i=1,\ 2,\ 3,\ \cdots,\ n_1;\ j=1,\ 2,\ 3,\ \cdots,\ n_1)$$

计算 $C_{1i} \geq C_{1k}$（$k=1$，2，$\cdots$，n_1）可能性程度：

$$V(C_{1i} \geq C_{1k}) = \begin{cases} r_{ij}^{li} - l_{ij}^{li} & (m_{ij}^{1i} \geq m_{ij}^{1k}) \\ \dfrac{r_{ij}^{1i} - l_{ij}^{li}}{r_{ij}^{1i} - l_{ij}^{li} + m_{ij}^{1i} - m_{ij}^{1k}} & (m_{ij}^{1i} < m_{ij}^{1k},\ l_{ij}^{1i} \leq r_{ij}^{1i}) \\ 0 & (\text{其他}) \end{cases} \tag{12.25}$$

式中，$i=1,2,3,\cdots,n_1$；$k=1,2,3,\cdots,n_1$ 且 $k \neq 1$；$j=1,2,3,\cdots,n_1$。

利用以上计算方式进行重复计算可得矩阵向量 $W_{11}^{(li)}$，归一化可得权重向量 $W_{11}^{(li)} = [q\ (u_{11})$，$q\ (u_{12})$，$\cdots$，$q\ (1n_1)]^{\mathrm{T}}$。根据以上计算方式得权重矩阵向量 W_{li}，进行一致性检验。

为了综合多因素对评价结果的影响，先对各指标的权重进行计算，再对评价目标进行等级评定。假设有 m 个评价对象 $A=(a_1,\ a_2,\ a_3,\ \cdots,\ a_m)$，评价矩阵为 $X=[x_{ij}]_{m \times n}$，x_{ij} 为第 i 个评价对象的第 j 个评价指标。转化 X 为 Y 决策矩阵 $Y=[y_{ij}]_{m \times n}$，则 Y 的计算公式为：

$$y_{ij} = \frac{x_{ij}}{\sqrt{\sum_{i=1}^{m} x_{ij}^2}},\ j \in Z_1 \tag{12.26}$$

$$y_{ij} = \frac{\dfrac{1}{x_{ij}}}{\sqrt{\sum_{i=1}^{m} \left(\dfrac{1}{x_{ij}} \right)^2}},\ j \in Z_2 \tag{12.27}$$

Z_1 效益型指标为正向指标，其数值越大越好；Z_2 成本性数据则属于逆向指标，其数值越小越好。

假设区间型模糊数表示为（x_{ij}^l，x_{ij}^l），规范化 y_{ij}，区间表示为

$$D(a,b) = \frac{\sqrt{2}}{2} \sqrt{(a^1 - b^1)^2 + (a^1 - b^1)^2}$$

根据第 4 章各指标显著性分析，建立车载信息系统可用性评价指标集，剔除生理行为中 R 值、心率指数、心率变异性等没有显著性的指标，保留有明显显著性的指标，其中包括：人机

客观因素，如驾驶性别（S）、驾驶经验（E）、界面设计（D）；基于驾驶行为的指标，如任务完成时间（CT）、任务错误数（CE）、界面综合问卷（SUS）、驾驶多维量表（NASA）；基于眼动行为的指标，如注视时间（DT）、水平扫视幅度（HSR）、垂直扫视幅度（VSR）、眨眼频率（BF）；基于生理行为的指标，如SMR值；基于车辆驾驶状态的指标，如车辆纵向平均速度（ALV）、车辆纵向速度标准差（LSD）、车辆加速度标准差（ASD）、人机客观因素（SED）。合计13种可用性测试指标。

图12-4所示为车载信息系统可用性评价指标体系。

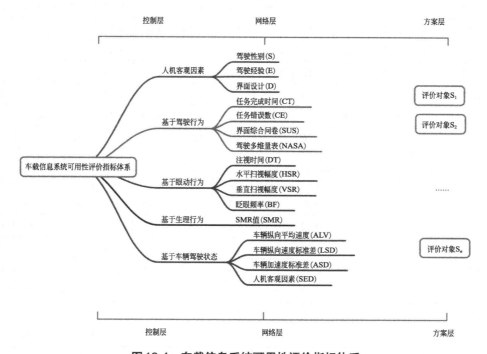

图12-4　车载信息系统可用性评价指标体系

根据可用性计算模型方案，将13种指标进行规范化处理。40名驾驶员的可用性评价指标如表12-4所示。

表12-4　40名驾驶员的可用性评价指标

编号	CT	CE	SUS	NASA	DT	HSR	VSR	BF	SMR	ALV	LSD	ASD	SED
1	1.83	1.33	8.91	5.22	0.88	5.84	4.25	1.16	1.08	7.82	2.20	0.69	(1,0,0)
2	2.37	2.38	5.94	4.15	0.69	8.66	1.73	0.82	0.80	6.91	2.48	0.76	(1,0,0)
3	2.14	1.45	8.06	2.89	0.69	5.75	6.40	0.94	1.05	4.72	2.50	0.20	(1,0,0)
4	0.83	1.72	6.33	7.66	0.73	3.52	4.65	0.51	0.85	6.35	1.33	1.00	(1,0,0)
5	1.48	2.59	7.52	7.61	0.70	2.36	1.90	0.45	0.84	8.36	1.98	0.35	(1,0,0)
6	1.12	0.49	7.02	4.45	1.02	12.80	4.27	0.34	1.73	3.81	2.78	1.02	(1,0,1)
7	1.42	0.92	5.88	−0.99	0.34	6.67	2.39	1.45	1.21	5.71	3.80	1.11	(1,0,1)
8	1.64	0.54	7.24	6.36	0.83	2.62	5.50	1.41	0.69	6.25	1.52	0.37	(1,0,1)

续表

编号	CT	CE	SUS	NASA	DT	HSR	VSR	BF	SMR	ALV	LSD	ASD	SED
9	1.12	1.95	6.51	5.22	0.53	7.26	3.39	0.74	1.06	5.22	2.61	0.92	(1,0,1)
10	0.69	0.55	9.26	8.15	0.70	-0.77	5.00	0.77	1.64	11.3	4.06	0.65	(1,0,1)
11	1.52	1.72	5.07	4.72	0.82	8.53	6.55	0.91	1.00	7.32	3.69	0.31	(1,1,1)
12	1.93	1.43	4.43	5.66	0.97	8.46	3.38	0.85	1.61	8.21	5.06	0.71	(1,1,1)
13	1.72	2.62	8.56	7.20	0.81	1.56	5.15	1.73	1.36	9.26	4.43	0.11	(1,1,1)
14	0.95	1.45	6.72	7.14	0.74	6.52	4.06	0.64	0.96	4.37	4.06	0.32	(1,1,1)
15	1.78	3.11	9.45	3.92	0.66	6.90	4.59	1.21	0.94	3.92	2.60	0.04	(1,1,1)
16	2.37	1.99	7.25	3.88	0.40	8.77	4.84	1.56	1.88	7.24	2.97	0.19	(1,1,0)
17	1.77	2.08	6.91	3.58	0.74	1.48	6.51	0.73	0.91	2.81	2.01	1.19	(1,1,0)
18	1.32	1.72	9.04	2.79	0.75	3.64	1.76	1.33	0.89	4.10	1.35	0.97	(1,1,0)
19	1.44	2.50	5.35	2.88	0.74	3.10	4.14	0.83	1.95	6.28	3.15	0.67	(1,1,0)
20	1.46	0.79	9.40	5.14	0.91	7.33	4.82	0.53	1.10	9.89	3.48	0.74	(1,1,0)
21	1.15	1.75	7.65	3.20	0.65	7.00	5.59	0.83	1.77	9.73	3.35	0.96	(0,1,1)
22	1.17	1.37	7.81	2.11	0.58	4.96	1.73	1.03	1.78	6.79	3.64	0.29	(0,1,1)
23	1.53	0.35	6.70	2.97	0.62	6.51	9.28	0.62	0.50	6.29	3.09	0.65	(0,1,1)
24	1.05	1.60	3.23	6.60	0.52	0.99	3.13	0.95	1.59	8.38	4.02	0.08	(0,1,1)
25	1.83	1.37	6.49	2.80	0.98	5.04	4.92	0.81	1.08	6.03	3.10	0.93	(0,1,1)
26	1.59	2.03	5.37	5.72	0.72	9.17	8.23	0.68	1.21	8.55	3.46	1.42	(0,0,0)
27	0.94	1.96	6.18	6.79	0.30	5.26	1.92	1.39	1.50	7.10	2.26	0.05	(0,0,0)
28	1.70	1.87	9.50	5.17	0.51	2.23	2.78	0.95	0.71	8.49	2.28	0.79	(0,0,0)
29	1.70	0.64	9.46	5.27	0.39	5.69	3.67	1.44	1.15	8.62	3.53	1.20	(0,0,0)
30	1.64	3.27	6.75	7.63	0.62	9.90	5.09	0.52	0.65	9.51	4.56	0.26	(0,0,0)
31	1.90	2.41	7.45	2.95	0.80	3.12	5.77	1.32	1.50	5.62	1.01	0.61	(0,0,1)
32	0.99	2.60	2.87	7.69	0.33	9.41	1.43	0.39	0.45	10.5	3.37	0.89	(0,0,1)
33	1.29	1.20	4.98	6.98	0.57	3.63	6.06	0.43	0.45	8.31	4.46	0.04	(0,0,1)
34	2.23	1.48	9.30	5.25	0.38	6.79	4.94	1.34	1.21	3.14	3.56	0.56	(0,0,1)
35	1.54	2.16	6.31	6.79	0.81	4.07	5.41	0.95	1.68	5.07	2.61	0.70	(0,0,1)
36	1.94	1.88	7.91	3.78	0.70	10.50	6.85	1.23	0.87	8.50	4.17	1.13	(0,1,0)
37	1.76	1.78	8.00	6.18	0.62	5.75	5.79	1.48	0.50	7.54	2.26	1.03	(0,1,0)
38	2.22	2.69	4.57	6.37	0.90	4.70	8.67	0.60	1.25	8.49	2.83	0.32	(0,1,0)
39	1.82	0.86	5.12	3.65	0.81	6.96	5.42	0.94	1.06	6.82	2.78	0.45	(0,1,0)
40	1.26	1.38	9.50	4.73	0.51	2.28	4.34	0.46	1.18	7.20	3.76	0.27	(0,1,0)

　　根据5.2.1节和5.2.2节中ANP网络分析对车载信息系统可用性指标权重进行求取，计算结果如表12-5所示。

表 12-5　车载信息系统可用性指标权重结果

指标	CT	CE	SUS	NASA	DT	HSR	VSR	BF	SMR	ALV	LSD	ASD	SED
权重	0.12	0.09	0.08	0.04	0.09	0.08	0.06	0.06	0.01	0.05	0.12	0.12	0.08

运用模糊算法来确定评价等级，常见的算子有 M（∧，∨）、M（·，∨）、M（∧，⊕）和 M（·，⊕）。其中：

M（∧，∨）算子表达式为

$$S_j = \bigcup_{i=1}^{m}(a_i \cap u_{ij}) \tag{12.28}$$

M（·，∨）算子表达式为

$$S_j = \bigcup_{i=1}^{m} a_i \times u_{ij} \tag{12.29}$$

M（∧，⊕）算子表达式为

$$S_j = \sum_{i=1}^{m} a_i \times u_{ij} \tag{12.30}$$

M（·，⊕）算子表达式为

$$S_j = \sum_{i=1}^{m} a_i \cap u_{ij} = \min\left\{1, \sum_{i=1}^{m} a_i \times u_{ij}\right\} \tag{12.31}$$

算子 M（·，⊕）在运算时考虑了综合因素，在信息利用上有一定的优势，因此本研究运用此算法来确定可用性评价指标向量元素集。

采用算子 M（·，⊕），将求得的 ANP 的权重与单因素模型判断矩阵 R 得到评价集 A。

$$A_n = S \cdot R_n \tag{12.32}$$

12.3　／ 双向设计案例验证 IVIS 模型

12.3.1　交互系统设计验证

本研究随机抽取 5 名驾驶员的实验数据，同时提供 Post-study System Usability Questionnaire（PSSUQ）对车载信息系统的可用性进行评价[9]。Lewis 于 1991 年发表了 PSSUQ，最初的量表包括 18 个项目，后面增加到 19 个项目，总共包括 3 个部分，分别测量产品的系统质量（System Usefulness，项目 1 ～ 8）、信息质量（Information Quality，项目 9 ～ 15）和界面质量（Interface Quality，项目 16 ～ 19）。PSSUQ 采用从 1（强烈同意）到 7（强烈不同意）的 7 分制，可以计算所有项目得分的平均分得到产品的总体可用性得分，也可以计算各个部分的平均得分来判断产品在某个特定方面的得分。PSSUQ 的分数越低代表该产品的可用性越好。PSSUQ 中的 7 分制对应可用性评价中的 7 种等级（极好、很好、好、一般、差、很差、极差）。

12.3.2　迭代设计案例优化

Spearman相关性分析作为含有等级变量分析有较好的效用。运用Spearman相关性分析，可用性等级和PSSUQ的相关系数为0.634，其p =0.000，两种评价体系正相关，同时对抽取的5名驾驶员进行验证，如表12-6所示。

表12-6　PSSUQ评分与可用性等级对比

序号	车载信息系统类别	可用性等级	PSSUQ评分
1	车载信息系统（界面A）	一般	0.75
9	车载信息系统（界面A）	很好	0.90
12	车载信息系统（界面B）	一般	0.70
27	车载信息系统（界面A）	很好	0.88
31	车载信息系统（界面B）	好	0.78

参考文献

[1] Young K L，Lenné M G，Williamson A R. Sensitivity of the lane change test as a measure of in-vehicle system demand[J]. Applied Ergonomics，2011，42（4）：611.

[2] 王伟，姚扬，马最良. 基于BP神经网络的压缩机性能预测模型的建立[J]. 流体机械，2005，33.

[3] 樊治平，赵萱. 多属性决策中权重确定的主客观赋权法[J]. 沈阳工业大学学报，1997（4）：95-98.

[4] 尤天慧，樊治平. 区间数多指标决策中确定指标权重的一种客观赋权法[J]. 中国管理科学，2003，11（2）：92-95.

[5] 张巍，杨燚. 基于综合集成赋权法的工程项目风险评估模型研究[J]. 中国管理信息化，2008，11（20）：90-92.

[6] 郭茜，李延来，蒲云，等. 基于群体语义信息的顾客需求重要度确定方法[J]. 计算机集成制造系统，2012，18（4）：840-848.

[7] 杨建斌，张卫强，刘加. 深度神经网络自适应中基于身份认证向量的归一化方法[J]. 中国科学院大学学报，2017（5）.

[8] 吴珂. 基于模糊决策的居住地选择与交通之关系[D]. 南昌：南昌航空大学，2016.

[9] Lewis J R. Psychometric evaluation of the post-study system usability questionnaire：The PSSUQ[C]// Proc. of the Human Factors and Ergonomics Society Meeting. 1992：1259-1263.

第13章

用户体验设计案例

13.1 / 工业产品用户体验案例

扫地机器人科沃斯T5 Neo与科沃斯DG70的可用性测试以及迭代设计如下。

13.1.1　实验目标

测试和比较两款扫地机器人（科沃斯T5 Neo和科沃斯DG70）对于初次上手用户的可用性及用户满意度，并针对存在的交互问题进行迭代改良。

13.1.2　实验设计

实验区域的示意图如图13-1所示。

（1）实验人员配置：主持人（全程主持实验），App内错误计数；观察员（计时与观察记录），硬件方面错误计数；摄像员（全程摄像）。

（2）被试人员配置：18 ～ 30岁的青年（男女随机）16人，确保参与测试之前未使用过扫地机器人及其配套App。

（3）实验组配置：实验组A——8名被试者，科沃斯DG70扫地机器人及其配套App；实验组B——8名被试者，科沃斯T5 Neo扫地机器人及其配套App。

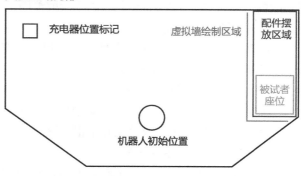

图13-1　实验区域的示意图

（4）测试任务设置：共设置8个任务，分为三个层级和两套组合，被试者在实验前随机抽取任务组合，实验过程中根据主持进程依次执行任务。

13.1.3 实验流程

（1）将被试者随机分为A、B组，每组8人，随机决定测试顺序，预约到达时间；

（2）实验人员初始化实验环境，所有器材放置于预置位置；

（3）主持人指导被试者阅读实验手册；

（4）主持人告知被试者实验中的注意事项，指导被试者抽取任务卡片；

（5）主持人让被试者进入被试区域开始进行实验；

（6）主持人持符合被试者所抽卡片的主持文档，从第一个任务开始宣读任务；

（7）主持人宣布开始，观察员随即开始计时；

（8）观察员实时记录错误计数、被试者值得注意的行为，适时询问被试者和回应被试者询问；

（9）任务结束，主持人宣布结束，观察员随即停止计时；

（10）每项任务完成后，主持人及观察员对被试者进行访谈；

（11）上一任务结束，主持人开始下一任务（重复6～10步骤）；

（12）最后一个任务完成后，主持人宣布所有任务完成并停止录像；

（13）主持人指导被试者填写SUS量表和QEU量表；

（14）结束后访谈；

（15）被试者抽取奖励。

13.1.4 定量分析

实验结束后，邀请被试者填写SUS量表与UEQ量表。对SUS量表与UEQ量表分析发现，两款产品评价均低于常模，且DG70型号表现略差于T5 Neo。以下是A、B两组回收到的各8份SUS量表与UEQ量表对比分析的总结：

（1）DG70的SUS结论

A组被试者对于产品（DG70）的评价较低。按照Jeff Sauro的数据库比较得出，这款产品的评级为F（很差），落后于86%的类似产品；而且可以明显看出被试者对于这款产品的评价两极分化严重，最高分和最低分超出了一般范围。

（2）DG70的UEQ结论

DG70的评价非常低，6个属性维度的得分全部处于Bad级别（最差的25%），其中"可靠"和"明晰"两个维度表现最差。

（3）T5 Neo的SUS结论

B组产品（T5 Neo）的评价相对较好，按照Jeff Sauro的数据库属于D（差），至少落后于66%的产品，但评价中两极分化并不很严重。

（4）T5 Neo的UEQ结论

T5 Neo的评价也较低，但明显比DG70组产品好很多，尽管6个属性维度中的5个的得分仍处于Bad级别，其中"明晰"维度的表现最差，但是在"新奇"属性中的得分为Above Average级别（好于50%，差于25%），同时在"务实和享乐值"中T5 Neo组也比DG70组强。

13.1.5 定性分析

我们记录了每位被试者进行每个任务所用的时间、所犯的错误和求助的方法次数，并且将被试者遇到的问题和提出的建议进行了归纳总结，如图13-2所示。

开启面盖

大量被试者在开启面盖时遭遇困难，找不到开启面盖的正确方式

结束当前任务

大量被试者认为"结束任务"选项在App中的位置不合理，信息层级应改进

尘盒与水箱

多名被试者在拆装尘盒或水箱时感到困难，并表示该过程卫生问题堪忧

开启拖地功能

几乎所有被试者对当前开启拖地的逻辑感到不满，认为App应当可以选择"拖地模式"

图13-2　用户完成任务时遇到的问题

13.1.6　硬件改进方案

对尘盒造型及其组件结合方式、水箱安装方式、注水口及胶塞、抹布及抹布支架安装方式进行改进，提升易用性，改善使用时的卫生问题，如图13-3所示。

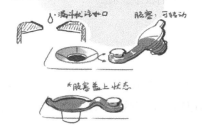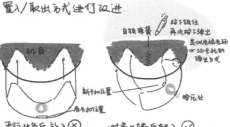

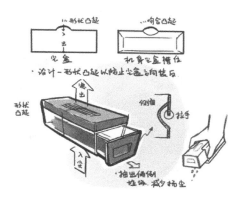

图13-3　机身及其配件改进方案草图

在主机及充电桩上加入初次使用指引，以及必要的状态指示。

加入即时的指引，能够解决用户在初次使用时不知如何打开面盖、找不到二维码、误读开始／暂停键、放反充电桩或机器人等问题。主机尘满指示灯、缺水指示灯及相关语音帮助用户更好地掌握主机状态；充电桩上电源指示、链接指示、充电指示也能为用户提供即时的反馈，如图13-4所示。

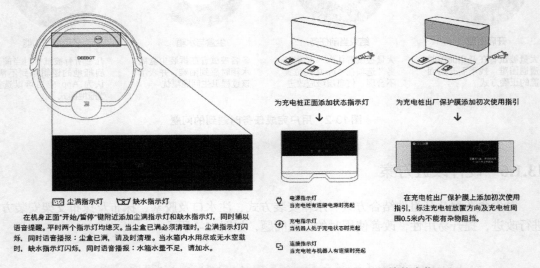

图13-4　在主机及充电桩上加入初次使用指引，以及必要的状态指示

注：在机身及充电桩上添加必要的状态显示。

13.1.7　App改进方案

主要针对高频问题进行改良，同时也兼顾一般问题，主要有：整合不同型号的扫地机器人的App界面，统一并改善信息架构；改进图形界面以减少用户的困惑；加入更基础的新手指引方便用户上手，如图13-5所示。

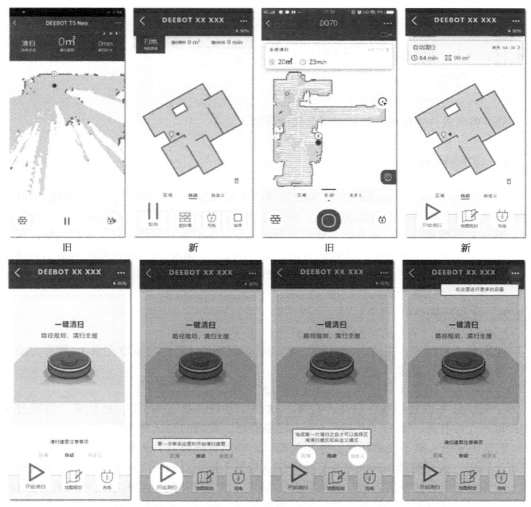

旧　　　　　新　　　　　旧　　　　　新

用户初次使用（或者恢复出厂设置后）的界面，会有简单的新手引导

虚拟墙绘制页面　　　　　虚拟墙绘制中　　　　　绘制完后

图13-5　App改进方案

13.2 / 软件产品用户体验案例

InShot剪辑软件的可用性测试以及迭代设计如下。

13.2.1 实验目标

测试 InShot-Video Editor for iOS 1.34.2的视频剪辑部分——其产品用户是能够在手机上剪辑并快速生成优质视频而产生需求的人，多为对移动端操作熟练的人。对于初次上手的中青年人群，测试其可用性及用户满意度，并针对存在的交互问题进行迭代改良。发掘 InShot现版本问题，结合前期调研结果确定后续迭代方向。结合同类产品相同内容的可用性测试结果确定后续交互设计方案。

13.2.2 实验设计

（1）实验人员配置：主持人（全程主持实验）；观察员（计时与观察记录），硬件方面错误计数；摄像员（全程摄像）。

（2）被试人员配置：共15人，男女比例为2∶1。

（3）测试任务设置：共计15个小任务，这15个小任务被分为5类，被试者只需通过在每类中抽取一个小任务，最后一共执行5个小任务即可。我们的测试目的是了解完整剪辑过程中 InShot的整体表现，故不能将板块任务割裂测试，必须观察被试者从导入到导出视频过程的完整表现。所以，我们整理 InShot中所有的操作点与每个操作点的难度梯度并将它们进行科学的分配——设计5个分任务组合成一个大任务的模式。由完整排列组合的小任务得出共有160个大任务，所以抽签是最佳的分配方式，同时不放回的规则设定也能够保证每个小任务都可以被抽到。总之，在横向控制每个被试者任务难度相当的情况下，我们也可以纵向比较不同被试者在同一板块中不同难度系数情况下进行小任务时的表现。

13.2.3 实验数据收集与处理

（1）SUS量表数据收集：我们共回收了16份有效的SUS量表问卷，包括15名正式测试的被试者与1名预测试被试者，我们将每人的量表打分进行简单可视化，如图13-6所示，纵向表示每一名被试者的打分，横向表示在SUS量表中同一个问题，积极性的问题被标为亮绿色，消极性的问题被标为冰蓝色。

（2）测试数据收集：我们共回收了15份有效的测试数据集合（包括10名男性与5名女性），并将其制成表格。同时我们将每一个分任务分成了若干步骤，每一个步骤中包含了我们收集的两种数据——靠左一列表示完成率的离散性数据，靠右一列表示完成任务时间的连续性数据（单位：s）。靠左一列中，绿色色块表示完成了这项步骤，红色色块表示未完成；靠右一列中，记录了每一步完成的时间。对有不同层级的任务，我们也对表格进行了处理，高层级的较难任务往往多出了几个步骤，我们将那些步骤标上了黄绿色的底，如图13-7所示。

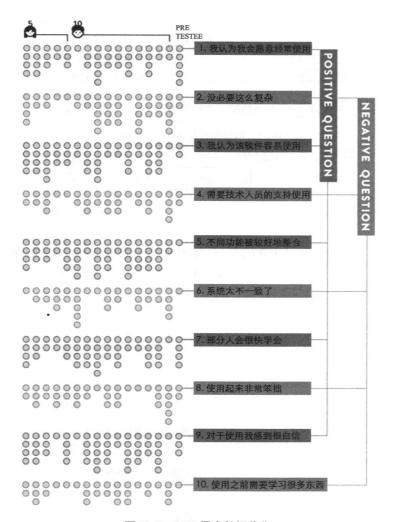

图13-6 SUS量表数据收集

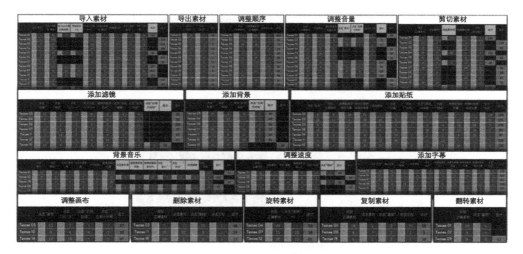

图13-7 用户测试数据

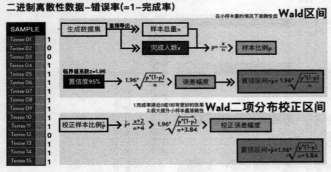

图 13-8　数据处理方式

（3）实验数据处理：小的样本量会导致数据较大的误差性，为了得到更客观的结果，尽可能准确地估算总体参数，我们针对不同种类的数据采取了不同的计算方式。对于表示错误率的离散型数据，我们将计算出它们的 Wald 二项分布校正区间；对于连续型数据（SUS 量表数据，完成任务时间数据），我们采用较为传统的置信区间计算方式，如图 13-8 所示。

（4）SUS 量表评分计算：我们按照国际公认的 SUS 量表数据算法算出了 16 名被试者对于 InShot 整体可用性的打分，其中一个有效分数＝（积极问题得分+1）+（5-消极问题得分），将所有有效分数乘 25，SUS 评分分别为 72.5，65，62.5，52.2，75，50，65，85，52.5，45，82.5，55，70，72.5，15，67.5，如图 13-9 所示。

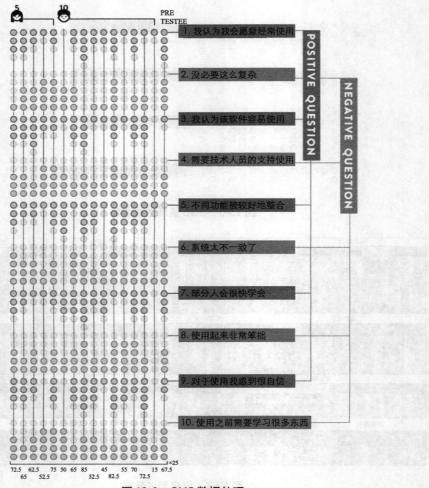

图 13-9　SUS 数据处理

13.2.4　数据分析

我们通过计算得出了16名被试者的SUS可用性得分的算术平均数、中位数、几何平均数、标准差。最后为了得到更加精确与科学的结果，我们计算出了SUS评分的置信区间并得出最终结论。我们可以95%地确定，真实分数在52.9～70.4之间，而算术平均数、几何平均数、中位数与置信区间都在OK～Good的范围内。通过数据分析，可以得出的结论是InShot比41%～59%的同类产品具有更好的可用性。但是，由于被试者均初次使用产品，我们判断InShot的可用性实际上更为乐观，但同时也存在较大的改进空间。

（1）离散型数据分析——错误率

我们知道，错误率=错误人数/样本量，在对所有分步骤进行错误率的分析之后，我们从中提取出了错误率最高的几组数据，随后进行了Wald校正出错误差区间的计算。计算结果表明，由于样本量的影响，原本看似错误率不高的步骤实际的置信区间却很高，如图13-10所示。例如，"背景音乐-音乐时间轴位置"这一步骤，虽然出错率小，但是却处于中频置信区间的部分，所以也证明了置信区间是有必要进行分析演算的。

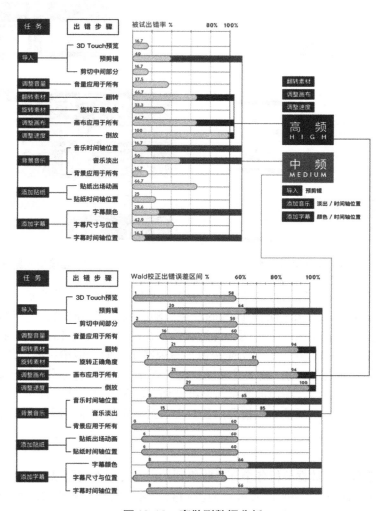

图 13-10　离散型数据分析

（2）连续型数据分析——错误率较高步骤任务时长分析

我们对之前错误率较高步骤的任务时长也进行了分析，最终发现，即使完成了那些错误率较高的步骤，在时间上往往也会消耗很久，如图13-11所示。

（3）连续型数据分析——四大类操作用时横向比较

我们依据操作过程的相似性将所有步骤分成四大类，对每一类进行时间的比较以达到一定程度的控制。四类操作分别是"找到主功能按钮""应用于所有""拖拽裁切条""调整具体参数"，如图13-12所示。

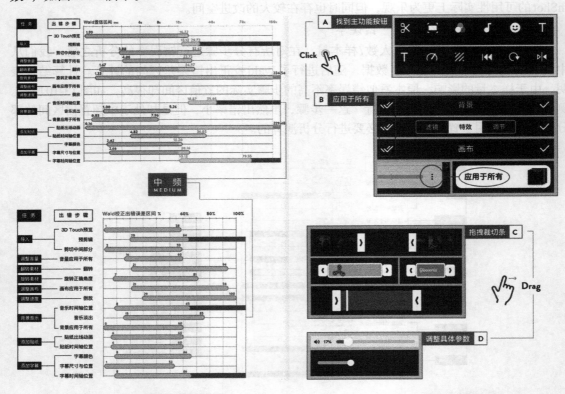

图 13-11　连续型数据分析 1　　　　　图 13-12　连续型数据分析 2

在计算出每一个同类步骤的算术平均值、方差、几何平均值、中位数后，我们同样对他们的步骤操作进行了Wald校正出错误差区间的计算。随后我们将用时较长的步骤挑出，配合前期的录制视频寻找时间花费较长的原因，并进行简单总结，如图13-13所示。我们发现，被试者更难找到"音量"与"背景"的主功能按钮，原因在于他们会混淆一些层级（画布与背景）与认错一些图标（音乐与音量）；被试者难以找到"音量"的应用，原因在于音量的应用所有图标与其余大相径庭，被试者在拖拽文字与贴纸裁切条时困难则更大，原因在于文字与贴纸的裁切条更加窄小；被试者在调整一些精准参数时会遇到一定的困难，原因在于触摸的交互方式让精准数据调控变得更加困难。

（4）潜在问题汇总

我们汇总并整理了在数据分析各个环节收集到的潜在可用性问题以及用户访谈提炼出的若干用户痛点，并根据这些问题的性质进行初步归类。潜在问题经初步整理可分为功能入口类（由于尚未确定的一种或多种原因，用户在寻找特定功能入口时存在较大困难）、操作烦琐类

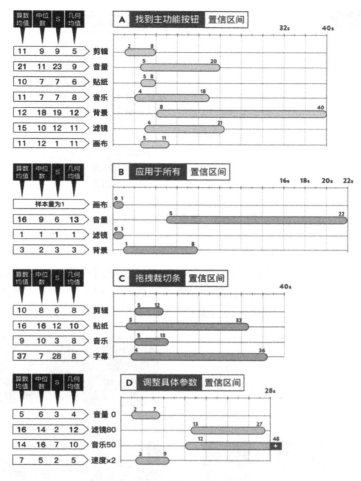

图 13-13 连续型数据分析 3

（由于尚未确定的一种或多种原因，用户无法顺利理解软件中的特定交互方式或使用逻辑）、误导/歧义类（由于软件在翻译成为中文版的过程中翻译工作不够严谨完备以及使用习惯存在差异，个别措辞及图示容易误导用户，出现与用户期待相反的操作结果）。

经过分析整理，我们发现并非所有问题都能够被分组归类。受到测试软件体量及测试范围的影响，我们在问题汇总过程中遇到若干不可忽略又具有一定特殊性的独立问题，这类问题将在后续单独章节中得到优化，在此不做赘述。

虽然这一过程能够确保我们无一遗漏地直观浏览有待迭代的部分，却不能使软件问题从逻辑架构上得到深度剖析。因此，我们在筛除意外以及被试者个体因素所导致的非一般性问题后，对剩余具有代表性、迭代价值的可用性问题进行了进一步的归纳。

13.2.5　迭代设计

（1）信息架构重构方案确立

信息架构最终迭代方案着重解决的是主界面功能入口重复的问题以及若干割裂功能的重新整合，兼顾逻辑顺序微调以及基于功能使用频繁程度的功能入口呈现方式，如图13-14所示。

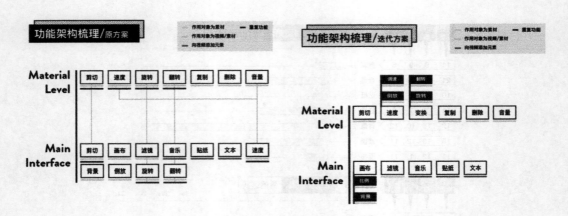

图13-14　信息架构重构方案

（2）逻辑框架重构——调速功能

原版本中速度功能在两个界面中同时拥有功能入口，使用户难以回忆功能位置，而倒转素材属于素材层级，其功能入口在两个主界面和素材播放速度相关的功能中被强行割裂。迭代设计中我们将原"速度""倒转"功能整合为素材层级下的"速度"功能，如图13-15所示。

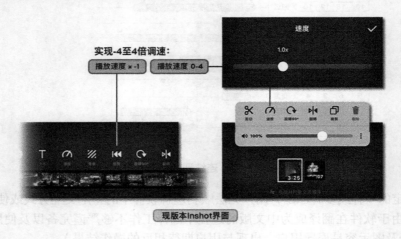

图13-15　调速功能迭代方案

（3）逻辑框架重构——功能入口精简

原版本中的剪切、速度、旋转、翻转等4项功能在素材层级和主界面同时存在入口，引起用户困惑并使用户无法预判功能入口，且主界面功能罗列过多，不利于用户寻找和记忆任务所需要涉及的功能。我们的迭代方案是削减功能入口，使各功能以作用对象为分类依据归属于同一页面中，素材层级以功能使用频率为依据，从左向右排列功能。删除功能标红并保留在右侧主界面中，右侧排列全局类功能，左侧排列添加元素类功能，如图13-16所示。

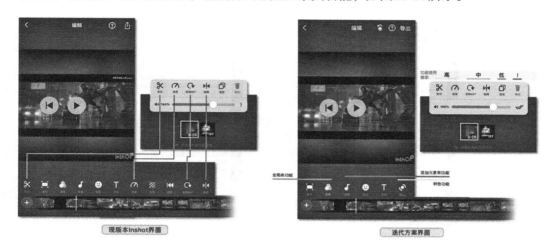

图13-16　功能入口迭代方案

13.3 ／ 娱乐设备用户体验案例

智能音响娱乐设备用户体验与可用性测试如下。
在设计工作开始之前，需事先制定调研计划与流程，如图13-17所示。

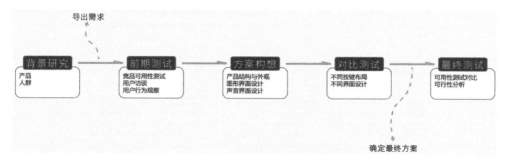

图13-17　调研计划与流程

13.3.1　背景研究

针对现有智能音响类产品进行竞品分析，并对其用户群体进行调研，挖掘用户的需求，并洞察关键问题。

13.3.2　前期测试

该阶段需要对竞品进行可用性测试，并进行用户访谈，对用户的行为进行观察，如图13-18所示。

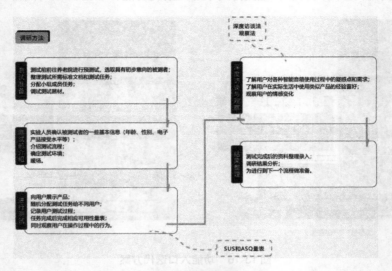

图13-18　前期测试调研流程和方法

测试准备阶段，在确定测试场所测试人员之后，需进行量表与任务的制定，如图13-19所示，在小组内进行任务的分配并完成好准备工作。

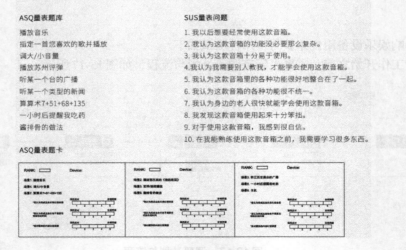

图13-19　量表与任务的制定

在测试前介绍阶段，实验人员需要进一步确认被测试者的基本信息。组内的成员需要对用户进行统一的操作讲解，介绍测试流程和环境，主持人进行暖场。

在正式测试阶段，对用户进行任务的分配并记录测试过程。在任务完成后填写相应的可用性量表（SUS量表和ASQ量表），同时观察用户在操作过程中的行为。

测试结束之后，进行用户的深度访谈和观察。例如，了解用户对各种智能音响使用过程中的疑惑点和需求；了解用户在实际生活中类似的产品喜好。在访谈的过程中，要尤为注意观察用户的情感变化。测试完成后，快速进行资料整理和信息录入，并进行调研结果的分析。

13.3.3 方案构想

进行方案的草图绘制和界面的设计，如图 13-20 ～图 13-22 所示。

图 13-20　草图方案的设计

布局1:
音量使用旋钮控制
其余采用按键控制

布局2:
全部采用按键控制

布局3:
纯声音交互

图 13-21　界面方案——测试组 A

布局1:
在投影屏上不显示交互信息

布局2:
在投影屏上显示交互信息

图 13-22　界面方案——测试组 B

13.3.4　对比测试

根据设计方案中的不同按键布局和不同界面设计进行对比测试，并确认最终方案。

（1）眼动仪测试环节，如图13-23所示。

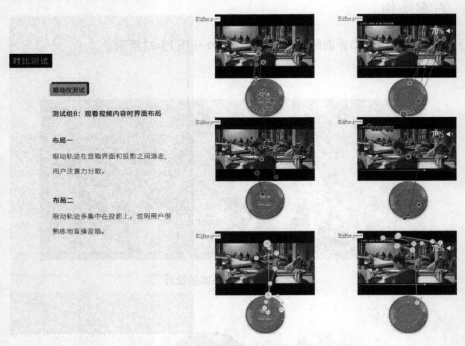

图13-23　眼动仪测试——测试组B

（2）ASQ量表测试，如图13-24所示。

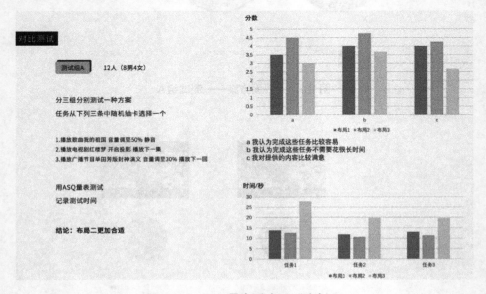

图13-24　AQS量表测试——测试组A

13.3.5 最终测试

（1）确定最终产品设计方案，如图13-25所示。

图13-25 最终产品方案

（2）进行可用性测试对比和可行性分析，如图13-26、图13-27所示。

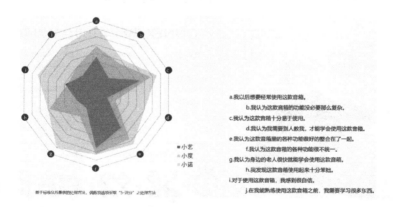

图13-26 SUS雷达图

	小艺平均	59.9	D	marginal low	OK
SUS总分	小度平均	70.4	C	acceptable	OK
	小诺平均	75.2	C	acceptable	GOOD
	小艺平均	38.0	F	not acceptable	POOR
可学习性	小艺（删除）	53.1	D	marginal low	OK
	小度平均	54.7	D	marginal low	OK
	小诺平均	81.6	B	acceptable	GOOD
	小艺平均	63.2	D	marginal high	OK
可用性	小度平均	73.6	C	acceptable	GOOD
	小诺平均	73.7	C	acceptable	GOOD

图13-27 SUS结论导出

13.3.6　测试总结

　　投影仪既满足了老人对音箱"小巧便携"的要求，又满足了老人对画面大尺寸的要求；迭代产品上手后操作效率高，且可学习性强，更受欢迎；字幕和语音从视觉和听觉两方面传达信息，大大降低了出错率；改进了目前音箱上的按键布局，更合理的按键布局让操作效率更高。

13.4 ／ 实验玩具用户体验案例

　　CONNEX-STEAM电科学物理实验玩具用户体验与可用性测试如下。

13.4.1　测试产品信息

　　了解测试产品的功能、目标用户及背景等，如图13-28所示。

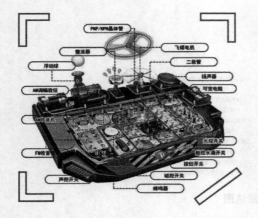
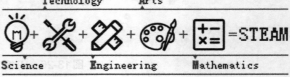

图13-28　测试产品信息

13.4.2　市场分析

　　分析所选产品的市场趋势及其影响因素。

13.4.3　竞品分析

　　对已有电路科学学习板产品的特性进行竞品分析，如图13-29所示。

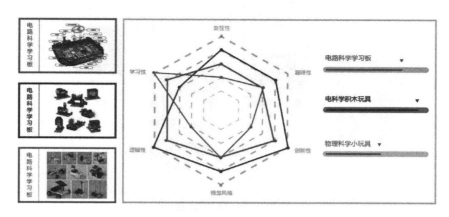

图 13-29　竞品分析

13.4.4　可用性测试

（1）了解测试目的

确立可用性测试的目的，以便衡量测试结果。

（2）确定测试阶段

制订测试计划并确立测试各阶段的任务，如图13-30所示。

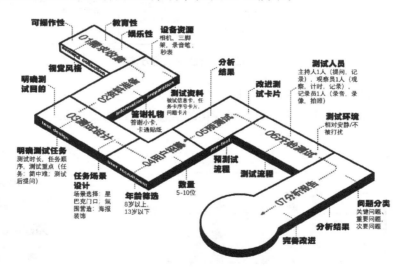

图 13-30　测试阶段及计划

（3）确定测试流程

在测试开始之前，确定测试的流程并做好准备工作，如图13-31所示。

（4）确立可用性测试方法

根据不同任务类别的分析，确定可用性测试的方法，如图13-32所示。

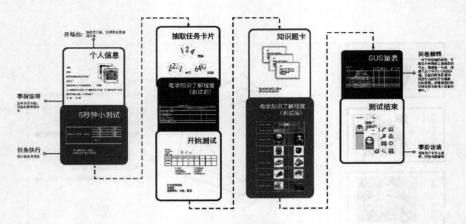

图 13-31　测试流程

	认知路径法
	通过完成给定的任务来发现过程和流程的缺陷和不一致性，以此评价该产品的学习成本及使用容易度。

	启发式评估法
	评估产品是否符合公认的可用性原则或启发式的规定，包括系统可视状态、系统和现实的匹配、用户控制和标准、一致性和标准、防止错误、识别、灵活性和高效率、简约的设计美学、错误恢复、帮助和文件。

	出声思维法
	被试者在完成各项任务时，需要放声思考。在放声思考中，可以学到用户的认知和行为的过程。

	问卷调查法
	问卷由自编量表和标准量表组成。自编量表作为标准量表的补充。

	5秒测试法
	用于测试用户对产品的视觉要素第一印象。方式一：让用户选择关键词，并说出为什么选择这些关键词；方式二：开放式提问，获取用户的态度；方式三：要求用户列出能描述设计的几个关键词。

	感性量表
	感性量表作为 5 秒测试法的辅助，提供样本特征表及样本图片，以此提取用户对产品的感官态度。

图 13-32　可用性测试的方法

（5）对数据结果进行分析并可视化

对可用性测试所得到的数据结果进行可视化的信息表达，如图13-33所示。

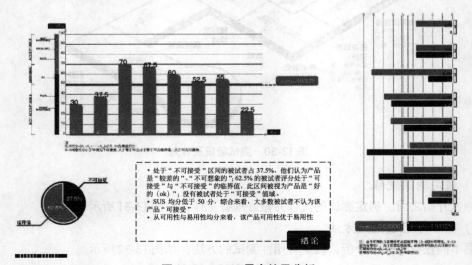

图 13-33　SUS量表结果分析

13.4.5　优化方案设计

在该阶段根据竞品可用性测试得出的用户痛点问题、存在的问题做出改进设计，进一步优化方案，如图13-34所示。

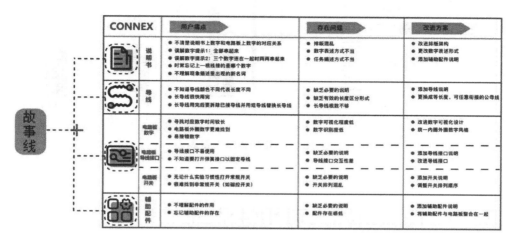

图 13-34　改进方案

13.4.6　优化设计的可用性测试

（1）明确测试目的。

（2）明确测试流程。

（3）整理测试结果并进行可视化呈现，如图13-35所示。

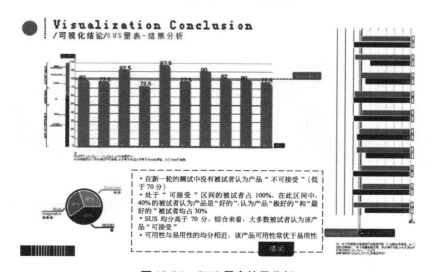

图 13-35　SUS量表结果分析

（4）测试结果对比，将竞品的可用性测试结果与改进方案的可用性测试结果进行对比研究，如图13-36所示。

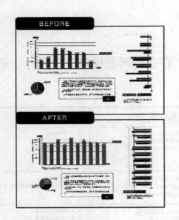

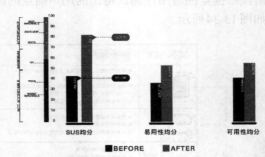

指标2-SUS量表

　　从 SUS 量表结果可以看出，迭代产品的 SUS 总分均分、易用性均分及可用性均分都高于原产品，且 SUS 总分较之前提高约一倍。说明迭代产品更有效、更易用，更能满足被试者预期与需求。

图 13-36　指标 2-SUS 量表

13.5 ／ 扫地机器人可用性测试

科沃斯扫地机器人可用性测试如下。

13.5.1　实验目标

测量两款科沃斯扫地机器人产品（DG70 和 DX55），对其可用性和用户对产品的使用感受进行实验测试，如图 13-37、图 13-38 所示。

图 13-37　科沃斯扫地机器人 DG70

图 13-38　科沃斯扫地机器人 DX55

13.5.2　实验设计说明

（1）招募被试者：实验共招募 16 名被试者，为了使实验数据更精准，我们选取了各个专业的学生。被试者年龄范围在 19 ～ 22 岁之间，平均年龄为 20 岁。

（2）实验设备配置：扫地机器人及充电桩、有色胶带（用于标记地面）、任务卡片、实验场景搭建、三脚架、相机。

（3）实验流程：向被试者简单介绍产品信息和实验流程——被试者开箱观察两分钟——执行卡片上的任务——填写问卷——提供奖励。

13.5.3 数据分析

（1）我们对两个型号的扫地机器人任务执行情况进行了时间任务分析，如图13-39所示。

DG70

N		任务1	任务2	任务3	任务4	任务5	任务6	任务7	任务8	任务9	任务10
	有效	8	8	8	8	8	8	8	8	8	8
	缺失	0	0	0	0	0	0	0	0	0	0
均值		39.0938	250.3525	30.2663	35.4838	21.4900	109.7938	39.8262	119.1163	265.1638	76.0775
中值		39.8200	196.5000	28.1200	30.9350	20.8950	87.6450	41.5150	87.1200	272.6250	73.5800
标准差		18.93904	158.40052	11.93941	21.45238	6.12394	63.05829	20.65517	96.21513	74.24016	20.56288
极小值		16.73	77.13	14.36	13.64	13.32	36.55	15.35	30.93	125.88	53.26
极大值		65.72	542.39	49.79	71.33	30.28	209.05	63.39	294.13	345.57	112.59

DX55

N		任务1	任务2	任务3	任务4	任务5	任务6	任务7	任务8	任务9	任务10
	有效	8	8	8	8	8	8	8	8	8	8
	缺失	0	0	0	0	0	0	0	0	0	0
均值		55.5400	177.15	36.5813	78.4838	40.2650	127.1600	75.2438	93.7938	218.6488	66.160
中值		49.7500	128.23	36.1100	71.1600	31.5850	99.2800	63.3750	89.2700	184.0450	54.905
标准差		35.46027	157.113	28.43151	24.48523	34.67804	89.75474	41.75224	56.49252	185.97861	49.8525
极小值		13.91	52	5.03	54.54	17.03	37.18	26.83	26.77	34.16	19.8
极大值		114.68	537	92.39	117.38	124.63	314.84	129.43	176.12	577.36	161.6

图13-39 时间任务分析

（2）根据各量表的数据分析结果，DX55的可用性更高，如图13-40所示。

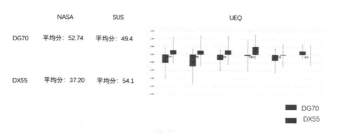

	NASA	SUS	UEQ
DG70	平均分：52.74	平均分：49.4	
DX55	平均分：37.20	平均分：54.1	

■ DG70
■ DX55

图13-40 量表的数据分析结果

（3）我们对任务结果进行分析，发现了以下问题，并找出了相对应的原因，如图13-41所示。

DG70

N		任务1	任务2	任务3	任务4	任务5	任务6	任务7	任务8	任务9	任务10
	有效	8	8	8	8	8	8	8	8	8	8
	缺失	0	0	0	0	0	0	0	0	0	0
均值		39.0938	250.3525	30.2663	35.4838	21.4900	109.7938	39.8262	119.1163	265.1638	76.0775
中值		39.8200	196.5000	28.1200	30.9350	20.8950	87.6450	41.5150	87.1200	272.6250	73.5800
标准差		18.93904	158.40052	11.93941	21.45238	6.12394	63.05829	20.65517	96.21513	74.24016	20.56288
极小值		16.73	77.13	14.36	13.64	13.32	36.55	15.35	30.93	125.88	53.26
极大值		65.72	542.39	49.79	71.33	30.28	209.05	63.39	294.13	345.57	112.59

DX55

N		任务1	任务2	任务3	任务4	任务5	任务6	任务7	任务8	任务9	任务10
	有效	8	8	8	8	8	8	8	8	8	8
	缺失	0	0	0	0	0	0	0	0	0	0
均值		55.5400	177.15	36.5813	78.4838	40.2650	127.1600	75.2438	93.7938	218.6488	66.160
中值		49.7500	128.23	36.1100	71.1600	31.5850	99.2800	63.3750	89.2700	184.0450	54.905
标准差		35.46027	157.113	28.43151	24.48523	34.67804	89.75474	41.75224	56.49252	185.97861	49.8525
极小值		13.91	52	5.03	54.54	17.03	37.18	26.83	26.77	34.16	19.8
极大值		114.68	537	92.39	117.38	124.63	314.84	129.43	176.12	577.36	161.6

注：DX55任务6存在3组任务失败

图13-41 任务结果分析

任务2所用任务时间均值和标准差都较大，其原因为配网过程烦琐，软件容易出错，用户容易将清扫启动键误认为配网键；任务6所用任务时间均值和标准差都较大，其原因为虚拟墙功能与自定义功能混淆；任务8所用任务时间均值和标准差都较大，其原因为"自动清扫两边"只在主界面的自定义界面有一个快捷按钮设置，用户大多去"更多设置"页面寻找；任务9所用任务时间均值和标准差都较大，其原因为安装拖布之后，拖地模式自动开启，这种模式开启方式令用户困惑，大部分用户在"拖地水量"里找到开启方式，并且拖地模式开启只有App上的小字提示和语音提示——"抹布已安装"。

13.5.4　产品迭代

针对实验中发现的以上问题，我们对扫地机器人进行了产品迭代设计。

（1）新增模式界面，更改"设置"图标

主界面有两种模式可切换，使用户更容易找到拖地功能和自定义拖地功能；将"设置"图标转化成螺母状，更容易识别，减少用户寻找时间。

（2）拖地模式新手指引

打开拖地模式，滑动了解拖地新手指引，帮助用户更好地安装拖布及使用拖地功能，用户可勾选"不再提示"，取消新手指引，如图13-42所示。

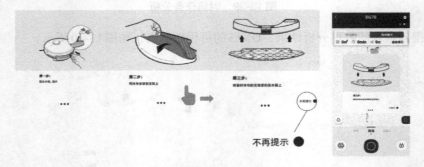

图13-42　拖地模式新手指引

（3）新增水量快捷键

利用水量快捷键，用户可以在主界面快速调节水量。通过滑动调节的方式在界面中增加动效，水量越高，水痕颜色越深，如图13-43所示。

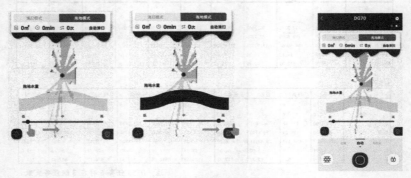

图13-43　新增水量快捷键

（4）自定义界面与虚拟墙

虚拟墙中间运用红色网格提示用户中间区域不可清扫，避免用户将此功能和自定义清扫区域混淆，如图13-44所示。

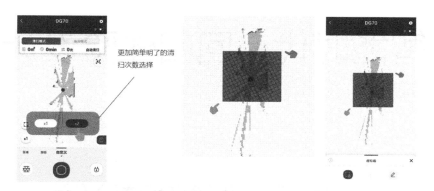

图13-44 自定义界面与虚拟墙

第14章

智能时代，回归体验设计

14.1 / 下一个风口：智能交互体验设计

当第一辆汽车被发明出来的时候，人们一定不会想到，有一天汽车可以脱离人类实现智能驾驶。驾驶者再也不需要时刻关注路况、保持高度警惕，汽车可以依靠感应和微电脑系统，做出科学、快捷的反应，自适应控制行驶。现在智能驾驶汽车已经上路行驶，车也能像人一样去感知、规划、决策甚至行动，开启了一个现实与虚拟移动融合的智能交互体验设计领域。

不论是高喊着"All in AI"的百度，还是拿出专注智能驾驶 Waymo 的谷歌，都在智能驾驶领域深入研发。尽管谷歌宣称已经突破 L4 级智能驾驶的技术，但纵观整个汽车行业，L3 级智能驾驶才是最难突破的一个大关。在人们争论首款量产 L3 级智能驾驶车型会出自特斯拉还是大众、BBA 的时候，国产新能源汽车悄无声息地完成在汽车行业的弯道超车。2019 年 8 月 29日，中国广州新能源汽车研究院在北京正式开启 Aion LX 的预售，率先搭载的 ADiGO 生态系统（中文名为"艾迪狗"），不仅实现了 L3 级智能驾驶，还给用户带来一个更加"懂你"的移动空间。

随着 5G 技术的发展，一个可预测的将来就是我们出行可不再使用私家车，而是通过一种便携式智能终端设备将我们的个人信息及驾驶习惯、喜好、技巧等输入一种网络化的公共交通设备中，我们能够像驾驶自己的私家车一样驾驶该网中的车辆设备。

5G 互联、智能驾驶、人工智能等技术的诞生都说明，设计是可以超前于技术的，我们今天的梦想和努力将会指引我们生活方式的发展方向，成为未来的现实。同手机的智能化进化一样，将来随着智能化、物联网等技术的发展，脱离"汽车"概念的局限，成为一种融合办公、通信、娱乐、服务的系统，由一个城市总体交通网络系统调控全自动出行综合体的交通工具必然占据重要甚至大部分市场。当然，对于重视驾驶体验、喜爱操控感或速度带来的刺激快感的用户，仍要以人工驾驶系统、座舱和动力系统的设计为重心，辅以智能化交互系统。车辆设计与其他产品的设计一样，对于不同的市场细分，要充分满足多样性。

未来智能体验设计交互信息系统以现有产品和方案为基础，主要包括三个方面：信息系统融合、信息系统操控和信息系统协助。未来智能信息系统主要打破了传统终端对信息融合的障碍，实现信息之间的互联互通，把人们关注的各种终端和信息融合在一起，以统一和全新的信息系统展示给人们。未来智能信息系统要实现以人为主体的便捷和智能的操作，数据获取、数据安全、数据管理、数据分享等均可以通过未来界面操作得以快速和高效的实现。通过对用户行为、操作习惯及用户浏览记录等大数据的分析，信息系统协助功能可实现对个人定制化的信息和数据推送及分享，让人们节省对大量信息搜集、筛选和整理的时间。

　　总之，通过汽车自身的自动化控制和交互，以及城市智能化交通网络的自动调配路线和驾驶，能够从根本上解决交通安全和拥堵问题，并形成自动化的交通网络，创造全新的交通工具概念；甚至在交通方式上实现陆路、水路、航空的综合交通方式。

14.2 / AI将改变世界，你准备好了吗?

　　针对人工智能的崛起，著名未来学家丹尼尔·平克预言：未来属于右脑发达的高感性族类，具备创造力、娱乐精神、同理心以及会讲故事的人将成为决胜未来的人才。无论技术如何进步，人工智能如何完善，对人类而言，创造力、审美能力和同理心等能力都是无法被模仿、被替代的最后堡垒。因为这些能力无一不是以我们独特的情感体验为基础的。没有喜怒哀乐的情绪体验，就不可能有出色的创造力。没有同理心，就不可能真正理解这个世界。不理解这个世界，就无法改变和掌控世界的发展。

　　从技术产业发展的角度来说，短期看技术应用创新，中期看技术研发，长期看基础理论突破。我国在场景、市场、政策、理工科人才等多方面具备巨大的优势，未来大部分人工智能创业项目将以技术应用的形式出现，在各个领域应用好人工智能技术，以达到优化产业链、获取商业价值的目标。同样，技术研发和基础理论突破也会被技术的大量商业化应用带动而加速发展，只是做这部分工作的人相对应用会少一些，这样的产业结构也是非常合理的。

　　人工智能应用已经进入一个工业化大生产的时代，很多行业都开始使用AI技术进行转型升级，只是节奏不一。任何一个新技术、新产品在规模化发展之前，都需要经过行业先驱的尝试、冒险，从而探索出一条可复制、被认可的路线。在设计领域AI设计师"鲁班"1秒钟制作了8000张海报，在2017年淘宝"双十一"活动中，更是轻松搞定4亿张横幅广告。2018年，阿里在戛纳国际创意节上发布了"阿里AI智能文案"。"阿里AI智能文案"不仅可以输出广告语，还能天天陪你看洛杉矶4点的样子，时刻保持在线学习，不断进化。

　　在人工智能普惠大众的路上，我们这样的从业者也希望能够降低人工智能技术的应用门槛，推动AI技术的价值普及。帮助每一个想要参与到人工智能创新中的企业，看清人工智能技术的可行性边界，发现人工智能应用场景的价值，摸索人工智能规模化的路径。

14.3 / 研究展望

　　在前人研究成果的基础上，本章围绕车载信息系统可用性展开了深入研究，建立了较为系统的实验体系，完善了相关理论、方法。但人类的感知能力十分复杂且充满不确定性，涉及多个学科的知识，有些甚至是人类尚未完全知晓的，对其进行精确描述仍存在一定的难度。受到时间、经费、实验手段和作者水平等方面的限制，本章对有些内容的研究还不够深入或尚未涉足，有待后续进一步研究。

（1）进一步优化实验设计

除了考虑到驾驶员性别、驾驶经验、界面布局等人机因素，驾驶场景相对固定和单一，鉴于本研究实验在固定交通环境下进行，并未考虑到复杂道路状况，实验结果存在局限性，结合交通状况中天气条件、驾驶时间段等复杂因素，因此后续研究中将进一步开展复杂交通条件下对车载信息系统可用性研究。

（2）多维度驾驶行为模型构建

人-车-环境系统的复杂性和汽车驾驶任务的多样性决定可用性模型不是单向度普适性的，而是需要对不同的人和设计目标进行细化，有针对性地建模。所以，将用户进一步分类建立多向度的可用性模型是未来需要进行的研究工作。

（3）大数据样本在模型研究中应用

本研究中可用性评价模型主要采取驾驶行为、任务分析等方法，再基于实验设计和数据的采集、处理、分析验证模型的有效性，还停留在小样本研究阶段。为了提高模型的有效性和准确率，可以引入大数据对模型进行验证，完善模型的研究水平。

附录

问卷设计

附表1　系统可用性量表的标准版（1代表很不赞成，5代表非常赞成）

序号	问卷问题	1	2	3	4	5
1	我愿意使用这个系统	○	○	○	○	○
2	我发现这个系统过于复杂	○	○	○	○	○
3	我认为这个系统使用起来很容易	○	○	○	○	○
4	我认为我需要专业人员的帮助才能使用这个系统	○	○	○	○	○
5	我发现系统里的各项功能很好地整合在一起了	○	○	○	○	○
6	我认为系统中存在大量的不一致问题	○	○	○	○	○
7	我能想象大部分人都能快速学会使用该系统	○	○	○	○	○
8	我认为这个系统使用起来非常麻烦	○	○	○	○	○
9	使用这个系统时我觉得非常有信心	○	○	○	○	○
10	使用这个系统之前我需要大量的学习	○	○	○	○	○

附表2　驾驶员TLX量表负荷因素描述

负荷因素	描述
心理需求	需要耗费多大程度的脑力才能完成驾驶任务 包括驾驶过程中，思考、决策、计算、记忆和观察等知觉活动 如：思考等脑力活动吃力与否？任务简单还是复杂？
体力需求	需要耗费多大程度的体力才能完成任务 包括驾驶过程中，如换挡、刹车、转弯、换道等驾驶行为 如：肌肉是松弛的还是紧张的，动作是轻松的还是吃力的？
时间需求	完成任务给驾驶员造成的时间上的压力 如：任务的速度或节律所带来的时间压力是大还是小？感觉有多大？是紧张还是从容不迫？
作业绩效	完成任务后驾驶员的满意程度 如：对所完成的任务自我感觉是好还是差？很有成就感或者觉得没有意义？
努力程度	为完成任务所付出的努力程度 如：您要完成驾驶任务所付出的努力多还是少？
挫折水平	完成任务的过程中感受到的挫折程度 如：在驾驶过程中不安全感、烦躁程度高还是低？

附表3　系统可用性量表的标准版（1代表很不赞成，7代表非常赞成）

序号	测试问题	1	2	3	4	5	6	7
1	整体上，我对整体系统容易使用的程度是满意的	○	○	○	○	○	○	○
2	使用这个系统很简单	○	○	○	○	○	○	○
3	使用这个系统我能快速地完成任务	○	○	○	○	○	○	○
4	使用这个系统我觉得很舒适	○	○	○	○	○	○	○
5	学习这个系统很容易	○	○	○	○	○	○	○
6	我相信使用这个系统能提高绩效	○	○	○	○	○	○	○
7	这个系统给出的错误提示可以清晰地告诉我如何解决问题	○	○	○	○	○	○	○
8	当我使用这个系统出错时，我可以轻松快速地恢复	○	○	○	○	○	○	○
9	这个系统提供的信息（如在线帮助、屏幕信息和其他文档）很清晰	○	○	○	○	○	○	○
10	要找到我需要的信息很容易	○	○	○	○	○	○	○
11	信息可以有效地帮助我完成任务	○	○	○	○	○	○	○
12	系统屏幕中的信息组织很清晰	○	○	○	○	○	○	○
13	这个系统界面让我感到很舒适	○	○	○	○	○	○	○
14	我喜欢使用这个系统的界面	○	○	○	○	○	○	○
15	这个系统有我期望有的所有功能和能力	○	○	○	○	○	○	○
16	整体上，我对这个系统是满意的	○	○	○	○	○	○	○